教育部人文社会科学重点研究基地山东大学文艺美学研究中心基金资助

文艺美学研究丛书（第二辑）

生态美学的理论建构

曾繁仁　谭好哲　主编

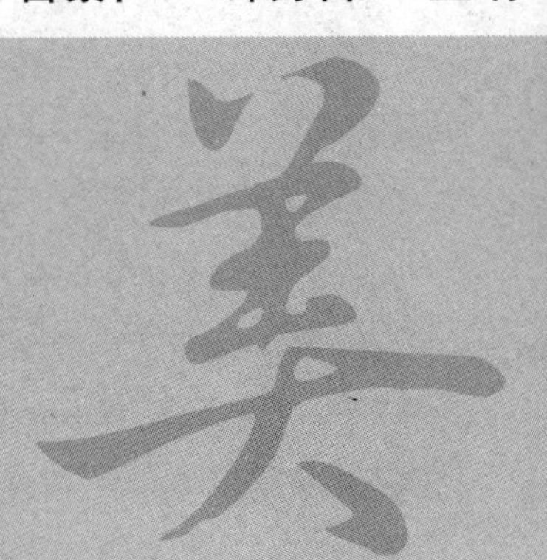

人民出版社

责任编辑:房宪鹏
封面设计:徐 晖

图书在版编目(CIP)数据

生态美学的理论建构/曾繁仁,谭好哲 主编. —北京:人民出版社,2016.6
(2021.4 重印)
(文艺美学研究丛书)
ISBN 978 - 7 - 01 - 016055 - 9

Ⅰ.①生… Ⅱ.①曾…②谭… Ⅲ.①生态学-美学-研究 Ⅳ.①Q14-05

中国版本图书馆 CIP 数据核字(2016)第 065410 号

生态美学的理论建构
SHENGTAI MEIXUE DE LILUN JIANGOU

曾繁仁 谭好哲 主编

人民出版社 出版发行
(100706 北京市东城区隆福寺街 99 号)

北京一鑫印务有限责任公司印刷 新华书店经销

2016 年 6 月第 1 版 2021 年 4 月第 3 次印刷

开本:710 毫米×1000 毫米 1/16 印张:25.25
字数:400 千字

ISBN 978 - 7 - 01 - 016055 - 9 定价:66.00 元

邮购地址 100706 北京市东城区隆福寺街 99 号
人民东方图书销售中心 电话 (010)65250042 65289539

目　录

序……………………………………………………………………曾繁仁（1）

生态美学：后现代语境下崭新的生态存在论美学观……………曾繁仁（1）
从现代人类学范式看生态美学研究…………………………仪平策（19）
马克思、恩格斯与生态审美观………………………………曾繁仁（32）
走向生态美育……………………………………………………祁海文（49）
——对生态美学发展的一种思考
儒家的生态观与审美观…………………………………陈　炎　赵　玉（58）
中国古代“天人合一”思想与当代生态文化建设……………曾繁仁（69）
当代生态美学观的基本范畴…………………………………曾繁仁（82）
发现人的生态审美本性与新的生态审美观建设………………曾繁仁（95）
试论《周易》“生生为易”之生态审美智慧…………………曾繁仁（105）
美国生态美学的思想基础与理论进展………………………程相占（117）
海德格尔后期语言观对生态美学文化研究的历史性建构………赵奎英（130）
生态文明与后现代主义………………………………………乐黛云（147）
生态美学视域中的迟子建小说………………………………曾繁仁（152）
《周易》与生态美学……………………………………………李庆本（166）
生态存在论美学视野中的自然之美…………………………曾繁仁（180）
对德国古典美学与中国当代美学建设的反思…………………曾繁仁（192）
——由“人化自然”的实践美学到“天地境界”的生态美学
人类中心主义的退场与生态美学的兴起………………………曾繁仁（204）
环境美学对分析美学的承续与拓展…………………………程相占（214）

建设性后现代视域中的生态美学建构及其意义……杨建刚（227）
中国传统自然主义文学精神的消亡……鲁枢元（243）
——从陶渊明之死谈起
论环境美学与生态美学的联系与区别……程相占（260）
当代环境美学对西方现代美学的拓展与超越……谭好哲（278）
《周易》“生生”之学的生态哲学及其生态审美智慧……祁海文（293）
生态美学视野中的地理风水与人文风水……张义宾（305）
——兼论风水迷信的破除
中国古代自然概念与 Nature 关系的再检讨……李　飞（314）
——以《周易正义》为个案
论生态美学的美学观与研究对象……程相占（327）
——兼论李泽厚美学观及其美学模式的缺陷
关于“生态”与“环境”之辩……曾繁仁（341）
——对于生态美学建设的一种回顾
雾霾天气的生态美学思考……程相占（350）
——兼论“自然的自然化”命题与生生美学的要义
中国生态美学发展方向展望……程相占（365）
环境美学的理论创新与美学的三重转向……程相占（372）
论海德格尔对自然环境审美模式的诗性超越……赵奎英（387）

编后记……谭好哲（399）

序

《文艺美学研究丛书》第二辑就要出版了，我感到特别高兴。第一辑主要是中心几位年龄稍长的老师们的成果，而第二辑则是我们中心15年科研工作的集成，包括了中心老、中、青几代学人、中心学术委员会成员以及中心培养的博士和博士后的部分成果。

在本文集出版之际，我想谈几点感想。其一是关于科研工作的特色问题。很显然，科研工作首先要坚持基本问题研究，在此前提下要尽量形成自己的特色，因为没有特色就等于没有新意，没有特色就不会有任何影响。即使是某一个热点问题，许多同人在进行这种研究，你的研究就需要有所推进，推进就是特色，开拓相对新的方向更是一种特色。15年来，本中心在形成自己的科研特色上做了一些努力，在坚持文艺美学基本问题研究的前提下在审美文化、生态美学、审美教育、语言学文论、媒介文论等领域取得不少成果，也获得了学术界不同程度的认可和肯定。其二是研究队伍的年轻化。历史在前进，学术在发展，一代又一代学人前后衔接，这是历史发展的必然。回想短短的30年，学术的发展真是呈现长江后浪推前浪的态势。因此，学术发展的希望在年轻一代，目前主要在于20世纪70年代之后出生的学者。本文集收集了15年来本中心科研人员特别是年轻学者的成果，呈现了年轻学者的发展实力和学术风貌，这是非常可喜的事情。其三是教学与科研的结合。我们中心毕竟还是教学单位，立德树人是我们的基本任务，科研与教学的统一是我们的方向。因此，我们也收录了中心所培养的博士后在站期间和博士在读期间发表的部分成果，体现了中心人才培养的水平和新生代学人的学术实力。其四是学术界的支持。学术研究从来都是一种公共的事业，我们中心作为教育部人文社会科学重点研究基地，得到了教育部和学校特别是得到学术界同行专家尤其是老一辈专家的关心和支持。许多老一辈专家出任本中心的学术委员会和专家委员会成员，为中心的科研工作、学术会议、管理工作等方面都贡献了自己的力量。本文集收录了担任过本中心学术职务的学者特别是老一辈学者的成果，反映了中心 15 年学术工作的现实，也表达了我们对于所有参与过中心工作的学者的敬意。

15 年弹指一挥间，抚今追昔，感慨万千，借此机会，我衷心地感谢文集中所有的作者对于中心所作出的贡献以及对我本人的支持、关怀和爱护。

曾繁仁

2016 年 4 月 10 日

生态美学：后现代语境下崭新的生态存在论美学观

曾繁仁

一

生态美学已在我国应运而生，并正在成为学术热点。对于生态美学，目前有狭义与广义两种理解。狭义的生态美学着眼于人与自然环境的生态审美关系，提出特殊的生态美范畴。而广义的生态美学则包括人与自然、社会以及自身的生态审美关系，是一种符合生态规律的存在论美学观。我个人赞成广义的生态美学，认为它是在后现代语境下，以崭新的生态世界观为指导，以探索人与自然的审美关系为出发点，涉及人与社会、人与宇宙以及人与自身等多重审美关系，最后落脚到改善人类当下的非美的存在状态，建立起一种符合生态规律的审美的存在状态。这是一种人与自然和社会达到动态平衡、和谐一致的处于生态审美状态的崭新的生态存在论美学观。

生态美学是在20世纪80年代中期以后，生态学学科已经取得长足发展并逐步渗透到其他各有关学科的情况之下逐步形成的。法国社会学家J–M. 费里于1985年指出，“生态学以及有关的一切，预示着一种受美学理论支配的现代化新浪潮的出现”①。

正如费里所预见的那样，从20世纪80年代后期开始，作为生态美学应用形态的生态批评在美国文学界悄然兴起。而正是在生态批评的发展中，生态美学理论也得以实践与发展。1994年前后，我国学者提出生态美学论题，

① 转引自鲁枢元《生态文艺学》，陕西人民教育出版社2000年版，第27页。

并先后组织多次学术讨论。2000年，陕西人民教育出版社出版徐恒醇的《生态美学》和鲁枢元的《生态文艺学》，标志着生态美学不仅引起学术界更加广泛的关注，而且开始对其进行更加深入系统的理论探讨。

生态美学同一切理论论题一样，其产生与发展都有一定的历史文化背景。生态美学恰恰就是产生在后现代的经济与文化背景之下。目前，学术界在后现代问题上分歧颇多，一时难以统一，甚至连概念的内涵都难一致。我首先想讲明自己对“现代”与“后现代”的基本看法。

我认为，所谓“后现代”是指“现代”之后，而不是现代的“后半期”。但现代与后现代两者又并非截然分开，而是在“现代”之后，现代与后现代特性共存。这种情况需要持续漫长的融合与过渡时期。而从“后现代”的内容来看又不仅是对现代性的批判与解构，更是对新的经济与文化形态的建设与重构。实质上，“后现代”可以说是对“现代”的一种反思。这种反思的重点恰恰就集中于人的生存状态之上。“现代性”的极度扩张导致人的生存状态不可遏止的恶化，甚至威胁到整个人类的生存。而后现代则着重从根本上扭转这一局面，改善人的生存状态。这已经成为关系到整个人类命运的时代课题。正是从扭转人类生存状态恶化并从根本上加以改善这一时代课题出发，生态美学不仅应运而生，而且走到学术与社会的前沿，显现其极为重要的地位与作用。正是从这样的立足点上，我们来思考生态美学的产生。

第一，现代化弊端的充分暴露及其对人的生存的巨大威胁，呼唤新的存在论美学出现。近二百多年来，人类社会所进行的现代化取得了辉煌的成就，物质丰富、科技进步、社会繁荣，标志着人类社会进入一个新的文明阶段。但由于现代化常常同资本主义剥削制度相伴随，因而可以说现代化的发展也就是剥削与侵略的加剧。而作为现代化支柱的市场经济与工业化本身又因其固有的缺陷，导致盲目追求经济效益与工具理性统治的严重问题。由此导致地球南北之间、社会内部贫富之间以及人与大自然之间出现尖锐的矛盾。特别是由资本主义发展到帝国主义，因掠夺与侵略导致两次世界大战。特别是第二次世界大战，人类不仅制造了核武器，而且使用了核武器。核武器的毁灭性的威力与后果给人类以巨大震动，使人类第一次意识到现代化过程中由经济利益的追逐与科技的发展所制造的核武器，原来足以毁灭整个人类！而现代化过程中的工业化与农业化肥以及农药的滥用所造成的严重环境污染，在20世纪70年代之后也凸显了出来。臭氧层的破坏，沙尘暴的袭击，可用土壤与水资源的严重匮乏，污染所形成的癌病与艾滋病的蔓延，又使人类面临着另一个重大的生存危机。总之，现代化给人类社会带来巨大进步的同时又不可避免地带来巨大灾难，而这些灾难又都归结到最根本的一点：直接威胁到人类的生存。正如法国的《建设一个协力尽责多元的世界的纲领》中所说，“简言之，西方现代性的构成因素引起的后果，或对于某些人而言，就是现代性的后果”。总之，我们对现代化的冷静总结与思考使我们认识到，当前对于现代化的利弊应更侧重于充分认识其弊端，特别是其对人类生存所构成的严重威胁，并采取积极的措施加以克服。这方面的重要措施之一就是在观念上呼唤一种充分反映人类当前生存状况的新的存在论哲学与美学问世，作为指引人类前行的灯光。这就是现实对生态美学及其研究所提出的强烈要求。美国后现代理论家大卫·雷·格里芬指出：“现代性的持续危及我们星球上的每一个幸存者。随着人们对现代世界观与现代社会中存在的军国主义、核主义和生态灾难的相互关系的认识的加深，这种意识极大地推动人们去考核查看后现代世界观的根据，去设想人与人、人类与自然界及整个宇宙之间关系的后现代方针”①。而新的存在论哲学与美学就是人与自然、社会后现代方式的理论表现，旨在克服现代性的种种弊端。

第二，后现代经济与文化形态的形成为生态美学的产生创造了必要的条件。谈到后现代，人们常常将其同对现代性的批判、否定、解构相联系，因而认为不可取。事实上，存在着解构与建构、否定与建设两种不同的后现代思想体系。正如我国生态哲学家余谋昌所说，“后现代主义具有极其丰富的思想和理论内涵，‘是人类有史以来最复杂的一种思潮’。它主要有两种派别，一是以法国的福柯、德里达、拉康为代表的后现代主义，它把对现代性的批判定位于摧毁、解构和否定性的维度上，对现代世界观和启蒙认识论持彻底的取消和否定态度，故称为解构性后现代主义。二是以美国的大卫·格里芬、大卫·伯姆等人倡导的富于建设性后现代主义，它对现代性的批判不是要解构现代性，而是要超越现代性，并试图通过对现代前提和传统观念的

① ［美］大卫·雷·格里芬：《后现代精神》，中央编译出版社1998年版，第238页。

修正，来构建一种后现代世界观”①。

在这里，我们更赞成以美国大卫·格里芬为代表的“建设性后现代主义”。这种理论主张对现代性进行批判性继承，保留其优点，克服其弊端，并创造新的经济与文化形态，从而实现对现代性的超越。这些建设性的后现代理论家们把这种创造性的后现代文化说成一种“生态时代的精神”②。而此前人类则经历了三个早期的文化——精神发展阶段：首先是具有萨满教（shamamic）宗教经验形式的原始部落时代，其次是产生了伟大的世界宗教的古典时代，再次是科学技术成了理性主义者的大众宗教的现代工业时代。直到现在，在现代的终结点上，我们才找到了一种具体的生态精神的时代。这些理论家们在这里主要是从文化与宗教的角度来划分时代。如果加上经济因素的话，我们可以将迄今为止的人类社会划分这样四个阶段：以狩猎与采集为主的原始部落时代，处于早期文明的农耕时代，科技理性主导的现代工业时代，倡导生态精神的信息经济时代。由此可见，后现代社会作为对科技理性主导的现代工业时代的超越，实际上形成了一种新的经济与文化形态。在经济上以信息产业作为其标志，以知识集成作为其特色，实际上是一种后工业经济，而在文化精神上则是对科技理性主导的一种超越、走向综合平衡和谐协调的生态精神时代。这就说明，后现代在精神与文化上的特色就是对生态精神的倡导，这就为生态美学的产生与发展提供了土壤，创造了条件。现在有一个问题，那就是中国目前还是发展中国家，现代化还没有完成，更谈不上已经进入信息经济时代，因此从经济的角度中国谈不上后现代。那么，生态美学为何在中国仍有其广泛的基础呢？我们认为，从单纯的经济形态看，中国的确谈不上后现代，但从现代性的负面影响以及精神文化的角度看，中国已经有了浓厚的后现代思想文化。因此，我们将“后现代”主要定位于对现代性的一种反思与超越。从这样的角度，中国同样存在市场拜物、工具理性盛行、生态恶化等严重问题，对现代性的反思与超越同样必要。这就是中国的后现代文化和生态美学产生的基础。正如格里芬在为《后现代精神》中文版所写序言中所说，“我的出发点是：中国，可以通过了解西方世

---

① 余谋昌：《生态哲学》，陕西人民教育出版社 2000 年版，第 39 页。

② ［美］大卫·雷·格里芬：《后现代精神》，中央编译出版社 1998 年版，第 81 页。

界所做的错事，避免现代化带来的破坏性影响。这样做的话，中国实际上是‘后现代化’了”①。

第三，新时代生态学的发展为生态美学提供了理论的营养。所谓生态美学就是生态学与美学的一种有机的结合，是运用生态学的理论和方法研究美学，将生态学的重要观点吸收到美学之中，从而形成一种崭新的美学理论形态。生态学概念尽管是1866年由德国生物学家海克尔（E. Haeckel）最早提出，但生态学的成熟发展却是20世纪中期以后的事情。也就是说只有在后现代经济与文化语境中，环境问题日益突出，由此引起的理论论题十分尖锐的情况之下，才形成了现代生态学。正如格里芬所说：“后现代思想是彻底的生态学的”，因为“它为生态运动所倡导的持久的见解提供了哲学和意识形态方面的根据”②。现代生态学的发展，大体在20世纪60至70年代的第一次环境革命中得到丰富充实，而在20世纪80年代末90年代初的第二次环境革命中得到进一步发展。现代生态学同传统生态学相比，其重要特点在于超越了纯粹自然科学研究的范围，成为自然科学与社会科学的结合，不仅以自然科学的实证研究为基础，而且形成自身具有普遍世界观价值的理论观点。这种理论观点就是整体性的理论观点，是对传统的笛卡尔–牛顿的二元论、机械论世界观的突破。余谋昌指出：“生态系统整体性，是生态系统最重要的客观性质。反映这种性质的生态系统整体性观点是生态学的基本观点，也是生态哲学的基本观点。运用生态系统整体性观点观察和理解现实世界，是把生态学作为一种方法，即生态学方法”③。这种后现代语境中产生的现代生态学又称作“深层生态学”，是1973年挪威哲学家阿伦·奈斯提出的，即指在生态问题上对“为什么”“怎么样”等问题进行“深层追问”。深层生态学坚决抵制“人类中心主义”观点，不仅反对传统的二元论，主张人与自然的和谐协调，而且反对自然离开人就不具有价值的传统观点，主张自然具有自己独立的“内在价值”，并反对盲目的经济效益论和科技决定论，力主生态效益和再生能源技术。虽然深层生态学尚有一些理论问题需要进一步探讨，但它对“人类中心主义”的批判和提出“关爱自然”的命题无疑具

① ［美］大卫·雷·格里芬：《后现代精神》，中央编译出版社1998年版，第20页。

② ［美］大卫·雷·格里芬：《后现代精神》，中央编译出版社1998年版，第9页。

③ 余谋昌：《生态哲学》，陕西人民教育出版社2000年版，第33页。

有极为重要的意义，是对传统世界观根基的动摇，也是对新时代新型世界观的一种奠基。正是从这个意义上，深层生态学的基本观点恰恰代表了生态精神时代或后现代的基本观点，是这个时代具有代表性的世界观。当然，还有一个明显特点就是这种“深层生态学”以及在其指导下的当代波澜壮阔的环保运动，都无例外地围绕人类的生存问题展开。首先是现代生态学中“人—自然—社会”的系统整体论就包含着可贵的人与自然、社会共生共存的生存论思想。而且，1972 年联合国环境会议发布《人类环境宣言》中从人权的高度第一次提出人应该享有的环境权问题。《宣言》指出：“人类有权在一种能够过尊严和福利的生活环境中，享有自由、平等和充足的生活条件的基本权利，并且负有保护和改善这一长期和将来世世代代的环境的庄严责任”。此后，有关环保组织及理论家又进一步提出“可持续生存”以及与之有关的道德原则。1991 年世界自然保护组织、联合国环境规划署和世界野生动物基金会提出《保护地球——可持续生存的战略》报告。报告制定了可持续生存的九项原则，其中第一项原则就是：“人类现在和将来都有义务关心他人和其他生命。这是一项道德原则。”这是新的世界道德原则——人类可持续生存的道德原则。上述这些都是现代生态学——深层生态学所提供的极为宝贵的理论资源，为生态美学的产生与发展提供了极为丰富的营养，注入了许多新鲜的内容。这些内容包括系统整体性的生态学方法，“人—自然—社会”和谐一致的整体性观点，反对“人类中心主义”，力主一切自然现象都具有“内在价值”的价值观以及同环境相关的生态“生存论”原则等等。这一切都使生态美学具有了不同凡响的崭新面貌与内涵。

第四，美学学科的特性及其发展趋势为生态美学的产生提供了必要的前提。生态美学产生于 20 世纪后半期，除了有其客观的时代土壤之外，还同美学本身的特性及其在新时代的发展分不开。众所周知，尽管自古以来人们对美与美学的界定众说纷纭，莫衷一是，但“美”所特具的和谐性、亲和性与情感性却是被大多数学者所接受的。“美”所具有的这些特色恰恰同现代生态学系统整体性的基本观点相吻合。这就为美学与生态学的结合，也就是为生态美学这一新的美学理论形态的产生与发展提供了最重要的前提。所以许多生态学家在论述其生态理论时都情不自禁地运用美学的理论与方法。J–M. 费里就曾指出，“未来环境整体化不能靠应用科学或政治知识来实现，只能靠应用美学知识来实现”[①]。在这里，费里将环境整体化十分自然地同美学相结合，并对美学在生态学中的作用给予极高评价。美国另一位后现代理论家C. 迪恩·弗罗伊登博格在谈到后现代农业的奋斗目标时就借用了美学领域中“完整，美丽，和谐”的理论观点。他说，“后现代农业按照有助于而且促进同它发展相互作用的自然体系的思路来设计和运转。它能使自然体系变得更完整，美丽，和谐”[②]。而著名生态学者、诺贝尔生存权利奖获得者何塞·卢岑贝格则将地球称作“美丽迷人，生意盎然”的地母该亚。他说，这是一种“美学意义中令人惊叹不已的观察与体悟”[③]。当然，生态美学的产生还同20世纪70年代末、80年代初欧美美学与文学理论领域所发生的“文化转向”密切相关。众所周知，西方20世纪以来的美学与文学理论领域始终存在着科学主义与人文主义两条发展线索。从20世纪初期形式主义美学的兴起开始，连绵不断地出现了分析美学、实用主义美学、心理学美学等科学主义浪潮，侧重于对文学艺术内在的、形式的与审美特性的探讨。而从70年代末、80年代初开始了文化的转向，表现出对当前政治、社会、制度、文化、经济、性别、种族、新老殖民主义的浓厚兴趣。正如美国美学者加布里尔·施瓦布所说：“美国批评界有一个十分明显的转向，即转向历史的和政治的批评。具体来说，理论家们更多关注的是种族、性别、阶级、身份等等问题，很多批评家的出发点正是从这类历史化和政治化问题着手从而展开他们的论述的，一些传统的文本因这些新的理论视角而得到重新阐发”[④]。美学在新时代的这种“文化转向”恰恰是后现代美学的重要特征，这就使关系到人类生存的问题必然地进入美学研究领域并成为其极其重要的课题，从而产生了生态美学。生态美学在中国的提出也同20世纪90年代开始的美学转向有关。众所周知，中国在20世纪50、60年代和70、80年代曾两度有过“实践美学”的讨论热潮，但从90年代开始学术界有些人感到实践美学的局限，开始探讨“后实践美学”。而且，中国美学与文艺学从1978年以来又经历了“从外到内，再由内到外”的历程。20世纪90年代以来，不少学者正

---

① 转引自鲁枢元《生态文艺学》，陕西人民教育出版社2000年版，第27页。

② [美] 大卫·雷·格里芬：《后现代精神》，中央编译出版社1998年版，第193页。

③ [巴西] 何塞·卢岑贝格：《自然不可改良》，三联书店1999年版，第63页。

④ 转引自钱中文《全球化语境与文学理论的前景》，《文学评论》2001年第3期。

试图突破偏重审美的“内部研究”进而探索历史、文化等外部视角。生态美学正是在这种由“实践美学”转向“后实践美学”以及由“内部研究转向外部研究”的过程中诞生的。

二

生态美学的产生无论对生态学还是对美学都有极其重要的意义。对于生态学来说，生态美学的产生为其增添了新的视角和具有宝贵价值的理论资源，使其更具人文精神。这一方面的论述不是本文的任务，不拟展开，这里只打算对生态美学的产生对美学与文艺学学科的意义深入进行探讨。

第一，生态美学的产生进一步促进了新时代美学观念的转向，形成并丰富了生态存在论美学观。生态美学的产生从美学学科来讲最重要的意义在于促进了新时代美学观念的转向。可以这样说，从20世纪90年代以来“实践美学”与“后实践美学”的讨论一直未取得突破性进展。目前仍处于胶着状态，难以突破。但是，生态美学的产生却是对这场讨论的突破。它作为一种生态存在论美学观，对于“实践美学”的超越和“后实践美学”的形成都具有决定性的意义。实际上，在西方美学史上，美学的“存在论转向”从康德即已开始。康德以前的西方美学大多囿于认识论范围，美与审美离不开“模仿”“对称”“典型”等范畴。康德第一个将“本体论”引入美学，不仅探索此岸世界中的“真”，而且追求彼岸世界中的“善”。美成为沟通真与善、认识与存在、此岸与彼岸的无目的的合目的性形式，最后使美成为“道德的象征”①。也就是说，在康德看来，美是一种既合规律、又合目的的“存在方式”。席勒力倡美育，用以克服资本主义生产的“异化劳动”，也是将“存在”放在非常突出的位置。但在存在论美学的发展中，黑格尔却有很大倒退，将美看成绝对理念自发展、自认识的一个阶段，提出“美是理念的感性显现”② 的命题，仍是在总体上将美局限于认识论范围。20世纪以来，资本主义的内在矛盾愈加尖锐，人的生存问题更加紧迫。尼采以其具有强大冲

① ［德］康德：《判断力批判》，商务印书馆1985年版，第201页。
② ［德］黑格尔：《美学》第1卷，商务印书馆1979年版，第142页。

击力的酒神精神，强力冲击传统的机械论和虚伪的理性主义，将艺术作为人的一种存在方式，提出艺术“是生命的伟大兴奋剂”[1]的著名观点。20世纪三四十年代以来，特别是第二次世界大战之后，著名的存在主义理论家萨特针对人类愈加严重的存在危机，提出了一系列存在主义哲学与美学理论，包括“存在先于本质”“人是绝对自由的”等著名观点。在美学领域，萨特则将艺术作为人的一种自由的存在方式，提出著名的艺术是“由一个自由来重新把握世界”[2]的观点。海德格尔则进一步从艺术与存在关系的角度探索美学问题，借用荷尔德林的诗句提出“充满才德的人类，诗意地栖居于这片大地”[3]的著名观点。所谓“诗意地栖居”就是“审美的生存”，表明了一代哲人对人类当下非美的生存状态的忧虑，对未来审美的生存所寄予的无限期望。上述对西方存在论美学发展脉络的简要勾勒旨在说明，西方存在论美学始终是同资本主义的发展与现代化的进程紧密相联的，是一个具有极强现实意义的现代课题。而且，存在论美学作为现代西方人文主义美学的主要派别，始终绵延不断，发展充实。在20世纪前半期，只因受到科学主义美学思潮的冲击没有占据主导地位。但到20世纪六七十年代之后，随着后现代经济与文化形态的产生，存在论美学就逐步成为西方当代美学的主流。生态美学的产生，更是使存在论美学获得丰富的营养，具有强大的生命力，发展成影响巨大的生态存在论美学观。格里芬在《和平与后现代范式》一文中批判现代性的非生态论的生存观，倡导后现代的生态论生存观。他说，“现代范式对世界和平带来各种消极后果的第四个特征是它的非生态论的存在观”[4]。生态存在论美学观就是在生态论存在观哲学基础上产生的新型美学思想。那么，这种生态存在论美学观同传统存在论美学相比有什么区别，增添了多少新的内容呢？首先，生态存在论美学观同传统存在论美学相比，丰富了“存在”的范围。存在论美学的基本范畴是“存在”，这里的“存在”并不是抽象的处于静态的人的本质，而是此时此地人的“此在”，也就是人当下的生存状态。生态存在论美学观无疑接受了人的这种当下“此在”内涵，

① ［德］尼采：《悲剧的诞生》，华龄出版社1996年版，第149页。
② 转引自朱立元《现代西方美学史》，上海文艺出版社1993年版，第542页。
③ 胡经之主编：《西方文论名著选编》（下），北京大学出版社1986年版，第582页。
④ ［美］大卫·雷·格里芬：《后现代精神》，中央编译出版社1998年版，第224页。

但却将这种内涵不仅局限在人，而是扩大到“人—自然—社会”这样一个系统整体之中。也就是说，生态存在论美学观中人的“此在”包含着自然与社会当下对人的影响，甚至这个“此在”就同时包含着自然与社会当下的生存状态。其次，生态存在论美学观同传统存在论美学相比改变了“存在”的内部关系。传统存在论美学虽然借助现象学的理论与方法，试图摆脱二元论与机械论观点，但却没有完全做到。因此，它所说的“存在”是指处于孤立状态的人。人同他人的关系是敌对的，所谓“他人是地狱”。人的现实状况是“被抛弃的”，因而孤独与焦虑成为“此在”的主要状态。这种处于孤独与焦虑状态、把他人看作地狱的人，肯定也是对自然与社会持敌对态度的。但生态存在论美学观却与此相反，从系统整体性与建设性出发，提出“主体间性”的概念，力图抛弃现代哲学中主体无限膨胀的理论和个人主义观点，从人与他人的平等关系中来确定“自我”的位置，消除人我之间的对立。正如王治河在《后现代精神》一书的代序中所说：“在人与人的关系上，后现代主义则摒弃现代激进的个人主义，主张通过倡导主体间性来消除人我之间的对立。在后现代思想家看来，个人主义已成为现代社会中各种问题的根源。对自我的坚持往往是以歪曲、蔑视、贬低他人为条件的，其结果是导致人我的对立（萨特的‘他人是地狱’），而周围都是地狱又哪里有自我的自由可言？后现代主义将人不是看作一个实体的存在，而是看作一个关系的存在，每个人都不可能单独存在，他永远是处在与他人的关系之中的，是关系网络中的一个交会点。在这个意义上，他们称人为‘关系中的自我’(Self-in-relation)，因此，‘主体间性’内在地成为‘主体’‘自我’的一个重要方面”①。而在人与自然的关系中，生态存在论美学观摒弃了传统存在论美学中“人类中心主义”的观点，不是把人看成主宰，对自然可以任意宰割和处置，而是将人与自然放在平等和谐的关系之中，如同朋友和对话者。再次，生态存在论美学观同传统存在论美学相比，进一步拓宽了观照“存在”的视角。在传统存在论美学之中，“存在”被界定为人的此时此地的“此在”，时空界限明确。而生态存在论美学观，对“存在”的观照视野则大大拓宽了。从空间上看，生态存在论同最先进的宇航科学相联系，从太空的视

① ［美］大卫·雷·格里芬：《后现代精神》，中央编译出版社 1998 年版，第 11—12 页。

角来观照地球与人类。自从20世纪60年代人造宇宙飞船升天并环绕地球航行之后，从广袤的宇宙空间观看地球，地球只是一个小小的蓝色发光体，似乎顷刻之间就会像一颗流星那样消逝，显得如此脆弱。而人类则是这个宇宙间小小星体的一个极其微小的“存在”。因此，从如此辽阔的空间观照人的存在，不是更加感到人与地球的共生存同命运的休戚与共关系吗？不是更加感到人的“此在”不可能须臾离开地球吗？而从时间上看，生态存在论坚持可持续发展观点，认为人的存在尽管是处于当下状态的“此在”，但这个“此在”是有历史的，既有此前多少代人的历史积存，又要顾及后代的长远栖息繁衍。这样的时空观照就改变了传统存在论美学中“此在”的封闭孤立状态，拓宽其内涵，赋予其崭新的含义。然后，生态存在论美学观同传统存在论美学相比，进一步完善与丰富了它的审美价值内涵。传统存在论美学所包含的审美价值取向是比较消极与负面的，他们所说的“存在”是一种被抛入的焦虑、忧愁等一系列低沉消极的心理状况，尽管在其审美观中增加了“自由选择”的主体活动空间，给这种低沉心理增添了些许亮色，但也并没有根本改观。正如美国后现代理论家理查·A.福尔柯所说，“让－保罗·萨特把现代存在同面对现实时的恶心感相联系，以此来说明其荒谬性。现代性从其深层的、最终的意义上讲是无根的，因为它给我们的存在赋予了超出我们的必死性之外的意义”。“从这种更广泛的意义上看，后现代意味着去重新发现能够给人类存在赋予意义的合理的精神基础”[①]。这就说明，从生态存在论美学观来看，作为后现代的重要思潮之一，它更立足于建设与重构。也就是说它以“人—自然—社会”构成系统整体的理论为指导，着力于建设一个人与自然社会和谐协调发展的、人与其他生命共享的美好物质家园与精神家园。因此，生态存在论美学观在价值观上同传统存在论美学相比更加积极和正面。不仅如此，传统存在论美学受传统的二元论与机械论哲学思想影响，只承认人具有独立的审美价值，而否定自然界具有独立的审美价值，自然界的美是由人的主体决定的。于是，在传统美学中出现了“移情”“外射”“偷换”等等理论观点，而传统存在论美学也只承认主体的“自由选择”的审美能力，甚至凡高的名画《鞋》的美学特性也由主体的理解产生。但生态存在

---

① ［美］大卫·雷·格里芬：《后现代精神》，中央编译出版社1998年版，第127页。

论美学观却打破了这样的理论樊篱，坚持认为自然界万事万物，无论是动物、植物等有生命的物体，乃至于山脉、大河、岩石等无生命的物体，统统具有自身的“内在价值”，包括自身内在的“审美价值”。也就说，在他们看来自然界也有“美感”。但无论如何，在自然具有独有的审美价值这一点上，生态存在论美学观是对传统存在论美学的一个重要突破。最后，生态存在论美学观将一系列生态学原则吸收到自己的理论体系之中，从而同传统存在论美学相比，极大地丰富了美学理论的范围。传统存在论美学纯粹从人的“存在”这一现代人本主义的角度来阐发自己的美学思想，而生态存在论美学观则将生态学的一系列原则借鉴吸收到美学理论之中，极大地拓展了美学理论的范围。前已说到，现代生态学的最基本的原则就是系统整体论的观点，在此前提下又有平衡规律、对立统一规律、反馈转化规律与物质循环代谢规律等。正如我国著名生态学家马世骏教授所说，“基本生态规律有：一，作用与反作用，即输出与输入平衡的规律；二，排斥与结合，即对立统一规律，是自然界生物群落中的普遍现象；三，相互依赖与制约，即反馈转化规律，又称数量极限规律；四，物质生生不息和循环不息的再生，即互生规律，又称物质循环的代谢规律”①。这些生态学原则经过融合、加工，被吸收进生态存在论美学观之中，成为美学理论中的“绿色原则”。总之，生态存在论美学的提出在我国当前美学领域具有极为重要的作用。它标志着由“实践美学”到“后实践美学”的过渡初步完成。当然，我不主张直接地全盘地将西方生态存在论美学观拿过来运用，而是要经过必要的改造，吸收“实践美学”的有价值成分，也就是其能动的唯物主义哲学基础，从而使之成为在社会实践基础之上的生态存在论美学。这就终于找到了一种符合当代特点的、同时又具相当科学性的美学理论形态。

第二，生态美学的实际应用派生出文学的生态批评，进一步丰富了文学批评的视角。生态批评是当代西方正在兴起的一种新的批评方法，是生态美学的实际应用。生态批评的发展充分说明生态美学的重要作用与意义。据有关学者提供，在文学领域中最早介入生态批评的学者，是1925年美国一位博士生的博士学位论文，但直到1978年一篇题为《文学与生态学：一种

① 转引自余谋昌《生态哲学》，陕西人民教育出版社2000年版，第43—44页。

生态批评主义的实验》发表，文学生态批评才正式提出。而真正引起人们的重视并成为热点，则要到20世纪90年代中期以后。美国学者丹纳·菲利普指出："对某些人来说，生态批评的反理论精神，似乎是完全值得赞赏的，因为它给批评界吹入了一股新鲜的空气（虽然这一说法在本文中过于武断）。1995年在《纽约时代杂志》上发表的一篇文章中，杰·帕理尼对这种新批评方式的正式登台亮相表示了欢迎；同年夏天在科罗拉州举行了一次会议，则成为生态批评开始的标志……杰·帕理尼解释了生态批评的起源，指出它是'一种向行为主义和社会责任回归的标志'；它象征着那种对于理论的更加唯我主义倾向的放弃。从某种文学的观点来看，它标志着与写实主义重新修好，与掩藏在'符号海洋之中的岩石、树木和江河及其真实宇宙的重新修好'。"① 这一段论述基本阐明了文学生态批评在美国的发展与内涵。菲利普将1995年夏作为文学生态批评开始的标志，而对其内涵，他则概括了五点：一是"向行为主义的回归"，强调人与动物具有更多共同性。因为行为主义是兴起于20世纪初期的一种心理学理论，后因否定人与动物的质的差别而受到批判。而对行为主义的回归则是强调动物与人两者的同一性，反对"人类中心主义"。二是"向社会责任的回归"，则是对工业化所造成严重环境污染的一种谴责，认为不仅祸患当代，而且遗患后代，必须呼唤社会责任，呼唤社会良知。三是"对理论的更加唯我主义倾向的放弃"，则是反对由机械论与个人主义所导致的对人类利益和主体欲望无限膨胀的趋势，进一步反对"人类中心主义"。四是"标志着与写实主义的重新修好"，是对现代派艺术扭曲自然，大量描写暴力、黑暗、丑陋与污秽的一种鞭挞，要求持现实主义的歌颂自然的态度。五是"与掩藏在符号海洋之中的岩石、树木和江河及其真实宇宙的重新修好"，这是对文学创作中将自然看作"他性"、自然与人对立、大肆描写人类施虐自然的一种批判，要求把自然看作人类的朋友、人类的家园。实际上，生态批评的方法对其他批评方法也产生巨大的影响，有着十分密切的关系。因为，生态批评坚持一种系统整体论的观点，主张和谐、均衡、适度的原则，因此给阶级、性别、种族等当前十分流行的文学批评视角注入了新的内容。这也是生态批评方法得到迅速流行的重要原因。生态批

① 转引自王宁《新文学史》，清华大学出版社2001年版，第298页。

评方法的兴起同文学批评中业已流行的社会批评、精神分析批评、神话—原型批评与格式塔—心理学批评等方法一起为文学批评增添了新的批评武器和视角。同时也可以运用文学批评的阵地宣传生态理论，推动环保运动，改善人类的生存环境。

第三，在生态美学的影响与引导下，必然极大促进生态文学的发展，从而拓展文学创作的题材、观念和内容。生态美学的产生必然极大地影响文学创作，有力促进生态文学的发展。生态文学又称绿色文学，也分狭义与广义两种。狭义的生态文学纯以人与自然的关系为题材，或对自然进行讴歌，或对生态破坏进行有力控诉，或者表达对大自然的一种依恋之情。而广义的生态文学则是以生态存在论美学观为指导，按照系统整体、生态平衡的哲学—美学观念来进行创作，题材可不局限于人与自然的关系，而可以更为广泛。但目前在通常的意义上还多是持狭义生态文学的观点。因为，广义生态文学有难以把握的困难。只是目前无论在世界范围，还是在我国，真正的生态文学还为数不多。说起生态文学，人们便会马上想起生态文学的发轫之作，美国女记者蕾切尔·卡森的长篇报告文学《寂静的春天》。这部书创作于 1962 年，作者以感人的笔触、生动的事例、高尚的情怀描写了农药给天空、大地和海洋所带来的严重污染，给无数生命造成的戕害，使一个有声有色的春天变成了荒凉死寂的春天。这部书以独特的生态学视野，强烈的人文关怀精神，产生了巨大的震撼作用，成为西方生态文学的开路先锋。我国作家徐刚于 20 世纪 80 年代中期所写长篇报告文学《伐木者，醒来》，以及此后结集出版的有关生态保护的六卷本《守望家园》，都贯串着热爱自然、关怀人类的“绿色的情感纽带”。其他如张承志、张炜、史铁生等人的作品也都不同程度地体现着“生态学含义”。总之，生态文学正是生态美学所开出的鲜艳花朵，是一个方兴未艾的文学园地，有待于大力推动，使之繁荣发展。这不仅能为文学园地增光添彩，而且从文学特有的视角，宣传生态生存论观念，促进可持续发展战略，协调人与自然的关系，造福子孙后代，造福人类。

第四，生态美学的发展有利于进一步继承发扬中国传统的生态美学智慧。中国先秦时代有着极为丰富和宝贵的反映我国先民智慧的哲理思想，包括大量的生态学智慧。特别集中地反映于以老庄为代表的道家学派的思想理论之中。这一点受到西方许多学者的一致肯定。澳大利亚环境哲学家西尔万（RichardSylvan）和贝内特（DavidBennett）认为，“道家思想是一种生态学的取向，其中蕴涵着深层的生态意识，它为顺应自然的生活方式提供了实践基础”①。众所周知，道家的“天人合一”理论，是力主人与自然宇宙和谐协调的。而“道法自然”“无为”等理论则主张顺应自然规律，不可强不为而为之，以至于违背天时。正如老子所说，人应“辅万物之自然而不敢为”，也就是说人应克制个人欲望，顺应万物本来的情形，而不要破坏万物本来的状态。而庄子的理论则是一种人类早期的存在论诗性哲学。他不满于人的现实生存状态，追求自身与自然自由统一的“逍遥游”的审美生存状态，具有极高价值。即使是《周易》的阴阳变易的理论，也是主张人应遵循自然规律，做到与自然和谐统一。所谓“一阴一阳之谓道”就是阐明了天地、阴阳对立统一和谐一致的普遍规律。这些早期人类的生态学智慧都是极其宝贵的精神财富，中华民族的文化瑰宝。生态美学的发展可以使我国早期的这些生态学智慧同当代结合，重新放射出夺目的光辉。当然，对中国传统的生态美学智慧在评价上也还有不同。有人以为，道家“天人合一”思想是小农生产状态下的产物，带有某种蒙昧和迷信色彩，而且中国历史上严重的生态破坏恰从反面证实了这些生态智慧的软弱无用。在我看来这些看法不能不说有一定道理。但我们所说的生态智慧是特指先秦时代对先民们早期智慧的某种哲学理论反映形态，同东汉以后道家学说的迷信化、封建化无关。而且，这些理论智慧还须经过认真的改造清理，结合当代现实适当加以吸收，并非全盘搬来使用。

三

生态美学作为一种后现代语境下的生态存在论美学观，从目前的情况看，还只是一个重要的理论问题，并没有形成一个独立的学科。因为，作为一个独立的学科，要有独立的研究对象、研究内容、研究方法、研究目的及学科发展的趋势这样五个基本要素。目前，生态美学在这些方面还不完全具备条件。特别是，我们应更好地将生态学与美学相结合，使之更加紧密地统一起来，科学地确定自身的逻辑起点。从目前看，这一逻辑起点到底是什

① 转引自余谋昌《生态哲学》，陕西人民教育出版社 2000 年版，第 201 页。

么？是否可将其定为“生态存在美”呢？又如何确定其内涵及发展轨迹？这些都需要进一步探讨，在学术界取得共识。

对于格里芬等人所提出的后现代思想与生态存在论理论，我们也要进行必要的批判继承与清理。因为格里芬等人大都是神学教授，他们的后现代思想带有浓郁的宗教倾向。应该说，他们是一批有见解的宗教改革派。因为，在西方基督教中，特别是在《圣经》中，是主张人与自然对立的。但格里芬等人紧跟时代发展，将系统整体性等后现代思想引进基督教之中，使之更好地适应现实。当然，我们不能因为他们的信仰而漠视其敏锐的见解，深刻的分析，以及有价值的理论成果。但也不可否认其理论成果中伴随着宗教色彩。在他们的论述中常常自觉或不自觉地将其生态存在论引向“万能”的上帝和神秘的天国。而且，由其宗教立场决定，他们常常情不自禁地批判否定唯物主义理论，并进而提出使一切事物都具有“神圣性”的“世界的返魅”。格里芬指出：“由于现代范式对当今世界的日益牢固的统治，世界被推上了一条自我毁灭的道路，这种情况只有当我们发展出一种新的世界观和伦理学之后才有可能得到改变。而这就要求实现‘世界的返魅’(theenchantment of the world)，后现代范式有助于这一理想的实现”①。所谓“世界的返魅”是针对“世界的祛魅”的。因为，在远古时代，人类社会早期，人们对世界的认识处于初始阶段，对许多自然现象难以理解，只能借助于原始宗教。原始宗教都是“万物有灵论”，天地运行、动植物生长都被神灵左右，蒙上了一层浓浓的神秘的宗教色彩。到了现代社会之后，随着科技发展，人们逐渐掌握了天地万物运行生长的规律，揭去其神秘的面纱，回到唯物主义无神论的道路之上，这就是“世界的祛魅”。但格里芬等人却把这种唯物主义无神论的“祛魅”看作是一种机械唯物主义，是导致“人类中心主义”的直接原因。相反，他们所倡导的“后现代”世界观却要实行“返魅”，回到宗教统治的有神论时代，以为只有这样自然才会丢弃“他性”，具有独立于人类的“内在价值”。我个人尽管赞成后现代生态存在论世界观的确立，但却不赞成“世界的返魅”，也就是说，不同意回到宗教的时代。当然，我也不赞成“人类中心主义”。这种“人类中心主义”也的确同主客对

---

① ［美］大卫·雷·格里芬：《后现代精神》，中央编译出版社 1998 年版，第 222 页。

立的机械唯物主义有关。但我认为，马克思主义的实践唯物主义却同这种机械唯物主义迥然不同。因为，马克思主义的实践唯物主义既承认世界的客观性，同时更重视人类的能动实践作用。而在实践中不仅有“人化的自然”，同时自然也反作用于人类，成为“人的对象化”。因此，笼统地对唯物主义加以否定批判是不正确的。至于自然是否具有独立于人类的“内在价值”，这是一个比较复杂的问题。一方面，“人类中心主义”确实偏颇，自然决不仅仅是“他性”“工具”“被宰割的对象”，自然同样也具有自己独立于人类的运行规律，并成为地球这个大家园的不可缺少的有机组成部分。人类的任何价值都不能离开自然，人类的生死存亡也都离不开自然。这就是后现代“人—自然—社会”的系统整体性观念，是一种崭新的生态存在论世界观。但自然是否同人类一样具有独立的“内在价值”“内在精神”却是又同“返魅”“万物有灵”等宗教神学观相联系，显得十分敏感，须谨慎对待。目前，还是以坚持“人类与自然整个生态系统构成中心”这样的观点为宜。与此相关的还有一个自然美的客观性问题，许多生态理论家认为，既然自然具有独立于人类的“内在价值”“内在精神”，那么自然就有独立于人类的美与美感。有的论者将我们过去看作生物本能的动物因求偶而进行的啼鸣与展翅等都看作动物独有的美与美感。这种自然的客观美又同机械唯物主义从对象的典型性的角度认为自然具有不以人的意志为转移的客观美的观点不同。这种自然美同自然的“内在价值”“内在精神”的观点紧密相联。我个人一方面不同意“实践美学”完全以“人化的自然”来解释自然美的理论，同时也难以接受从自然的“内在价值”“内在精神”的角度来理解“自然美”。我认为，还是从生态存在论美学观的角度来理解自然美。也就是说，凡是符合系统整体性，有利于改善人的生态存在状态的事物就是美的，反之，则是丑的。再一个十分敏感的问题就是生态美学的发展如何正确对待现代化及现代科技的问题。有的论者由于看到环境与生态的破坏是现代化的恶果之一，也同科技活动中工具理性的泛滥有关，因而走到否定现代化和科技的道路，主张抛弃科技，回到现代化之前的时代。实际上，这是对现代化与现代科技的一种片面的理解。因为，尽管现代化和现代科技的发展造成严重的生态恶化后果，但现代化与现代科技同时也给人类社会生活带来巨大进步，对社会的前进发展起到了巨大的推动作用。而人类社会的未来发展，也还要借助于科技的巨大动力。更为重要的是，这种回到过去的观点实际上是一种非历史主义态度。因为，历史主义不仅承认历史的事实，而且承认历史发展的规律，反对历史的倒退。正是从这样的角度，我们认为，没有现代性，也就没有后现代性，没有现代化过程中的生态系统的破坏，也就没有现代生态学理论及生态存在论美学观的产生。这恰是一个历史发展的必然过程，不可能颠倒或倒退。正如美国理论家丹纳·菲利普所说："但是，假定对环境危机的解决意味着回归过去——从都市的梦境里醒过来——却忽视这样一个事实，即我们对环境的理解是通过农业、工业化以及相伴随的科学兴起而引起自然的解体而发生的。换句话说，如果没有环境危机，可能就不会存在环境想象，顶多将只是一种不经意的意识而已。亦将不会需要生态学家们去理解和修复自然世界这个遭到了损坏的机械装置"①。生态存在论美学观的提出还使我们面对一个这样的问题：生态存在论美学观与实践美学的关系问题。前文已经谈到生态存在论美学观是在我国美学由"实践美学"到"后实践美学"，以及由"内部研究转到外部研究"的美学转向的过程中产生的。众所周知，"实践美学"自有其不可磨灭的历史功绩，至今仍有其有价值的积极成分，但它又的确难以适应当前社会与学术发展的趋势。目前需要出现一种新的美学理论形态，既可保留实践美学的有价值的积极成分，又突破其局限，从而实现真正的超越。这样的理论，就是生态存在论美学观。我们所建立的生态存在论美学观当然要吸收西方当代生态存在论的许多重要理论、概念，但又要对其批判地继承。那就是一方面要使其适合中国国情，同时又要以马克思主义的实践唯物主义为基本指导。为此，我们提出建立以社会实践为基础的生态存在论美学。这是一个比较复杂的理论课题。总之，生态存在论美学观的提出只是对实践美学超越的一种探索，还需要进一步丰富、展开与发展，期望这样的探索能给众多的理论研究者以某种启发，包括正面的，也包括反面的。

（原载《陕西师范大学学报》2002 年第 3 期）

① 转引自王宁《新文学史》，清华大学出版社 2001 年版，第 310 页。

从现代人类学范式看生态美学研究

仪平策

21 世纪中国美学将走向何处？这个问题的答案可能不一，但从社会现实需求和美学发展趋势看，生态美学的崛起应是无可置疑的。它是当代美学超越本质主义模式而走向审美文化、审美存在这一重大学术转型的集中体现。这样，关于生态美学研究的一系列基本理论课题便凸显在美学工作者面前。其中，应以一种什么样的学术立场来研究生态美学，便是首先必须考虑的一个根本性问题。它构成了生态美学研究的一个逻辑前提，同时也是衡量这门学科在理论上是否具有合法性和现代性的标准之一。对于生态美学的建构来说，人类学就是这样一种现代学术立场。关于这一点，本文拟从四个方面谈点初步想法。

一

生态美学的研究对象应是人与生态环境之间的审美关系，这恐怕是没有很大疑义的；而生态美的本质应是人与生态环境的“和谐”，这也是可以理解的一个论点。然而问题的关键不在于提出这样一种简单抽象的论点，而在于能否使这一论点成为真正切合现代语境的一种具体思想、具体理念；从方法上说，亦即能否以一种现代性的学术立场和思维范式来阐释和表述这一观点。因为我们知道，以“和谐”为美并不是一个现代命题，而是早在古希腊和中国先秦就已提出的美学观念，特别是中国古老的“天人合一”思想，更是最接近人与环境的和谐这一生态美本质的。但这毕竟是古人表达的和谐美观念。实际上，人类自古至今对“和谐”这一范畴的具体解释并非恒定不变抽象统一的，而是因不同时代思维范式的差异而多有变化（详后）。这也就意味着，建立现代形态的生态美学，解释现代生态的和谐美本质，就必须诉诸现代水平的学术立场和思维范式。那么，何谓现代学术立场和思维范式？笔者认为首选便是人类学。

人类学作为一个现代概念大致应从两个层面来理解，一个层面指的是一种现代思维范式，一个层面则指的是一门现代新兴学科。这里所说的现代人类学，主要是就前一层面而言的。那么，为什么我们选择人类学作为一种现代思维范式呢？

我们知道，人类思维（或思想、意识、精神、观念等）归根结底是反映存在、理解存在的。一方面，存在为何，从根本上决定着人类的思维为何。这是唯物的观念。另一方面，人类如何思维，或者说以怎样的思想方式解释存在，也反过来规定着存在如何呈现。这是辩证的观念。从这个意义看，人类思维范式的变革，实质上也是一种存在论的变革。那么，在数千年的文明史上，人类的思维范式发生了哪些变革，或说经历了哪些发展阶段呢？大致说来，与人类文明三次大的变革相对应，人类的思维范式也经历了三大阶段，即古代农业文明阶段的世界论范式、近代工业文明阶段的认识论范式和现代“后工业”文明阶段的人类学范式。① 世界论范式追问的是，世界何以存在？也就是偏于从对象的角度，思考世界存在的原因和根据。认识论范式追问的是，人类能否认识世界的存在？也就是偏于从主体的角度，反思人类认识的可能性和知识的合法性。但是，无论是世界论范式，还是认识论范式，都有一个基本的思维定式，那就是都将对象和主体分离开来，将客体世界和人的认识分离开来，前者忽略了主体的存在，后者则将世界的存在“虚置”起来。显然，二者贯彻的都是一种主客对立的二元论思维模式，体现的都是一种抽象和绝对的存在论。

与这两大思维范式相适应，古代美学所表述的和谐观主要体现了人对于对象世界（生态环境）的依附顺和关系，其学术立场可以视为一种客体（世界）本位论。近代美学的和谐观则建立在人的主体性的高扬及由此带来的人与世界（生态环境）对立冲突的基础上。所以近代的和谐美以不和谐为

① 参见王南湜《论哲学思维的三种范式》，《江海学刊》1999 年第 5 期。

中介、为特征。和谐仍是美的最高理想和终极目的，但追求和谐的过程却是不和谐的，充满斗争景象和悲剧色彩的。因此，近代美学的学术立场可以称为一种主体（认识）中心论。显然，古代偏于客体和近代侧重主体的和谐美观念与各自时代的思维范式是密切相关的，也都表现为主客二元的思维框架。

现代人类学范式则是对以往存在论之主客二元对立框架的超越，对以往存在论之抽象性和绝对性的超越。作为这一超越的标志，人类学范式的核心在于将感性具体的人类生活肯定为真实的、终极的实在，视为理性、思维的真正基础和源泉。也就是说，在人类学看来，没有超越人类生活之上的、与人类生活毫无关系的真实实在。人类所有知识都只是对人类生活或在世界中的生活的一种领会，因而它所能达到的也只能是人类世界、人类存在、人类生活本身。无论将什么作为人类生活的完全外在的、异己的客体，对人类来说实际都是不可思议的，都是一个绝对的抽象，都是一个“无”；诚如马克思所说的：“抽象的、孤立的、与人分离的自然界，对人来说也是无”。[①]其实与人类存在、人类生活相分离的任何东西，对人来说都是“无”。

就生态美学的研究而言，以人类生活为终极实在的现代人类学范式，为其突破传统的世界论或认识论范式，在一个更高的现代思维层面上切入审美问题的实质开辟了道路，因为它从根本上重构（或确切地说是还原）了人与自然、人与整个世界（环境）源始的、本真的关系。它既不再像古代世界论范式那样将世界（自然、环境）从人类生活的整体中抽象出去，孤立出去，成为脱离了人、异在于人的自然，然后再赋予和谐以一种人依附于自然、主体统一于世界的话语模式；也不再像近代认识论范式那样将人类生活中的人的“此在”抽象出来，孤立出来，成为脱离自然、“创造”自然的纯粹精神，然后再以一种“人为自然立法”的姿态将人（主体）置于自然（世界）之上，从而赋予和谐以一种自然臣服于人、世界重构于主体的话语模式，而是彻底超越了人与世界（自然、整个环境）抽象绝对的主客二元模式，将人视为在世界（自然，整个环境）中生活的、此在的人，而将世界（自然、整个环境）看作人类“在世”生活这一整体中的世界。人和世界

① 马克思：《1944 年经济学—哲学手稿》，刘丕坤译，人民出版社 1979 年版，第 131 页。

（自然、整个环境）在人类生活中是原本一体、浑然未分的。

这样，和谐这一生态美的本质在现代人类学这里就被还原为人类与整个对象世界的源始的、本初的一体化关系，一种以“在世”生活为根基的浑朴天然、圆融如一的关系，一种“向来所是”的、“未经分化”的、“本真状态”（借用海德格尔语）的和谐。当然，这一观念并不意味着现代人类学范式向往的是一种生态美学的原始主义或“复元古”主义，而是在理论和实践上超越人与自然、“我”与“物”的对峙状态，既不以“物”遮蔽“我”、压抑“我”，更不以“我”役使“物”、剥夺“物”；既不拘泥于自然本位论，更不执着于人类中心论，从而真正消解人与自然、人与整个对象界的二元对立模式，将“我”和“物”、人与自然（环境）的关系彻底还原为人类生活的本原性、整体性、直接性和谐。换言之，以和谐为本质的生态美的真正“家园”（最终根据）既不单纯在自然，也不单纯在人，而是就在融人与自然于浑然整体的具体、活泼、直接、“此在”的人类生活，就在作为根本的、唯一的存在，作为“未经分化”的原初本真的人类生活。对这样一种人与世界（环境）的源始本真的和谐，不少现代思想家均有所述及。如海德格尔以他的话语方式说道，人类日常生活作为“在世界之中存在”即“意指着一个统一的现象”，“必须作为整体来看”。它“源始地”“始终地”是一整体结构”；其最切近的意义就是“融身在世界之中”。因此，若把它说成是“一个‘主体’同一个‘客体’发生关系或者反过来”，就是一个不详的哲学前提，其所包含的“‘真理’却还是空洞的”①。杜夫海纳则将这种无分主客的本原性和谐称作“先定和谐”，他说：“在这世界里，人在美的指导下体验到他与自然的共同实体性，又仿佛体验到一种先定和谐的效果，这种和谐不需要上帝去预先设定，因为它就是上帝：‘上帝，就是自然’”。② 显然，回到融人与自然于浑然整体的日常直接的人类生活，以寻求一种本源性或“先定”性和谐，以超越传统思维的主客二元模式，是现代人类学范式的核心所在，也是我们研究生态美学应持的现代立场。

---

① ［德］海德格尔：《存在与时间》，陈嘉映等译，三联书店 1987 年版，第 66—74、219 页。

② ［法］杜夫海纳：《美学与哲学》，孙非译，中国社会科学出版社 1985 年版，第 51 页。

二

以人类生活为终极实在的现代人类学范式，与马克思的实践论范式又有何关系？这是我们在走向生态美学时必须回答的。实际上，二者有着内在的、本质的一致性，因为人类“全部社会生活在本质上是实践的”（马克思）。所以，以人类生活为终极实在，也必然是以人类实践为终极实在。正是包括物质生产在内的整个人类的实践活动、人类的现实生活，使得抽象的人与世界（自然、环境）的二元对立问题成为一个假问题。对此，马克思指出：“既然人和自然的实在性，亦即人对人说来作为自然的存在和自然对人说来作为人的存在，已经具有实践的、感性的、直观的性质，所以，关于某种异己的存在物、关于凌驾于自然界和人之上的存在物的问题，亦即包含着对自然界和人的非实在性的承认的问题，实际上已经成为不可能的了”。①人对人来说不再是费尔巴哈式的抽象的类概念，而是实践活动着的感性存在、自然实在，而自然也并非与人无关或与人相对立的抽象异在，它本质上也是人的实践活动中的存在，是作为“人的本质力量的现实”的存在，是对于人来说的一种“人的存在”。所以，人和自然都是人类实践活动的直接的感性的现实，都是具体直观的历史性“实在”，都构成了丰盈生动、纷纭多样的人类生活本身，所以彼此不存在主客的差异和对立，而是非主非客、亦主亦客、主客未分、主客本一的。在这个意义上，有学者将马克思的实践论视为现代人类学范式的发源和代表②，是有一定道理的。

不过，应当指出的是，为了建构真正现代意义的生态美学，有必要将这里所说的马克思的实践论与过去人们常说的作为物质性生产活动的实践论作一分别。作为马克思哲学基本概念的实践（praxis）是存在论意义上的实践，它可以理解为人类生活或人类活动的同义语，而人们常说的作为物质性生产活动的实践（practice）是认识论、技术论意义上的实践，是主体对客体的一种工具性活动，是验证认识的一种手段。这种物质生产实践在人类生

---

① 马克思：《1944年经济学—哲学手稿》，刘丕坤译，人民出版社1979年版，第84页。

② 谢永康：《从人类学范式看马克思哲学的定位问题》，《求是学刊》2001年第2期。

活中具有决定性作用，是一种基础性的实践样态，但马克思却从未将实践仅仅理解为物质生产。作为存在论范畴的实践在马克思那里指的就是一种包含物质实践在内的感性直观的人类活动、人类生活。这一实践范畴的提出，在思维层面上体现的正是一种现代人类学范式。长期以来人们（包括许多美学工作者）忽略了实践的这一根本含义而片面强调了实践的物质生产意义，从而使得工具论、技术论、主观论、认识论等各种形式的实践决定论，一直未能得到有效的反思和超越。对现代形态的马克思实践论的这一误解，不仅导致马克思哲学的退化（类同于主客二元的近代认识论范式），而且事实证明，它对中国当代美学研究的深化也已产生越来越明显的阻滞作用（于是近来便出现了所谓“超实践美学”“后实践美学”的讨论）。而从直接的理论效应看，这种误解还特别不利于真正现代意义的生态美学的建构。

用现代人类学的立场和范式来阐释生态美的和谐本质，意味着对古代世界论范式和近代认识论范式所规定的美学观念的超越，而且尤其意味着对过去的所谓“实践美学”的超越。过去的“实践美学”虽强调了人类的物质生产对于美的诞生的根本意义，因而较好地克服了主观论美学、自然论美学等的理论局限，但它所使用的实践概念，由于始终包含着主客二元的对立模式，包含着人对世界（自然、环境）的物质形态的片面占有、征服、改造和享用，包含着以人的需要、欲求、意志为中心的功利主义观念，因而终难从根本上消解人与世界（自然、环境）之间的历史性紧张关系，终难在理论上达到真正意义的人与世界的和谐统一。这也就是“实践美学”屡被质疑的关键所在。现代生态美学要完成对“实践美学”的理论超越，就必须摆脱认识论和工具论意义的实践观的桎梏，以马克思存在论的实践论为基础，以现代人类学范式为圭臬，将感性具体的人类活动、人类生活本身肯定为美的真实本原和终极实在，视为生态美学思维的真正基础和源泉。唯有站在这样的学术立场上，人和世界（自然、环境）才会脱离传统美学中相互异在的抽象状态，才会成为感性具体的人类生活整体中的有机内容，才会达到（或还原为）一种彼此间非主非客、亦主亦客、主客未分、主客如一的原初本真关系。

具体来说，站在现代人类学立场上的生态美学，它对人与世界（自然、环境）关系的理解是：在人类生活中，世界（自然、环境）并非人的一种

“异己的存在”，一种与人分离和对立的“他者”，而就是人类生活整体中的世界，是人类“在世”生活的直接现实，是“对人来说”的一种“人的存在”；同样，在人类生活中，人也并非高居世界（自然、环境）之上的抽象精神或绝对意志，而只是一种“在世界中的存在”，一种在特定环境中生活着、活动着的感性在者，是“对人来说”的一种“自然的存在”。一句话，人与世界都是内在于、统一于人类活动和人类生活的存在。所以，以一种现代人类学的立场来构建生态美学，就会从根本上克服主客二元的思维模式，消解人与自然（环境）之间的抽象对峙，使人对自然的片面占有、征服、改造和利用转换为人与自然的相互尊重，和谐相处。由于人与世界（自然、环境）在人类生活中是无分主客、原本一体的，因而承认自然的权利，也就等于承认人类的权利；人剥夺了自然的生存，实际就是剥夺了人类的生存。所以，站在这样的人类学立场上，生态美的和谐本质才有可能得到真正彻底的理论解说。

当然，超越“实践美学”，并不意味着生态美学要抛弃“实践美学”的合理内核。人类的物质生产实践是一个不可逆转的、必然的历史进程。所以，世界成为人类可以驾驭、征服和改造的对象，其实也是人类活动、人类生活的一个历史结果。但是，物质生产并非人类生活的全部，甚至不能算是人类生活的真正目的。它实质上只是使人类生活臻于完善、达到完美的特殊“工具”，只是使人与世界（自然、环境）和谐相处、共享自由的一种手段。所以，人类改造自然的生产实践在逻辑上还并不是美本身，而只是美得以产生和实现的一个历史前提和物质保证。从这个意义说，以现代人类学为圭臬的生态美学，在逻辑上应是既理论地超越着“实践美学”又内在地包含着“实践美学”，是在现代思维层面上对“实践美学”的扬弃和重构。

三

现代人类学范式的又一根本特点，就是格外关注人类生活的文化特质、文化品格。号称人类学之父的英国学者泰勒在《原始文化》一书中说，人类学就是一门“关于文化的科学”。这也就是人类学为什么又被称作文化人类学的主要原因。那么用现代人类学的这一立场来考虑生态美学的建构，就无疑会使该学科的学术视野，超越单纯的自然生态领域，而扩展到文化生态范畴，进而使生态美学与一般的生态学区别开来。

换言之，从现代人类学的角度看，生态美学与一般的生态学的不同在于，它更关注人与环境关系的文化含量、人文含量，更关注生态环境对于人类生活本身的诗意价值和审美意义。

首先，现代人类学视野中的生态美学，它所关注的人与环境的关系，不能只简单地理解为人与自然环境的关系。这里面应嵌入一个观点，那就是对文化环境、人文生态的关注。当然，人与自然环境的关系是生态美学不可跨越的基础性课题。如何使人与自然环境在审美的意义上达到相互亲和与协调，无疑是生态美学研究的主题之一。但人与自然的关系实际上并不纯是自然形态的。在人类生活的世界里，人和自然都烙上了人类活动的、文化的印迹；同时，人类所创造的社会文化体系也成为人的另一种生存环境，即文化环境。作为人类生活中特有的生态要素，文化环境与自然环境一起，构成了人类生态环境的整体世界。着重研究人与自然环境关系的，大体可称为生态学；而不仅研究人类的自然环境、更研究人类文化环境，亦即探究人类与整个生态环境关系的，则可称为生态人类学，在深层的意义上也可称作生态美学。实际上，在具体的人类生活中，人与他所处的自然环境和文化环境往往呈现着彼此联系相互制约状态。一方面，自然环境影响文化环境的构建。生活在海边的、内陆的，高原的或热带雨林的人类群体，由于处于不同的自然环境，因而他们构建的文化环境也必然各具特色。反过来说，文化环境也深刻地影响着自然环境的营造。不同的文化传统、制度、习俗、趣尚，也会形成不同的人与自然的关系。比如文化传统很不一样的中国与西方在对待自然的态度和方式上就迥然有异。所以，从学理上说，生态美学不仅仅研究人与自然环境的关系，它应对人与自然环境和文化环境的整体生态进行全面思考和阐释。

其次，将人类学视野中的文化主题引入生态美学，实际就使得生态美学超越了一般生态学的纯然物质的、技术的层面，而真正进入了人类的生活，尤其进入了人类情感的、精神的生活界域，从而充分体现出生态美学应有的人文性质和功能。毫无疑问，生态美学要以协调人与自然环境的关系为基础；这一特点使它内在地包含着物质实践层面的、技术操作形态的生态学功能。但是，生态美学不等于甚至主要不是这种物质实践、技术操作层面的生态学。生态美学是一种以技术实践为基础却又超越技术实践的一门特殊的社会—人文学科。它关注的生态问题既是物质的、自然的、生理的、更是精神的、人文的、心理的；它追求的主要目标并不单纯是给人以直接的生物满足和享受（即使是最广义的生物满足和享受），而是给人以真正人的意义上的情感满足和精神快乐。再进一步说，生态美学固然要以“和谐”为核心范畴，但这个和谐，不仅仅指的是自然环境各要素之间的和谐，也不仅仅指人与自然环境和谐，更重要的是指人与社会环境、文化环境的和谐。人不仅可在他“生活”其中的自然环境那里偶尔感到一种自由、一种快乐，而且更关键的是能在他“生活”其中的包括自然环境和社会文化环境在内的整个世界中，真正体验到一种他作为人所应有的解放感、自由感，一种自我实现层面的内在超越与快乐。海德格尔曾指出：“生活在城里的人一般只是从所谓的‘逗留乡间’获得一点刺激，我的工作却是整个儿被这群山和人民组成的世界所支持和引导”。[①] 生态美学所追求的实质上正是海德格尔式的被自然和人（文化）所组成的整个世界支持和引导的人类生活。换言之，人不能仅仅将人的超越性、自由性本质的实现完全托付于物质的自然界，不能仅仅希望从自然环境那里寻找一点安慰，企求某种解脱，仅仅将自然看作一种偶然的心灵避难所，或暂时的精神寄存处。如果是这样的话，那么人类生活是可悲的，生态美学是残缺的、没多大意义的。从现代人类学的立场看，生态美学所关切的就是人的生活本身，就是人类生存的诗意化和理想化。所以，生态美学的真正价值就在于，它对于人类生活而言，体现着一种既在物质和技术，又超物质、超技术的人文观和审美观，一种生命层面、情感层面、精神层面的享受观和自由观。一句话，追求真正属人的体验、属人的自由、属人的快乐，应当是生态美学的核心所在、精髓所在。正是在这个现代人类学的意义上，生态美学真正从根底处体现了美学独有的学科本质。

---

① ［德］海德格尔：《人，诗意地安居》，上海远东出版社 1995 年版，第 84 页。

四

现代人类学还有一鲜明立场，那就是突出强调人类生活的具体性、历史性、此在性，反对一切将人和世界的本质绝对化、抽象化的思想。它所理解的“人”，是海德格尔所说的那种被抛入时空中并不得不与他人共在的“此在”；而按照马克思的说法，则是一种感性活动着的存在。感性活动的具体性、历史性，规定了人的存在（以及与人的实践活动相统一的作为“属人的现实”的世界）的具体性、历史性。在这里，人和世界的本质不是预定的、先验的、抽象的，而是在实践中历史地生成的，因而是具体的和实在的。所以说，将人（或人类生活）视为一种具体的、感性的、特殊的存在，或从文化的意义上说，视为一种生活在特定环境、制度、信仰、语言、习惯、风俗中的存在，是现代人类学思维的核心。当代著名人类学家克利福德·格尔茨指出：“现代人类学……坚定地相信：不被特殊地区的习俗改变过的人事实上是不存在的，也从来没有存在过”；因此应当“接受这个观点：人性在本质方面和表达方面都具有不同”。[①] 应当认为，这一“人性在本质方面和表达方面都具有不同”的立场和观点是革命性的，也是真正现代性的。它在很多方面都超越了传统理论规范，动摇了传统思想基础，奠定了现代哲学—美学的学术思维范式。无疑，它对我们建构一种真正现代的生态美学也极具指导意义。

生态美学所关注的人与环境的审美关系，是一种以人类生活为唯一本原和实在的特殊关系。人类生活所具有的文化个性，特别是体现在传统、制度、信仰、语言、习惯、风俗之中的民族性、地域性、时代性等，决定了生态美学不是也不可能是一种绝对抽象普遍的理论模式。但是，由于生态美学容易被人理解为主要研究人与自然环境的审美关系，而这种审美关系又具有较多的人类共通性、一般性特征，所以生态美学所内含的民族的、文化的、地域的等特殊性往往会被忽略掉。然而实质上，不仅生态美学除了研究人与自然环境的关系之外，还要研究人与社会环境、文化环境等的关系，而且单

---

① ［美］克利福德·格尔茨：《文化的解释》，韩莉译，译林出版社 1999 年版，第 46、47 页。

从人与自然环境的关系说，也并非与社会、文化因素截然无关。实际上正如前述，在人类活动、人类生活中，自然也已经历史地成为一种人的外部现实，一种对人来说的“人的存在”，因而也就难以逃避人类的文化之网。人所安居其中的自然环境与文化环境之间其实有一种彼此联系相互制约的内在适应机制，脱离了文化的自然与脱离了自然的文化同样都是不可思议的。所以，民族的、地域的、文化的特殊性和差异性，正如自然环境的特殊性和差异性一样，对于生态美学的建构来说，确是一个不可忽略的重要课题，因为它所对应的正是人类生活的特殊性和差异性。试想一下，将某个太平洋岛国的人与环境模式同某个欧洲发达国家的人与环境模式混为一谈是否可行？或将游牧民族所习惯的生态系统与农耕民族所积淀的生态文化等量齐观是否合适？再或者，将“铁马秋风塞北”与“杏花春雨江南”两种迥然异趣的地域景观（也可看作两种不同的生态）用同一模式的生态美学理论去解释和描述是否可能？而且这两种不同的自然生态景观中是否存在一种超出自然范畴的文化内涵的一致性？诸如此类问题的答案其实都基本是否定的，至少都是值得怀疑的，因而也都表明了生态美学对象在审美内涵、意蕴、情态、形式等方面的异彩纷呈、各具特色，都意味着生态美学所追求的人与环境的和谐，只能是与特定民族、地域、社区、人群的文化传统和审美趣好相适应的和谐，也都显示出生态美学并不是一种绝对划一、抽象普遍的思想体系，而是一种体现着民族特殊性和文化差异性的具体美学。因此，从现代人类学的立场看来，生态美学在思考、设想人与环境的生态审美模式时，应将其蕴含的历史、文化、民族、地域等层面的具体性、特殊性和差异性充分体现出来，将人与环境之间审美生态的绚丽多姿、丰富多样充分体现出来。

从生态美学的具体性、特殊性要求出发，我们特别要提到中国传统审美文化对于生态美学建构的重要资源意义。换句话说，我们所要建构的生态美学，固然要研究生态美学的普遍真理，一般规律，但更要研究生态美学的具体真理、特殊规律，研究生态美学的中国性格和民族特色，所以充分发掘和利用我们民族的审美文化资源就成为一件必须要做的事情。中国传统审美文化对于生态美学建构的资源意义是多层次、多方面的，最根本的至少有两点：

一是“天人合一”的思维范式。这是与其他民族、特别是与西方的哲学一美学传统迥然不同的、最能体现我们民族文化特色的一个思维范式。这一思维范式的本质在于，它没有西方哲学一美学那种强烈的主体中心主义以及由此引致的主客之间难以调和的对峙和冲突。它所表述的“人”，总体上并不比天地自然尊贵多少，彼此的关系是大致均等、并列、守衡、中和的。如道家所讲的“人”只是与“道、天、地”并列的“域中四大”之一，不但没有多少优越之处，而且还要以“自然”为法；而儒家稍微讲一点“人为贵”的意思，但这个“人为贵”只是就某种次序而言，并非指与天地自然相对立，更不表示对天地自然的绝对统治和征服，相反，人的“贵”乃因与天地自然相待而成，是均衡地、中和地对待自然的结果。比如《易·说卦》提出天、地、人“三才”说，就没有绝对的高下贵贱之分。东汉王符在《潜夫论·本训》中则说：“天本诸阳，地本诸阴，人本中和。三才异务，相待而成”。这个天、地、人“相待而成”的思想，应当说是儒家、其实也是整个中国古代“天人合一”精神的核心所在。中国审美文化在日常生活中讲究以林木虫鱼为“自来亲人”，认为可以与之“会心”“畅神”；在诗学、美学上则讲究“内外相与”“情景交融”“物我两忘”等等，都是“天人合一”精神的体现。这一切均包含着深刻的生态美学原理，在建构中国特色的生态美学时无疑是最值得发掘的思想资源。

二是对待自然、对待世界的审美化态度。中国审美文化对人与世界关系的理解，同西方的又一明显不同，就是不限于一种实用功利的观点，不把外部自然仅仅看作为物质欲望的对象，而是尤以审美观照的态度，将天地自然视为美的对象。儒家的“以物比德”观念，虽未视自然之物为独立的审美之物，但其已具审美价值则无可疑。道家则明确以天地自然为美之本体。庄子讲“天地有大美而不言”；“是故至人无为，大圣不作，观于天地之谓也”（《知北游》）。面对天地而进行“无为”“不作”的“观”，也就是“虚以待物”，这当然是真正的审美态度。佛禅讲究本心清净，物我两忘，所以在它看来，“郁郁黄花，无非般若；青青翠竹，尽是法身”，甚至于穿衣吃饭，皆为佛事；挑水担柴，无非道场，其观照大千世界的精神也是通于审美的。一句话，中国文化是用一种审美态度对待自然、看待世界的。虽然这种审美文化精神不能直接用来进行人与环境的生态营造，但却可以为追求生态环境的审美化境界（这应是人类生态文化的终极理想）提供学理、思想层面的深刻启迪，因而对中国特色的生态美学的建构也是极有价值、堪足珍视的。

总之，站在现代人类学的立场，笔者提出生态美学建构的个性化、具体化、民族化（对于我们而言也就是中国化）理念。这一美学存在论意义上的具体化理念，实际指向的是审美价值论层面的某种适应性和可行性。它的真正落实，无疑可以克服生态理论的抽象性和绝对性，把生态美学的普遍性与民族文化的特殊性结合起来，使生态之美真正走向感性具体的人类生活，真正履行它在学理上所给予人类在世生存的诗意化承诺。

（原载于《学术月刊》2003 年第 2 期）

马克思、恩格斯与生态审美观

曾繁仁

生态审美观是20世纪70年代以后出现的一种崭新形态的审美观念，是在资本主义极度膨胀导致人与自然矛盾极其尖锐的形势下人类反思历史的成果。如果说活跃于19世纪中期与晚期的马克思与恩格斯早就提出了这一理论形态，那肯定是不符合事实的。但作为当代人类精神的导师和伟大理论家，他们以其深邃的洞察力和敏锐的眼光对人与自然的生态审美关系已有所分析和预见，那是一点也不奇怪的。而且就我们目前的研究来看，这种分析与预见的深刻性同样是十分惊人的，将成为新世纪我们深入思考与探索生态审美观的极其宝贵的资源。这里需要特别说明的是，由于生态审美观的核心内容是人与自然的和谐协调，因此同生态哲学观具有高度的一致性，所以本文所论涉及马、恩大量的生态哲学观，同生态审美观密切相关。

马、恩的共同课题——创立具有浓郁生态审美意识的唯物实践观

生态审美观的核心是在人与自然的关系上一方面突破了主客二分的形而上学观点，同时也突破了“人类中心主义”，力主人与自然的和谐平等、普遍共生。因而，生态审美观是一种具有当代意义与价值的哲学观。研究证明，马克思、恩格斯创立的唯物论实践观就包含浓郁的生态审美意识，完全可以成为我们今天建设生态审美观的理论指导与重要资源。

马克思与恩格斯的理论活动开始于19世纪中期，当时的紧迫任务是批判以黑格尔为代表的唯心主义和以费尔巴哈为代表的旧唯物主义。这两种理

论都带有形而上学与人类中心主义的倾向，将主体与客体、人与自然置于对立面之上。黑格尔尽管创立了唯心主义辩证法，试图将主体与客体、感性与理性的对立加以统一，但仍是统一于绝对理念的精神活动之中，完全排除了自然的客观实在性。费尔巴哈倒是充分肯定了自然的客观实在性与第一性，但他不仅抹杀了人的主观能动性与客观实践性，而且将人视为自然的创造者，断言人的本质即是神的本质。诚如马克思所说，“费尔巴哈想要研究跟思想客体确实不同的感性客体，但是他没有把人的活动本身理解为客观的(gegenst ndliche) 活动。所以，他在《基督教的本质》一著中仅仅把理论的活动看作是真正人的活动，而对于实践则只是从它的卑污的犹太人活动的表现形式去理解和确定。所以，他不了解‘革命的’、‘实践批判的’活动的意义”①。恩格斯则通过对自然科学与哲学关系的探讨明确宣布了形而上学的反科学性。他说：“在自然科学中，由于它本身的发展，形而上学的观点已经成为不可能的了”②。于是，在批判唯心主义与旧唯物主义的基础之上，马克思与恩格斯创立了以突破形而上学为其特点的新的世界观。这个新的世界观就是我们所熟知的唯物主义实践观。这是一种迥异于一切旧唯物主义的、以主观能动的实践为其特点的唯物主义世界观。马克思指出：“从前的一切唯物主义——包括费尔巴哈的唯物主义——的主要缺点是：对事物、现实、感性，只是从客体的或者直观的形式去理解，而不是把它们当作人的感性活动，当作实践去理解，不是从主观方面去理解”③。对于这种唯物主义实践观突破传统哲学形而上学弊端的丰富内涵，马克思在《1844 年经济学哲学手稿》中有更为具体而详尽的阐释。马克思指出：“我们看到，主观主义和客观主义，唯灵主义和唯物主义，活动和受动，只是在社会状态中才失去它们彼此间的对立，并从而失去它们作为这样的对立间的存在；我们看到，理论的对立本身的解决，只有通过实践方式，只有借助于人的实践力量，才是可能的；因此，这种对立的解决绝不只是认识的任务，而是一个现实生活的任务，而哲学未能解决这个任务，正因为哲学把这仅仅看作理论的任务”④。马

① 《马克思恩格斯选集》第 1 卷，人民出版社 1972 年版，第 16 页。
② 《马克思恩格斯选集》第 3 卷，人民出版社 1972 年版，第 521 页。
③ 《马克思恩格斯选集》第 1 卷，人民出版社 1972 年版，第 16 页。
④ 《马克思恩格斯全集》第 42 卷，人民出版社 1979 年版，第 127 页。

克思认为，主观主义和客观主义、唯心主义和唯物主义、活动与受动、人与自然之间的对立，从纯理论的抽象的精神领域是永远无法解决的，只有在人的能动的社会实践当中才能解决其对立，从而使其统一。这实际上是通过社会实践对人与自然主客二分的传统思维模式的一种克服，成为生态审美观的重要哲学基础。而且，应该引起我们重视的是马、恩创立的唯物实践观中包含了明显的尊重自然的生态意识。马克思认为："我们在这里看到，彻底的自然主义或人道主义，既不同于唯心主义，也不同于唯物主义，同时又是把这二者结合的真理。我们同时也看到，只有自然主义能够理解世界历史的行动"①。马克思在这里所说的"自然主义"和"人道主义"都是费尔巴哈的自我标榜，但费氏所说的自然主义和人道主义都是人与自然的分裂，因而是不彻底的。马克思认为，彻底的"自然主义"和"人道主义"应该是人与自然在社会实践中的统一。这样才能真正将唯物主义与唯心主义加以结合，并真正理解人与自然交互作用中演进的世界历史的行动。由此可见，在马克思的唯物实践观中包含着"彻底的自然主义"这一极其重要的尊重自然、自然是人类社会发展重要因素的生态意识。

这里还应引起我们重视的是，马克思的唯物实践观不仅包含明显的生态意识，而且包含明显的生态审美意识。这就是非常著名的马克思有关"美的规律"的论述。马克思在《1844年经济学哲学手稿》中论述到人的生产与动物的生产的区别时讲了一段十分重要的话。他指出："诚然，动物也生产。它也为自己营造巢穴或住所，如蜜蜂、海狸、蚂蚁等。但是动物只生产它自己或它的幼仔所直接需要的东西；动物的生产是片面的，而人的生产是全面的；动物只是在直接的肉体需要的支配下生产，而人甚至不受肉体需要的支配也进行生产，并且只有不受这种需要的支配时才进行真正的生产；动物只生产自身，而人则自由地对待自己的产品。动物只是按照它所属的那个种的尺度和需要来建造，而人却懂得按照任何一个种的尺度来进行生产，并且懂得怎样处处都把内在的尺度运用到对象上去；因此，人也按照美的规律来建造"②。这里，我想首先说明的是，马克思所说的"人也按照美的

① 《马克思恩格斯全集》第42卷，人民出版社1979年版，第167页。
② 《马克思恩格斯全集》第42卷，人民出版社1979年版，第96—97页。

规律来建造”中包含着明显的生态意识。也就是说，所谓“美的规律”即是自然的规律与人的规律的和谐统一。马克思这里所说“尺度”（standards）其含义为“标准、规格、水平、规范、准则”。结合上下文考虑，它又包含“基本的需要”之意。所谓“任何一个种的尺度”，即广大的自然界各种动植物的基本需要。“美的规律”要包含这种基本需要，不能使之“异化”，变成人的对立物。这已经带有承认自然的价值之意。因为，承认自然事物的“基本需要”，必然要承认其独立的价值。而所谓人的“内在的尺度”（Interentstandard），按字面含义即为“内在的、固有的、生来的标准和规格”，即是人所特有的超越了狭隘物种肉体需要一种有意识性、全面性和自由性。但这种有意识性的特性应该在承认自然界基本需要的前提之下，这就是自然主义与人道主义的结合，人与自然的和谐统一，也就是“按照美的规律来建造”。其次，我认为，马克思在《1844年经济学哲学手稿》中说的“按照美的规律来建造”是其创立的崭新世界观——唯物实践观的必不可少的重要内容，具有极其重要的理论价值与时代意义。马克思曾在《关于费尔巴哈的提纲》中说道：“哲学家们只是用不同的方式解释世界，而问题在于改变世界”①。由于这个提纲是马克思于1845年春在布鲁塞尔写在笔记本中的，当时并未准备发表，其思想也未能展开。为此，我认为马克思这里所说的“改变世界”，应该包含“按照美的规律来建造”的意思。所以，马克思这一段话更完整的表述应是：哲学家们只是用不同的方式解释世界，而问题在于改变世界，按照美的规律来建造。这样完整表达的唯物实践观就包含了浓郁的生态审美意识。

我们说马克思、恩格斯的唯物实践观中包含浓郁的生态审美意识，不仅有以上有关“物种的尺度”的依据，而且在其他的论述中马克思与恩格斯也有生态观的论述。马克思在《1844年经济学哲学手稿》中多处论述人是自然的一部分，因而包含人与自然平等的生态观念。他在论述人的生存与自然界的联系时指出：“人靠自然界生活。这就是说，自然界是人为了不致死亡而必须与之不断交往的、人的身体。所谓人的肉体生活和精神生活同自然界相联系，也就等于说自然界同人自身相联系，因为人是自然界的一部

① 《马克思恩格斯选集》第1卷，人民出版社1972年版，第19页。

分”[①]。“人靠自然界生活”，这是一个亘古不变、不可动摇的客观事实。从人的肉体生活来说，人的生存所必需的食物、燃料、衣服和住房均源于自然界。而从人的精神生活来说，自然界不仅是自然科学的对象，而且是艺术、宗教、哲学等一切意识活动的对象，“是人的精神的无机界，是人必须事先进行加工以便享用和消化的精神食粮”[②]。而且，马克思认为，作为人来说，同一切动植物一样是有生命力、有感觉和欲望的自然存在物。他说：“人直接地是自然存在物。人作为自然存在物，而且作为有生命的自然存在物，一方面具有自然力、生命力，是能动的自然存在物；这些力量作为天赋和才能、作为欲望存在于人身上；另一方面，人作为自然的、肉体的、感性的、对象性的存在物，和动植物一样，是受动的、受制约的和受限制的存在物”[③]。马克思在这里充分地肯定了人作为自然存在物的自然属性，包含自然力、生命力、肉体的与感性的欲望要求等等。正是从这个角度说，人本来就是自然的一部分，同自然共存亡、同命运。但人的本质毕竟是其社会性，人是社会关系的总和，人的自然属性都要被其社会属性统率，而其社会性集中地表现为社会实践性。人只有通过“按照美的规律来建造”的社会实践才能实现人与自然、自然主义与人道主义的统一。正如马克思所说：“只有在社会中，人的自然界的存在对他说来才是他的人的存在，而自然界对他说来才成为人。因此，社会是人同自然界的完成了的本质的统一，是自然界的真正复活，是人的实现了的自然主义和自然界的实现了的人道主义”[④]。也就是说，在马克思看来，即使作为社会的人，其本质也要其实现与自然的统一。恩格斯则在《自然辩证法》中论述了人与自然的关系。其中，十分重要的是以雄辩的事实阐释了劳动在从猿到人转变过程中的巨大作用，从而论述了人类起源于自然的真理。恩格斯指出：“正如我们已经说过的，我们的猿类祖先是一种社会化的动物，人，一切动物中最社会化的动物，显然不可能从一种非社会化的最近的祖先发展而来。随着手的发展、随着劳动而开始的人对自然的统治，在每一个新的进展中扩

① 《马克思恩格斯全集》第42卷，人民出版社1979年版，第95页。
② 《马克思恩格斯全集》第42卷，人民出版社1979年版，第95页。
③ 《马克思恩格斯全集》第42卷，人民出版社1979年版，第167页。
④ 《马克思恩格斯全集》第42卷，人民出版社1979年版，第122页。

大了人的眼界”①。这就说明，人类是猿类祖先在劳动中逐步演化进步、发展而来，因而自然是人类的起源，动物是人类的近亲。同时，恩格斯还揭示了包括人类在内的自然界的一些特性。首先是自然界的运动性和相互联系性。恩格斯指出：“我们所面对的整个自然界形成一个体系，即各种物体相互联系的总体，而我们在这里所说的物体，是指所有的物质存在，从星球到原子，甚至直到以太粒子，如果我们承认以太粒子存在的话。这些物体是互相联系的，这就是说，它们是相互作用着的，并且正是这种相互作用构成了运动”②。恩格斯在这里所说的“整个自然界形成一个体系”的观点已经包含了生态学中有关生态环链的思想，因而是十分珍贵的。而且，恩格斯作为一个坚定的唯物主义者，就在其同唯心主义展开激烈斗争的过程中，也充分地阐述了大自然的神秘性、神奇性和许多自然现象的不可认识性，也就是说承认了某种程度的“自然之魅”。恩格斯在论述宇宙的产生与前途时说了一段意味深长的话，值得我们深思。他说：“有一点是肯定的：曾经有一个时期，我们的宇宙岛的物质把如此大量的运动——究竟是何种运动，我们到现在还不知道——转化成了热，以致（依据梅特勒）从这当中可能发展出至少包括了两千万个星的种种太阳系，而这些太阳系的逐渐灭亡同样是肯定的。这个转化是怎样进行的呢？至于我们太阳系的将来的 Caputmortuum 是否总是重新变为新的太阳系的原料，我们和赛奇神甫一样，一点也不知道”③。恩格斯在这里一连用了两个“不知道”，说明即使是坚定的唯物主义者面对浩渺无垠的宇宙和诡谲神奇的自然也不能不承认其所特具的神奇魅力。这对我们当前生态美学研究中正在讨论的“自然的祛魅”与“自然的复魅”问题是深有启发的。

马克思：异化的扬弃——人与自然和谐关系的重建

生态审美观的产生具有深厚的现实基础，主要针对资本主义制度盲目追求经济利益对自然的滥伐与破坏，造成人与自然的严重对立。马克思将这

---

① 《马克思恩格斯选集》第 3 卷，人民出版社 1972 年版，第 510 页。
② 《马克思恩格斯选集》第 3 卷，人民出版社 1972 年版，第 492 页。
③ 《马克思恩格斯选集》第 3 卷，人民出版社 1972 年版，第 460 页。

种“对立”现象归为“异化”，并对其内涵与解决的途径进行了深刻的论述，给当今生态审美观的建设以深深的启示。1844 年 4 月至 8 月，马克思在巴黎期间写作了极其重要的《1844 年经济学哲学手稿》。这部手稿具有重要的理论与学术价值，是马克思唯物实践论崭新世界观的真正诞生地。这部著作十分集中地论述了资本主义社会中“异化劳动”问题，深刻地分析了“异化劳动”的内涵，产生“异化劳动”的资本主义私有制原因，以及扬弃异化劳动、推翻资本主义私有制、建设共产主义制度的根本途径。有关经济学和政治学方面的问题已有许多论著作了深刻阐述，在此不赘。我着重从异化劳动中人与自然的关系解读一下马克思的理论观点。应该说在这一方面马克思也给我们留下了极其宝贵的理论财富。

首先，我想谈一下对“异化”这一哲学范畴的看法。“异化”作为德国古典哲学的范畴，是德文 Entfremdung 的意译，意指主体在一定的发展阶段，分裂出它的对立面，变成外在的异己的力量。因为，在德国古典哲学中包含“绝对理念的分裂”“人类本质与抽象人性的分裂”等等，因而带有明显的抽象思辨色彩和人性论意味。因此，“异化”一度成了一个禁谈的词语。但我认为，“异化”不仅从微观上反映了某种自然与社会现象，如自然物种的“变异”、社会发展中制度的变更等等。而且，从宏观方面说，恰恰是马克思与恩格斯所指出的否定之否定规律。在黑格尔则是绝对理念演化的“正、反、合”，而在马克思与恩格斯则是事物的肯定、否定、否定之否定的重要规律。恩格斯将之称为是其“整个体系构成的基本规律”①。马克思在《1844 年经济学哲学手稿》中论述劳动由人的本质表现（肯定）到异化（否定），再到异化劳动之扬弃重新使之成为人的本质（否定之否定），应该说是具有深刻哲学与政治学意义的。而在劳动中人与自然的关系，恰也经过了这样一种肯定（人与自然和谐）、否定（自然与人异化），再到否定之否定（重建人与自然的和谐）的过程。这正是马克思有关人与自然关系深刻认识之处。马克思认为，自然界在社会劳动中是必不可少的生产材料。正如他所说：“没有自然界，没有感性的外部世界，工人什么也不能创造。它是工人用来实现自己的劳动、在其中展开劳动活动、由其中生产出和借以生产出

① 《马克思恩格斯选集》第 3 卷，人民出版社 1972 年版，第 484 页。

自己的产品的材料”[①]。正因此，自然界成为生产力的重要组成部分。马克思认为，社会生产力是指具有一定生产经验和劳动技能的劳动者，利用自然对象和自然力生产物质资料时所形成的物质力量。它表明的是人对自然界的关系，是人们影响自然和改造自然的能力。由此可见，社会劳动恰是人与自然的结合、有机的统一。在自有人类以来的漫长时间内，在社会劳动的过程中，人与自然从总体来说都是统一协调的。但自私有制产生之后，特别是资本主义制度产生以来，在社会劳动中自然与人出现异化，自然成为人的对立方面，而且有愈演愈烈之势。诚如马克思所说：“异化劳动使人自己的身体，以及在他之外的自然界，他的精神本质，他的人的本质同人相异化”[②]。这里的异化包含人的身体、自然界、精神本质和人的本质等，自然界是其重要方面之一。首先，自然界作为生产产品的有机部分，在异化劳动中同劳动者处于异己的、对立的状态。马克思指出：“当然，劳动为富人生产了奇迹的东西，但是为工人生产了赤贫。劳动创造了宫殿，但是给工人创造了贫民窟。劳动创造了美，但是使工人变成畸形。劳动用机器代替了手工劳动，但是使一部分工人回到野蛮的劳动，并使另一部分工人变成机器。劳动生产了智慧，但是给工人生产了愚蠢和痴呆”[③]。这就是说，工人在改造自然的劳动中创造了财富和美，但这些却远离自己而去，自己过着一种贫穷、丑陋、非自然与非美的生活。其次，社会劳动中自然与人的异化还表现在劳动过程中对自然的严重破坏与污染。本来，社会劳动是人“按照美的规律来建造”，是人与自然的和谐统一，但异化劳动却使自然受到污染和破坏。马克思在批判费尔巴哈的直观的唯物主义所谓“同人类无关的外部世界”观点时，谈到一切的自然都是“人化的自然”，工业的发展就使自然界受到污染，甚至连鱼都失去了其存在的本质——清洁的水。他指出：“但是每当有了一项新的发明，每当工业前进一步，就有一块新的地盘从这个领域划出去，而能用来说明费尔巴哈这类论点的事例借以产生的基地，也就越来越少了。现在我们只来谈谈一个论点：鱼的‘本质’是它的‘存在’，即水。河鱼的‘本质’是河水。但是，一旦这条河归工业支配，一旦它被染料和其他废料污染，河里

① 《马克思恩格斯全集》第42卷，人民出版社1979年版，第92页。

② 《马克思恩格斯全集》第42卷，人民出版社1979年版，第97页。

③ 《马克思恩格斯全集》第42卷，人民出版社1979年版，第93页。

有轮船行驶，一旦河水被引入只要把水排出去就能使鱼失去生存环境的水渠，这条河的水就不再是鱼的'本质'了，它已经成为不适合鱼生存的环境"①。这就说明，现代工业的发展，使自然环境严重污染，被污染的河水不再成为鱼的存在的本质，反而成为其对立面了，当然也就同人处于异化的、对立的状态。还有一种现象，那就是异化劳动中人对自然的感觉和感情的异化。这一点常常被人忽视，但马克思却敏锐地抓住了它。马克思认为，社会劳动是人的本质力量的对象化、自觉的意识和欲望的实现，因此人在劳动中应该感到十分的幸福和愉快，但异化劳动却是一种强制的劳动，是人的本质的丧失、肉体的折磨、精神的摧残。所以劳动者在感觉和感情上是一种痛苦和沮丧。在这种情况下，人对自然的感觉和感情也会发生异化，即使是面对如画的河山和亮丽的风景，处于痛苦和沮丧状态中的劳动者也是绝对不会欣赏的。马克思指出："忧心忡忡的穷人甚至对最美丽的景色都没有什么感觉；贩卖矿物的商人只看到矿物的商业价值，而看不到矿物的美和特性；他没有矿物学的感觉。因此，一方面为了使人的感觉成为人的，另一方面为了创造同人的本质和自然界的本质的全部丰富性相适应的人的感觉，无论从理论方面还是从实践方面来说，人的本质的对象化都是必要的"②。这就是说，只有完全排除了异化状态的劳动，人在劳动中才能真正处于一种幸福和愉快的状态，才能真正实现人的本质力量的对象化，以便培养同人的本质和自然界的本质相适应的人的感觉，从而真正欣赏大自然的良辰美景，进而使工业生产成为人同自然联系的中介，成为人的审美力能否得到解放的重要标尺。

马克思认为，"我们看到，工业的历史和工业的已经产生的对象性的存在，是一本打开了的关于人的本质力量的书，是感性地摆在我们面前的人的心理学"③。但是，资本主义工业化恰恰是对人的本质力量对象化的否定，是对人与自然关系的极大疏离，是对人的审美的感觉和感情的压抑。这就说明，大自然本身尽管具有潜在的美的特性，但如果人的审美的感觉被异化，也不会同自然建立审美的关系。这就揭露了资本主义私有制不仅剥夺了人应有的物质需求，而且剥夺了人的包括审美在内的精神需求。有鉴于以上所述

---

① 《马克思恩格斯全集》第42卷，人民出版社1979年版，第369页。

② 《马克思恩格斯全集》第42卷，人民出版社1979年版，第126页。

③ 《马克思恩格斯全集》第42卷，人民出版社1979年版，第127页。

异化劳动中劳动者被残酷地剥夺、人与自然空前对立，人的生存环境日益恶化，马克思明确提出了扬弃异化、扬弃资本主义私有制、建设共产主义社会、重建人与自然和谐协调关系的美好理想。马克思十分敏锐地看到了导致异化劳动的根本原因就是资本主义私有制。他说："私有制使我们变得如此愚蠢而片面，以致一个对象，只有当它为我们所拥有的时候，也就是说，当它对我们说来作为资本而存在，或者它被我们直接占有，被我们吃、喝、穿、住等等的时候，总之，在它被我们使用的时候，才是我们的"，又说，"因此，一切肉体的和精神的感觉都被这一切感觉的单纯异化即拥有的感觉所代替"①。这就是说，马克思认为资本主义私有制制度使一切对象变成私欲所有，成为资本。这才是劳动异化，特别是自然与人异化的根本原因。马克思对资本主义制度中视为万能的货币的揭露就可充分看到这一制度对异化劳动，包括自然与人的异化之中所起的决定性作用。马克思指出："莎士比亚特别强调了货币的两个特性：(1) 它是有形的神明，它使一切人的和自然的特性变成它们的对立物，使事物普遍混淆和颠倒；它能使冰炭化为胶漆。(2) 这是人尽可夫的娼妇，是人们和各民族的普遍牵线人。使一切人的和自然的性质颠倒和混淆，使冰炭化为胶漆——货币的这种神力包含在它的本质中，即包含在人的异化的、外化的和外在化的类本质中。它是人类的外在的能力"②。以上，马克思明确地指出，货币是使人和自然的性质颠倒这种异化现象产生的"神力"。这种神力的具体表现就是对利润、私欲和短期经济效益不顾一切的追求，这恰是造成资源的过度开采、环境的严重污染和自然与人的异化的根本原因。所以，为了解决这种十分严重的异化劳动、自然与人的疏离问题，马克思提出了"私有财产的扬弃"这一十分重要思想。他说："因此，私有财产的扬弃，是人的一切感觉和特性的彻底解放；但这种扬弃之所以是这种解放，正是因为这些感觉和特性无论在主体上还是在客体上都变成人的……因此，需要和享受失去了自己的利己主义性质，而自然界失去了自己的纯粹的有用性，因为效用成了人的效用"③。很明显，私有财产的扬弃之所以会成为异化的扬弃，马克思认为主要是感觉复归为人的感觉，

① 《马克思恩格斯全集》第 42 卷，人民出版社 1979 年版，第 124 页。
② 《马克思恩格斯全集》第 42 卷，人民出版社 1979 年版，第 153 页。
③ 《马克思恩格斯全集》第 42 卷，人民出版社 1979 年版，第 124—125 页。

需要丢弃了利己主义性质、对自然界的关系丢弃了纯粹的功利性，从而得到彻底的解放。这种人的解放和人与自然和谐关系的重建就是共产主义社会的建立。正如马克思所说："共产主义是私有财产即人的自我异化的积极的扬弃，因而是通过人并且为了人而对人的本质的真正占有；因此，它是人向自身、向社会的（即人的）人的复归，这种复归是完全的、自觉的而且保存了以往发展的全部财富的。这种共产主义，作为完成了的自然主义，等于人道主义，而作为完成了的人道主义，等于自然主义，它是人和自然之间、人和人之间的矛盾的真正解决，是存在和本质、对象化和自我确证、自由和必然、个体和类之间的斗争的真正解决。它是历史之谜的解答，而且知道自己就是这种解答"①。这真是一个极为深刻的理论阐释，包含着极为丰富的哲学内涵：1. 共产主义作为人的自我异化的扬弃即是私有财产的扬弃。2. 这种扬弃是人的自觉性在保留以往发展全部财富的基础上向更高层次的复归，是一种哲学上的否定之否定。3. 共产主义作为完成了的自然主义，由于包含着人这个最高级的自然存在物，因而等于人道主义；而共产主义作为完成了人道主义，由于将人的自由自觉性延伸到自然领域，所以又等于自然主义。4. 共产主义的实质是人与自然、人与人、存在与本质、对象化与自我确证、自由与必然、个体与类之间矛盾的解决。5. 这就是人类从历史和自身局限中摆脱出来并得到解放的历史之谜的解答，但这是一个由低到高的否定之否定的永无止境的历史过程。在这里，共产主义是私有财产（资本主义私有制）的积极扬弃，从而真正解决人与自然、人与人的矛盾，实现人道主义与自然主义的统一，实现人的真正解放是其主旨所在。这是一百多年前，马克思对于资本主义私有制所造成的自然与人以及人与人之异化现象及其解决的深刻思考，具有极强的理论与现实的意义。如果说，当代"深层生态学"是对生态问题进行哲学和价值学层面的"深层追问"的话，那么马克思在《1844 年经济学哲学手稿》中已对人与自然的关系进行了社会学的沉思，并将其同社会政治制度紧密联系。马克思这种沉思的当代价值应该是显而易见的。

① 《马克思恩格斯全集》第 42 卷，人民出版社 1979 年版，第 120 页。

恩格斯：辩证唯物主义自然观的创立——人与自然统一的哲学维度

生态审美观从其主要内涵是阐述人与自然的生态审美关系来说，恩格斯所创立的辩证唯物主义自然观应成为其哲学基础。这一自然观包含着批判人类中心主义、唯心主义和强调人与自然联系性，人的科技能力在自然面前的有限性等等。以上丰富的内涵值得我们学习借鉴。众所周知，恩格斯于1873—1886年写作了著名的《自然辩证法》。这部论著的主旨在于创立辩证唯物主义自然观，从而进一步丰富了马克思主义的世界观，同时也是对当时自然科学重大发现的总结和对自然科学领域形而上学和唯心主义进行批判。而当时在资本主义私有制度之下的工业发展也进一步激化了人与自然的矛盾，环境污染和资源过度开采日渐严重，对人与自然的关系以及人的科技能力进行哲学的审视已是迫在眉睫的事情。这就是《自然辩证法》的写作背景。诚如恩格斯所说："我们在这里不打算写辩证法的手册，而只想表明辩证法的规律是自然界的实在的发展规律，因而对于理论自然科学也是有效的"①。对于这部理论界已有深入研究的论著，当我带着当代诸多生态方面的理论问题进行重新阅读时，真是感到从未有过的亲切并且获得了许多新的体会。

首先，我发现，恩格斯的自然辩证法并不是像某些人曾经理解的那样主要讲的是人与自然的对立、人对自然的支配。恰恰相反，恩格斯的重点讲的是人与自然的联系，强调人与自然的统一，批判"人类高于其他动物的唯心主义"观点，而且对人的劳动与科技能力的有限性与自然的不可过度侵犯性进行了深刻的论述。读后深感对于当前批判"人类中心主义"传统观念具有极强的现实意义与价值。在谈到辩证法时，恩格斯给予明确的界定："阐明辩证法这门和形而上学相对立的、关于联系的科学的一般性质"②。谈到自然界时，恩格斯认为整个自然界是"各种物体相互联系的总体"③。而且，恩

---

① 《马克思恩格斯选集》第3卷，人民出版社1972年版，第485页。

② 《马克思恩格斯选集》第3卷，人民出版社1972年版，第484页。

③ 《马克思恩格斯选集》第3卷，人民出版社1972年版，第492页。

格斯借助于细胞学说，从人类同动植物均由细胞构成与基本结构具有某种相同性上论证了人与自然的一致性，批判了人类高于动物的传统观点。他指出："可以非常肯定地说，人类在研究比较生理学的时候，对人类高于其他动物的唯心主义的矜夸是会极端轻视的。人们到处都会看到，人体的结构同其他哺乳动物完全一致，而在基本特征方面，这种一致性也在一切脊椎动物身上出现，甚至在昆虫、甲壳动物和蠕虫等身上出现（比较模糊一些）……最后，人们能从最低级的纤毛虫身上看到原始形态，看到简单的、独立生活的细胞，这种细胞又同最低级的植物（单细胞的菌类——马铃薯病菌和葡萄病菌等等）、同包括人的卵子和精子在内的处于较高级的发展阶段的胚胎并没有什么显著区别"①。恩格斯在这里把"人类高于其他动物"的观点看作"唯心主义的矜夸"，并给予"极端轻视"，这已经是对"人类中心主义"的一种有力的批判。而这种批判是从比较生理学的科学视角，立足于包括人类在内的一切生物均由细胞构成这一事实，因而是十分有力的。

不仅如此，恩格斯还从人类由猿到人的进化进一步论证了人与自然的同源性。他说："这些猿类，大概首先由于它们的生活方式的影响，使手在攀缘时从事和脚不同的活动，因而在平地上行走时就开始摆脱用手帮助的习惯，渐渐直立行走。这就完成了从猿转变到人的具有决定意义的一步"②。他还从儿童的行动同动物行动的相似来论证这种人与自然的同源性。恩格斯指出："在我们的那些由于和人类相处而有比较高度的发展的家畜中间，我们每天都可以观察到一些和小孩的行动具有同等程度的机灵的行动。因为，正如母腹内的人的胚胎发展史，仅仅是我们的动物祖先从虫豸开始的几百万年的肉体发展史的一个缩影一样，孩童的精神发展是我们的动物祖先、至少是比较近的动物祖先的智力发展的一个缩影，只是这个缩影更加简略一些罢了"③。恩格斯由此出发，从哲学的高度阐述了人与动物之间的"亦此亦彼"性，从而批判了形而上学主义者将人与自然截然分离的"非此即彼"性。而这种"亦此亦彼"性恰恰就是由于事物之间的"中间阶段"而加以融合和过渡的。他说："一切差异都在中间阶段融合，一切对立都经过中

① 《马克思恩格斯选集》第4卷，人民出版社1972年版，第337—338页。
② 《马克思恩格斯选集》第3卷，人民出版社1972年版，第508页。
③ 《马克思恩格斯选集》第1卷，人民出版社1972年版，第517页。

间环节而互相过渡，对自然观的这种发展阶段来说，旧的形而上学的思维方法就不再够了。辩证法不知道什么绝对分明的和固定不变的界限，不知道什么无条件的普遍有效的‘非此即彼’！它使固定的形而上学的差异互相过渡，除了‘非此即彼’！又在适当的地方承认‘亦此亦彼’！并且使对立互为中介；辩证法是唯一的、最高度地适合于自然观的这一发展阶段的思维方法”①。由此可见，将人与自然对立的“人类中心主义”不恰恰就是恩格斯所批判的违背辩证法而力主“非此即彼”的形而上学吗？但是，人类毕竟同动物有质的区别，那就是动物只能被动地适应自然，而人却能够进行有目的的创造性劳动。恩格斯指出：“人类社会区别于猿群的特征又是什么呢？是劳动”②。正因此，动物不可能在自然界打上它们的意志印记，只有人才能通过有目的劳动改变自然界，使之“为自己的目的服务，来支配自然界”③。19世纪70年代以来，由于科学技术的发展、工业化的深化和资本主义对利润的无限制追求，造成了两种情形，一是人类对自己改造环境的能力形成一种盲目的自信，二是人类对环境的破坏日渐严重，逐步形成严重后果。恩格斯指出：“当一个资本家为着直接的利润去进行生产和交换时，他只能首先注意到最近的最直接的结果。一个厂主或商人在卖出他所制造的或买进的商品时，只要获得普通的利润，他就心满意足，不再去关心以后商品和买主的情形怎样了。这些行为的自然影响也是如此。当西班牙的种植场主在古巴焚烧山坡上的森林，认为木灰作为能获得高额利润的咖啡树的肥料足够用一个世代时，他们怎么会关心到以后热带的大雨会冲掉毫无掩护的沃土而只留下赤裸裸的岩石呢？”④这就将自然环境的破坏同资本主义制度下利润的追求紧密相联，不仅说明环境的破坏同资本主义政治制度紧密相关，而且同人们盲目追求经济利益的生产生活方式与思维模式紧密相关。同时，环境的破坏也同科技的发展导致人们对自己的能力过分自信从而肆行滥伐和掠夺自然的观念和行为有关。恩格斯在描绘科学进军下宗教逐渐缩小其地盘时写道：“在科学的猛攻之下，一个又一个部队放下了武器，一个又一个城堡投降了，直到

① 《马克思恩格斯选集》第3卷，人民出版社1972年版，第535页。
② 《马克思恩格斯选集》第3卷，人民出版社1972年版，第513页。
③ 《马克思恩格斯选集》第3卷，人民出版社1972年版，第517页。
④ 《马克思恩格斯选集》第3卷，人民出版社1972年版，第520页。

最后，自然界无限的领域都被科学所征服，而且没有给造物主留下一点立足之地”①。这就说明科学与宗教对自然界领域的争夺，最后科学志满意得地认为“自然界无限的领域”都被其所征服。但是，恩格斯从人与自然普遍联系的哲学维度敏锐地看到，人类对自己凭借追求经济利益的目的和科技能力对自然的所谓征服是过分陶醉、过分乐观的。他说：“但是我们不要过分陶醉于我们对自然界的胜利。对于每一次这样的胜利，自然界都报复了我们。每一次胜利，在第一步都确实取得了我们预期的结果，但是在第二步和第三步却有了完全不同的、出乎预料的影响，常常把第一个结果又取消了”②。这是一段非常著名的经常被引用的话，说得的确非常深刻，非常精彩，不仅讲到人类不应过分陶醉于自己的能力，而且讲到人类征服自然的所谓胜利必将遭到报复并最终取消其成果，从而预见到人与自然关系的矛盾激化以及生态危机的出现。

恩格斯还由此出发对人类进行了必要的警示：“因此我们必须时时记住：我们统治自然界，决不像征服者统治异民族一样，决不像站在自然界以外的人一样，——相反地，我们连同我们的肉、血和头脑都是属于自然界，存在于自然界的”③。这就是说，对自然的破坏最后等于破坏人类自己。恩格斯并没有仅仅停留于此，而是从辩证的唯物主义自然观的高度抨击了欧洲从古代以来并在基督教中得到发展的反自然的文化传统，进一步论述了人“自身和自然界的一致”。他说：“但是这种事情发生得愈多，人们愈会重新地不仅感觉到，而且也认识到自身和自然界的一致，而那种把精神和物质、人类和自然、灵魂和内体对立起来的荒谬的、反自然的观点，也就愈不可能存在了，这种观点是从古典古代崩溃以后在欧洲发生并在基督教中得到最大发展的”④。这是一段极富哲学意味的科学自然观，也是科学的生态观，即使放到今天都极富启示和教育意义。恩格斯在抨击人们过分迷信科技能力时并没有否认科技的作用。他相信科学的发展会使人们正确理解自然规律，从而学会支配生产行为所引起的比较远的自然影响。他说：“事实上，我们一天天地

① 《马克思恩格斯选集》第3卷，人民出版社1972年版，第529页。
② 《马克思恩格斯选集》第3卷，人民出版社1972年版，第517页。
③ 《马克思恩格斯选集》第3卷，人民出版社1972年版，第518页。
④ 《马克思恩格斯选集》第3卷，人民出版社1972年版，第518页。

学会更加正确地理解自然规律，学会认识我们对自然界的惯常行程的干涉所引起的比较近或比较远的影响。特别从本世纪自然科学大踏步前进以来，我们就愈来愈能够认识到，因而也学会支配至少是我们最普通的生产行为所引起的比较远的自然影响”①。由此说明，恩格斯并没有把科学放到与自然对立的位置上，而关键在于运用和掌握科学技术的人，如何运用科学的武器去掌握并遵循自然规律，促进人与自然的和谐协调。这在当前讨论科技与生态的关系中，恩格斯的这些理论观点都是极具指导价值的。但是，恩格斯认为，最后解决人与自然根本对立的途径是通过社会主义革命建立一种“能够有计划地生产和分配的自觉地社会生产组织”。他说：“只有一种能够有计划地生产和分配的自觉的社会生产组织，才能在社会关系方面把人从其余的动物中提升出来，正像一般生产需经在物种关系方面把人从其余的动物中提升出来一样。历史的发展使这种社会生产组织日益成为必要，也日益成为可能。一个新的历史时期将从这种社会生产组织开始，在这个新的历史时期中，人们自身以及他们的活动的一切方面，包括自然科学在内，都将突飞猛进，使已往的一切都大大地相形见绌”②。恩格斯认为，人盲目地追求经济利益，造成人与自然以及人与人的关系失衡，实际上是人的自由自觉本质的一种异化，是向动物的一种倒退，而只有这种“有计划地生产和分配的自觉的社会生产组织”才是人从动物中的提升，人的本质复归，这就是一个新的社会主义历史时期的开始。我想，在我们中国已经开始了这样的历史时期，消除盲目经济利益的追求已经成为可能，只要我们进一步完善“有计划地生产和分配的自觉的社会生产组织”，就一定能使人与自然、人与人的关系进一步和谐协调，从而实现人类审美的生存。

恩格斯曾经指出：“我们只能在我们时代的条件下进行认识，而且这些条件达到什么程度，我们便认识到什么程度”③。作为一个马克思主义历史主义者，恩格斯讲的的确非常深刻。由此我们也可认识到马、恩生态审美观不可免的历史局限性。因为19世纪中期，资本主义还处于发展的兴盛期，人与自然的矛盾还没有突出出来。只在20世纪中期以后，人与自然的矛盾才

① 《马克思恩格斯选集》第3卷，人民出版社1972年版，第518页。
② 《马克思恩格斯选集》第3卷，人民出版社1972年版，第458页。
③ 《马克思恩格斯选集》第3卷，人民出版社1972年版，第562页。

日渐突出，环境问题十分尖锐，人类社会不仅出现了马、恩所揭示的经济危机，而且出现了他们所未曾看到的生态危机。因此马、恩对环境问题尖锐性的论述肯定还有所不够。但是，他们所做的包含生态审美意识的唯物主义实践观和辩证唯物主义自然观以及共产主义是人与自然和谐协调关系重建的论述都带有普遍的世界观的指导意义，不仅克服了西方传统的主客二分形而上学思维模式，而且对长期禁锢人们头脑的“人类中心主义”也有所突破，成为我们今天建设新的生态审美观的理论基础。当然，我们还应在此基础上与时俱进，结合新时代的实际，吸收各有关重要成果，建设更加具有时代特色并有更加丰富内涵的生态审美观。

（原载《陕西师范大学学报》2004 年第 5 期）

走向生态美育

——对生态美学发展的一种思考

祁海文

人与自然的关系问题是人类存在与发展的永恒主题也是追求人的存在之价值与意义的美学一直在不断思考的问题。人与自然的关系本质上是一种矛盾统一关系。在前工业文明时代人与自然总体上处于相对和谐状态。但自然与人类生存和发展的矛盾仍然得到特别重视。建立在悠久的农业文明基础上的中国传统文化，始终注意协调人与自然的矛盾关系，把人、社会与自然的和谐视为人生理想和社会理想，即使在以“人类中心主义”为基调的西方文化中，也不断出现回归人与自然和谐状态的呼唤。然而在人与自然的矛盾关系比较平和的时代，这种对人与自然和谐关系的美学思考，没有也不可能成为美学的关键问题，同时，它直接关系到人类存在与发展的存在论意义也得不到突出的彰显，随着与自然斗争的不断胜利和对自然认识的深化，古希腊哲人“人是万物的尺度”的名言、基督教先知的人主宰地上之一切的至上命令，逐渐成为人类最基本的价值信念。人类逐渐以大自然的主人自居，“认识自然、征服自然、改造自然”成为最响亮的口号。一切从人类的利益出发、维护人类的价值和权利成为人类活动的根本出发点和终极价值依据。人类的历史可以说是人类中心主义不断膨胀的历史，也是人与自然关系从相对和谐不断走向尖锐对立的历史。近代以来，随着大规模工业化迅猛推进，人类运用高度发达的科学技术无限度地开发、利用自然资源在创造无比巨大的物质财富的同时，也使自然环境受到破坏，生态危机加重，并且严重威胁人类生存和发展。人与自然日益激化的尖锐对立，迫使人类不得不重新思考人类的存在、发展与自然生态的关系问题。这是20世纪中期以来反对环境污染和生态破坏的生态运动迅速崛起，并成为一个有广泛群众基础的社会运动的根本原因。也正是这个直接涉及人类命运的根本性问题，促使对人与自然关系的美学之思从自发状态提升为自觉的哲理追问。

因此，生态美学兴起于对人类命运的美学关怀。它将人类的存在、发展与自然生态的关系作为美学思考的核心问题，它将重建人类的存在、发展与自然生态的和谐共生、平衡互动的审美关系作为最高的审美尺度和根本的价值理念。生态美学的出现可以说是一种深刻的“美学转向”。古典美学热衷于对美的本质问题的形而上的思辨，近代美学侧重对艺术审美经验的分析。整个西方传统美学以主体与客体、理性与感性、事实与价值等的“二元对立”为思维模式其基本的价值理念是人与自然对立的“人类中心主义”。20世纪初以来现代哲学一直在试图摆脱“人类中心主义”和“二元对立”思维。以海德格尔为代表的存在论哲学将美学转向为对人的生命存在境界的思考，追求“人，诗意地栖居在大地上”的审美境界。生态美学将美学思考的重心落实在人类存在、发展与自然生态关系这一更为根本性的问题上，将对生命存在的美学之思提升到对作为整体的人类存在、发展之“诗意”诉求是自存在论以来的“美学转向”的深化发展。不仅如此，生态美学的更为深刻的意义在于它自觉地寻求实现一种美学观、审美观的“革命”。具体来说，就是要在美学领域实现从“人类中心主义”向“生态中心主义”的转变。生态美学的主要思想来源是当代西方以深层生态学为代表的“生态中心主义”。生态中心主义超越了单纯的反对环境污染和生态破坏的生态运动发展成为一种寻求价值观念根本变革的社会思潮。“深层生态学”认为，生态危机在本质上是文化危机，其根源在于人类的价值观念、行为方式、社会政治、经济和文化机制上的“人类中心主义”谬误。因此必须破除“人类中心主义”价值观，建立确保人与自然和谐相处的新的文化价值观念、消费模式、生活方式和社会政治机制。深层生态学一方面运用生态学的整体主义观点，把生态系统的整体利益作为最高价值强调维持和保护生态系统的完整、和谐、稳定、平衡和持续存在，将人类的存在与发展问题纳入与生态系统的整体关联中思考另一方面向东方古老思想寻求价值观的支持以人与自然和谐共生为终极价值指向提出了“敬畏生命”“生命物种平等”“所有的自然物具有内在价值”“生态自我”“生命的丰富性和多样性”等一系列观念。相对于“人类中心主义”文化传统来说这些观念的提出无疑是一场世界观、价值观的革命，同时也是一场深刻的美学观、审美观的革命。

当然无论是“转向”还是“革命”都还是未竟的事业，坚持生态整体观和生态中心论的价值立场和从人类的存在、发展与自然生态的和谐共生、平衡互动关系出发思考美学问题的理论视角，实现从“人类中心主义”和“生态中心主义”的转变是生态美学发展的关键环节。从这个意义上说，美育问题是生态美学发展的重要问题，生态美育将成为生态美学发展的基本走向。所谓生态美育，并非一般意义上的审美教育和艺术教育，也区别于生态审美教育。它的核心内涵和主要目的是生态审美观的建构，也就是要确立一种以人类存在、发展与自然生态始终保持和谐共生、平衡互动的审美关系为终极价值指向的审美意识、审美观念。这种意义上的生态美育首先是对生态美学独有的价值立场的坚守。生态美学的价值立场建立在生态整体观和生态中心论的基础之上，它以此为前提思考以人类的存在、发展与自然生态的和谐关系为中心的一切美学问题。生态美育将从生态审美观的建构方面使生态整体观和生态中心论内化为人类自觉的审美意识、审美观念达到生态美学价值立场在审美观上的确立。其次生态审美观以人类存在、发展与自然生态的和谐共生、平衡互动的审美关系为终极价值指向不仅超越了“人类中心主义”的传统美学而且将对人类存在问题的美学思考从个体生存境界提升到人类命运的高度。因而从生态审美观的建构上，生态美育可以完成生态美学的“美学转向”。再次，生态美学从“人类中心”到“生态中心”的转变是一场价值观、审美观的革命，但是这一革命不能仅仅停留于理论层面的自觉，而必须内化为情感意识层面的建构，并上升为一种新的审美观的确立。因此以生态审美观的建构为核心的生态美育，将成为完成生态美学的“美学革命”的重要途径。

当前生态美学所关注的美育问题主要不是实践层面的生态审美教育。生态美学还很年轻，它作为美学学科的基本性质还没有充分显露出来，它的价值立场和理论视角都需要坚持并从而得到最终确立真正实现从人类中心向生态中心的转变，仍然有相当长的路要走。因而将生态美学发展的基本走向定位为生态美育，实际上涉及生态美学的确立这一根本问题。生态美学从两个方面向美育趋近：首先，生态美学产生于一场深刻的世界观、价值观的革命，构建新的世界观、价值观是这场革命的必然要求。因而摆脱人类中心主义建构以生态中心主义为核心的审美观是生态美学获得自我确证的根本问题而审美观的建构正是美育的核心内涵。其次，现代美育始于席勒，席勒提出"美育"问题，主要是基于对资本主义发展所导致的人"异化"问题的美学反思。在席勒看来美，育的根本任务在于把人类从感性与理性的分裂、对抗从工具化、片面化发展的存在状态拯救出来，恢复人格的整体性和感性与理性的和谐状态，促进人的全面发展。因而美育自产生之日起就表现出对人的存在状态的关切，具有明显的现代性。生态美学在确保人与自然的和谐共生、平衡互动的审美关系的前提下思考人类的存在、发展问题，体现出对人类命运的深刻的存在论关怀，从而使其自身在总体上具有美育意义。因而走向生态美育可以说是生态美学发展的必然选择，将生态美学发展的基本走向定位为生态美育，也是立足于实现生态美学多重话语资源的对话、互补、融通这一客观要求。当前生态美学研究呈现出多学科参与、多向度发展和多种思想资源交会的状态。生态美学的主要话语资源，一是当代西方生态整体观和生态中心论，二是中国传统哲学、美学的生态观，三是以存在论美学为代表的当代美学理论。当前的生态美学研究，总体上还没有摆脱对这几个方面的依附状态。它的发展在很大程度上取决于如何将这些方面融合成一个有机的理论整体。生态美学的发展方向应该是通过多重话语资源的平等对话、交流互补，最终达到融通化合，从而构成有机统一的理想整体。而生态审美观的建构正是生态美学多重话语资源对话、互补、融通的价值基点。

首先作为生态美学的主要思想资源，生态中心主义自身趋向于生态审美观的建构。生态中心主义所强调的人与自然的和谐关系，就是一种审美关系，它甚至把这种关系的确立称为"美学革命"："我们周围的环境可能有一天会由于'美学革命'而发生天翻地覆的变化……生态学以及与之有关的一切预言着一种受美学理论支配的现代化新浪潮的出现。"[①] 这种"美学革命"首先表现在从自然价值论出发对"自然美"的重新定义。"物体的美是其自身价值的一个标志……美不仅仅是主观的事物。美比人的存在更早。"[②]

① ［法］J–M. 费里：《现代化与协商一致》，《文艺研究》2000 年第 5 期。
② ［德］汉斯－萨克塞：《生态哲学》，东方出版社 1991 年版，第 1 页。

其次表现在从生态整体主义出发将生态系统的“完整、稳定与美丽”作为审美评判的唯一尺度。“任何事物只是它趋于保持群落的完整、稳定与美丽，就是对的；否则就是错的。”[①] 但“美学革命”的真正实现需要在审美观上完成从人类中心到生态中心的转变。深层生态学由此提出了“自我实现”的命题。所谓“自我实现”，是一个从本能的自我（ego）到社会的自我（self）再从社会的自我，到形而上的“大自我”（Self）即“生态的自我”（ecologicalself）的过程。这种“大自我”，或“生态的自我”，是人类真正的自我深层生态学的“自我实现”是在人与自然生态的交互关系中进行的，它实质上是一个不断超越人类中心主义的过程也是生态中心主义逐渐在观念、意识中确立的过程。所谓“生态的自我”正是人、社会、自然一体和谐的理想境界的呈现。这种“自我实现”论的美育意义是不言而喻的。

再次，中国传统美学主要是通过生态审美观的建构参与生态美学建设，并在与生态中心主义的平等对话、交流互补中实现现代价值转换。在西方生态运动从浅层生态学向深层生态学发展中，中国传统哲学提供了相当重要的价值观念支持，它也由此构成了生态美学的重要思想资源。以“天人合一”为基本的价值理念的中国传统哲学、美学蕴含着深邃的生态智慧如道家的“万物一体”观在与自然相融相契中追求逍遥自适的人生境界儒家的仁民爱物的伦理情怀、追求人与社会、社会与自然的和谐共生的审美境界。这些生态智慧与中国传统美学体系紧密融合在一起构成了其价值观、审美观的核心层次。中国传统美学在人与自然关系上，既有尊重自然万物的敬畏感，又有浓厚的万物一体的亲和感，始终视自然为生生不息的生命整体，将人与自然的和谐视为人生理想和社会理想。这种始终保持对现世人生的审美关怀的人生美学，不仅极具美育况味，而且本身就是与美育融为一体的。中国传统美育以儒家“中和”论美育思想为主体，从追求个体人格的完善出发进而达到个体与社会、社会与自然的和谐境界其最高理想就是《礼记·中庸》所说的“致中和，天地位，万物育”。因而中国传统美学内在具有与生态美育的相通之处。在当前生态美学研究中，中国传统哲学、美学与当代西方生态中心主义不断进行平等对话和交流互补。但是，这种对话和互补实际上主要是通过

① 刘耳：《自然的价值与价值的本质》，《自然辩证法研究》1999 年第 15 期。

生态审美观的建构实现的。中国传统美学以此为切入点参与生态美学建设并从而实现自身的现代价值转换。

复次，在生态美育方向上，发展生态美学符合当代美学发展的整体走向。曾繁仁先生指出，20世纪西方现代美学存在着一个“美育转向”，“20世纪以来的西方现代美学由古典形态的对美的抽象思考转为对美与人生关系的探索，由哲学美学转到人生美学。”并认为这个“美育转向”其实从康德、席勒就开始了。[①]20世纪以来的西方现当代美学面对着人类生活比席勒所处时代更为尖锐、严重的“异化”问题，逐渐摒弃传统的本体论哲学美学和二元对立思维，走向存在论美学、人生美学，其中的核心问题正在于审美观的重建。从这个意义上说，当代中国美学走出理性思辨的象牙之塔，向现实人生的审美存在转向也是一种皈依人生美学的“美育转向”，与当代西方美学的整体走向是一致的。生态美学的提出就其对人类整体的存在与发展问题的关注来说就其力图实现审美观、价值观的“美学革命”来说，不仅符合当代美学发展的整体走向，而且是这一走向在价值观层次上的深化和向人类存在与发展高度的提升。

生态美育的核心问题是生态审美观的建构。所谓生态审美观是生态美学的价值理念在审美观上的确立是从人类的存在、发展中始终保持与自然生态的和谐共生、平衡互动关系这一美学视角对以人与自然关系为核心的一切审美问题的追问。因此，生态审美观的建构首先应基于现代生态整体观和生态中心论的价值理念，其中的关键是实现从“人类中心主义”向“生态中心主义”的转换。其次，生态审美观的建构应该体现一种多元互补原则融通化合多重生态智慧。此外生态审美观建构还必须注意纠正生态主义极端化倾向。生态主义将生态系统的整体利益视为最高价值，追求绝对的生态中心主义。

但这种纯粹的“万物齐同”论在理论上是可疑的，在实践上也很难成立。生态美学离不开人类的存在和发展这一基本的价值尺度。在这个问题上，中国传统哲学的生态智慧值得充分重视深层生态学在其东方转向时对强调仁爱等差秩序和人的主体性儒家学说较少关注实际上，“中国哲学也讲

---

① 曾繁仁：《美学之思》，山东大学出版社2002年版，第577—578页。

人的主体性，但不是提倡‘自我意识’‘自我权利’那样的主体性，而是提倡‘内外合一’‘物我合一’‘天人合一’的德性主体，其根本精神是与自然界及其万物之间建立内在的价值关系，即不是以控制、奴役自然为能事，而是以亲近、爱护自然为职责。”① 因此，中国哲学所提倡的人的主体性并非人类中心主义。“儒家是以人为中心的，它要解决人的存在及其价值、意义的问题。但是以人的问题为中心并不等同人类中心论，正好相反儒家是非人类中心论的。因为它绝不是在与自然界的对立与冲突之中解决人的问题，而是在同自然界的统一中解决人的问题、确立人的价值的。儒学也很重视人的尊严，但人的尊严不是表现为人比自然界更加优越，而是在尊重他人、亲近自然的道德行为中表现出来的是以人的德性为依据的。这正是人文主义生态学的重要内容，即在人文关怀中实现人与自然的和谐共生其中包涵生态伦理学与生态美学的丰富内容。”② 这对于生态主义的极端化倾向实有补偏救弊的作用，应当成为生态审美观建构的重要内容。

在人类的存在、发展与自然生态和谐共生、平衡互动这一价值理念下，遵循多元互补、多重智慧参与的原则生态审美观的内涵是相当丰富的。这里仅从生态整体观和生态中心论角度就其可融通的几个方面作概要论述。

首先，生态平等观。“生态平等”是深层生态学“普遍共生”的重要原则，即指包括人类在内的所有存在物在整个生态系统中都享有生存、繁衍和自我实现的权利。生态平等观的前提是肯定生态存在物在内在价值上的平等。在生态整体主义看来，生态系统中的一切存在物都有其自身的内在价值，这种内在价值在生态系统中具有平等的地位，没有等级差别，并不因人的价值取向而转移。正是这种内在价值形成了生态系统的丰富性和多样性，构成了维持生态系统稳定性和健康发展的基础。因此，生态平等观意味着在审美观上要充分尊重生态系统中所有存在物的“内在价值”，学会欣赏自然生命的多样性、丰富性之美这对于达到“普遍共生”，实现人与自然的和谐发展是相当重要的。

其次，生态同情观“生态同情”是生态主义一条重要的伦理原则。孟

---

① 蒙培元：《为什么说中国哲学是深层生态学》，《新视野》2002 年第 6 期。
② 蒙培元：《中国哲学生态观论纲》，《中国哲学史研究》2003 年第 1 期。

子在中国古代最早提出了“仁民爱物”思想，深受生态伦理学家阿·施韦兹的称道：“属于孔子学派的中国哲学家孟子，就以感人的语言谈到了对动物的同情。”① 所谓生态同情首先是指在生态平等观前提下对自然万物的存在与价值的充分尊重和敬畏。布里吉指出：“生命是一个超越了我们理解能力的奇迹，甚至在我们不得不与它进行斗争的时候，我们仍需要尊重它。”② 其次是强调人类对于自然万物的存在与发展的伦理责任提倡一种对于自然生命的关爱精神。中国传统哲学强调人对实现自然目的的伦理责任，将人的自我实现与自然目的的实现紧密结合统一起来，是这种关爱精神的充分表现。更为重要的生态同情还包含着对人与自然生命的亲和关系的审美体验。自然不仅是人类存在的“家园”，而且是人类的精神“家园”。“亲和”是从“万物一体”观出发，对人与自然的生命关联与和谐关系的情感体验；是“栖居”之“诗意”的展现。在这方面强调“生生”哲学的中国传统美学有着相当丰富的资源。

再次，生态自我观作为深层生态学的“最高规范”，“自我实现”是一个相当重要的生态美育命题。根据内斯的论述深层生态学的“自我实现”实质上是“自我”不断从狭义的、局限于人类中心的“本我”扩大到整个生态系统的“大我”的过程。内斯“用‘生态自我’(Ecologicalself) 来表达这种形而上学的自我以表明这种自我必定是在与人类共同体、与大地共同体的关系中实现。自我实现的过程是人不断扩大自我认同范围的过程也是人不断走向异化的过程随着自我认同范围的扩大与加深我们与自然界其他存在的疏离感便会缩小，当我们达到生态自我的阶段，便能在所有存在物中看到自我并在自我中看到所有的存在物。”③ 这与中国传统儒家主张通过心性修养以“修身”“齐家”“治国”“平天下”，并从而“参天地”“赞化育”的美育思路颇有相契之处是生态审美观建构应特别注意的方面。

复次，“手段简单目的丰富”。深层生态学批判当代西方占统治地位的消费主义和物质主义的消费观在如何处理人类的存在、发展与自然生态的这一尖锐矛盾提出了“手段简单目的丰富”的观念。内斯在著名的深层生态学

① [法] 阿·施韦兹：《敬畏生命》，上海社会科学院出版社 1995 年版，第 72 页。
② [美] R. 卡逊：《寂静的春天》，科学出版社 1979 年版，第 289 页。
③ [挪] A. 内斯：《深层生态运动的某些哲学方面》，《国外社会科学快报》1987 年第 8 期。

八原则中提出："除非出于性命攸关的需要人类无权减少生命形式的丰富多样性""意识形态的变化主要是力求提高生活质量不是追求提高生活标准。"①内斯所说的"生活质量"主要不是指物质欲望的满足，而是指精神生活的质量，是以精神生活的质量作为衡量人的生命存在之质量的重要标准，这种精神生活的质量在与自然的和谐相处中不断得到充实和丰富，从而获得人生的审美情趣。此外生态心理学还从人与自然相互构成的角度论述了自然对塑造人类心灵的重要作用。自然是人类存在的基本条件人类要发展就不能不向自然索取。因此在人与自然和谐共生的原则下，"手段简单目的丰富"原则不仅是消费观问题而且是审美观问题。自觉地控制物质欲望的膨胀重视提高精神生活的质量是生态审美观基本内涵的一个相当重要的方面。

（原载《陕西师范大学学报》2004年第9期）

① ［挪］A. 内斯：《深层生态运动的某些哲学方面》，《国外社会科学快报》1987年第8期。

儒家的生态观与审美观

陈 炎 赵 玉

儒家的核心范畴是一个“仁”字，所谓“仁者，仁也，从人从二”（许慎《说文解字》）。也就是说，儒学的本质是一种伦理学，所要探讨的是人与人的关系。那么什么是“仁”呢？子曰：“仁者，爱人。”在他看来，人与人的正常关系应该是一种“爱”的关系。但是，在先秦诸子中，孔子的“仁爱”不同于墨子的“兼爱”：首先，这种爱源于父子、兄弟的血缘关系，是一种世俗的情感；其次，这种爱会随着血缘关系远近而有所不同，是一种爱有差等的情感。所以才说：“孝弟也者，其为仁之本与？”（《论语·学而》）我们知道，在古代社会里，父子曰孝，兄弟曰悌，而父子、兄弟之间有紧密的血缘关系，正是这种关系使爱成为可能。孟子说：“人之所不学而能者，其良能也；所不学而知者，其良知也。孩提之童无不知爱其亲者，及其长也，无不知敬其兄也。亲亲，仁也；敬长，义也；无他，达于天下也。”（《孟子·尽心上》）也就是说，这种源于亲伦血缘的原始情感是人的一种天性、本能。所以孟子才讲：“仁之实，事亲是也。”（《孟子·离娄上》）这种事亲之爱是交互的，但却不是等值的。父亲爱儿子，儿子也爱父亲，但爱的方式不同，这叫作“父慈子孝”；哥哥爱弟弟，弟弟也爱哥哥，但爱的方式也不同，这叫作“兄友弟恭”……这种特定的爱既不能颠倒成“父孝子慈”“兄恭弟友”；也不能更换为“父友子恭”“兄慈弟孝”。否则，将无法维持人与人的“仁爱”关系。

但是，如果儒家的思想仅仅局限在父子、兄弟的血缘情感，便不可能成为一种具有普遍意义的社会伦理，更不可能具有一种潜在的生态观念。它的意义，显然是要从这种最为原始、最为亲密的血缘关系生发开来、推广下去，以形成一种由我及人、由人及物的“宗族—国家—万物”一体化的“泛血缘”“拟血缘”的伦理价值体系。

所谓“宗族”，是以共同的祖宗为供奉对象的社会群体，之间显然具有直接或间接的血缘关系。而在儒家伦理之中，这种血缘关系的远近，也便决定了人际情感的亲疏。其最为集中的表现，即是承载“仁”之内容的“礼”的形式。我们知道，在中国古代的民间，“礼”之大者，莫过于葬。而以“五服”为特征的丧葬制度，也最能体现儒家的伦理道德观念。所谓“五服”，系吊唁者根据与死者的血缘和姻亲关系而穿着的斩衰、斋衰、大功、小功、缌麻五种丧服。关系越近，情感越深，丧服越重。一般说来，五服之内的人不仅一起祭奠死者，而且共同祭拜祖先。同祭奠死者一样，在祭拜祖先时，人们也因与祭拜对象的亲疏远近而占据不同的地位，穿着不同的衣服。这种颇具意识形态色彩的丧葬和祭祀活动，既要产生一种宗族内部的凝聚力，又要显示一种宗族内部的等级制。而这种“爱有差等”“礼有亲疏”的辩证统一，则正是儒家“仁学”思想的关键所在。

所谓“国家”，是以共同的政权体制为服从对象的社会群体。在上古以分封制为基本形式的王权时代，同一政权体制内部的权力阶层往往具有直接或间接的血缘关系。天子把国家的土地分封给自己的儿子们，是为诸侯国；诸侯再把自己的土地分给自己的儿子们，是为采邑，当然了，在夺取政权和巩固政权的过程中，那些立下汗马功劳的外姓臣子和地方割据势力也需要分得必要的权利。于是，皇帝们便常常在亲王之外分封一些外姓王侯，并将地方的割据势力纳入自己的权力系统。显然，这个被改造和扩容后的权力阶层已经在很大程度上超出了单纯的血缘关系，而皇室宗亲为了强化自己的权力纽带，又往往采取赐姓、联姻等方式与功勋阶层和地方势力结下必要的裙带关系。尽管如此，要在如此之大的国家疆域中保持原始的家族血缘关系显然是不够的。因此，“国”不仅是放大了的“家”，而且是一个有“王”居住的封闭的疆域。作为这个“血缘”+“地域”=“国家”的政治联盟的神圣主宰，皇帝居住的宫殿一般都建有两个具备意识形态功能的建筑，叫作左宗庙而右社稷。毫无疑问，宗庙是用来祭祀皇帝家族之列祖列宗的，它具有鲜明的血缘性质。而“社”为土神，“稷”为谷神，社稷所祭祀的对象显然不具备血缘属性而具有地域性质。由于中国古代没有印度婆罗门教之类的种姓通婚限制，因而地域越是接近的人群，其通婚的可能性就越大。所以从宽泛的意义上讲，“地域”与“血缘”之间，也有潜在的必然联系。也正是从这意义上讲，儒家学者才可能从“泛血缘”的立场出发，主张“四海之内皆兄弟”（《论语·颜渊》），“老吾老，以及人之老；幼吾幼，以及人之幼”（《孟子·梁惠王上》），从而将“父父，子子”的血缘情感扩大为“君君，臣臣”的社会伦理，将“迩之事父”的“孝”扩大为“远之事君”的“忠”，将“修身、齐家”的生活伦理扩大为“治国、平天下”的政治抱负，并成为巩固封建宗法制度的社会意识形态。

如果说“宗族”建立在血缘关系的基础上，“国家”建立在泛血缘关系的基础上，那么“万物”则建立在拟血缘关系的基础上。所谓“万物”，既包括有血缘关系的族人，也包括没有血缘关系的他人；既包括和我们相同的人物，也包括和我们相异的动物；既包括有生命的物种，也包括无生命的自然。用现在的话来说，这个“万物”不是别的，就是人所得以存在的生态系统。正像“泛血缘”的人际关系是从父子、兄弟的人伦情感中推演出来的一样，“拟血缘”的人、物关系也是从“落井孺子”的人际关系中推演出来的。“是故见孺子之入井，而必有怵惕恻隐之心焉，是其仁之与孺子而为一体也；孺子犹同类者也，见鸟兽之哀鸣觳觫，而必有不忍之心焉，是其仁之与鸟兽而为一体也；鸟兽犹有知觉者也，见草木之摧折而必有悯恤之心焉，是其仁之与草木而为一体也；见瓦石之毁坏而必有顾惜之心焉，是其仁之与瓦石而为一体也。”（《王阳明全集》卷二十六《大学问》）从这种由我及人、由人及物的立场出发，儒家学者认为，尽管我们与鸟兽鱼虫、松竹梅兰之间没有真正意义上的血缘关系，但我们仍然可以施之以仁爱之心。这便是“亲亲而仁民，仁民而爱物”（《孟子·尽心上》）的理论推演。程颢说：“仁者，以天地万物为一体，莫非己也”（《二程集》）；王阳明也称“夫人者，天地之心。天地万物，本吾一体者也”（《王阳明全集》），这便是“厚德载物”的理论根据。

从现代科学的角度上看，儒家的这套“血缘”“泛血缘”“拟血缘”的理论推演并非没有道理。遗传学已经可以根据基因的近似程度而对亲子的血缘关系作出相当准确的判断。从这一意义上讲，血缘关系越近的人，其基因相似程度也就越高。而从基因组合的角度看，人类与其他物种也并非有天壤之别。例如，人类与老鼠的基因数目大约都是3万个，其中只有约300个是各自所独有的。人类23对染色体上的29亿个碱基对与老鼠20对染色体上的约25亿个碱基对相当接近，脱氧核糖核酸（DNA）链上基因与基因之间的“空白”片断也非常相似。谁也没有料到，我们这些万物之灵长的人类与无名鼠辈竟然共同享有着80%的遗传物质和99%的基因！然而，基因组合的异同程度难道真的能够成为生态观念的物质前提吗？

道金斯在其风靡西方的著作《自私的基因》一书中指出，自从有了生物界，大自然在其千百万年的进化中便隐含着一种神秘的动力：复制基因。在这一动力的支配下，无论是卑下的动植物还是高尚的人类，都力图通过繁衍的手段将自己的基因复制下来，传承下去。这一动力如此深刻，以至于很多貌似人类文明的伦理行为背后都有同一种“不可告人的秘密”。如果我们拿道金斯的学说来衡量儒学的话，上述“血缘”“泛血缘”“拟血缘”的理论推演也同样隐含着复制及保存基因的秘密，因而是符合“自然规律”的。

根据“血缘”“泛血缘”“拟血缘”的理论推演，儒家学者将人的社会伦理观念和自然生态观念建构在“宗族—国家—万物”三位一体的同心圆之中。这里的圆心是自我，而自我实施之于对象的情感，则要根据对象距离自我血缘的远近（基因的相似程度）而定。在宗族范围内，“父慈子孝”“兄友弟恭”之所以不能变作“父友子恭”“兄慈弟孝”，就是因为不能弄错了人、我之间的血缘关系。在国家范围内，“博施于民而济众”（《论语·雍也》）之所以不能改变“华夷之别”，就是因为不能弄乱了敌我的亲疏关系；在万物范围内，“民胞物与”之所以不能改变“人定胜天”的努力，就是因为不能弄混了人、物的远近关系。

孟子曰：“夫物之不齐，物之情也。或相倍蓰，或相什百，或相千万。”（《孟子·滕文公上》）那么对不齐之物施以不等之爱便在情理之中了：“君子之于物也，爱之而弗仁；于民也，仁之而弗亲。”（《孟子·尽心上》）对这段颇为费解的言论，赵岐做了这样的分析：“亲即是仁，而仁不尽于亲。仁之在族类者为亲，其普施于民者，通谓之仁而已。仁之言人也，称仁以别于物；亲之言亲也，称亲以别于疏。”焦循则注曰：“物，谓凡物可以养人者也，当爱育之，而不如人仁，若牺牲不得不杀也”；“临民以非己族类，故不得与亲同也。”（焦循：《孟子正义》）这就是说，当对待不同的对象时，亲、仁、爱的含量自有不同的差别。对于人和物都应有爱，但为了养人可以杀物，反之则不可。“惟是道理自有厚薄。比如身是一体，把手足捍头目，岂是偏要薄手足？其道理合如此。禽兽与草木同是爱的，把草木去养禽兽，又忍得。人与禽兽同是爱的，宰禽兽以养亲，与供祭祀燕宾客，心又忍得。至亲与路人同是爱的，如箪食豆羹，得则生，不得则死，不能两全，宁就至亲，不救路人，心又忍得。这是道理合该如此”(《王阳明全集》)。

如此说来，儒家的这套融人伦与自然于一体的生态观念，就像一块石头投入水中而引起层层涟漪一样，由宗亲到国人，由华夏到夷狄，由动物到植物，直至波及无机物。越是接近圆心的部分，波纹越高，爱的能量也就越大；越是远离圆心的部分，波纹越小，爱的能量也就越小。显然，这里的“圆心”不是别的，正是每一个行为主体；这里的“波纹”也不是别的，正是每一层血缘、泛血缘、拟血缘的关系。当然了，从理论上讲，儒家这种由内向外、推己及人的爱是没有止境的。但是，正像波的延伸距离有限一样，人的爱能也不是无限的。于是，在渐行渐远的扩散之中，水的波纹总会消失，人的爱意也总会消散的。从积极的方面说，儒家的生态观有实用性、灵活性、全面性的特点。从消极的方面说，这套生态观又有功利主义和机会主义的特点。

在人与自然的生态关系中，我们常常面临两难的选择。一方面，尽管有关“人类中心主义”的诘难不绝于耳，但另一方面，人类又不可能不首先为自身的存在和发展而制定行为准则。正像有人所指出的那样，人类对环境的尊重和保护，说到底也还是出于对自身安全和发展的需要。一方面，有关“热爱自然，珍惜资源”的口号随处可见；但在另一方面，人类的生存和发展又恰恰是以征服自然、消耗资源为前提的。说到底，人与自然环境之间的生态矛盾并不是由于某些幼稚的观念和古怪的想法造成的，也不是喊两句空洞的口号就可以克服的，而是客观的、深刻的甚至可以说是命中注定的。今天，不少学者热衷于宣扬道家的生态哲学、佛家的自然观念，仿佛他们的思想可以轻而易举地实现人与自然的和谐美满一样，然而实际的情况远非如此简单。如果我们真的像道家学者所宣扬的那样，只是顺应自然，不去改造自然，那么我们的人类根本也不会发展到今天，而是早被自然界的其他物种所征服了。即使我们可以像佛门弟子所坚持的那样，不杀生，只吃素，那么我们也不可能不吃不喝，对同样具有生命的植物不加破坏，否则的话，我们自己的生命也将难以为继了。因此，从某种意义上讲，道家学者和佛门弟子的主张虽然高妙，但却有其不切实际的空想成分。相比之下，儒家的这套理论便显得相对灵活并切实可行了。从血缘—泛血缘—拟血缘的关系出发，一方面，儒家学者首先肯定族类生命的优先地位，而将自然环境置于服务人类的附属地位，并从中焕发出“人定胜天”的能动性和创造性；另一方面，儒家学者又不将人与自然的对立绝对化、固定化，而是将宗族、国家、人类、万物之间看成可以沟通并富于联系的整体，并从中引发出“民胞物与”的博大胸怀。在过去的一段时间里，为了迅速进入工业时代，我们曾只承认“人定胜天”的进步意义，而忽视了“民胞物与”的积极影响。最近一段时间，为了克服工业社会所带来的消极影响，学术界又来了一个一百八十度的大转弯，只承认“民胞物与”的积极影响，而否认“人定胜天”的进步意义。其实，这种非此即彼的观点是幼稚的，是不符合人类历史发展规律的。事实上，这两个貌似对立的生态理念都是由儒家学者所提出的，其二者相反相成、相互制约，共同构成了人与自然之间必要的张力。

如果说，儒家生态观的优点是灵活、实用；那么，儒家生态观的缺点则是太灵活、太实用。在这套血缘—泛血缘—拟血缘的生态系统中，如何处理宗族、国家、人类、万物之间的关系，并没有一种刚性的约定和严肃的法规，于是“量”的差异便会导致“质”的变化。由于缺乏道家学者那种对自然界的原始亲和力，儒家信徒在维护自身利益和宗族权利的时候，常常对自然界进行过分的索取，甚至对宗族集团之外的同类也进行残酷斗争、无情打击，以得出“非我族类，其心必异”之类的结论；由于缺乏佛教信徒那种对自身行为的严格约束力，儒家学者在维护自身利益和族类权利的时候，对自然界常常缺乏足够的敬畏之心，只是采取一种“君子远庖厨”之类的文明姿态，并不认真限制自己的私心和贪欲。这样一来，“人定胜天”的努力往往会超出“民胞物与”的制约，从而导致生态关系的失衡。“厩焚。子退朝，曰：‘伤人乎？’不问马。”(《论语·乡党》)“子贡欲去告朔之饩羊。子曰：‘赐也！尔爱其羊，我爱其礼。’”(《论语·八佾》)这里的马和羊只不过是人类的财产而已，它们的生命在儒家学者的眼里并没有独立的价值和意义。

当然了，儒家学者似乎也认识到了问题的严重性，于是在“我”与

"人"、"人"与"物"之间主张采取一种中庸调和的方法。孔子云："中庸之为德也，其至矣乎"（《论语·雍也》），朱熹《集注》解释说："中者，不偏不倚，无过无不及之名。庸，平常也。"于是，以不偏不倚、无过无不及的平常心态对待自然，便成为儒家学者的合理观念。所以，在对待人与自然消费与被消费的关系上，儒家既不像道家那样主张"无欲"，也不像佛家那样主张"禁欲"，而是主张适度消费的"节欲"。在原始儒学看来："食色，性也。"（《孟子·告子上》）既然如此，那种刻意消弭人之本性的"无欲"追求是不现实的，那种刻意压抑人之本性"禁欲"努力是不必要的。但是反过来说，如果我们刻意追求和张扬这种原始的本性，以至于达到了践踏自然、违背礼法的"纵欲"状态，也同样是对原有本性的扭曲和戕害。所以，孟子才主张说："男女授受不亲，礼也！"（《孟子·离娄上》）所以，孔子才夸奖道："一箪食，一瓢饮，在陋巷，人不堪甚忧，回也不改其乐。贤者，回也！"（《论语·颜渊》）从人与社会的关系上看，这种适度的"节欲"可以减少人对礼法的破坏；从人与自然的关系上看，这种适度的"节欲"可以减少人对环境的破坏。我们知道，原始的儒家是以"相礼"而起家的，但孔子却不赞成繁文缛礼："礼，与其奢也，宁俭。"（《论语·八佾》）这是因为，过于奢华的礼仪会导致资源的浪费。我们知道，在所有的礼仪之中，儒家最讲究的是葬礼，但孔子却坚持认为葬礼的精神内容重于葬礼的物质形式："丧，与其易也，宁戚。"（《论语·八佾》）这是因为，过分的"仪文周到"（易）会导致时间的浪费。后世儒家不明就里，只知道一味地强调繁文缛礼，以至于到了"厚葬靡财而贫民，（久）服伤生而害事"（《淮南子·要略》）的地步，因而没有把握住"中庸之道"的关键。"君子之中庸也，君子而时中。小人之中庸也，小人而无忌惮也。"（《中庸》第二章）无论是肆无忌惮的饕餮之举，还是毫无节制的礼乐活动，都是对"中庸之道"的偏离。而从生态文明的角度看，"致中和，天地位焉，万物育焉"（《中庸》第一章）的"中庸哲学观"与"唯天下至诚为能尽其性。能尽其性，则能尽人之性。能尽人之性，则能尽物之性。能尽物之性，则可以赞天地之化育。可以赞天地之化育，则可以与天地参矣"（《中庸》第二十二章）的"性与天道观"是相为表里的。所有这一切，都可以看成是儒家生态观念的核心所在。

总之，儒家的生态思想正是在这种贵人而不任人、用物而不弃物的两极之间形成的：过分强调人的中心地位便会超出生态观本身的范围；过分突出物的地位便会与道家趋同而失去自己的品格。这表现在具体的生态实践中便主要呈现出以下两个突出特点：一是“代天而理物”，强调人在利用自然为自身的生存和发展服务时，应该在尊重自然而不是违背自然的基础上去引导和调整自然。如《易传》主张“财（裁）成天地之道，辅相天地之宜”（《易传·象》），“范围天地之化而不过，曲成万物而不遗”（《易传·系辞》）；《中庸》主张“赞天地之化育，以与天地参”（《中庸》第二十二章）；荀子要求顺天而制，“应时而使之”“理物而勿失之”（《荀子·天论》）；张载则主张“代天而理物，曲成而不害其直”（《正蒙·至当》）。二是“取物守时而有节”，即从可持续发展的角度出发，主张在改造自然的时候要遵循自然的规律，防止不加节制地粗暴索取。孟子倡导：“不违农时，谷不可胜食也；数罟（细网）不入洿池，鱼鳖不可胜食也；斧斤以时入山林，林木不可胜用也。谷与鱼鳖不可胜食，材木不可胜用，是使民养生丧死无憾也。”（《孟子·梁惠王上》）；荀子提出：“草木荣华滋硕之时，则斧斤不入山林，不夭其生，不绝其长也；鼋鼍鱼鳖鳅鳝孕别之时，网罟毒药不入泽，不夭其生，不绝其长也；春耕、夏耘、秋收、冬藏，四者不失时，故五谷不绝，而百姓有余食也；洿池、渊沼、川泽，谨其时禁，故鱼鳖优多，而百姓有余用也。斩伐养长不失其时，故山林不童，而百姓有余材也。”（《荀子·王制》）这就好比是在不触动本金的情况下从自然银行中提取利息一样，既能保证生态环境不被破坏，又能满足人的生活需求。

儒家的生态观念是其人与自然、人与社会思想的具体表现，儒家的美学观念也是其人与自然、人与社会思想的具体表现。与这种生态观念相对应，儒家的审美观念显然有着重社会美、轻自然美的特点。《论语》中谈到“美”的次数只有14次，其中7次作“好，好的”讲，3次作“美好的事物”讲，4次作“漂亮、美丽”讲（杨伯峻：《论语译注》）。带有界定性语气的有两句，一句是孔子说的：“里仁为美，择不处仁，焉得知。”（《论语·里仁》）另一句是有子说的：“礼之用，和为贵。先王之道，斯为美。”（《论语·学而》）前者与“仁”有关，后者与“礼”有关。而根据我们的理解，“仁”是宗法血缘关系的精神内容，“礼”是宗法血缘关系的表现形式，它们显然都属于社会范畴而非自然领域。可见在孔子等人那里，“美”和“善”

并没有严格的界限。

在儒家学者看来，“善”产生于人与人之间的伦理情感，“美”则是这种情感的适度表达。如果这二者得到了很好的结合，就会达到“子谓《韶》：‘尽美矣，又尽善也’”（《论语·八佾》）的境界。如果后者的表达失去了前者的基础，就会出现“谓《武》：‘尽美矣，未尽善也’”（《论语·八佾》）的现象。如果后者的表达颠覆了前者的内容，就会出现“八佾舞于庭，是可忍，孰不可忍”（《论语·八佾》）的情况。如此说来，“善”是“美”的源泉，“美”是“善”的表征；“善”具有核心的价值，“美”只有从属的地位。“《诗》可以兴，可以观，可以群，可以怨”（《论语·阳货》）也好，“兴于《诗》，立于礼，成于乐”（《论语·泰伯》）也罢，“《诗》三百，一言以蔽之，曰：‘思无邪’”（《论语·为政》）也好，“恶紫之夺朱也，恶郑声之乱雅乐也，恶利口之覆家邦者”（《论语·阳货》）也罢，儒家的一切艺术标准和审美实践都是按照这套伦理优先的原则进行的。

问题在于，按照这套伦理优先的原则，儒家学者又怎样解释自然美的存在呢？这便是所谓“君子比德”的思想。孔子最早提出“知者乐水，仁者乐山”（《论语·雍也》）的主张，认为不同性格类型与道德素养的人对自然有不同的爱好。这种将道德内涵与自然形态相比附的思想在《荀子》一书中得到了进一步阐发，形成了“比德”一说：“夫玉者，君子比德焉。温润而泽，仁也；栗而理，知也；坚刚而不屈，义也；廉而不刿，行也；折而不挠，勇也；瑕适并见，情也；扣之，其声清扬而远闻，其止辍然，辞也。故虽有珉之雕雕，不若玉之章章。”（《荀子·法行》）由于时间的久远，我们无法确知这段文字是出自孔子言论的真实流传还是荀子伪托所致，但它确乎符合儒家思想的内在逻辑。因为按照儒家的“仁学”思想和“美善统一”的原则，如果不通过此类“比附”的手法便不可能找到自然美的存在依据。正如在生态观念中，人与自然的关系是由人与人的血缘关系“泛化”“拟化”而来的一样；在审美观念中，人与自然的关系也只能由人与人的伦理关系“泛化”“拟化”所致。

不仅对自然美的解释如此，对于音乐等相对抽象并富有形式色彩的艺术美，儒家学者也常常采取牵强附会的比附手法。《乐记·乐本篇》曰：“宫为君，商为臣，角为民，徵为事，羽为物。五者不乱，则无怗懘之音矣。宫乱则荒，其君骄；商乱则陂，其官坏；角乱则忧，其民怨；徵乱则哀，其事勤；羽乱则危，其财匮。五者皆乱，迭相陵，谓之慢。如此，则国之灭亡无日矣。"《史记·乐书》曰："音乐者，所以动荡血脉、通流精神而和正心也。故宫动脾而和正圣，商动肺而和正义，角动肝而和正仁，徵动心而和正礼，羽动肾而和正智。"如此说来，自然界的音响在艺术家的操控之中便成为社会等级与人格精神的象征了。

从伦理中心主义的立场出发，儒家学者不仅习惯于将自然现象和艺术形式的审美价值统统归结于道德，而且无视人类自然情感的独立价值。因此，在对性爱作品的评价中，儒家学者常常采取"微言大义"式的解读方法，竭力捕捉和发现艺术文本中的道德内容，以至于出现了将《关雎》读解成"喻后妃之具有美德"、将《蒹葭》读解成"刺襄公之未能用周礼"的现象（《毛诗序》）。正如在生态观念上否认自然的独立价值一样，儒家在审美观念上也否认自然美（包括自然形式和自然情感）的独立属性。

我们知道，人与自然的关系一向是美学研究的难点和要点所在。换言之，回答大自然何以使我们感动、自然现象何以让我们产生一种美的享受要比回答人类行为何以使我们感动、艺术作品何以是我们产生一种美的享受等问题更为困难。"目的论"者将自然看成是为人类服务的附属存在，"进化论"者将自然看成人类进化的史前阶段，"实践论"者将自然看成"人的本质力量的对象化"的历史成果。而以儒家为代表的"道德论"者，则千方百计地将自然看成人类伦理道德的化身，不如此，便不足以说明自然的美学价值。当然了，这种理论也同样具有两面性：其优点是有助于防止形式主义的美学倾向，但其缺点是容易导致功利主义的美学倾向。

正像儒家在生态观念上讲究中庸一样，儒家在审美观念上也讲究适度。生态观念上的中庸旨在维护人与自然的平衡，审美观念上的适度旨在实现理智与情感的和谐。说到底，理智是服从社会法则的思考与判断，情感是主观情绪的自然流露，因而理智与情感的和谐也还是人与自然的平衡。"喜、怒、哀、乐之未发，谓之中。发而皆中节，谓之和。中也者，天下之大本也。和也者，天下之达道也"（《中庸》第一章）。孔子主张"乐而不淫，哀而不伤"（《论语·八佾》），认为乐而生淫、哀而伤身都是不好的，即所谓"过犹不及"（《论语·先进》）。人们欣赏社会美、自然美、艺术美的最终目的，既不是为了僵化人类的社会理智，也不是为了放纵个体的原始情感，而是要使这二者达成一种妥协，使原始的情感在自然的流露中自觉地被纳入社会伦理的轨道，已达到“诗教”“乐教”的目的。因此，正像儒家在人与自然的生态平衡中将重点放在人的立场上一样，儒家在理智与情感的审美平衡中将重点放在理智的立场上。正像一枚铜币的两面花纹一样，人与自然的和谐、理智与感情的和谐共同实现着“天人合一”的宇宙观念，而儒家所倡导的“天人合一”，其要点显然不在“天”（自然）而在“人”（社会），这便是儒家的生态观与审美观通通统一于“仁学”思想的原因所在。

（原载《孔子研究》2006 年第 1 期）

中国古代"天人合一"思想与当代生态文化建设

曾繁仁

一

在我国大踏步地走向现代化之际，文化建设的重要性在不知不觉中凸显出来。很明显，没有具有特色的现代中国文化建设，我国的现代化是不可能成功的。当前，全世界生态环境恶化日益加剧，而我国又因其特定原因，生态环境恶化的问题更加严重。在这种情况下，现代生态文化建设成为至关重要的任务。但如何建设有中国特色的现代生态文化呢？学术界对此看法分歧严重，这种分歧又主要集中在对于中国古代"天人合一"思想的评价之上。众所周知，"天人合一"思想可以说是中国古代最具代表性的思想观念，它几乎统领了中国古代儒、释、道各家。但最近学术界对其评价却截然相反。季羡林认为，中国古代"天人合一"思想是当代生态文化建设的基础。他说："具体来说，东方哲学中的'天人合一'，就是以综合思维为基础的。西方则是征服自然，对大自然穷追猛打。表面看来，他们在一段时间内是成功的，大自然被迫满足了他们的物质生活需求，日子越过越红火。但久而久之，却产生了以上种种危及人类生存的弊端。这是因为，大自然既非人格，亦非神格，但却是能惩罚、善报复的，诸弊端就是报复与惩罚的结果"①。蒙培元认为，中国古代"天人合一"思想所表现出来的有机整体观对于现代生态文化建设有着特殊的重要意义。他说："应当说，中国哲学的基本问题

---

① 季羡林：《东学西渐与东化》，《东方论坛》2004 年第 5 期。

即‘天人合一’问题在《易传》中表现得最为突出，中国哲学思维的有机整体特征在《易传》中表现得也最为明显。人们把这种有机整体观说成人与自然的和谐统一，但这种和谐统一是建立在《易传》的生命哲学之上的，这种生命哲学有其特殊意义，生态问题就是其中的一个重要方面”①。汤一介也认为：“‘天人合一’观念无疑将会对世界人类未来求生存与发展有着极为重要的意义”②。与此相对，有些学者则对中国古代“天人合一”思想持基本否定的态度。著名物理学家杨振宁在2004年北京文化高峰论坛上认为，中国古代易学中的“天人合一”思想只有归纳没有演绎，缺乏科学精神，因而阻碍了中国科技的发展。③ 徐友渔认为，中国古代“天人合一”思想实际上是一种神学目的论，并不是生态伦理。他说：“其实，把‘天人合一’说成是生态伦理或自然保护哲学是曲意解释。这个观点最早出现时，天是一种人格神，在汉朝董仲舒那里天是百神中之大君，天人合一论是一种神学目的论。只有在庄子那里，才勉强符合上述解释，但它从未起到保护自然环境和生态的作用”④。

由于“天人合一”论是中国传统文化的核心思想，因而对它的评价就涉及这样两个问题。其一，对“天人合一”思想本身的理解与评价。我们并不完全否认上述对“天人合一”思想持基本否定态度的学者看法的局部正确性。“天人合一”论的确具有某种神学目的论色彩，两汉时期更加明显，而它也确实缺乏近代西方哲学的演绎内涵。但从总体上来说，“天人合一”论作为一种中国古代特有的哲学理念与思想智慧，以“位育中和”为其核心内涵，深刻包含了我国古人对于“天地人”三者关系的极富哲理的特定把握，对于当代生态文化建设具有极为重要的参考价值。至于其所包含的“天命观”，实际上是人类早期的一种“自然神论”，还不能算作宗教哲学。“天人合一”论虽然不具有近代演绎法，但却包含着“象数”这样的古典形态的推算演绎。它与西方以“和谐”为其代表的哲学理念有着十分重要的区别。因为，“中和”是一种宏观的“天人之际”。而“和谐”则是微观的物质对称比

---

① 蒙培元：《人与自然》，人民出版社2004年版，第110页。

② 汤一介：《在经济全球化形势下中华文化的定位》，《中国文化研究》2000年第4期。

③ 杨振宁：《〈易经〉对中华文化的影响》，《自然杂志》2005年第1期。

④ 徐友渔：《90年代社会思潮》，《天涯》1997年第2期。

例。因此，从总体上对“天人合一”思想给予应有的肯定是一种科学的、客观的态度。同样，对其进行必要的批判分析也是客观必要的。第二个问题就涉及中国当代文化建设，包括当代生态文化建设的路径问题。因为，我国在文化建设问题上从五四运动以来一直存在着“中西体用之争”。但总结近百年来的经验，特别是在当代经济全球化的背景之下，当代中国文化建设要从中国自己的传统出发而不能完全从西方文化出发，这应该是不争的事实。当然，我这里所说的“中国自己的传统”既包括中国古代的传统也包括中国现代的传统，而且现代传统应该占据重要位置，但也不能忽视古代传统，特别是对于中国古代那些具有明显民族性并包含有当代价值内涵的哲学与文化精神更应加以重视与继承发扬。这里就包括中国古代“天人合一”论这样的思想观念，应该讲，它是中国古代文化精华之所在，渗透于中华民族文化与生活的方方面面，成为中国文化的标志，特别是其所包含的生态智慧具有极为重要的当代价值，理应引起我们的高度重视与正确评价。这样做，在一定的程度上也是全球化语境下的一种中华民族文化身份的认同。

二

我们已经说过，我国古代的“天人合一”思想是以“位育中和”为其核心内涵的，而“位育中和”在我国古代文化之中有其特殊重要的地位。正如《礼记·中庸》所说：“喜怒哀乐之未发，谓之中；发而皆中节，谓之和。中也者，天下之大本也；和也者，天下之达道也。致中和，天地位焉，万物育焉。”这里首先讲的是君子的道德修养达到“中和”的境界，就能使得天地有位、万物化育。这就将君子之修养与天地万物的化育有序地联系在一起，从而成为“天人合一”论之核心内涵。由此可见，中国古代“天人合一”与“中和论”思想的确是包含着浓郁的生态意识的。这正如费孝通教授所说，“刻写在山东孔庙大成殿上的位育中和四个字，可以说代表了儒家文化的精髓”[①]。由此，我们应该回过头来更深入地探讨“位育中和”思想的起源及其深刻内涵。这就要更深入地探寻与之有关的儒、道等各家的

① 费孝通：《“三级两跳”中的文化思考》，《读书》2001年第4期。

学术思想，特别是《周易》的有关思想。因为，《周易》已经被众多国学家公认为我国文化的源头。“天人合一”与“中和论”思想的起源就在《周易》之中。

其一，“太极化生”之古代生态存在论思想。《周易》整个讲的是宇宙人类化生、生存、发展与变化的道理。《易传·系辞上》指出：“易与天地准，故能弥纶天地之道。”因此，《周易》的内容不是讲人对于世界的认识，它不是一种认识论哲学，而是讲宇宙人类的生存发展，是一种古代存在论哲学。在宇宙人类万物生成的基本观念上，《周易》提出“太极化生”的重要观点。《易传·系辞上》指出：“是故易有太极，是生两仪，两仪生四象，四象生八卦，八卦定吉凶，吉凶生大业。”这里的所谓“太极”就是对于宇宙形成之初“混沌”状态的一种描述，预示天地混沌未分之时阴阳二气环抱之状，一动一静，自相交感，交合施受，出两仪，生天地，化万物。《易传·乾·彖》指出：“大哉乾元，万物资始，乃统天。”将“太极”之乾，作为万物之“元”、之“始”，也就是回到宇宙万物之起点。《易传·系辞下》还对这种“混沌”和“起点”的现象进行了具体描绘：“天地氤氲，万物化醇；男女构精，万物化生”。也就是说，宇宙万物形成之时的情形犹如各种气体的渗透弥漫，阴阳交感受精，万物像酒一般地被酿制出来，像十月怀胎一样地被孕育出来。在这里，《周易》提出了“元”和“始”的问题，也就是哲学上一再讨论的回到事物原初之“在”(Being)。《周易》的回答是，事物原初之“在”既非物质，也非精神，而是阴阳交融的“太极”。这个“太极”就是老子所说的“道”，所谓“道生一,一生二,二生三,三生万物。万物负阴而抱阳，冲气以为和”(《老子》)。这实际上是一种古典形态的存在论哲学观念，“太极”与“混沌”就是作为万物之源的“在”。人与万物都是“太极”与“混沌”所生，它们在这一点上是平等的。因此，庄子提出了“天地与我并生，而万物与我为一”(《庄子·齐物论》)的“万物齐一”论。“太极化生”论还为“天人合一”之“中和论”予以具体的阐释，告诉我们中国古代的“中和”不是简单的物物相加，而是天人、阴阳交互混合，发展变化，构成整体。从这个意义上说，中国古代的“中和论”就是“整体论”。著名的《中国古代科技史》的作者李约瑟(Joseph Needham)将之称为“有机的自然主义”。他说，“对中国人来说，自然界并不是某种应该被意志和暴力所征服的具有敌意和邪恶的东西，而更像一切生命中最伟大的物体”①。而就《周易》来说，这种“整体观”是非常复杂的，而且是纯粹东方式的。它是一幅丰富复杂的“周易八卦图”，包含着天、地、人之间阴阳、刚柔、仁义、发展、变化、往复、相生、相克等内涵，实际上是一个更为宏阔的宇宙、社会与人生之环链。正如《易传·系辞下》所说，“古者包牺氏之王天下也，仰则观象于天，俯则观法于地，观鸟兽之文与地之宜，近取诸身，远取诸物，于是始作八卦，以通神明之德，以类万物之情”。这也就是《易传·系辞上》所言的“乾坤成列，而易立乎其中矣”。“太极八卦”中由象、卦、辞构成的“乾坤成列”的系统与环链实际上反映了天地人文万物交互联系之内在规律，是更为宏阔的古典形态的生态环链模拟，其后庄子据此提出更为具体的“天倪论”生物环链思想。《论语·述而》中也有对于保护生态平衡的具体表述，所谓“钓而不纲，弋不射宿”。也就是说，要求人们捕鱼不要用细密的网，以便留下小鱼繁殖生长，而射鸟时不要射过夜的鸟以免射杀过多。这些思想观念对于当代人类思考在宇宙万物生态环链中的生存有着极大的启发价值。《周易》“太极化生”中所包含的“中和论”思想，实际上渗透于几千年来中华民族日常生活的各个方面。从人的身体方面来说，著名的《黄帝内经》就以“太极阴阳”“整体施治”作为健身疗病之根据，力主“人生有形，不离阴阳”“天地合气，命之曰人”。这些都是有别于西医的“对症治疗”原理的，并被事实证明是有其独特价值的。在精神生活方面，我国古代儒家历来主张君子应该在“天人合一”思想指导下，修仁义之德、养浩然之气，以便做到奉天承命，治国平天下。在政治伦理道德领域，儒家主张“礼之用，和为贵”、仁者“爱人”、“己所不欲，勿施于人”等等。最近，学术界许多人士倡导“和合精神”，就是试图结合当前现实生活继承发扬这种“天人合一”“太极化生”“位育中和”的传统文化思想。

其二，“生生为易”之古代生态思维。《周易》的“太极化生”不仅是一种东方式的古典形态的存在论哲学，而且是一种古典形态的生态思维。这是一种以“天人之和”为基点，以生命运动为特征，以“易变”为表征，包

① ［英］李约瑟：《李约瑟文集》，辽宁科学技术出版社 1986 年版，第 338 页。

含卦、象、数、辞等丰富内容的生命有机论思维方式。《易传·系辞上》指出："圣人立象以尽意，设卦以尽情伪，系辞焉以尽其言，变而通之以尽利，鼓之舞之以尽神。"这里基本上将"易变"思维的基本特点讲清楚了。所谓"卦""象"即指六十四卦，作为天地万物之象的象征，表达了"天人相和"之意，既是某种原始的具象思维，也包含着高度的归纳。所谓"辞"即是圣人对于"卦象"的阐释，是圣人之言。所谓"变通"即是"易变"思维的最重要特点，是一种"变"与"通"的结合，以发挥其特殊的沟通天人的作用。当然，这里面还有"象数"推算的活动，也是一种古典形态的演绎。而所谓"鼓之舞之以尽神"是指"易变"思维包含某种巫术思维的色彩，而且伴随某种歌舞的原始祭祀活动。这种"易变"思维首先是一种整体思维，是从"太极""阴阳"之"道"生发的一种思维。《易传·系辞上》所谓"易与天地准，故能弥纶天地之道"。这就是说，在"易变"思维看来，"易"与天地宇宙是一致的，它是从天地宇宙这个整体出发来进行思维的。它还认为，"易"与万物之源的"乾""坤"紧密相连，是以乾坤、阴阳、刚柔之变化莫测的关系为基本内涵的。《易传·系辞上》指出："乾坤，其易之蕴邪？乾坤成列，而易立乎其中矣；乾坤毁则无以见易；易不可见，则乾坤或几乎息矣"，并指出"刚柔相推而生变化"。由此可见，乾坤阴阳刚柔与"易变"之紧密关系。因此，"易变"思维包含乾坤阴阳刚柔相交相应的重要内涵。所谓易者变也，爻者交也。既然有"交"那就有相生与相克之分。阴阳相应，和谐协调，即为吉，否则即为凶。《易传·泰·彖》曰："泰，小往大来，吉，亨。则是天地交而万物通也；上下交而其志同也；内阳而外阴，内健而外顺，内君子而外小人。君子道长，小人道消也"。《易传·泰·象》中又指出："天地交，泰。后以财成天地之道，辅相天地之宜，以左右民。"而与此相反的"否"卦则为"天地不交而万物不通也；上下不交而天下无邦也……小人道长，君子道消也"。而泰与否、福与祸又都是相对的，可以互相转化的，所谓"否极泰来""祸兮，福之所倚"（《老子》），即此之谓也。这就说明，人与自然关系的泰与否是相对的、可以转化的，只有"顺应天时"才能转否为泰，风调雨顺，而违背天时却要遭到"天谴"，甚至有可能陷入"天难"。"易变"思维重要的内涵是将世界上的一切矛盾加以简化。正如《易传·系辞上》所说"易则易知，简则易从。易知则有亲，易从则有功"，又说"易简而天下之理得矣。天下之理得，而成位乎其中矣"。也就是说，所谓"易"就是容易和简化，只有容易才能为很多人接受，而只有简化才能做到有效率。很明显，《易经》将天地宇宙万物人类社会那么复杂多变的事物与现象简化为"太极""天人""阴阳"与"八卦"。这么高度的简化实际上是一种极其哲理化的"回到原初"的把握事物的方法，也就是古典形态的现象学。这是一种从"乾坤混沌""太极化生"的原初视角对人与自然关系一体性的把握，即为中国古代有关"天人之际"的重要观念，今天仍有其极为重要的价值。"易变"思维的最重要内涵是将宇宙万物、天地人事均视为具有生命的活力。正如《易传·系辞上》所说："生生之谓易，成象之谓乾，效法之谓坤；极数知来之谓占，通变之谓事，阴阳不测之谓神。"也就是说，"易变"之理在于以"生生"即生命的生长演变为基础，然后才有占、变、神与阴阳等"易理"。因此，生命是最根本的易变之理。正如《易传·系辞下》所言，"天地之大德曰生"。"生"成为天地人之间最高的准则。因此，从某种意义上也可以说，《易经》的根本是"生生"，而"易变"的核心则是生命的生长演变。正是从这个角度上，我们说中国古代文化是一种生命的生态文化。

其三，"天人合德"之古代生态人文主义。人文主义有狭义与广义之别。狭义的人文主义特指西方文艺复兴时期以对抗神学为其核心内涵的对人本性欲望的张扬，而广义的人文主义则是自有人类以来就存在的对于人的生存命运的重视与关怀。正是从广义的人文主义的角度，我们认为我国古代的人文主义精神是一种包含着浓郁的生态意识的生态人文主义精神。这种生态人文主义精神集中地表现于以《周易》为其代表的先秦时期的典籍之中。《周易》中的"天人合德"思想就是这种中国古代生态人文主义精神的重要体现。《易传·乾·文言》指出："夫大人者，与天地合其德，与日月合其明，与四时合其序，与鬼神合其吉凶，先天而天弗违，后天而奉天时。天且弗违，而况于人乎，况于鬼神乎。"这里提出了一个"与天地合其德"的重要问题，其内容为"奉天时"而"天弗违"，这样才能做到"与天地合其德，与日月合其明，与四时合其序，与鬼神合其吉凶"。也就是说，只有这样，人才能有一个较好的生存状态。这就是一种将"天时"与人的生存相结合的古典形态的生态人文主义。我国古代之所以能够提出如此深刻的问题，与我国作为农业古国长期饱受自然之患有很大的关系。著名的“大禹治水”传说与《山海经》中的许多神话故事都说明了这一点。可以说是深刻的历史教训和忧患意识使得我国在先民时期就具有了较为明确的生态人文主义思想。《易传·系辞下》指出：“易之兴也，其于中古乎？作《易》者，其有忧患乎？是故履，德之基也；谦，德之柄也；复，德之本也；恒，德之固也。”这就充分说明，《周易》的出现是与当时先民的忧患意识有密切关系的。这种忧患除了战争之外，最重要的就是自然灾难，特别是水患。因此，顺应天时、掌握自然规律就成为人类安居乐业之本，成为有利于人的“大德”。这就是当时包含生态规律的人文主义产生的重要原因。由此，《周易》明确提出“天文”与“人文”的统一。《易传·贲·象》曰：“贲，亨，柔来而文刚，故亨；分，刚上而文柔，故小利有攸往。刚柔交错，天文也；文明以止，人文也。观乎天文，以察时变；观乎人文，以化成天下。”对于“天文“与”人文”的统一，我们进一步以《易》贲卦为例加以说明。“贲”，艮上而离下，柔上而刚下，这是一种有小利而无大咎的卦象，属于“天文”的范围。人们根据这种天象规范自己的行为，使人类的行为以此为准，那就成了“人文”。观天文可以了解宇宙万物的变化，而观人文则可以规范人的行为。这就是一种天文与人文的统一，是“天人合德”的具体内涵。《周易》还更具体地阐述了天地人“三才”的理论。《易传·说卦传》指出：“昔者圣人之作《易》也，将以顺性命之理。是以立天之道曰阴与阳，立地之道曰柔与刚，立人之道曰仁与义。兼三才而两之，故易六画而成卦。”这就是说，古代圣人根据天地人本真性命之道，通过卦象将天道阴阳、地道刚柔、人道仁义联系在一起。因而，易卦就是一种包含着天地人三个维度的古代人文主义，即古代中国的生态人文主义。当然，“易”是由圣人发现并作“卦与辞”的，只有圣人能够体现这种包含生态内涵的与天地相应的仁义之理。《易传·系辞上》指出：“是故天生神物，圣人则之。天地变化，圣人效之。天垂象，见吉凶，圣人象之。河出图，洛出书，圣人则之。”而一般的君子亦可以通过道德的修养达到“至诚”的高度，从而掌握这种包含生态维度的仁义精神。这就是所谓的“知天命”，即孔子所说的“五十而知天命”。《礼记·中庸》说道：“唯天下至诚，为能尽其性。能尽其性，则能尽人之性；能尽人之性，则能尽物之性；能尽物之性，则可以赞天地之化育。可以赞天地之化育，则可以与天地参矣。”也就是说，只有达到至诚才能顺应天性与物性，并尽人性，从而可以与天地相和。在这里，强调了一种人应与天地参，即向天地看齐的观念。《易传·乾·象》中提出“天行健，君子以自强不息”，而在坤卦《象传》中则提出“君子以厚德载物”的思想，都是因效法天地而培养的包含生态内涵的“仁义之理”。同时，中国古代还将这种“天人之和”的思想扩大到人与万物的“共生”。《礼记·中庸》所说的“万物并育而不相害，道并行而不相悖”，就是一种古典形态的“共生”思想。《易传·乾·文言》提出：“君子体仁足以长人，嘉会足以合礼，利物足以和义，贞固足以干事。君子行此四德者，故曰：乾元亨利贞。”这里的“长人”“嘉会”“利物”与“贞固”都是“共生”思想的体现。《论语·子路》云：“君子和而不同，小人同而不和。”这里，所谓“和而不同”是各种事物相杂而生，而“同而不和”则是只允许一种事物独自存在而不允许不同的事物存在。只有这种“和而不同”才有利于万物的生长。《国语》云：“和实生物，同则不继。”这正是生态规律的反映，是一种生态的人文主义。

其四，“厚德载物”之古代大地伦理观念。《周易》通篇充满了对于天地的敬畏与歌颂，特别是它对于大地的敬畏与歌颂，可以说就是古典形态的大地伦理观念。这里，我们引用《周易》中的两段文字加以说明。《易传·坤·象》云：“至哉坤元，万物资生，乃顺承天。坤厚载物，德合无疆。含弘光大，品物咸亨。牝马地类，行地无疆，柔顺利贞。”《易传·坤·文言》则云：“坤至柔而动也刚，至静而德方。后得主而有常，含万物而化光。坤道其顺乎，承天而时行。”又说：“阴虽有美，含之以从王事，弗敢成也。地道也，妻道也，臣道也。地道无成，而代有终也。”这两段文字可以说是对我国古代大地伦理观念的全面阐发，从大地的地位、作用、特性与人类对大地应有的态度等多个方面阐发论证了古代大地伦理观念。从大地的地位来说，“至哉坤元，万物资生”“德合无疆，含弘光大”等等，将大地的地位提到至高无上、诞育万物、功德无量的人类母亲的高度。从大地的作用来说，“坤厚载物”“品物咸亨”“天地变化，草木蕃”“地道无成，而代有终”等等，对于大地的承载万物，使之繁茂发育、承续后代等重要作用进行了深入阐释。在大地的特性方面，《周易》进行了形象而深刻的描述，用了“坤至柔而动也刚”“至静而德方”“阴虽有美，含之以从王事”等等，充分表现了大地“内柔外刚”“内静外方”的含蓄之美等美好的母性品格。在人类对于大地应有的态度上，《周易》首先对于大地母亲进行了充分的歌颂，使用了“至哉”“无疆”“光大”等高尚而美好的语言。更重要的是，《周易》表现了人类应该学习大地，秉承大地优秀品格的意愿。《易传·坤·象》说：“地势坤，君子以厚德载物。”《易传·坤·文言》说：“地道也，妻道也，臣道也。”也就是说，它认为人类应该像大地那样宽容厚道，容纳万物，学习大地“含弘光大”的“地道”，尽到做人的责任。在《易传·说卦传》第五章中更明确地告诉我们，“坤也者，地也，万物皆致养焉，故曰：致役乎坤”。这就歌颂了大地养育和服务于万物与人类的奉献精神。这样的古代大地伦理观念尽管时代局限性非常明显，但其所包含的对于大地地位、作用及人类应有态度的阐述，对于我们思考人类与大地的关系还是很有启发作用的。

其五，“大乐同和”之古代生态审美观。在我国古代，生产劳动与诗乐舞巫的结合可以说就是一种最基本的生存方式，《周易》中专门描写过占卜过程中的“鼓之舞之”，也就是载歌载舞的情状。特别是乐，在我国古代更有其特殊的地位，是达到天地人三才相和的重要途径。《礼记·乐记》指出：“大乐与天地同和，大礼与天地同节。和，故万物不失；节，故祀天祭地。”又说：“夫歌者，直己而陈德也，动己而天地应焉，四时和焉，星辰理焉，万物育焉。”而《尚书·舜典》则云：“八音克谐，无相夺伦，神人以和。”在我国古代，“乐”具有非常高的本体地位，成为达到“天人之和”的重要渠道。《乐记》认为，“是故情见而义立，乐终而德尊。君子以好善，小人以听过。故曰：生民之道，乐为大焉”。将乐与“德尊”“好善”相联系，提到“生民之道，乐为大焉”，即人类生活中最高的地位。这就是中国古代的“乐本论”，将“乐”作为人的基本生存方式。《乐记》对此具体描述道：“是故乐在宗庙之中，君臣上下同听之，则莫不和敬；在族长乡里之中，长幼同听之，则莫不和顺；在闺门之内，父子兄弟同听之，则莫不和亲。故乐者，审一以定和，比物以饰节，节奏合以成文。所以合和父子君臣，附亲万民也。是先王立乐之方也。”在这里，“乐”已经深入宗庙、乡里、家庭等社会生活的各个方面，成为我国古代人民基本的生活方式。这是一种通过“乐”来和敬天地乡里家庭的审美的生活方式，是古典的生态审美形态。

三

在当今21世纪开始之际，人类既享受到现代工业革命给我们带来的文明发展，同时也切身地感受到现代工业革命给我们带来的一系列负面影响。特别是生态的急剧恶化和环境的严重破坏给我们带来的深重灾难，水俣病、癌病、艾滋病、非典、禽流感，等等，都在威胁着我们，给我们的未来和后代带来浓重的生活阴影。因此，应当改变我们的生存方式，从现代的工业文明迅速过渡到后工业的生态文明已经成为全世界绝大多数人的共识。而要实现这种文明形态的过渡，最重要的是要改变我们的文化观念，迅速地从工业文明的人类中心主义、唯科技主义、唯工具理性与主客二分的思维模式转变到有机整体的生态思维观念之上。这样的转变当然应主要立足于当代，并从各国的实际情况出发，但借鉴古代的生态智慧则是十分必要的。我国古代“天人合一”思想中所包含的生态智慧无疑不可避免地存在着历史与时代的局限，特别是因其产生在前现代的远古的背景之上，因而免不了有许多反科学的甚至是迷信的色彩。因此，对于“天人合一”之中的生态思想，我们既不能完全接受，也不能任意拔高。但这一思想之中的许多智慧资源的确是极其宝贵的。特别重要的是，对于我们当前亟须建设的当代生态人文主义，中国古代生态智慧具有较大的借鉴意义。在当代，人与自然、生态观与人文观能否真正实现统一，从而建设当代形态的生态人文主义，这是至关重要的理论问题，也是十分紧迫的现实问题。有人说，人与自然、生态与人文是天生对立的，不可能统一。这是一种悲观主义的态度，这种态度还是建立在传统的唯科技主义认识论思维基础之上的。从传统认识论出发，当然会得出生态与人文必然对立的结论。但当前最为重要的则是需要从传统认识论转到现代存在论哲学与思维模式之上，从人与自然的必然对立转向两者在存在论基础之上的统一。从我国古代“天人合一”思想之“易变”思维来看，对其两者的关系应该从“简”“变”“合德”“共生”、古代大地伦理与“大乐同和”等特殊视角去把握。所谓“简”，就是应该将人与自然的复杂关系简化，回到事物产生之初的“太极”与“混沌”状态，就会清楚地看到人与自然所由产生的同一根源，说明其间必然存在的统一的原初性根由。从“变”的角度看，就是要以“易变”的观念充分认识人与自然的相生与相克及其变化，只要注重天时地利人和，创造必要的条件，就能由其相克转化到相生。而从“合德”的视角看，人类不仅应该改造自然，而且还应尊重自然，自然尽管不是神秘的但其秘密也不是人类所能穷尽的。因此，在人与自然的关系上，人类更应主动地遵循自然规律，与自然“合德”，这才是天文与人文统一的前提，是建设当代生态人文主义的首要条件。我国古代的“共生”哲学，力主“和而不同”“生生为易”与“和实生物，同则不继”，这实际上是一种特别有价值的生态哲学，值得我们借鉴。从大地伦理的角度看，我国《周易》之中对于“厚德载物”的大地母亲的敬畏与歌颂值得我们深思，它不仅揭示了大地哺育人类的真理，而且体现了人类感恩大地的情怀。而“大乐同和”则是一种古典形态的生态审美观，揭示了我国古代先民在如歌、如乐、如舞的生命境界中实现人与天地万物和谐美好生存的审美境界，值得我们在确立当代“诗意的栖居”的生态审美态度时从中获得诗意的启发。对于我国当前提倡的科学发展观和确立建设和谐社会目标，古代“天人合一”思想中所包含的生态智慧更有其特殊价值。因为我国的现代化建设已进入关键时期，许多矛盾暴露出来，其中非常突出的就是社会经济发展与环境资源的突出矛盾。因此，人与自然环境资源的和谐协调成为科学发展观与和谐社会建设的非常重要的内容。我国要真正做到两者的和谐协调，除了发展模式要从中国实际出发，同样重要的是应该从我国的实际出发，建设具有中国特色的、易于为广大人民接受的生态与环境理念。这就要借鉴我国古代文化资源，从中汲取营养，建设为广大人民所喜闻乐见的当代中国生态理论，以期对科学发展观与和谐社会建设作出应有贡献。我国古代“天人合一”思想中的生态智慧早就引起国际哲学界与生态学界的重视。美国研究环境问题的世界观察研究所所长布朗指出：“我们只应当追求维持生活的最低限度的财富，我们的主要目标应当是精神文化的。如果我们把追求物质财富作为我们的最高目标，那就会导致灾难。老子提倡无私和博爱，并认为这是人类事业中取得幸福和成功的关键。”罗马俱乐部中国分部对此评价道：“这恰与老子几千年前所提‘无欲’‘天人合一’相对应，这正是人类正道的基本前提。并且老子的思想提供的价值观念真正切中了以西方文化为主体的现代文明异化的种种问题与要害，正是医治现代文明病的良方”①。当然，还有包括海德格尔等许多已经为大家熟悉的理论家都从我国“天人合一”思想中吸取诸多精华，说明我国古代这一理论所具有的当代普世性价值，值得我们重视并加以研究。

（原载《文史哲》2006 年第 4 期）

① 布达佩斯俱乐部中国分部论坛：http：//www.bdpscluborg\bbs\index.asp.

当代生态美学观的基本范畴

曾繁仁

当代生态美学观的提出与发展已经形成不可遏止之势，不仅成为国际学术研究的热点，而且在我国也越来越被更多的学者接受。但对其研究的深入除了迅速地将这种研究紧密结合中国实际，真正实现研究的中国化之外，那就是抓紧进行理论范畴的建设。前一个方面的工作我们已经逐步开展，而本文想集中论述当代生态美学观的范畴建构问题。众所周知，所谓“范畴”，是“人们对客观事物本质和关系的概括。源于希腊文 Kate-goria，意为指示、证明”①。这就说明，学科范畴就是对于学科研究对象本质与关系的概括，包含着指示与证明的功能。因此，作为当代美学新的延伸与新的发展的生态美学观的提出也必然意味着人们对于审美对象本质属性与关系有新的认识与发展，也必然意味着会相应地出现一些与以往有区别的新美学范畴。由于当代生态美学观是一种新的正在发展建设中的美学观念，我们对其范畴的探讨只能是一种尝试。因此，我在这里尝试对与之有关的七个范畴进行力所能及的简要论述。

一、生态论的存在观

这是当代生态审美观的最基本的哲学支撑与文化立场，由美国建设性后现代理论家大卫·雷·格里芬提出。他在《和平与后现代范式》一文中批判现代工具理性范式时指出“现代范式对世界和平带来各种消极后果的第四

① 参见冯契主编《哲学大辞典》（修订版）“范畴”条目，上海辞书出版社 2001 年版。

个特征是它的非生态论的存在观”①。由此，他从批判的角度提出“生态论的存在观”这一极为重要的哲学理念。这一哲学理念是对以海德格尔为代表的当代存在论哲学观的继承与发展，有十分丰富的内涵，标志着当代哲学与美学由认识论到存在论、由人类中心到生态整体以及由对于自然的完全“祛魅”到部分“返魅”的过渡。

从认识论到存在论的过渡是海德格尔的首创，为人与自然的和谐协调提供了理论的根据。众所周知，认识论是一种人与世界“主客二分”的在世关系，在这种在世关系中人与自然从根本上来说是对立的，不可能达到统一协调。而当代存在论哲学则是一种“此在与世界”的在世关系，只有这种在世关系才提供了人与自然统一协调的可能与前提。他说，“主体和客体同此在和世界不是一而二二而一的”②。这种“此在与世界”的“在世”关系之所以能够提供人与自然统一的前提，就是因为“此在”即人的此时此刻与周围事物构成的关系性的生存状态，此在就在这种关系性的状态中生存与展开。这里只有“关系”与“因缘”，而没有“分裂”与“对立”。诚如海德格尔所说，“此在”存在的“实际性这个概念本身就含有这样的意思：某个在世界之内的存在者在世界之中，或说这个存在者在世；就是说：它能够领会到自己在它的天命中已经同那些在它自己的世界之内同它照面的存在者的存在缚在一起了”③。他又进一步将这种“此在”在世之中与同它照面并“缚在一起”的存在者解释为一种“上手的东西”。犹如人们在生活中面对无数的东西，但只有真正使用并关注的东西才是“上手的东西”，其他则为“在手的东西”，亦即此物尽管在手边但没有使用与关注，因而没有与其建立真正的关系。他将这种“上手的东西”说成一种“因缘”。他说，“上手的东西的存在性质就是因缘。在因缘中就包含着：因某种东西而缘，某种东西的结缘”④。这就是说人与自然在人的实际生存中结缘，自然是人的实际生存的不可或缺的组成部分，自然包含在“此在”之中，而不是在“此在”之外。这

① [美] 大卫·雷·格里芬：《后现代精神》，王成兵译，中央编译出版社 1998 年版，第 224 页。
② [德] 海德格尔：《存在与时间》，陈嘉映、王庆节译，三联书店 1987 年版，第 74 页。
③ [德] 海德格尔：《存在与时间》，陈嘉映、王庆节译，三联书店 1987 年版，第 64 页。
④ [德] 海德格尔：《存在与时间》，陈嘉映、王庆节译，三联书店 1987 年版，第 103 页。

就是当代存在论提出的人与自然两者统一协调的哲学根据，标志着由“主客二分”到“此在与世界”，以及由认识论到当代存在论的过渡。

正如当代生态批评家哈罗德·弗洛姆所说，“因此，必须在根本上将环境问题，视为一种关于当代人类自我定义的核心的哲学与本体论问题，而不是有些人眼中的一种围绕在人类生活周围的细微末节的问题”①。“生态论的存在观”还包含着由人类中心到生态整体的过渡的重要内容。“人类中心主义”从工业革命以来成为思想哲学领域占据统治地位的思想观念，一时间，“人为自然立法”“人是宇宙的中心”“人是最高贵的”等思想成为压倒一切的理论观念。这是人对自然无限索取以及生态问题逐步严峻的重要原因之一。“生态论的存在观”是对这种“人类中心主义”的扬弃，同时也是对于当代“生态整体观”的倡导。当代生态批评家威廉·鲁克尔特指出，“在生态学中，人类的悲剧性缺陷是人类中心主义（与之相对的是生态中心主义）视野，以及人类要想征服、教化、驯服、破坏、利用自然万物的冲动”。他将人类的这种“冲动”称作“生态梦魇”②。

冲破这种“人类中心主义”的“生态梦魇”，走向“生态整体观”的最有力的根据就是“生态圈”思想的提出。这种思想告诉我们，地球上的物种构成一个完整系统，物种与物种之间以及物种与大地、空气都须臾难分，构成一种能量循环的平衡的有机整体，对这种整体的破坏就意味着生态危机的发生，必将危及人类的生存。从著名的蕾切尔·卡逊到汤因比，再到巴里·康芒纳都对这种生态圈思想进行了深刻的论述。康芒纳在《封闭的循环》一书中指出，“任何希望在地球上生存的生物都必须适应这个生物圈，否则就得毁灭。环境危机就是一个标志：在生命和它的周围事物之间精心雕琢起来的完美的适应开始发生损伤了。由于一种生物和另一种生物之间的联系，以及所有生物和其周围事物之间的联系开始中断，因此维持着整体的相互之间的作用和影响也开始动摇了，而且，在某些地方已经停止了”③。由此

① CheryllGlotfelty&Harold Fromm (eds.), *TheEcocriticism Reader*: *Landmarks in Literary Ecology*, University of Georgia Press, 1996, p.38.

② CheryllGlotfelty&Harold Fromm (eds.), *TheEcocriticism Reader*: *Landmarks in Literary Ecology*, University of Georgia Press, 1996, p.113.

③ [美] 巴里·康芒纳：《封闭的循环——自然、人和技术》，侯文蕙译，吉林人民出版社1997年版，第7页。

可知，一种生物与另一种生物之间的联系以及所有生物和周围事物之间的联系就是生态整体性的基本内涵，这种生态整体的破坏就是生态危机形成的原因，必将危及人类的生存。

按照格里芬的理解，生态论的存在观还必然地包含着对自然的部分“返魅”的重要内涵。这就反映了当代哲学与美学由自然的完全“祛魅”到对于自然的部分“返魅”的过渡。所谓“魅”乃是远古时期由于科技的不发达所形成的自然自身的神秘感以及人类对它的敬畏与恐惧。工业革命以来，科技的发展极大地增强了人类认识自然与改造自然的能力，于是人类以为对于自然可以无所不知。这就是马克斯·韦伯所提出的借助于工具理性人类对于自然的“祛魅”。正是这种“祛魅”成为人类肆无忌惮地掠夺自然从而造成严重生态危机的重要原因之一。诚如格里芬所说，“因而，‘自然的祛魅’导致一种更加贪得无厌的人类的出现：在他们看来，生活的全部意义就是占有，因而他们越来越嗜求得到超过其需要的东西，并往往为此而诉诸武力”。他接着指出，“由于现代范式对当今世界的日益牢固的统治，世界被推上了一条自我毁灭的道路，这种情况只有当我们发展出一种新的世界观和伦理学之后才有可能得到改变。而这就要求实现世界的返魅（the reenchantmentof theword），后现代范式有助于这一理想的实现”①。当然，这种“世界的返魅”绝不是回复到人类的蒙昧时期，也不是对于工业革命的全盘否定，而是在工业革命取得巨大成绩之后的当代对于自然的部分的“返魅”，亦即部分地恢复自然的神圣性、神秘性与潜在的审美性。

正是在上述“生态论存在观”的理论基础之上才有可能建立起当代的人与自然以及人文主义与生态主义相统一的生态人文主义，从而成为当代生态美学观的哲学基础与文化立场。正因此，我们将当代生态美学观称作当代生态存在论美学观。

① ［美］大卫·雷·格里芬：《后现代精神》，王成兵译，中央编译出版社 1998 年版，第 221—222 页。

二、天地神人四方游戏说

这是由海德格尔提出的重要生态美学观范畴，是作为“此在”之存在在“天地神人四方世界结构”中得以展开并获得审美的生存的必由之路。当然，海氏在这里明显受到中国古代特别是道家的“天人合一”思想的影响，但又具有海氏的现代存在论哲学美学的理论特色。很明显，海氏在这里提出“天地神人四方游戏”是对于西方古典时期具有明显“主客二分”色彩的感性与理性对立统一的美学理论的继承与突破。其继承之处在于“四方游戏”是对于古典美学“自由说”的继承发展，但其“自由”已经不是传统的感性与理性对立中的自由融合，而是人在世界中的自由的审美的生存。当然，海氏“四方游戏说”是有一个发展过程的。最初海氏有关“此在”之展开是在“世界与大地的争执”之中的。在这里，世界具有敞开性，而大地具有封闭性，世界仍然优于大地，没有完全摆脱“人类中心”的束缚。他说，“世界是在一个历史性民族命运中单朴而本质性的决断的宽阔道路的自行公开的敞开状态（Offenheit）。大地是那永远自行锁闭者和如此这般的庇护者的无所促迫的涌现。世界和大地本质上彼此有别，但却相依为命”。又说，“世界与大地的对立是一种争执（Streit）”①。直到20世纪40年代之后，海氏才完全突破“人类中心主义”走向生态整体，提出“天地神人四方游戏说”这一生态美学观念。他说，“天、地、神、人之纯一性的居有着的映射游戏，我们称之为世界（Welt）。世界通过世界化而成其为本质”②。这里，“四方游戏”是指“此在”在世界之中的生存状态，是人与自然的如婚礼一般的“亲密性”关系，作为与真理同格的美就在这种“亲密性”关系中得以自行置入，走向人的审美的生存。他在1950年6月6日名为《物》的演讲中以一个普通的陶壶为例说明“四方游戏说”。他认为，陶壶的本质不是表现在铸造时使用的陶土，以及作为壶的虚空，而是表现在从壶中倾注的赠品之中。因为，这种赠品直接与人的生存有关，可以滋养人的生命。而恰是在这种赠品

① ［德］海德格尔：《林中路》，孙周兴译，时报文化出版企业有限公司1994年版，第29页。
② 孙周兴选编：《海德格尔选集》，三联书店1996年版，第1180页。

中交融着四方游戏的内容。他说，“在赠品之水中有泉。在泉中有岩石，在岩石中有大地的浑然蛰伏。这大地又承受着天空的雨露。在泉水中，天空与大地联姻。在酒中也有这种联姻。酒由葡萄的果实酿成。果实由大地的滋养与天地的阳光所玉成”。又说，“在倾注之赠品中，同时逗留着大地与天空、诸神与终有一死者。这四方（Vier）是共属一体的、本就是统一的。它们先于一切在场者而出现，已经被卷入一个唯一的四重整体（Geviert）中了”①。他认为，壶中倾注的赠品泉水或酒包含的四重整体内容与此在之展开密切相关，其作为美是一种关系性的过程并先于一切作为实体的在场者。由此可见，此在在与四重整体的世界关系中其存在才得以逐步展开，真理也逐步由遮蔽走向澄明，与真理同格的美也得以逐步显现。

三、诗意地栖居

这是海氏提出的最重要的生态美学观之一，具有极为重要的价值与意义。因为，长期以来，人们在审美中只讲愉悦、赏心悦目，最多讲到陶冶，但却极少有人从审美地生存，特别是从“诗意地栖居”的角度来论述审美。而“栖居”本身则必然涉及人与自然的亲和友好关系，包含生态美学的内涵，成为生态美学观的重要范畴。

海氏在《追忆》一文中提出“诗意地栖居”这个美学命题。他先从荷尔德林的诗开始：“充满劳绩，然而人诗意地，栖居在这片大地上”。然后，他说道，“一切劳作和活动，建造和照料，都是文化。而文化始终只是并且永远就是一种栖居的结果。这种栖居却是诗意的”②。实际上，“诗意地栖居”是海氏存在论哲学美学的必然内涵。他在论述自已的“此在与世界”之在世结构时就论述了“此在在世界之中”的内涵，包含着居住与栖居之意。他说，“‘在之中’不意味着现成的东西在空间上‘一个在一个之中’。就源始的意义而论，‘之中’也根本不意味着上述方式的空间关系。‘之中’（‘in’）源自 innan 居住，habitare 逗留。‘an’（‘于’）意味着：我已住下，我熟悉、

---

① 孙周兴选编：《海德格尔选集》，三联书店 1996 年版，第 1172—1173 页。

② ［德］海德格尔：《荷尔德林诗的阐释》，孙周兴译，商务印书馆 2000 年版。第 107 页。

我习惯、我照料；它有 colod 的含义；habito（我居住）和 diligo（我照料）。我们把这种含义上的‘在之中’所属的存在者标识为我自己向来所是的那个存在者。而‘bin’（我是）这个词又同‘bei’（缘乎）联在一起，于是‘我是’或‘我在’复又等于说：我居住于世界，我把世界作为如此这般熟悉之所而依寓之、逗留之”①。由此可见，所谓“此在在世界之中”就是人居住、依寓、逗留，也就是“栖居”于世界之中。而如何才能做到“诗意地栖居”呢？

其中，非常重要的一点就是必须要爱护自然、拯救大地。海氏在《筑·居·思》一文中指出，“终有一死者栖居着，因为他们拯救大地——拯救一词在此取莱辛还识得的古老意义。拯救不仅是使某物摆脱危险；拯救的真正意思是把某物释放到它的本已的本质中。拯救大地远非利用大地，甚或耗尽大地。对大地的拯救并不控制大地，并不征服大地——这还只是无限制的掠夺的一个步骤而已”②。“诗意地栖居”即“拯救大地”，摆脱对于大地的征服与控制，使之回归其本已特性，从而使人类美好地生存在大地之上、世界之中。这恰是当代生态美学观的重要指归。

在这里需要特别说明的是，海氏的“诗意地栖居”在当时是有明显所指性的，那就是指向工业社会之中愈来愈加严重的工具理性控制下的人的“技术的栖居”。在海氏生活的 20 世纪前期，资本主义已经进入帝国主义时期。由于工业资本家对于利润的极大追求，对于通过技术获取剩余价值的迷信，因而滥伐自然、破坏资源、侵略弱国成为整个时代的弊病。海氏深深地感受到这一点，将其称作是技术对于人类的“促逼”与“暴力”，是一种违背人性的“技术地栖居”。他试图通过审美之途将人类引向“诗意地栖居”。他说，“欧洲的技术——工业的统治区域已经覆盖整个地球。而地球又已然作为行星而被算入宇宙的空间之中，这个宇宙空间被订造为人类有规划的行动空间。诗歌的大地和天空已经消失了。谁人胆敢说何去何从呢？大地和天空、人和神的无限关系被摧毁了”。他针对这种情况说道，“这个问题可以这样来提：作为这一岬角和脑部，欧洲必然首先成为一个傍晚的疆土，而

① ［德］海德格尔：《存在与时间》，陈嘉映、王庆节译，三联书店 1987 年版，第 67 页。
② 孙周兴选编：《海德格尔选集》，三联书店 1996 年版，第 1193 页。

由这个傍晚而来，世界命运的另一个早晨准备着它的升起?”① 可见，他已经将“诗意地栖居”看作世界命运的另一个早晨的升起。在那种黑暗沉沉的漫漫长夜中这无疑带有乌托邦的性质。但无独有偶，差不多与海氏同时代的英国作家劳伦斯在其著名的小说《查太莱夫人的情人》中通过强烈的对比鞭挞了资本主义社会中极度污染的煤矿与工于算计的矿主，歌颂了生态繁茂的森林与追求自然生活的守林人，表达了追求人与自然协调的“诗意地栖居”的愿望。

四、家园意识

当代生态审美观中“家园意识”的提出首先是因为在现代社会中由于环境的破坏与精神的紧张人们普遍产生一种失去家园的茫然之感。诚如海氏所说，“在畏中人觉得‘茫然失其所在’。此在所缘而现身于畏的东西所特有的不确定性在这话里当下表达出来了：无与无何有之乡。但茫然失其所在在这里同时是指不在家”。又说，“无家可归是在世的基本方式，虽然这种方式日常被掩盖着”②。这就说明，“无家可归”不仅是现代社会人们的特有感受，而且作为此在的基本展开状态的“畏”则具有一种本源的性质，而作为“畏”必有内容的“无家可归”与“茫然失其所在”也就同样具有了本源的性质，可以说是人之为人而与生俱来的。当然，在现代社会各种因素的冲击之下这种“无家可归”之感显得愈加强烈。由此，“家园意识”就成为具有当代色彩的生态美学观的重要范畴。海氏在1943年6月6日为纪念诗人荷尔德林逝世一百周年所做的题为《返乡——致亲人》的演讲中明确提出了美学中的“家园意识”。因为，他着重评述诗人一首题为《返乡》的诗。他说道：“在这里，‘家园’意指这样一个空间，它赋予人一个处所，人唯有在其中才能有‘在家’之感，因而才能在其命运的本己要素中存在。这一空间乃由完好无损的大地所赠予。大地为民众设置了他们的历史空间。大地朗照着家园。如此这般朗照着的大地，乃是第一个‘家园’天使”。又说，“返乡

① ［德］海德格尔：《荷尔德林诗的阐释》，孙周兴译，商务印书馆2000年版，第218、220页。
② ［德］海德格尔：《存在与时间》，陈嘉映、王庆节译，三联书店1987年版，第228、331页。

就是返回到本源近旁"①。在这里，海氏不仅论述了"家园意识"的本源性特点，而且论述了它是由"大地所赠予"，阐述了"家园意识"与自然生态的天然联系。

是的，所谓"家园"就是每个人的休养生息之所，也是自己祖祖辈辈繁衍生息之地，那里是生我养我之地，那里有自己的血脉与亲人。"家园"是最能牵动一个人的神经情感之地。当代生态美学观将"家园意识"作为重要美学范畴是十分恰当的。当代著名生态哲学家福尔摩斯·罗尔斯顿在伯林特主编的《环境与艺术》的第十章"从美到责任：自然美学和环境伦理"中指出，"当自然离我们更近并且必须在我们所居住的风景上被管理时，我们可能首先会说自然的美丽是一种愉快——仅仅是一种愉快——为了保护它而作出禁令似乎不那么紧急。但是这种心态会随着我们感觉到大地在我们脚下，天空在我们头上，我们在地球的家里而改变。无私并不是自我兴趣，但是那种自我没有被掩盖。而是，自我被赋予形体和体现出来了。这是生态的美学，并且生态是关键的关键，一种在家里的在它自己的世界里的自我。我把我所居住的那处风景定义为我的家。这种兴趣导致我关心它的完整、稳定和美丽"。他又说道，"整个地球，不仅是沼泽地，是一种充满奇异之地，并且我们人类——我们现代人类比以前任何时候更加——把这种庄严放进危险中。没有人……能够在逻辑上或者心理上对它不感兴趣"②。在这里，罗尔斯顿更为现代地从"地球是人类的家园"的崭新视角出发，论述了生态美学观的"家园意识"。他认为，人类只有一个地球，地球是人类生存繁衍并有一席之地的处所，只有地球才使人类具有"自我"，因而，保护自己的"家园"，使之具有"完整、稳定和美丽"是人类生存的需要，这就是"生态的美学"。正是因为"家园意识"的本源性，所以它不仅具有极为重要的现代意义和价值，而且成为人类文学艺术千古以来的"母题"。

从古希腊《奥德修纪》的漫长返乡之程和中国古代《诗经》的"归乡之诗"，到当代著名的凯利金的萨克斯曲《回家》和中国歌手腾格尔的《天堂》，都是以"家园意识"的抒发而感动了无数的人，而李白的"举头望明

---

① ［德］海德格尔：《荷尔德林诗的阐释》，孙周兴译，商务印书馆2000年版，第15、24页。

② ［美］阿诺德·伯林特主编：《环境与艺术》，刘悦笛等译，重庆出版社2007年版，第91页。

月，低头思故乡”更加成为千古传诵的名句。“家园”成为扣动每个人心扉的美学命题。

五、场所意识

如果说，“家园意识”是一种宏大的人的存在的本源性意识，那么，“场所意识”则是与人的具体的生存环境以及对其感受息息相关。“场所意识”仍然是海德格尔首次提出的。他说，“我们把这个使用具得以相互联属的‘何所往’称为场所”。又说，“场所确定上手东西的形形色色的位置，这就构成了周围性质，构成了周围世界的切近照面的存在者环绕我们周围的情况”，“这种场所的先行揭示是由因缘整体性参与规定的，而上手的东西之为照面的东西就是向着这个因缘整体性开放的”①。在海氏看来，“场所”就是与人的生存密切相关的物品的位置与状况。这其实是一种“上手的东西”的“因缘整体性”。也就是说，在人的日常生活与劳作当中，周围的物品与人发生某种因缘性关系，从而成为“上手的东西”。但“上手”还有一个“称手”与“不称手”以及“好的因缘”与“不好的因缘”这样的问题。例如，人所生活的周围环境的污染、自然的破坏，造成各种有害气体与噪音对于人的侵害，这就是一种极其“不称手”的情形，这种环境物品也是与人“不好的因缘”关系，是一种不利于人生存的“场所”。当代环境美学家伯林特则从人对环境的经验的角度探索了生态美学观之中的“场所意识”问题。他说，“比其他的情景更为强烈的是，通过身体与‘场所’（place）的相互渗透，我们成为了环境的一部分，环境经验使用了整个的人类感觉系统。因而，我们不仅仅是‘看到’我们活生生的世界；我们步入其中，与之共同活动，对之产生反应。我们把握场所并不仅仅通过色彩、质地和形状，而且还要通过呼吸、通过味道，通过我们的皮肤，通过我们的肌肉活动和骨骼位置，通过风声、水声和交通声。环境的主要的维度——空间、质量、体积和深度——并不是首先和眼睛遭遇，而是先同我们运动和行动的身体相遇”②。这是生态

---

① ［德］海德格尔：《存在与时间》，陈嘉映、王庆节译，三联书店1987年版，第128—129页。

② ［美］阿诺德·伯林特主编：《环境与艺术》，刘悦笛等译，重庆出版社2007年版，第8页。

美学观的新的美学理念，与传统的审美凭借视觉与听觉等高级器官不同。伯林特认为，当代生态美学观的“场所意识”不仅仅是视觉与听觉意识，而且包括嗅觉、味觉、触觉与运动知觉的意识。他将人的感觉分为视觉、听觉等保持距离的感受器与嗅觉、味觉、触觉与运动知觉等接触的感受器，这两类感受器都在审美中起作用。这不仅是新的发展，而且也符合当代生态美学的实际。从存在论美学的角度，自然环境对人的影响绝对不仅是视听，而且包含嗅味触与运动知觉。不仅噪音与有毒气体会对人造成伤害，而且沙尘暴与沙斯病毒更会侵害人的美好生存。当然，从另外的角度，从更高的精神的层面，城市化的急剧发展，高楼林立，生活节奏的快速，人与人的隔膜，人与自然的远离，居住的逼仄与模式化，人们其实都正在逐步失去自己的真正的美好的生活“场所”。这种生态美学的维度必将成为当代文化建设与城市建设的重要参照。这是一种“以人为本”观念的彰显，诚如伯林特所说，“场所感不仅使我们感受到城市的一致性，更在于使我们所生活的区域具有了特殊的意味。这是我们熟悉的地方，这是与我们有关的场所，这里的街道和建筑通过习惯性的联想统一起来，它们很容易被识别，能带给人愉悦的体验，人们对它的记忆中充满了情感。如果我们的临近地区获得同一性并让我们感到具有个性的温馨，它就成了我们归属其中的场所，并让我们感到自在和惬意”①。

六、参与美学

这是伯林特明确提出的。他说，“首先，无利害的美学理论对建筑来说是不够的，需要一种我所谓的参与美学”②。又说“因而，美学与环境必须得在一个崭新的、拓展的意义上被思考。在艺术与环境两者当中，作为积极的参与者，我们不再与之分离而是融入其中”③。在这里，所谓“参与美学”本来就是当代存在论美学的基本品格。因为，当代存在论美学就是对于传统主客二分美学理论的突破，是通过主体的现象学描述所建立起来的审美经验。

① ［美］阿诺德·伯林特：《环境美学》，张敏译，湖南科技出版社 2006 年版，第 66 页。
② ［美］阿诺德·伯林特：《环境美学》，张敏译，湖南科技出版社 2006 年版，第 134 页。
③ ［美］阿诺德·伯林特主编：《环境与艺术》，刘悦笛等译，重庆出版社 2007 年版，第 7 页。

当代生态美学观同样如此，它首先突破了康德的主客二律背反的无利害的静观美学。这种静观美学必然导致人与自然的对立。而当代生态美学观则主张人在自然审美中的主观构成作用，但又不否定自然潜在的美学特性。罗尔斯顿将自然审美归结为两个相关的条件，那就是人的审美能力与自然的审美特性的结合，只有两者的统一，在人的积极参与下自然的审美才成为可能。他说，“有两种审美品质：审美能力，仅仅存在于欣赏者的经验中；审美特性，它客观地存在于自然物体内。美丽的经验在欣赏者的体内产生，但是这种经验具备什么？它具有形式、结构、完整性、次序、竞争力、肌肉力量、持久性、动态、对称性、多样性、统一性、同步性、互依性、受保护的生命、基因编码、再生的能源、起源，等等。这些事件在人们到达以前就在那里，一种创造性的进化和生态系统本性的产物；当我们人类以美学的眼光评价它们时，我们的经验被置于自然属性之上”。他以人们欣赏黑山羚的优美的跳跃为例。他认为，黑山羚由于在长期的进化中获得身体运动的肌肉力量，因而能够优美地跳跃。但只有在人类的欣赏中，这种跳跃与人的主观审美能力相遇，这才产生了审美的体验。

七、生态批评

美国文学研究者威廉·鲁克尔特在《衣阿华州评论》1978 年冬季号发表了一篇文章，题为《文学与生态学：生态文学批评的实验》，第一次使用了“生态批评”的概念。从此，“生态批评”就成为社会批评、美学批评、精神分析批评与原型批评之后的另外一种极为重要的文学批评形态，成为当代生态美学观的重要组成部分与实践形态，很快成为蓬勃发展的“显学”。“生态批评”首先是一种文化批评，是从生态的特有视角所开展的文学批评，是文学与美学工作者面对日益严重的环境污染将生态责任与文学美学相结合的一种可贵的尝试。鲁克尔特在陈述自己写作此文的原因时说道，“……诗歌的阅读、教学、写作如何才能在生物圈中发挥创造性作用，从而达到清洁生物圈、把生物圈从人类的侵害中拯救出来并使之保持良好状态的目的，同样，我的实验动机也是为了探讨这一问题，这一实验是我作为人类一分子的根本所在”。他面对严重的环境污染向文学和美学工作者大声疾呼：“人们必须开始有所作为”[①]。环境美学家伯林特更进一步强调“美学与伦理学的基本联结”[②]。罗尔斯顿则倡导一种“生态圈的美”[③]。有的环境保护就是从审美的需要出发的。罗尔斯顿指出，美国的大峡谷的保护就是从其美丽与壮观考虑的，从这个角度说，“自然保护的最终历史基础是美学”[④]。但从当代生态美学观来说伦理与美学的统一还是最根本的原则，因为环境对于人类来说并不都是积极的，噪音既是对于人的知觉的干扰，也是对于人的身体健康的危害，因而噪音就既非善的也非美的。

由此可见，环境伦理学与美学的统一就是生态批评的最基本原则。生态批评理论家们相信艺术具有某种能量，能够改变人类，这种能量表现为改变人们的心灵，从而转变他们的态度，使之从破坏自然转向保护自然。弗朗西斯·庞吉在《万物之声》中指出，我们应该拯救自然，“希望寄托在诗歌中，因为世界可以借助诗歌深入地占据人的心灵，致使其近乎失语，随后重新创造语言”[⑤]。也许，生态批评家们将文学艺术的作用估价得过高了，但通过审美教育转变人们的文化态度，使之逐步做到以审美的态度对待自然，这种可能性还是有的。但愿我们都朝这个方向努力，以图有所收获。

我们正处于一个转型的时代，人类社会正在由工业文明转向生态文明，人类也逐步由人类中心转向环境友好，与之相应的我们时代的美学观念也应有一个转型，当代生态美学观的提出就是这种转型的努力之一。但愿我们的努力能引起更多人的参与，能够对当代美学的发展起到一点点作用。

（原载《文艺研究》2007 年第 4 期）

---

① CheryllGlotfelty&Harold Fromm（eds.），*TheEcocriticism Reader*：*Landmarks in Literary Ecology*，University of Georgia Press，1996，p.113，p.112.

② 阿诺德·伯林特主编：《环境与艺术》，刘悦笛等译，重庆出版社 2007 年版，第 15 页。

③ 阿诺德·伯林特主编：《环境与艺术》，刘悦笛等译，重庆出版社 2007 年版，第 84 页。

④ 阿诺德·伯林特主编：《环境与艺术》，刘悦笛等译，重庆出版社 2007 年版，第 83 页。

⑤ CheryllGlotfelty&Harold Fromm（eds.），*TheEcocriticism Reader*：*Landmarks in Literary Ecology*，University of Georgia Press，1996，p.105.

发现人的生态审美本性与新的生态审美观建设

曾繁仁

从2001年进行当代生态审美观研究以来一直面临生态观、人文观与审美观如何能够统一的诘难。而在回应这一诘难时总是有几分吃力。2007年秋，有机会到武汉大学梁子湖生态实习基地参观学习，在这个基地的众多实验中有一个湖水生态比较实验对我启发颇大。那就是基地制造了两方水体，一方是梁子湖原生态的自然水体，有泥、虫、水草、小鱼、大鱼等等。这个水体是活的、有生命的、内在循环的，因而是洁净、甘甜并且也是美好的。而另一个水体则为死水，布满了各种蓝藻，冒着水泡，散发着臭味。这个水体是死的，不美好的。从中，我体悟到审美与自然生命力有着密切的关系，对于蓬勃生命力的亲和是人的天性之一，人与自然生态的审美关系也是人的重要本性之一。这样，从人的生态审美本性的角度就能够很好地阐释生态观、人文观与审美观的统一。

一

人类的历史就是不断发现自身本性的历史。古希腊德尔斐神殿的铭文就是“认识你自己”。这里的“认识”也可以理解为“发现”，也就是说人类的历史也就是人类不断发现自己本性的历史。近读梁启超《“欧洲文艺复兴史”序》一文，颇受启发。梁氏指出：“凡读此书，见其欧洲文艺复兴所得之结果为二：一曰人之发现，二曰世界之发现。”[①] 我觉得得用“发现”一词

---

① 梁启超：《饮冰室合集》(4)，中华书局1989年版，第43页。

比用“死了”一词更加积极正面。例如，尼采说“上帝死了”，那就不如说“人的非理性的发现”；福科说“人死了”，不如说“人的‘主体间性’的发现”。事实证明，“发现”带有积极的建设性意义。人类社会进入20世纪60年代以后，由于环境污染的日渐严重和自然生态的日渐重要，在这种情况下人开始逐步发现了自己的生态审美本性。众所周知，人类曾经发现了自己的理性、社会性、非理性、符号创造性与主体间性等本性。但其实人类还具有生态审美本性。当代生态批评家哈罗德·弗洛姆说，生态问题是一个关系到“当代人类自我定义的核心的和哲学与本体论问题”[①]。人的生态审美本性的表现就是人对自然万物蓬勃生命力的一种审美的经验。其内涵包含人对自然的本源的亲和性、人与自然须臾不分的共生性、人对自然生命律动的感受性以及人在改造自然中与对象的交融性等等。

但是，长期以来，由于工具理性的过分泛滥，人的生态审美本性被遮蔽，人与自然处于可悲与可怕的不正常的对立状态。黑格尔曾经将美学界定为艺术哲学，自然美在很大程度上被其排除在美学之外。其不良影响一直延续至今。现在到了恢复人的这种生态审美本性的时候了。其实，马克思主义经典作家早就在一定的程度上论述过人的这种生态审美本性。马克思在著名的《1844年经济学哲学手稿》中就直接论述了“人直接是自然存在物”的观点。他深刻地论述了人在实践活动中自然的“人化”与人的“对象化”共存的事实，认为“说人是肉体的、有自然力的、有生命力的、现实的、感性的、对象性的存在物，这就等于说，人有现实的、感性的对象作为自己的本质即自己生命表现的对象；或者说，人只有凭借现实的、感性的对象才能表现自己的生命”。他在《德意志意识形态》第一卷手稿中有力地批判了费尔巴哈的历史唯心主义，批判了费氏刻意分离人与自然的关系来谈论人的本质的行径。他认为人是在与自然的关系中来展开自己的本质的。他形象地以鱼与水的关系来比喻人与自然的关系。他说：“鱼的‘本质’是他的‘存在’，即水。河鱼的‘本质’是河水。但是，一旦这条河被工业支配，一旦它被染料和其他废料污染，河里有轮船行驶，一旦河水被引入只要把水排出去就能

---

① 彻丽尔·格罗菲尔蒂、哈罗德·弗罗姆主编：《生态批评读本：文学生态学的里程碑》，佐治亚大学出版社1996年版，第16页。

使鱼失去生存环境的水渠，这条河的水就不再是鱼的‘本质’了，它已经成为不适合鱼生存的环境”①。马克思在这里十分形象并恰当地以鱼与水的关系比喻人与自然的关系，并由此阐释人的本质。马克思的论述告诉我们，犹如鱼无法离开洁净的水一样，人也同样不能离开良好的自然生态环境。因而，人的本质是与良好的自然生态环境紧密相联的。恩格斯则在著名的《自然辩证法》中特别地强调了人与自然的一致性：“人们愈会重新地不仅感觉到，而且也认识到自身和自然界的一致，而那种把精神和物质、人类和自然、灵魂和肉体对立起来的荒谬的、反自然的观点，也就愈不可能存在了”②。上述证明，马克思主义经典理论家对于人与自然生态的本源的亲和的本质关系是充分看到并加以论证了的。

二

从历史上看，中西方对于人的生态审美本性也都有比较深入的论述。特别在我国古代，先民们长期生活于农耕社会，繁衍栖息于广袤的黄土高原，因而人与自然的关系是我国先民遇到的最重要的关系。所谓“究天人之际，通古今之变”，就是在这样的文化背景下诞育了中国古代的以反映人的生态的生命的审美本性为其主要内涵的美学思想。我国古代的《易》学就提供了这种“生生之为易”的哲学与美学思想，所谓“生生之谓易，成象之谓乾，效法之谓坤，极数知来之谓占，通变之为事，阴阳不测之谓神”。这就是说，《易》学的根本之点就是“生生”，亦即在“天人关系”宏阔背景下人与万物的生命与生存。它还进一步提出“天地之大德曰生，圣人之大宝曰位”，将生态、生存与生命视为天地给予人类的最高恩惠，珍视万物生命应该成为人类最高的行为准则。而万物与人类美好的生命状态就是“元”“亨”“利”“贞”等人与万物生命力蓬勃的生长与美好地生存的状态。所谓“元者，善之长也；亨者，嘉之会也；利者，义之和也；贞者，事之干也”，要求天地、乾坤、阴阳符合生态规律地运行，所谓“天地交而万

① 《马克思恩格斯全集》第42卷，人民出版社1979年版，第168、369页。
② 《马克思恩格斯选集》第3卷，人民出版社1972年版，第518页。

物通也，上下交而志同也”，这就是象征吉祥的泰卦。相反，则是“天地不交而万物不通也，上下不交而天下无邦也”，这就是象征灾难的否卦。《易》学认为这种符合生态规律的天地自然运行就是一种“美”。《周易》在坤卦中直接提到“美”并给予界定，具体就是《坤·文言传》中的两段话。一段为“阴虽有美，含之以从王事，弗敢成也。地道也，妻道也，臣道也，地道无成而代有终也”。另一段为“君子黄中通理，正位居体，美在其中而畅于四支，发于事业，美之至也”。对这两段话的解释很多，常常依据字面意思加以阐释。但据我个人的见解它们都是用以阐释坤卦的。卦辞曰：“坤，元亨，利牝马之贞。君子有攸往，先迷，后得主，利。西南得朋，东北丧朋。安吉贞。”也就是说，这两段话都是着重用来解释“元亨”与“安吉贞”的。主要体现阴阳乾坤各在其位，各尽其职，这样即使先迷失道路也会得到主人接待而大为有利，即使一度失去朋友最后也会得到朋友而平安吉祥顺利。第一段话是说坤卦所包含的“美”在于充分发挥其安于天道之下、处于妻位与臣位的协助、辅佐的地位与作用。而第二句话表面上说的是穿衣服的得体，所谓黄裳在内外加罩衣，实际上还是用其比喻阐释阴阳乾坤“正位居体”，因而“上下交而万物通”“天地变化，草木蕃”，人与万物生命力蓬勃生长，于是畅于四肢，发于事业，成为至高之美。在这里，“美”始终与阴阳乾坤各安其位的“正位居体”以及“上下交通”这样的自然生态的运行紧密联系，并表现为生命力的蓬勃生长，旺盛有力。这就是我国古代早期对于生态的生命的审美本性的表述。也就是我国具有代表性的“中和美”。在这里，所谓“中和”，就是天地、乾坤各在其位，因而风调雨顺，万物繁茂，充满生命力。正如《礼记·中庸》所说，“中也者，天下之大本也；和也者，天下之达道也。致中和，天地位焉，万物育焉。”天地阴阳正位，万物才能繁茂昌盛。由此可见，我国古代的中和之美从根本上说就是万物繁茂昌盛的生态与生命之美。这种生态的生命的美学观一以贯之，影响深远。庄子提出“养生”说，包含“保身”“全身”“养亲”与“尽年”（《庄子·养生主》）的内容，也与生命的美学密切相关。曹丕提出“养气”说，所谓“文以气为主，气之清浊有体，不可力强而致。譬诸音乐，曲度虽均，节奏同检，至于引气不齐，巧拙有素，虽在父兄，不能以移子弟”（《典论·论文》）。这里的“气”即包含生命气韵之意，气之清浊强弱直接与音乐艺术的巧拙有素密切相关，是一种中国古代的生命美学理论。刘勰提出“物色”说，所谓“是以诗人感物，联类不穷，流连万象之际，沉吟视听之区；写气图貌，既随物以婉转；属采附声，亦与心而徘徊”（《文心雕龙·物色》），并以《诗经》中所用“灼灼、依依、杲杲、漉漉、喈喈”等生动形象的词汇说明艺术创作中诗人艺术创作中感物联类，流连万象，写气图貌，赋予对象以生命力的情形。魏晋南北朝的谢赫则在绘画六法中明确提出“气韵生动”之说，将生命力的体现作为绘画成功的重要标准之一。而唐之王昌龄则在《诗格》中提出影响深远的“意境”说，所谓“搜求于象，心入于境，神会于物，因心而得”，将艺术创作中通过情与象、意与境、神与物交融会合而创作出充满生命力的艺术作品的情形表现无遗。当代美学家宗白华则在总结古代传统的基础上力倡“生命美学”。他说：“艺术本来就是人类，艺术家，精神生命的向外发展，贯注到自然的物质中，使他精神化，理想化。”又说：“中国画所表现的境界特征，可以说是根基于中国民族的哲学，即《易经》的宇宙观；阴阳二气化生万物，万物皆秉天地之气以生，一切物体可以说是一种‘气积’〔庄子：天，积气也〕，这生生不已的阴阳二气积成一种有节奏的生命”①。凡此种种都说明我国古代悠久的生态的生命的美学理论传统。

西方美学理论由其特定的自然历史文化背景决定了抽象的逻辑推理的发达，因而，审美从一开始就被推向了与自然生态相对脱节的纯理性思考。于是，产生了“美是理念”“美是对称”“美是感性认识的完善”“美是理念的感性显现”“美是无目的的合目的性”等在一定程度上离开人的生态审美本性的美学理论界说。倒是1725年，意大利理论家维柯（G.Vico，1668—1744）在《新科学》中将作为其“新科学的万能钥匙”的原始形态的“诗性思维”看作一种原始形态的生态审美思维。他坚持一种人类学的方法，即认为“一个民族的共同本性就会成为（或涉及）每一民族在其发展、成熟、衰颓和死亡中展示的一种发育学模式”。由此，他得出“诗性的思维”是人的共同本性的结论。他在阐释原始的“诗性的玄学”与“诗性的思维”时说：“这些原始人没有推理的能力，却浑身是强旺的感觉力和生动的想象力。这种玄学就是他们的诗，诗就是他们生而就有一种功能（因为他们生而就有这

① 宗白华：《艺境》，北京大学出版社1987年版，第7、118页。

种感官和想象力)”[①]。维柯特别地强调了“生而就有”的“强旺的感觉力和生动的想象力”等生命的本性的特质。他将这种“诗性的思维”表述为一种将自然万物当作“活人”的想象力。他说，原始人类“按照自己的观念，使自己感到惊奇的事物各有一种实体存在，正像儿童们把无生命的东西拿在手里跟他们交谈，仿佛它们就是些活人”。这就是一种以自然为“同类”的生态审美思维。1794 年，席勒（JohannChristoph Friedrich Schler，1759—1805）曾在著名的《美育书简》中将审美看作人的本性，但由其理性主义立场决定。他不可能从生态的生命的角度论述审美。从 1936 年开始，海德格尔（Martin Heideg-ger，1889—1976）力图构筑自己的“天地神人”四方游戏的生态审美观，将自然生态与人的关系看作是“此在与世界”的机缘性关系，是“此在”在世的本真状态，其生命性表现为“此在”即人在时间与空间中的存在，认为“存在在世界之中”[②]。这里所谓的“世界”就是“天地神人”四方游戏的“生态系统”这是一种生态的生命的哲学与美学。

此外，特别要介绍几位西方理论家在人的生态审美本性论述中的贡献。一位是俄国著名民主主义思想家车尔尼雪夫斯基（1828—1889），他于 1855 年出版的《艺术与现实的审美关系》有力地论述了唯物主义美学思想，提出著名的“美是生活”的命题，批判了黑格尔“美是理念的感性显现”的观点。他进而将“生活”界定为“生命”，认为“凡是我们可以找到使人想起生活的一切，尤其是我们可以看到生命表现的一切，都使我们感到惊叹，把我们引入一种欢乐的，充满无私享受的精神境界，这种境界我们就叫作审美享受”。而且，他还将其具体界定为“旺盛健康的生活”，认为“青年农民和农家少女都有非常鲜嫩红润的面色，这照普通人民的理解，就是美的第一个条件”[③]。由此可见，车氏是将生命的生态的健康之美作为美的第一条件的。另一位就是美国著名哲学家与教育家杜威（John Dewey，1859—1952）。他在 1934 年出版的《艺术即经验》一书中提出自己的意图是克服当时普遍存在的主客、灵肉分离的倾向。他说，要回答“为什么将高等的、理想的经验之物与其基本的生命之源联结起来的企图常常被看成背离它们的本性，否

---

① ［意大利］维柯：《新科学》，人民文学出版社 1986 年版，第 13、161、162 页。
② ［德］海德格尔：《存在与时间》，三联书店 1997 年版，第 17 页。
③ 《车尔尼雪夫斯基论文学》（中），新文艺出版社 1958 年版，第 23、26 页。

定它们的价值”这样的问题，“就要写一部道德史，阐明导致蔑视身体，恐惧感官，将灵与肉对立起来的状况”。于是，他提出了审美主体是“活的生物”的崭新概念。而所谓审美即是人这个“活的生物”与他生活的世界相互作用所产生的“一个完满的经验”。他具体描述道：“人在使用自然的材料和能量时，具有扩张自己的生命的意图，他依照他自己的机体结构——脑、感觉器官，以及肌肉系统——而这么做。艺术是人类能够有意识地、从而在意义层面上，恢复作为活的生物标志的感觉、需要、冲动以及行动间联合的活的、具体的证明。”他还特别强调了自然生态在审美中的本源性作用。他说：“自然是人类的母亲，是人类的居住地，尽管有时它是继母，是一个并不善待自己的家。文明延续和文化持续——并且有时向前发展——的事实，证明人类的希望和目的在自然中找到了基础和支持”①。还有法国著名现象学美学家梅洛－庞蒂（MauriceMerleau-Ponty，1908—1961），他作为现象学哲学与美学家，从现象学的特殊角度论述了“身体”的本体意义及其在审美中的重要地位，并论述了身体与空间的关系。他说：“身体图式，是一种表示我的身体在世界上存在的方式”，“我的身体在我看来不但不是空间的一部分，而且如果我没有身体的话，在我看来也就没有空间。”也就是说，他认为“身体空间与外部空间构成一个系统”②。实际上他主张在审美之中人的身体与自然生态构成一个有机的系统，正是人的生态审美本性的另一种表述。还要提到的是另一位继承了身体理论的美学家，就是美国的新实用主义美学家理查德·舒斯特曼（RichardShusterman，1949— ）。他在《实用主义美学》一书中提出“身体美学”概念，这是新时代的感官与哲思统一的生命美学形态。他说：“身体美学可以先暂时定义为：对一个人的身体——作为感觉审美欣赏（aesthesis）及创造性的自我塑造场所——经验和作用的批判的、改善的研究。因此，它也致力于构成身体关怀或对身体的改善的知识、谈论、实践以及身体上的训练。”在这里，他没有用“bodyesthetics”，而是借用古希腊词汇用了“somaesthetics”，就包含灵肉统一之意。那么，他提出身体美学的意图何在呢？他自己说，一是为了复兴鲍姆嘉通将美学当作既包含理

① ［美］杜威：《艺术即经验》，商务印书馆2005年版，第19、26、28页。
② ［法］梅洛－庞蒂：《知觉现象学》，商务印书馆2001年版，第140页。

论也包含实践练习的改善生命的认知学科的观念；二是终结鲍氏灾难性的带进美学中的对身体的否定；三是身体美学能够对许多至关重要的哲学关怀作出重要贡献，从而使哲学恢复它最初作为一种生活艺术的角色。很明显，舒氏的“身体美学”包含生态的生命美学的内涵。诚如舒氏所说，“我们可以很容易的发现，身体美学对感觉敏锐性、肌肉运动和根绝经验的意识的改善，怎样富有成效地有助于诸如音乐、绘画和舞蹈（最卓越的身体审美的艺术）之类的传统艺术的理解和实践，怎样增进我们对我们穿行和栖息的自然和建筑的欣赏”①。

当然，在西方，当代环境美学与生态批评理论也提供了一系列极为重要的生态的生命的审美理论资源。特别是美国美学家阿诺德·伯林特的“参与美学”，力倡眼耳鼻舌身全方位地参与到审美感受之中获得一种生命快感与哲思提升相结合的审美愉悦；英国科学家拉伍洛克提出著名的“该亚定则”，将大地比喻为地母该亚，并将其看作养育了人类的母亲。这些资源对于我们建设新时期的生态的生命的审美观都有极为重要的借鉴作用。

三

现在的问题是如何以有关人的生态审美本性理论为指导在新的世纪建设当代形态的生态审美观。我认为最重要的是有关人的生态审美本性理论是建立新的生态人文主义的理论基础，而这种新的生态人文主义则是建设新的生态的生命的审美观的理论指导。因为，启蒙主义以来，通常的人文主义是“人类中心主义”的，在此前提下人与自然生态处于宿命的对立状态，不可能将生态观、人文观与审美观三者统一起来。而新的建立在人的生态审美本性基础之上的生态人文主义则能够将以上三者加以统一。诚如美国明尼苏达大学生态学、进化与行为教授菲利普·雷加尔（Philip Regal）在2002年出版的《生态人文主义论集》中所说：“如果说关于人类状况的知识是人文主义之要义的话，那么，理解人类所存在的更大的系统对于人文主义者来说就是非常重要的……‘生态人文主义’隐含着对于个体之间、个体与社会

① ［美］理查德·舒斯特曼：《新实用主义美学》，商务印书馆2002年版，第354页。

机构之间以及个体与非人类环境之间关联模式的洞察”①。所谓“生态人文主义”（Ecohumanism）是在生态危机日益严重的情况下出现了激进的生态主义者对于自然绝对价值的过分强调，并与传统的人类中心主义展开激烈的争论。在这种情况下，“生态人文主义”则能克服这两种理论倾向的偏颇并将两者加以统一。而生态人文主义得以成立的根据就是人的生态审美本性。也就是我们在上文所说，人天生具有一种对自然生态亲和热爱并由此获得美好生存的愿望。这种“生态人文主义”正是新的生态审美观建设的哲学与理论的依据。

在此前提下，新的生态审美观包括这样两个层面的内涵。从文化方面来说有这样一些内容。主要是人的相对价值与自然的相对价值的统一。这也是我们通过“生态人文主义”对绝对生态主义与人类中心主义的一种调和。因为，绝对的生态主义主张自然生态的绝对价值，必然导致对于人的需求与价值的彻底否定，从而走向对于人的否定。这是一条走不通的路。而人类中心主义则将人的需求与价值加以无限制的扩大，从而造成对于自然生态的严重破坏。历史已经证明这必将危害到人类的利益，也是一条走不通的路。正确的道路只有一条，那就是在生态人文主义的原则下只承认两方价值的相对性并将其加以统一。这才是一条“共生”的可行之路。在这种“共生”原则指导下，在社会发展上贯彻社会经济发展与环境保护“双赢”的方针，走建设环境友好型社会之路。而在代际关系上贯彻代际平等原则，兼顾当代与后代利益，真正做到可持续发展。

而在审美理论建设的层面特别强调了审美所包含的蓬勃生命力的内涵。作为审美对象应该是蓬勃生命力的灌注与对于生命反思的统一。新的生态审美观力主一种灌注着蓬勃生命力的美学理念，是一种绿色的生命的美学，使人获得诗意栖居的美学。但这种生命力的灌注应该伴随着对于生命的反思，蕴藏着对于生命价值的可贵哲思。就如齐白石之画，即便是几条小鱼，也在充满生命力的嬉戏中渗透着画家可贵的童趣；如泰戈尔的诗，在对自然动物的描写中，流淌着诗人的终极关怀精神；如贝多芬的《命运交响曲》，以不断变速的乐句，叩击着命运，高歌着生命。而在审美经验的形成上则是生命

① Tapp，Robert B. *Ecohumanism*，Amherst，N. Y.：Prometheus Books，2002，p.62.

感官的全方位参与与对象潜在审美质的统一。这种新的生态的生命的美学迥异于古典的静观美学，在审美中它不仅凭借眼耳等部分感觉器官，而且凭借眼耳鼻舌身所有的感觉器官参与到审美之中。这是一种生命的感受，是一种寻找身心家园的审美之旅。当你徜徉在青山秀水之间，难道你在为无限美景赏心悦目之时，不也同时感受到清新空气的沁人心脾与甘冽的泉水带来的快感吗？而污浊的环境、呛人的气体与嘈杂的噪音不也同样在刺激眼耳的同时伤害鼻舌身及其他感官吗？当然，对象的审美潜质也是不可缺少的条件。放足于清洁美丽的海滨与置身于拥挤的大都会的感受必然相异，面对美丽的开屏的孔雀与面对毛毛虫的感觉当然不同。美丽的蓬勃的生命必然给人以生命的美感。在美学理论的构建上，当代新的生态审美观必然要吸收东方、特别是中国元素。除了我们已经熟知的海德格尔“四方游戏”说对道家的吸收之外，我们认为中国古代的“生生为易”的古典生命哲学理论，“坤厚载物”的大地伦理学以及“气韵生动”的艺术理论都应成为当代生态审美观建设的有效资源，等待我们进一步发掘利用。

（原载《社会科学辑刊》2008年第5期）

试论《周易》"生生为易"之生态审美智慧

曾繁仁

对于中国古代美学的形成与特点，甚至对中国古代到底有没有美学，历来都有不同的意见。黑格尔曾经将以中国为代表的东方美学称作是"艺术前的艺术"[①]。鲍桑葵则明确地将中国与日本的古代艺术看作是"审美意识还没有达到上升为思辩理论的地步"[②]。审视一下中国古代历史，不仅没有西方那种"美是感性认识的完善"的美学理论，而且对"美学"这个经过日文翻译过来的学术概念的直接论述也付之阙如。从这个角度说似乎中国古代就没有美学。这个结论对于具有五千年悠久文化传统的民族来说真的是不可思议的。但如果结合我国的现实，从审美是情感经验的广义的角度来理解美学的话，中国古代却有着极为丰富的审美智慧。这种审美智慧被宗白华等老一代理论家概括为生命的哲学与美学[③]。《周易》作为中国古代哲学与美学的源头之一，就包含着我国古代先民特有的以"生生为易"为内涵的诗性思维，是一种东方式的生态审美智慧，影响了整个中国古代的审美观念与艺术形态。

---

① [德] 黑格尔：《美学》第2卷，商务印书馆1979年版，第9页。

② [英] 鲍桑奎：《美学史》，商务印书馆1985年版，第2页。

③ 宗白华说："中国画所表现的境界特征，可以说根基于中国民族的基本哲学，即：《易经》的宇宙观阴阳二气化生万物，万物皆秉天地之气生，一切物体可以说是一种'气积'（庄子：天，积气也）这生生不已的阴阳二气积成一种有节奏的生命"。《艺境》，北京大学出版社1987年版，第118页。刘纲纪说："就美学而论，生命美学的观念在《周易》中是居于主导地位的。这是《周易》美学最重要的特色，也是他的最重要的贡献"。《周易美学》，武汉大学出版社2006年版，第69页。

一

现在，我们来论述作为《周易》核心内容的“生生为易”之生态智慧。《周易·系辞上》指出：“生生之为易，成象之谓乾，效法之为坤。”《系辞下》也指出：“天地之大德曰生。”可见，“生生”或“生”，也就是对万物生长、生命力量与人的生存的阐述，这是《周易》的核心内涵，也是中国古代哲学与美学的基本精神。蒙培元指出：“生的问题是中国哲学的核心问题，体现了中国哲学的根本精神。无论道家还是儒家，都没有例外。我们完全可以说，中国哲学就是‘生’的哲学。”又说：“‘生’的哲学是生成论哲学而非西方式的本体论哲学”①。《周易》在很大的程度上就是阐述了中国古代的生存论和生命论的生态哲学与美学智慧。应该说在中国古代哲学的谱系中，这种生存论与生命论哲思在很大程度上也就是一种美学的哲思，真善美以及哲学与诗学在中国古代其实是难以分开的。

“生生为易”之古代生态存在论哲思。《周易》所言“生生之为易”，实际上是以最简洁的语言阐释了中国古代的一种生态存在论哲思。所谓“生生”是指活的个体生命的生活与生存。“易”则指发展变化，所谓“易”者变也。“生生为易”即指活生生的个体生命的生长与生存发展之理。《周易·说卦传》指出，“昔者圣人之作易也，将以顺性命之理”，也就是认为古人作《易》主要是用以阐释一种人的生命与生存产生与变化的道理。那就是“天地氤氲，万物化醇。男女构精，万物化生”（《周易·系辞下》）。这说明，人与天地自然万物不是对立的，而是与天地自然万物一体，人只有在天地自然万物之中才能繁衍诞育，生长生存。正如《周易·系辞下》所说：“是故易有太极，是生两仪。两仪生四象，四象生八卦。八卦定吉凶，吉凶生大业”。这里的所谓“太极”就是作为生命诞育本源的“道”，而“两仪”即为“天地”“阴阳”。正是在这种天地阴阳密不可分施受交汇之中，人的生命与生存才得以可能，所谓“夫大人者，与天地合其德，与日月合其明，与四时合其序，与鬼神合其吉凶，先天而天弗违，后天而奉天时”（《周易·乾·文

① 蒙培元：《人与自然》，人民出版社2004年版，第4页。

言》以及“天地变化，草木蕃”（《周易·坤·文言》）等等。在这里，“生生为易”与“天人合一”“天人之际”“致中和”与天地人“三才说”等一样是一种中国的古典形态的生态存在论哲思，与西方古代以“理念论”“模仿说”为代表的人与世界的主客二分的认识论哲学是不一样的。在这种生态存在论哲思中人与自然相合并构成整体。蒙培元认为：“客观地说，人是自然界的一部分；主观地说，自然界又是人的生命的组成部分。在一定层面上虽有内外、主客之分，但从整体上，则是内外、主客合一的”①。正是在这种人与自然构成整体的生态存在论哲思中才产生了中国古代特有的以《周易》之“生生为易”为代表的生态审美智慧。

“乾坤”“阴阳”与“太极”是万物生命之源的理论观念。正是在这种古代生态存在论哲思的基础上，《周易》才进一步阐述了万物生命之源的理论观念。所谓“周易”，顾名思义是周代对于“易”的秘密的揭示，而“易”在甲骨文中从日从勿，日下一横，下有三画，寓意为“日在天上，光芒四射”。日为阳，为乾也，表明乾坤阴阳运行中乾阳之上升，故曰“开也”②。也就是说《周易》阐述的是阴阳运行中乾阳之上升，成为生命万物之源。《周易·乾·象》曰：“大哉乾元，万物资始，乃统天”，将乾、阳看作是世界之“元”、万物的起始。对于与“乾”对应的“坤”，《周易》也认为它是万物的根源之一。《周易·坤·象》曰：“至哉坤元，万物资生，乃顺乘天，”也将其作为万物“资生”之源。但万物与生命产生的最后根源还是阴阳乾坤混沌的“太极”。这就是包括中国在内的东方文化将万物之源归结为乾坤阴阳交混施合、混沌难分的“太极”，不同于西方将“物质”与“理念”作为万物之源。而且《周易》所说的生命是包括地球上所有物体的“万物”。无论是有机物还是无机物，均由乾坤、阴阳与天地所生，都是有生命力的。这与西方现代生命论哲学将生命局限在有机物、植物、动物特别是人类是有区别的。西方的这种生命论哲学与美学可以说还有某种人类中心主义的遗存，而《周易》中的生命论则更加具有生态的意义。当然，《周易》也没有忽视人，著名的“三才说”仍然将人放在“万物”中的重要地位。《周易》

① 蒙培元：《人与自然》，人民出版社2004年版，第6页。

② 《甲骨文字典》，四川辞书出版社2003年版，第1044页。

的“天地人三才”说中，除天地之外人是重要的一维，但人却与天地乾坤须臾难离，人是在天地乾坤的交互施受中才得以诞育繁衍生存的。《周易》包含了中国古代素朴的包含生态内涵的人文精神，这是一种古典形态的人文精神，是人与自然万物的共生共存。

万物生命产生于乾坤、阴阳与天地之相交的理念。《周易》对万物与生命的产生过程进行了具体描述，那是一幅乾坤、阴阳与天地相交的图画。《周易·泰·象》曰："天地交而万物通也。"也就是说，天地阴阳之气相交，生成万物，所以叫“泰”。相反，“天地不交而万物不通也外（《周易·否·象》)，这就是“否”，是一种阻滞万物生长的卦象。《周易·咸·象》又进一步指出：“柔上而刚下，二气感应以相与”，“天地感而万物生也”。咸卦，为艮上兑下，艮为刚为天，兑为柔为地，故柔上而刚下，地上而天下，刚柔天地相交而万物生焉。在这里，《周易》为我们展示了一幅古典的生态存在论的哲学图景。这里，有天人相和的“泰”，也有天人不和的“否”。这里所谓的“泰”与“否”都是人的生存状态，也就是说人是在“天人之际”，即天与人的紧密关系中得以生存的，天地相交的良好的生态环境会给人带来美好的生存，而天地不交的恶劣的生态环境则会使人处于不好的生存状态。自然生态与本的生存息息相关。

宇宙万物是一个有生命环链的理论。《周易》构建了一个天人、乾坤、阴阳、刚柔、仁义循环往复的宇宙环链，而且这种环链是一种具有生命力的无尽的循环往复。《周易·乾》“用九：见群龙无首，吉”，就用“乾”的卦象比喻自然界的有机相联循环往复。因为乾卦是六爻皆阳，象征群龙飞舞盘旋，循环往复，不见其首。这才合于天之德（规律），合于自然界环环相联的情状与规律。而所谓诞育万物的“太极”实际上也是一幅阴阳乾坤交互施受环环相联的“太极图”。所谓易生太极，太极生两仪，两仪生四象，四象生八卦，两两相叠，成六十四卦，阴阳相继，循环往复，从而构成一个天地人、宇宙万物发展演变的环链。这实际上在一定的程度上描述了宇宙万物与人的生命的循环，是一种物质能量与事物运行规律交替变换的过程，是生命的特征之一。

“坤厚载物”之古代大地伦理学。《周易》对于大地母亲的伟大贡献与高尚道德进行了热烈而高度的歌颂，将大地歌颂为“至哉坤元”“德合无疆”。

非常重要的是它对于大地的高贵的母性品格进行了极为具体细致的描述与歌颂。首先，指出大地养育万物的巨大贡献，所谓“万物资生”。其次，歌颂了大地安于“天”之辅位，克尽妻道、臣道的高贵品德，所谓“乃顺承天”“地道也，妻道也，臣道也，地道无成而代有终也”。再次，歌颂了大地自敛含蓄的修养，所谓“含弘广大，品物咸亨”“至柔而动也刚”“至静而德方”等等。最后，歌颂了大地无私奉献的高贵品格，所谓“地势坤，君子以厚德载物”“坤也者，地也，万物皆致养也，故日致役乎坤”。在人类早期对于大地母性品格的这种充分的描述与歌颂，在世界上也是极为少有的，我们所熟知的西方著名的“该亚定则”的提出已经是20世纪60年代的事情了。而这种“坤厚载物”的大地伦理观念即便在现代的大地伦理学中也是有其极高的价值的，应该成为建设当代包括生态美学在内的生态理论的宝贵财富与资源。

二

上面，我们论述了《周易》的“生生为易”所包含的古代生态智慧。现在，我们再来进一步论述，由它所生发的生态审美智慧。事实证明，《周易》的“生生为易”作为一种古代生态智慧本身就是一种“诗性的思维”，包含丰富的美学内涵。

《周易》是中国古代的一部卜筮之书，主要讲古人的占卜生活，但古人的占卜生活是人的一种最基本的生存方式，包括巫、礼、舞、诗等各种活动，也就是说这种占卜生活是与艺术与审美活动相伴而存在的。《周易·系辞上》借用孔子的话说：“子曰：圣人立象以尽意，设卦以尽情，系辞焉以尽言，变而通之以尽利，鼓之舞之以尽神。”这里讲到立象、设卦、系辞、变通以及鼓、舞、神等“占卜”活动的全过程，意味深刻，对于我们理解古代的审美与艺术活动有着重要价值。而所谓“鼓之舞之以尽神”就是我国先民诗、舞、乐、巫、礼结合的基本生存方式。甲骨文的“舞”字就是一个巫者手里拿着两根牛尾在翩翩起舞，说明艺术与审美活动是古代先民的与生命生存紧密相联的生活方式。我国古代审美与艺术活动的一个重要特点是与人的最基本的生存方式紧密相联，这就是我国古代著名的“礼乐教化”。乐与礼紧相联系，密不可分，渗透于人的生活的方方面面，人们不仅在乐中获得娱乐，所谓“乐者乐也”，同时也在礼乐活动中获得与天地的沟通及生活社会的和谐。正如《礼记·乐记》所说：“大乐与天地同和，大礼与天地同节。”又有所谓“乐在宗庙之中，君臣上下同听之，则莫不敬在族长乡里之中，长幼同听之，则莫不和顺；在闺门之内，父子兄弟同听之，则莫不和亲”。艺术与审美活动渗透于生活的各个方面，这肯定是我国古代生态的生命的审美活动的特点。

表述了中国古典的“保合大和”“阴柔之美”的基本美学形态。《周易·乾·象》提出了“保合大和，乃利贞”的论断。所谓“大和”是中国古代最基本的哲学与美学形态，是一种乾坤、阴阳、仁义各得其位的“天人之和”“致中和”的状态。诚如《礼记·中庸》所说，“喜怒哀乐之未发，谓之中；发而皆中节，谓之和。中也者，天下之大本也，和也者，天下之大节也。致中和，天地位焉，万物育焉”。这里的“中和”是中国古代特有的美的形态，是以“天人之和”为核心的整体之美、生命之美、柔顺之美、阴性之美。《周易·坤》“六五黄裳元吉”，着重阐释了这种阴性的“中和之美”。《坤·文言》在解释这种阴性之美时说：“阴虽有美，含之以从王事，弗敢成也。地道也，妻道也，臣道也，地道无成，而代有终也”，明确地阐述了这种阴性之美是一种内含之美，是一种安于辅助之位的以社会道德的传承为指归的美。接着，《坤·文言》又进一步对于这种“黄裳元吉”的阴性之美作了阐释，指出“君子黄中通理，正位居体，美在其中，而畅于四支，发于事业，美之至也”。从字面上看是说君子里面穿着黄色的裙子外加罩衫，这种穿法既符合身份摆正了位置，也使美蕴涵在内里，因而可以使之顺畅地渗透于四肢的每一部分，并表现于各项事业之中，从而使美达到极致。但从更深的意义上看这段关键性的话则是对于“坤卦”的阐释。坤卦卦辞说“坤，元亨，利牡马之贞。君子有攸往，先迷，后得主，利。西南得朋，东北丧朋。安吉贞”。也就是说“黄中通理，正位居体”这段话是用来阐释“元亨”与“安吉贞”的。主要说明，阴阳乾坤各在其位，各尽其职，这样即使一度迷失道路最后也会迷途知返受到主人接待而大为有利；即使一时失去朋友最后也会失而复得而平安吉祥。与前面的“阴虽有美”相应，实际上是说阴阳乾坤“正位居体”，因而“上下交而万物通”“天地变化，草木蕃”，人与万物生命力蓬勃生长，这才是“美之至也”。这就与上文所提到的《礼记·中庸》所说的“天地位焉，万物育焉”的“致中和”是完全一致。这里的“正位居体”就是阴阳乾坤各在其位从而万物生长繁育的“中和之美”，是天人协调之美，也是以大地的母性品格为其特征的阴柔之美，生命之美、中国古代的传统之美，影响深远。

阐述了中国古代特有的“立象以尽意”的“诗比思维”。《周易》通过象、数、辞等多种渠道来阐释易之理。所谓“象”即“卦象”，是一种表现易理的图象，属于中国古代特有的“诗性思维”的范畴。《周易·系辞下》云：“是故易者象也，象也者像也。”也就是说，所谓易的根本就是象，而卦象也就是呈现出的物之图像，借以寄寓易之道。如观卦为坤下巽上，坤为地为顺，巽为风为入，表现风在地上对万物吹拂，既吹去尘埃使之干净可观，又在吹拂中遍观万物使之无一物可隐。其卦象为两阳爻高高在上被下面的四阴爻所仰视。《周易》“观”卦就以这样的卦象来寄寓深邃敏锐观察之易理。再如，震卦为震上震下之重卦，有力地强调了震动的强烈。宋代程颐《伊川易传》说：“震之为卦，一阴生于二阳之下，动而上者也，故为震。震，动也。一震有动而奋发、震惊之意。”又说：“其象则为雷。其义则为动。雷有振奋之象，动为惊惧之义。”《周易》所有的卦象都是以天地之文而喻人之文，也就是以自然之象而喻人文之象。这与中国古代文艺创作中的“比兴”手法是相通的。所谓“比”，按《说文》的解释，是“比者，双人也，密也”[①]。这说明我国古代的“比兴”诗法，是以自然为友的，具有生态友好内涵的。但这种观念主要就是来自于《周易》。《周易》“比”卦就阐述了相比双方亲密无间的内涵。《周易·比·象》曰：“比，吉也。比，辅也”，道出了“比”的亲密无间之意。《周易·比·象》云：“地上有水，比。”也就是说，比卦为坤下坎上，坤为地坎为水，地得水而柔，水得土而流，地与水亲密无间，这就是“比”的内涵所在，与《诗经》中的“比兴”其义同也，均为亲和之意，引申为人与自然之亲和关系。而《周易》所阐发的“象”与“意”的关系实际上也是一种以“象”（符号）暗喻着某种天地运转、生命变迁的神性之“意”，与《尚书·尧典》之“诗言志”，刘勰《文心雕龙·神

① 《说文解字注》，上海古籍出版社1988年版，第386页。

思》篇之“意象”都是一脉相承的，暗喻某种天人关系的生命之“意”。这是与西方的共性与个性统一的“艺术典型说”内涵不同的。

歌颂了“泰”“大壮”等生命健康之美。《周易》所代表的中国古代以生命为基本内涵的生态审美观还歌颂了生命健康之美。《周易》乾卦就是阳上阳下，象征着“天行健，君子以自强不息”（《周易·乾·象》），歌颂了一种富有生命力的健康的阳刚之美。泰卦对这种阳刚之美进行了更加深入的论述，所谓“泰，小往而大来，吉，亨”（《周易·泰》）。泰卦为乾下坤上，乾阳在上而下降，坤阴在下而上行，阴阳之气相交通成合，使天地间万物畅达、顺遂，生命旺盛。《周易·泰·象》对此解释道：“则是天地交而万物通也，上下交而其志同也。内阳而外阴，内健而外顺，内君子而外小人。”也就是说天地相交而万物通达，上下相交而志趣一致，乾下坤上则为内阳外阴，内健外顺，健康的生命力洋溢，因而通达顺畅。《周易》“大壮”卦是对于健康强健生命力的又一次歌颂。《周易·大壮·象》曰：“大壮，大者壮也。刚以动，故壮。大壮利贞，大者正也。正大，而天地之情可见矣。”这就是说，大壮卦是乾下震上，乾为刚震为动，所以刚以动，并且强盛；而且乾上震下阴阳复位，因而为正常途径，反映了天地宇宙本有的情状。当然，《周易》在歌颂阳刚之美的同时，也对“坤厚载物”的“阴柔之美”进行了歌颂，将大地承载万物孕育生命的美德进行了充分的褒扬。这也说明《周易》将中国古代传统之美概括为“阳刚”与“阴柔”两类，恰是人的生命之美的两种本体的形态。

阐释了中国古代先民素朴的对于美好生存与家园的期许与追求。《周易》六十四卦基本涵盖了先民们最基本的生存生活的各个方面，包括作物生产、饮食起居、社会交往、婚姻家庭、进退得失、生存际遇以及悲欢离合等等。但先民们在这些基本生存与生活中追求的则是一种美好的生存与诗意的栖居。即所谓“元亨利贞”四德。正如《周易·乾·文言》所说，“元者善之长也，亨者嘉之会也，利者义之和也，贞者事之干也”。在这里善、嘉、和与干都是对于事情的成功与人的美好生存的表述，是一种人与自然社会和谐相处的生态审美状态的诉求。高亨先生在《周易大传今注》中认为“品物咸亨”为“万物得以皆美”，明确地将“亨”解释为“美”是有道理的。我们认为，这里所说《周易》表述的“元亨利贞”四德，应该放在《周易》乾卦中加以理解。正因为，乾为万物之元，象征着带给大地与人类以无限生命能量的"上天"，能够使得"云行雨施，品物流形"，在风调雨顺的情况下滋养万物，使万物繁茂昌盛，人民吉祥安康。据《周易·乾·象》所示，"元亨利贞"四德也是"乾道变化，各正性命，保合大和，乃利贞"。也就是说这也是"正位居体"的结果，同样是一种"中和之美"（保合大和）。特别是《周易》对于家庭的安居生活给予了充分的期许。可以说，《周易》是较早出现"家园"意识的古代典籍，从而使"家园意识"成为世界上最早的具有审美内涵的美学理念，直到20世纪才在西方的存在论美学、环境美学中出现。《周易》首先在《坤卦》中提出"安吉贞"，说明只有走正道才能安全回家，万事顺利。而整个《坤卦》就是讲"元亨"，也就是大地是人类得以幸福安居之所。而在家人卦中更是寄托了希望家长明于治家之道而实现家庭和爱的良好愿望，所谓"王假有家，交相爱也"（《周易·家人·象》）。而在《坤·文言》中则进一步表露了对于幸福安庆之家的期许，所谓"积善之家必有余庆，积不善之家必有余殃"。复卦则将外出者的归家视为一件美好的事情，所谓"六二：休复，吉"（《周易·复》）。这里的"复"本指阴阳复位，是宇宙运动的正道，因而包括归家在内的"复"就是"休"，即美好的事情。《周易·复·象》指出："休复之吉，以下仁也。"也就是说，能够使许多外出服役之人得以归家是因为处于上位的人行仁义的结果。因此，《周易》提出，即使在不利的形势下，处于上位的人如果按照天道行事，也可以做到"硕果不食，君子得舆"（《周易·剥》），就是说硕大的果实不致脱落，君子能够得到应有的车舆。这就是《剥·象》所说的"上以厚下安宅"，即处于上位的人有仁厚之心才能使人民得以安居。这说明，"休复""安宅"等美好的生存正是我国先民们所追求的审美的生存目标。《周易》对于"休复之吉"的描述则是最早的有关生态美学的"家园意识"的表述，具有重要的理论价值。以上所说的《周易》论述的"元亨利贞"四德与"休复之吉"，是人对美好生存状况的审美经验，从当代美学"人的诗意的栖居"的角度来看，这就是一种真正的美感，就是中国古代的美学，是一种与生态以及生命密切相关的生态审美智慧。即便是汉代以后逐步发展起来的流行于民间的"堪舆"之说，尽管充满迷信色彩，但也在一定程度上反映了我国古代人对安居家园的追求，其中的某些说法也表现了古人对于"宜居"家园的观念。例如所谓

“吉宅”的要求是“住宅西南有水池，西北坂势更相易，艮地有岗多富贵”等等，尽管所谓“富贵”是无稽之谈，但对于住宅位置与自然地貌关系的“负阴抱阳，背山面水”的要求还是在一定程度上具有某种生态的意识的。

三

《周易》“生生为易”之古典生态审美智慧对我国后世有着深远的重要的影响，在很大程度上决定了我国在审美与艺术上不同于西方的基本形态与面貌，使之呈现出一种人与自然友好和谐的整体的具有蓬勃生命力的美。

首先，从直接影响来说，《文心雕龙》在很大程度上继承了《周易》的“生生为易”之生态审美智慧。先看其《原道》篇。作为全书的首篇，该篇论述了全书的理论基础，而所原之“道”就包括《周易》的基本思想。正如刘勰在《原道》中所说“文之为德也大矣，与天地并生者何哉？夫玄黄色杂，方圆体分，日月叠璧，以垂丽天之象，山月焕绮，以铺理地之形……心生而言立，言立而文明，自然之道也”。又说，“人文之元，肇自太极，幽赞神明，《易》象准先”，“《易》曰：‘鼓天下之动者存乎辞’。辞之所以能鼓天者，乃道之文也”。可见，《文心雕龙》所说的“原道”应该包括《周易》所述“自然之道”与“文之道”。宗白华先生在《中国美学史中重要问题的初步探索》一文中提到了《文心雕龙》涉及两个卦象。[①] 首先是《情采》篇里提到的贲卦。《情采》篇指出，“是以衣锦䌹衣，恶太文章，贲象穷白，贵乎反本”。也就是说，刘勰认为穿着绸缎衣服并外加细麻罩衣未免过于华丽，而如贲卦中的“白贲”，反而是一种素朴的返本因而可贵。这里所说的“白贲”就是贲卦中所言“白贲无咎”。所谓“白贲”就是无任何装饰的白色，其审美效果反而没有任何副作用。宗先生认为“要自然、素朴的白贲的美才是最高的境界”。其次是《征圣》篇中提出的“文章昭晰以象离”。这是认为文章的明丽晓畅取象于《周易》的离卦。《周易·离·象》曰：“离，丽也。日月丽乎天，百谷草木丽乎土，重明以丽乎正，乃化成天下。”因此，所谓“离”即为明丽、照亮之意。刘勰要求文章应该达到离卦的以上要求。宗先

① 参见宗白华《艺境》，北京大学出版社 1987 年版，第 332—335 页。

生由此引申，得出了附丽美丽、内外通透、对偶对称、通透如网等四种美学内涵。《文心雕龙·比兴》篇也明显受到《周易》的影响。《比兴》有言：“故比者，附也；兴者，起也”，“观夫兴之托喻，婉而成章，称名也小，取类也大”。《周易·象》“比，吉也比，辅也”，已经阐述了“比”的相辅相成吉庆友好之意。而整个《周易》其实主要运用的是“比兴”手法，用阴阳比喻天地，用天象比喻人事等等。正如《周易·系辞下》所言“夫易，彰往而察来，而微显阐幽，开而当名，辩物正言，断辞则备矣。其称名也小，其取类也大。其旨远，其辞文，其言曲而中，其事肆而隐”。由此说明，《文心雕龙》的《比兴》篇与《周易》的密切的继承关系。《文心雕龙》的其他篇章也都不同程度地受到《周易》影响。可以说，《周易》的基本的哲学美学精神已经渗透于《文心雕龙》之中。它作为我国第一部系统的文学理论与美学论著，对后世影响的巨大是众所周知的。

更为重要的是，《周易》的“生生为易”“中和之美”的生态美学智慧已经作为一种人的生存方式表现于中国人生活与思维的方方面面，当然也决定了中国人的审美方式的特点，并渗透于整个中国美学与艺术的发展过程之中。特别是它所阐述的“正位居体”的“中和之美”对于形成中国古代特有的不同于西方的美学与艺术面貌具有极大的作用。中国古代诗论中“原道”“意象”“意境”“文气”与“诗言志”的文学思想深受《周易》的“生生为易”“正位居体”“中和之美”等美学思想影响。例如，对于后世影响深远的著名的“意象论”“意境论”与“神思论”等等，都受到《周易》的“立象以尽意”与“鼓之舞之以尽神”的“象思维”的深刻影响。《周易》的“象思维”启示我们，中国古代文艺中的“象”，不仅拘泥于“象”之本身，而且是以“物象”反映“天象”与“天命”，以“人文”反映“天地之文”。这就是中国古代诗学与美学中的“象外之象”“言外之意”与“味外之旨”等等。也由此导发出著名的“气韵”之说，在具体的物象渗透着“生”之理与“气”之韵。由此可见，中国画论中“气韵生动”的艺术理念也具有了古代生态与生命论美学的理论印迹。同时，《诗经》中的“风、雅、颂”诗体与“赋、比、兴”诗法都留有《周易》美学的影子。至于中国美学与艺术中特有的与自然友好、整体协调、充满生命张力与意蕴感兴的特点，更是与《周易》的“生生为易”与“中和之美”的古典生态审美智慧密切相关。而且，中国古代艺术，特别是诗画，又大多是以自然、山水与树木为其描绘对象的，并在这种描绘中渗透着某种神韵。这样的美学与艺术特点与西方古代静穆和谐、符合透视规律的雕塑之美是迥异的。认识到这种区别是非常重要的。目前。我们常常以西方的“和谐、比例与对称”以及各种“认识论”的美学的古典美学观念来套中国古代的美学与艺术思想，可以说符合这一标准的不多。因为，中国古代美学是一种在“天人之际”的哲学背景下的更为宏阔的由“天人之交”而形成的“中和之美”、大地之美与生命之美。甲骨文“美”字就是“象人首上加羽毛或羊首等饰物之形，古人以此为美”①。也就是说，古人之所谓“美，乃是戴着羽毛欢庆歌舞之时或者是戴着羊头祭祀之时，均有祈求上天降福得以安康吉祥之意，与具体的和谐、比例与对称没有太多关系。当然，中西古代美学之间也是有主体美好感受的通约性的，但其区别却是不容忽视的。因此，进一步发掘作为中国古代美学源头之一的《周易》的美学内涵并加以当代的改造与发扬就显得特别重要，并成为我们的责任所在。

写到这里，我想起“美学”的翻译给我国美学研究带来的弊端。“美学”作为德人鲍姆嘉通提出的对于“感性认识的完善”的解释，经过日文则翻译成了中国的“美学”，使我国古代美学研究中不仅要按照西人的规范，而且需要在古籍中寻找与“美丽”有关的“美”字，从而不仅导致了我国古代美学研究的种种误区，而且还出现了中国古代到底有没有“美学”这样的问题。我想，作为如此历史悠久的中华民族有没有美学应该是不成问题的问题，关键是我们真的没有完全形态的西方古代那样的美学，但却有极为丰富的以《周易》为代表的，以“生生为易”“保合大和”为标志的中国古典形态的生态的生命的美学。这样的美学体系需要我们在前人的基础上很好地研究总结，以建设中国当代的美学并参与世界美学的对话。

（原载《文学评论》2008 年第 6 期）

① 《甲骨文字典》，四川辞书出版社 2003 年版，第 416 页。

美国生态美学的思想基础与理论进展

程相占

随着我国生态美学研究的日渐深入，不少学者开始考虑如下一些问题：西方有没有生态美学？如果有，它与西方环境美学有什么关系？它与中国生态美学有什么差异？通过大量的文献检索，笔者认识到西方有生态美学，它有自己独特的学理根据，并且已经取得了一定的理论进展。与中国的生态美学相比，西方生态美学有独特的学术背景与理论思路。限于材料和篇幅，本文集中梳理美国生态美学的思想基础与理论进展，旨在为沟通中西生态美学进行前期准备。

一、奥尔多·利奥波德：大地伦理学与大地美学、生态美学

奥尔多·利奥波德（Aldo Leopold，1887—1948）先后任美国林业官员、威斯康星大学野生动物管理教授，其《沙乡年鉴》（1948年）被后世奉为“自然保护运动的圣经”。利奥波德的突出贡献是在现代生态学知识的基础上提出了“大地伦理学”；同时，由于对于大地有着非常深厚的热爱和非常强烈的审美情怀，他也零散地涉及一些审美中的根本问题，西方学者将之概括为“大地美学”或“生态美学”。综观其论著，利奥波德的美学理论贡献主要体现在三方面。

（1）将“美”与大地伦理学密切结合起来，探讨了审美活动与伦理意识的关系；在大地伦理学这种规范伦理学的基础上，初步提出了一种“规范美学”。《沙乡年鉴》的最后一篇《大地伦理》借用了生态学的“群落”（community）概念并将之扩充为“大地共同体”（land community）概念。利

奥波德从伦理的历史演变阶段、共同体概念、普及生态学意识的必要性等方面阐述大地伦理，其核心思想是：历史上的伦理学只研究人与人的关系，其共同体概念是人的共同体；随着生态意识的觉醒和日益重要，大地伦理主张扩大共同体的界限，使之包括土壤、水、植物和动物，也就是由它们组成的整体“大地”。这就意味着，伦理学必须扩大其研究对象，扩展为研究人类与大地的关系。利奥波德提出：“大地伦理改变了现代智人（Home sapiens）的角色，使之从大地共同体的征服者改变为大地共同体的普通成员和公民。它隐含着对于共同体其他成员的尊重以及对于整个大地共同体的尊重。”① 人类的优先位置在大地伦理学中消失了。人类再也不能像以前那样把大地视为自己附属品，可以凭借技术、只从经角度滥用大地；人类应该把自己看作大地共同体的普通成员，带着热爱和尊重来使用它。

利奥波德呼吁抛弃传统偏见，倡导一种包含审美的道德原则。他写下了一段广为引用的名言：“在考察任何问题的时候，我们都要根据那些伦理上和审美上正确的标准，也要根据经济上有利的标准。一件事情，只有当它有利于保持生命共同体（biotic community）的完整（integrity）、稳定（stability）和美（beauty）的时候，它才是正确的。否则，它就是错误的。”② 这段话的四个英文关键词都以 Y 结尾，我们不妨将之概括为“4Y”原则。这里，“美”被视为生命共同体的重要特征之一，是否保护自然事物之美成为人类行为正确与否的准则之一。

从西方环境保护运动的历史发展过程来看，许多环保行动都是由环境之美促成的而不是由于责任推动的，Beauty（美）和 Duty（责任）的关系是西方环境伦理学的重要论题之一。利奥波德断言：“从生态学角度说，伦理学是存在斗争中对于行动自由的限制”。③ 这表明，大地伦理学是一种规范伦理学（normative ethics）。我们知道，规范伦理学与元伦理学相对，是关于义务和价值合理性问题的一种哲学研究。其基本目标是确定道德原

① Leopold，Aldo. *A sand county almanac：with essays on conservation*. New York：Oxford University Press，2001. p.204.

② Leopold，Aldo. *A sand county almanac：with essays on conservation*. New York：Oxford University Press，2001. pp.224-225.

③ Leopold，Aldo. *A sand county almanac：with essays on conservation*. New York：Oxford University Press，2001. p.202.

则，回答一系列“应该”的问题，诸如：我们“应该”如何行为？我们“应该”过什么样的生活？等等。这些原则指导所有的道德行为者去确立道德上“正确”（好）的行为，也就是追求道德上的善。按照同样的逻辑，大地美学是一种“规范美学”。它放弃了审美与自由的关系，转向规范人类“应该”如何审美，所以，有西方有学者称生态美学为“规范美学”（normative aesthetics）。① 通过将美与生态完整性统一起来，利奥波德的大地伦理学提供了一种规范性的论证，对于西方的生态管理和生态美学产生了奠基性影响。

（2）利奥波德批判了西方传统的如画美学，扩大了自然审美的范围，倡导一切自然环境都是潜在的审美对象，初步完成了从“自然美”向“生态美”的转移。自然美学是西方哲学讨论得很不充分的一个话题。从亚里士多德开始，西方美学一直关注艺术研究，美学和艺术批评在20世纪几乎成为同义词。西方美学对于自然美的发现直到17世纪才开始，西方学者将其称为“如画”美学。它重视“如画”美，即狭义的自然美，也就是自然中的优美风景。按照这种美学观念去保护自然，其实就像将艺术品置于博物馆保护起来那样，只会将优美风景区保护起来。利奥波德的生态美学则大大扩大了审美对象的范围。在生态意识中，不仅仅是那些美丽的风景，任何自然物都可以成为审美对象。这是生态美学与传统西方美学的分界线之一；同时，如画美学只注重视觉愉悦，而利奥波德的生态美学认为，视觉之外的其他多种感官无不综合参与审美体验。这是生态美学与传统西方美学的分界线之二。

利奥波德清醒地知道艺术美学在西方文明中的首要地位，所以，他通过与艺术美学的类比来理解自然美学。他说：“就像感知艺术中事物的能力一样，我们感知自然事物特性的能力也开始于优美。这种感知能力通过连续性的美的阶段，扩展到尚未被语言把握的价值。”② 西方传统如画美学觉得平淡无味的审美特性，往往是利奥波德散文试图捕捉的更加精微的审美对象。利奥波德非常清醒地意识到他所倡导的审美观念的革命性变革意义。他非常蔑视“美学的未成年的烙印”，认为它“将‘风景’的定义限制在湖泊和松

---

① Gobster，P.H.，Nassauer，J.I.，Daniel，T.C.，and Fry，G.（2007）. *The Shared Landscape：What does Aesthetics Have to do with Ecology*? Landscape Ecology 22（7）：959-972.

② Leopold，Aldo. *A sand county almanac：with essays on conservation*. New York：Oxford University Press，2001. p.96.

树上”。[①] 这就意味着，生态审美的主要任务是将日常审美惯性所遮蔽的丰富之美重新发掘、展示出来。而要获得这些丰富之美，就不能像以前坐在汽车里、透过车窗浏览优美风景那样。严格意义上，建立生态审美观是这样一种工作：它不是“修建通向乡村的公路，而是修建依然丑陋的人类心灵的感受力。”[②]

(3) 利奥波德探讨了审美与生态学、生物学知识的关系，回答了生态审美如何可能，辩证地探讨了生态学知识与大地之爱的关系。如上所述，生态审美观念的关键是“修建依然丑陋的人类心灵的感受力”。这意味着必须对于敏感性进行培养，必须获得“对于自然对象的一种提纯了的纯净趣味”，从而捕捉大地上超越优美和如画风景的审美潜力。这种提纯和修养的基础是自然史，特别是演化生态生物学史。《沙乡年鉴》中不少地方描述到野生动植物的生动之美。通过那些描述，利奥波德意在表明生物学知识能够改变和强化我们的感知。在生态意识中，一片凌乱的丛林可能因为其生态功能而美丽，而某种美丽的紫色野花可能因为损坏而不是增强本地植物而被视为“丑陋”的。简言之，利奥波德认为，生态学、历史学、生物学、地形学、生物地形学等知识和认知形式，都会帮助我们穿过事物表面，使我们的感官体验超越一般的优美风景而欣赏平凡甚至丑陋的事物。他以如何欣赏沼泽之美为例：沼泽之美在于它对于周边生物共同体的功能。尽管无法直接感知这种功能，但是，一旦通过生态学知识认识到这种功能，我们就会改变对于沼泽的看法而对之进行审美欣赏。这表明：在生态审美体验中，概念性行为(conceptual act)改变并完成了感官体验，使感官体验成为强化的审美体验。对于利奥波德来说，乡野的审美诉求与生态外在的缤纷色彩和千姿百态关系很小，与生态风景品质、如画品质毫无关系，而只与生态过程的完整性相关。这表明：与西方传统如画美学相比，大地美学的审美范围大大扩大了，从景色优美的自然环境扩大到所有自然环境。随着环保运动的展开，西方改变了传统的风景审美模式，将自然审美扩大到湿地、沼泽这些与西方传统景

---

① Leopold，Aldo. *A sand county almanac*：*with essays on conservation*. New York：Oxford University Press，2001. p.191.

② Leopold，Aldo. *A sand county almanac*：*with essays on conservation*. New York：Oxford University Press，2001. pp.176-177.

观美学迥异的对象上：从北极冻原到热带雨林，从沙漠到沼泽、湿地。大地美学可谓先导。

尽管利奥波德强调相关知识的重要性，但是，他也清醒地认识到：生态学知识无法保证正确地欣赏大地之美。在他的内心深处，只有对于大地的热爱才是最重要的。他本人是那种无法离开自然而生活的人。“我不能想象：没有对于大地的挚爱、尊重和敬慕，没有对于大地价值的高度赞赏，能够存在一种对于大地的伦理关系。”① 作为大学教授，利奥波德深知，仅仅通过书本知识和课程内容不能理解和欣赏生态学，必须与大地进行亲密互动。利奥波德向他的学生表达了这种互动的重要性：“如果一个人对于大地有着热诚的个体理解，他将能够感知他自己与大地的谐和，而这种谐和是一件多于填饱肚子的事情……他将看到整体的美和效用，并知道二者无法分开……一旦你们学会了阅读大地，我就不会担忧你们会对它做什么，会怎样与它相处。我也知道，大地将给你们带来许多令人愉快的东西。”②

利奥波德的思想在西方得到了高度评价，产生了广泛影响。美国著名环境哲学家约翰·贝尔德·卡利科特（John Baird Callicott）在题为《利奥波德的大地美学》的论文中评论道：“大地美学是一种新的自然美学，是第一个建立在生态和自然演化史知识上的自然美学，或许是西方哲学文献中唯一的原创性自然美学。”③ 需要特别提出的是，利奥波德的大地美学在西方也被广泛地称为生态美学。例如，美国社会科学家保罗·戈比斯特于1995年发表了《奥尔多·利奥波德的生态美学：整合审美与生物多样性价值》一文，揭示了利奥波德对于生态价值与生物多样性价值的思考，并把利奥波德的思

① Leopold，Aldo. *A sand county almanac*：*with essays on conservation*. New York：Oxford University Press，2001. p.223.

② Leopold，Aldo. *The River of the Mother of God and Other Essays by Aldo Leopold*，edited by Susan Flader and J. Baird Callicott. University of Wisconsin Pres，1991. p.336.

③ Callicott，J. Baird.（1983）. *Leopold's land aesthetic*. Journal of Soil and Water Conservation.38：329-332. 这篇论文收入如下两本文集中，在西方产生了广泛影响。Callicott，J. Baird，ed. *Companion to A Sand County Almanac*. University of Wisconsin Press. Madison，WI. 1987. Callicott，J. Baird，ed. *In defense of the land ethic*：*essays in environmental philosophy*. Albany，N.Y.：State University of New York Press，1989. 这里的论述多参考此文。

想作为自己生态美学的基石。我们第三部分将详细介绍。① 还需要提出的是，利奥波德对于西方生态设计和生态规划也有重大影响，他与美国著名设计大师奥姆斯特德（Frederick Law Olmsted，1822—1903）一起被概括为“奥姆斯特德—利奥波德传统”。② 下面所介绍的生态设计美学家科欧就是例证。

二、贾苏克·科欧：生态的环境设计美学

贾苏克·科欧（Jusuck Koh）1978 年于美国名校宾夕法尼亚大学建筑理论和生态设计专业获得建筑学博士学位，受到在该校任教的著名生态设计大师伊恩·麦克哈格（Ian McHarg）的重大影响，在关注生态学、现象学和文化的基础上，科欧致力于将建筑、景观和城市设计综合起来，研究建筑和景观的设计理论与美学。他还是美国与韩国的注册建筑师和景观设计师，有丰富的实践经验。可贵的是，科欧对于东亚美学与设计相当重视，明确地努力将东西方美学融合在一起。他从 1978 年开始就致力于将阿诺德·伯林特（Arnold Berleant）的“审美场”概念作为一种现象学美学的普遍理论，与他自己称为“生态设计”的环境设计理论联结起来，旨在创造一种可以运用于设计实践的美学理论。1982 年他发表了《生态设计：整体哲学与进化伦理的后现代设计范式》一文，③ 较早使用了“生态建筑”和“生态美学”（ecological aesthetics）这样的术语，讨论如何将建筑的结构与位置融合到自然景观之中，使建筑与自然景观协调，达到浑然一体的和谐状态。科欧此时任教于美国佐治亚大学。在生态设计思想基础上，他于 1988 年又发表的《生态美学》④ 一文是笔者迄今为止发现的最早以“生态美学”为标题的文献。此时，科欧任美国德克萨斯科技大学建筑教授。

要了解科欧的生态美学思想，我们首先需要了解其学术背景和学术思

---

① Gobster，Paul.（1995）. *Aldo Leopold's Ecological Esthetic：Integrating Esthetic and Biodiversity Values*，Journal of Forestry，Volume 93，Number 2，1 February 1995.

② Olmsted-Leopold tradition，参考 Introduction，in Thompson，George F. and Frederick R. Steiner，editors. *Ecological design and planning*. New York：John Wiley，1997.

③ Koh，Jusuck.（1982）. *Ecological Design：A Post-modern Design Paradigm of Holistic Philosophy and Evolutionary Ethic*. Landscape Journal 1（2）：76-84.

④ Koh，Jusuck.（1988）. *An Ecological Aesthetic*. Landscape Journal，7（2）：177-191.

路。在科欧正式登上学术舞台之前，环境美学已经在西方兴起，科欧的思考基本上是在环境美学的框架内进行的。他认为环境美学有两种含义：一是"环境美学"（aesthetics of the environment）。西方环境美学兴起于20世纪70年代初，最早的参与者主要是地理学家和景观设计师。他们关注场所和景观的视觉审美质量，试图用量化的方式来进行风景评估和景观估价。典型例子是1978年9月在加拿大艾伯塔大学召开的"环境的视觉质量"讨论会，会议论文最后结集出版，书名为《环境美学阐释文集》，这是笔者发现的最早以"环境美学"为名的专著。[①] 科欧批评这种环境美学，认为它植根于人与环境二元论观点基础上，其缺陷与实证主义的形式美学相关。科欧提出，第二种环境美学是"生态美学"。这是一种关于环境的整体的、演化的美学，就像伯林特在其"审美场"概念中表述的那样，既适用于艺术品，也适用于人建环境。在科欧的论著中，建筑、景观和城市都是不同的"环境"，都属于"环境设计"研究的对象，都可与"生态设计"理念贯通起来。科欧认为，环境设计的目的是构建人性化的、家园式的、供人分享的环境，指导这种设计的理念应该是生态设计。他的"生态美学"就是这种设计理念的概括。因此，他的美学理论可以概括为"生态的环境设计美学"，是在生态思想基础上对于一般环境美学的批判与超越。

科欧从11个方面对比了形式美学、现象学美学与生态美学，使我们能够非常清晰地了解其思想轮廓和要点：(1) 哲学基础：形式美学是二元论的、科学的、实证的、客体的，现象学美学是整体的、现象学的、人文的、主体的，而生态美学是整体的、生态的、演化的、主客体统一的。(2) 焦点：形式美学是形貌美学，现象学美学是体验美学，而生态美学是自然与艺术中的创造力美学。(3) 原始数据：形式美学是审美概念，现象学美学是审美事实，而生态美学是创造性事实。(4) 研究方法：形式美学依赖内省，现象学美学考察对于艺术美的审美体验，而生态美学则对自然与艺术创造力进行经验（实验）性研究。(5) 思想观念的本质：形式美学是排外的、形式的、静态的，现象学美学是包括性的、描述性的、动态的，而生态美学是包括性的、

---

① Sadler, Barry and Allen Carlson, ed. *Environmental aesthetics*: *essays in interpretation*, Victoria, B.C., Canada: Dept. of Geography, University of Victoria, 1982.

描述性的、演化的。(6) 与设计的关系：形式美学与秩序原理相关，现象学美学不一定与秩序原理相关，而生态美学与秩序原理相关。(7) 观赏者与艺术品的关系：在形式美学看来，艺术品是从一定距离之外观赏的艺术品，近似博物馆艺术，艺术与公众之间的距离增大了；现象学美学重视通过参与而体验艺术品，艺术是活的或行为艺术，在"审美场"中，观赏者与艺术品之间的距离减小了；而在生态美学看来，艺术品是被欣赏的艺术品，是通过参与和适应而生产的，是为了人和场所的艺术；在人—环境系统中，观赏者和艺术品的距离减小了。(8) 艺术家对艺术工作的理解：在形式美学中，设计师 / 艺术家倾向于创造以客体为中心的艺术（例如，创造形式和对象）；在现象学美学中，设计师 / 艺术家倾向于创造以体验为中心的艺术（例如，创造体验）；而在生态美学中，设计师 / 艺术家倾向于创造以体验 / 环境为中心的艺术（例如，创造处于演化中的环境）。(9) 与大众传媒的关系：形式美学容易吸引大众传媒注意力，现象学美学不容易吸引大众传媒，生态美学也不容易吸引大众传媒。(10) 艺术家的形象：在形式美学中，设计师 / 艺术家是英雄、天才、大师；在现象学美学中，艺术家是体验者 / 表演者，参与创造和鉴赏体验；而在生态美学中，艺术家是体验者 / 表演者，参与设计和鉴赏创造过程。(11) 焦点的幅宽：形式美学强调视听感官，现象学美学强调积极的感知和体验，而生态美学强调整体的意识、无意识体验与创造力。

需要补充说明的是，科欧这里所说的"形式美学"主要是西方文艺复兴时期经典的、形式的、实证主义的美学及其在环境美学中的体现，注重优美风景的形式美，诸如色彩、形状、声音等等；他所说的"现象学美学"主要是阿诺德·伯林特（Arnold Berleant）早期的美学理论。伯林特于 1970 出版了专著《审美场：审美经验现象学》，[①] 所探讨的"审美场"概念为他后来所有的论著提供了基本理论框架，因此，也可以说是西方环境美学的重要思想基础。

在构建生态美学时，科欧确认并辨析了与设计原理、美学理论相联的核心概念，提出"包括性统一""动态平衡"和"补足"三个原则是美学的

---

① Berleant, Arnold. *The Aesthetic Field: A Phenomenology of Aesthetic Experience*, Springfield, Ill.: C. C. Thomas, 1970.

生态范式。前两个概念是对于传统形式美学原理中“统一”与“平衡”两个概念的扩展，最后一个概念则是科欧在吸收东方建筑美学基础上的独立创造。我们下面对这三个关键词进行简单介绍。

“包括性统一”（inclusive unity）的反义词是“排斥性统一”（Exclusive unity）。后者指传统美学中静态的、形式方面的统一。比如，一个客观对象的各个部分的统一使对象成为一个有机整体，具有对称、和谐、生动等特性。科欧所倡导的“包括性统一”则超越了客观对象，将客体或对象置于一个具体的“语境”中，将之视为这个整体语境中的一部分，强调它与人、场所的统一，否定主体与客观之间、人与自然、秩序与无序之间的距离和二元对立。传统美学中的“平衡”原理指相反力量、数量、块体和重量之间的数量均衡状态。它是形式的平衡。作为基本的设计原则，传统意义上的“平衡”是形式的静态平衡。与此不同，“动态平衡”（dynamic balance）是“过程”的动态不对称，它促使设计师离开实证主义美学（positivistic aesthetics）的形式观念而走向“过程”的秩序化。作为审美原理，动态平衡既指向源自创造“过程”的定性不对称，也指向隐含在审美“形式”中的形式不对称。因此，这一原理将西方美学静态的、形式的平衡与东方美学（主要是日本美学）动态的、定性的平衡结合起来。为了表明生态美学是东西方美学的融合，科欧使用了一个形象的说法：生态美学可以通过给达·芬奇的理想人物叠加上一个阴阳符号来象征。第三个概念是“补足”（complementarity）。我们知道，在生物系统的演化过程中，雄性和雌性通常必须通过补足（complement）来生育。其实，通常所说的许多二元“对立”都是“补足”关系，诸如主体与客体、时间与空间、形式与内容、物质与心灵、能量与信息、浪漫主义与古典主义、情感与思想、无意识和意识，等等。将补足观念运用到建筑和景观设计中，就是让自然和景观来补足人类与建筑，也就是麦克哈格所倡导的“设计结合自然”思想。美国设计大师赖特（Frank Lloyd Wright）的建筑可谓典范。在东方园林设计中，室内与室外的连续性表明了一种补足关系，建筑物与园林空间也存在着补足关系。科欧认为，建筑中使用自然材料不仅仅是出于生态与经济的考虑去节省材料和能量；自然材料产生了自然形式的丰富性与表现性，将自然的象征意义带入到人类意识与演化意识中。西方形式美学关注客体的、客观的外部世界，关注表达的清晰以及将复杂环境秩序化；东方美学则关注主体的内部世界，关注感性表现以及对于自然的象征性、存在性体验。科欧认为补足性观念将二者结合了起来。

总之，科欧的生态美学将人类与环境视为一个系统，批评实证主义美学和设计观念将人与语境排除在外而单独地考虑建筑和景观，追求“与人、与语境结合的建筑和景观”。需要特别注意的是，科欧在讨论他的三个核心原理时都首先将其作为“创造过程的原理”来论述，然后才将之作为环境设计中的审美原理来研究。这表明，这三个概念是贯通自然规律和人造环境的桥梁，是整个宇宙的普遍原理，使我们很容易联想到中国古代“天人之际”问题，而这正是东方思想对于科欧的影响。

三、保罗·戈比斯特：为了森林景观管理的生态美学

保罗·戈比斯特（Paul Gobster）是美国农业部林务局北部研究站的社会科学家，试图贯通利奥波德的哲学观念与科欧的设计理论并将其应用于公园和森林景观的管理实践。戈比斯特最初旨在理解休养观光者和当地居民如何感知森林的审美价值，旨在将这种知识转化为景观设计的指南。从 20 世纪 90 年代早期开始，随着生态系统管理（Ecosystem Management）日益被接受为森林管理的方法，他开始认识到：将生态健康和多样性最大化的实践有时会与将景观审美价值最大化的实践相冲突。例如，生态学家强调在林木采伐之后把小树枝、小碎片留下，目的是有助于森林再生；然而，景观设计师通常要求将那些树枝和碎片清除，因为游客不愿看到杂乱或肮脏的景象。为了理解并解决审美价值与生态价值的尖锐冲突，戈比斯特综合了审美哲学家、景观设计师以及心理学的相关成果，总结出一种森林景观管理的生态美学，1999 年发表的论文《为了森林景观管理的生态美学》可为代表。[①] 像利奥波德一样，戈比斯特的生态审美观扩展了“景观美”这个观念，使之超越了视觉风景的意义；他还认识到，对于“生态美”（ecological beauty）的感知通常需要生态过程的知识以及通过感应景观的时令变化而得到的直接体

---

① Gobster，P.H.（1999）. *An Ecological Aesthetic for Forest Landscape Management*. Landscape Journal，18（1）：54-64.

验。像科欧一样，戈比斯特也重视整体设计。在这些综合与发展中，戈比斯特提出了一套实践方法。他还为研究和理论倡导了一种框架，旨在将审美价值与生态价值结合起来。这主要体现在2007年发表的《共享的景观：美学与生态学有什么关系?》一文中。[①] 简言之，戈比斯特的理论贡献主要有两方面：一是批判传统风景美学，论证了生态美学的基本要素和理论框架；二是揭示美学与生态学的内在关联，为生态美学的未来发展奠定了良好的出发点。我们这里只分析第一方面。

森林景观的审美价值和生态可持续性方面的价值是两种被高度重视的价值，但是在实际景观管理中，这两种价值有些时候却互相冲突。戈比斯特认为，造成这种冲突的根本原因在于我们的美学观念出了问题。通常情况下，森林景观就是“优美风景”的代名词，学术界普遍认为森林美学就是“风景美学”。这种美学观念如同景观画家一样经常将其所观看到的自然风格化，通过采用诸如平衡、比例、对称、秩序、生动、统一等一系列形式设计原理细心地构成风景。风景美学也是森林管理的美学基础。就像早期的风景画家和设计师一样，从事视觉管理实践的景观设计师经常采用形式设计概念，比如，线条、形式、颜色的变化以及肌理来描绘和处理森林景观的变化。依照这种流行的风景审美模式，森林管理经常强调对于理想自然的视觉的、风格化设计，研究者倾向于关注优美风景，在研究景观时经常向人们询问感知到的什么东西是“风景美”（scenic beauty）或“视觉质量”（visual quality）。这种审美观念忽视了景观的生态价值。

为了解决森林景观的审美价值和生态可持续性价值的冲突，戈比斯特基于当代生态观念而批判改造传统的美学观念。在研究、总结利奥波德大地美学的基础上，戈比斯特提出了生态美学观并论证了这种新型生态审美观的理论价值与实践意义。为了认真比较了风景美学与生态美学，他采用了“景观感知过程”（landscape perception process）这一理念框架。从生态审美的要素角度着眼，景观感知过程可以划分为如下四个方面：个体，景观，人—景观互动（human-landscape interactions），互动所引发的成果。戈比斯特就

---

① Gobster，P.H.，Nassauer，J.I.，Daniel，T.C.，and Fry，G.（2007）. *The Shared Landscape：What does Aesthetics Have to do with Ecology*? Landscape Ecology 22（7）：959-972.

从这四方面对比两种美学观念。

（1）关于个体。风景美学认为，个体是感知的、情感的、激情的，个体的世界观是人类中心的，审美体验限定在视觉感官，个体偏好等于流行趣味；但是，在生态美学观念中，个体是认知的主体，审美体验是以知识为基础的“一种提纯的趣味”，其世界观是生物中心主义的、伦理的、“生态人文主义”，个体的所有感官包括视觉、听觉、嗅觉、触觉、味觉以及运动共同参与，个体的欣赏是精英式的。总之，生态审美需要重新定义如何“观看”景观以及人类在其中的位置。风景审美首要的是追寻对于优美风景的直接愉悦，不考虑景观的生态整体性（ecological integrity）；相反，在生态审美中，愉悦间接地来自理解景观、理解景观与其所属的生态系统“在生态学意义上的和谐一致”（ecologically fit）。两者的区别彻底改变人类与景观关系，从人类中心的观念改变为更加生物中心的观念。这种观念又改变人们对于景观的审美反应，使之从一种纯粹描述的反应走向一种性质上更有说明性或规范性的反应。这样的做法就像利奥波德的大地伦理表达的那样，将美学与生态学、伦理学连接了起来。这样，生态审美促使我们扩展我们对于审美价值的衡量标准，使之超越单纯的视觉偏好而走向更加全面的概念。

（2）关于景观。风景美学集中于优美风景的视觉、静态、单调、固定的形式因素，重视景观的图画性和引人注目的特征，持一种自然主义的（naturalistic）观念，注重景观的表面价值，认为景观是有界限的、框架性的特殊场所，重视整洁而纯洁的景观。与此相对，生态美学则是一种综合的、动态的、活动的、变化的、细微的、无风景的审美模式，注重景观的象征意义，认为审美对象是无界限的整个森林，包括那些凌乱、肮脏部分。在生态美学中，审美愉悦来自了解景观的诸多部分是如何与整体相连的。例如，稀有或珍贵的动植物是如何在未触及的生态系统中维持的。而这些动植物被西方学者称为“审美指示物种”（aesthetic indicator species）。[①]

（3）人—景观互动。风景美学是消极的、以对象为取向的，被动地接受现成物，基本上遵循刺激—反应模式；而生态美学则是活跃的、参与的、

① Callicott，J.B.（1983）. *Leopold's land aesthetic*. Journal of Soil and Water Conservation. 38：329-332.

体验性的，包含了人与景观的对话，要求我们积极地参与、融入景观中而不是消极被动地观看。景观不再是一幅绘画或其他艺术对象，而是随着时令和季节变化而变化的活景观。这使审美体验观念超越了康德和其他理论家的“无利害性”概念而走向伯林特的“融合”（engagement）观念。通过这些互动关系，我们与自己、与景观进行“对话”，而对话有助于我们了解自身以及我们在世界中的位置。

（4）成果。尽管对于优美风景的“简单印象”可以在短时内改变心情，但是，风景欣赏者一般只会维持现状。相反，生态审美扩展了人与自然的对话，这种对话又推动欣赏者的行动和参与，促成他们深层价值观念的改变。

结　语

通过上面的介绍我们首先发现，美国生态美学的倡导者都不是职业美学家，他们从各自特殊的职业问题出发而走向了生态美学，其生态美学都有极强的实践性。形成这种局面的原因之一是美国的相关政策法规。从 1960 年代末期开始，美学成为美国森林景观规划管理的主要议题，许多政策法规都考虑到森林景观的审美价值，如《1969 年国家环境政策法案》《1976 年国家森林管理法案》和 1974 年颁布的美国农业部林务局《视觉管理系统》等，都为保护、加强或恢复森林的审美质量设立了标准。这为美国学者的生态美学研究提供了现实基础。其次，美国生态美学是在环境美学的影响下产生、在环境美学的促动下发展的，可以视为西方环境美学的一部分。第三，美国生态美学的基本观点都是在批判西方传统美学观念基础上提出的，是西方美学传统的当代更新与发展，为我们理解和反思西方美学史提供了新的理论参照。

（原载《文学评论》2009 年第 1 期）

海德格尔后期语言观对生态美学文化研究的历史性建构

赵奎英

生态美学文化研究与语言问题密切相关，不同的语言观念具有不同的生态文化内涵。以结构—后结构主义为代表的强调话语优先的理论是生态美学文化理论的直接“杀手”，而西方传统的自然语言观和词物对应论也不足以为生态美学文化理论建构提供全面支持，海德格尔后期的诗化语言观对生态美学文化研究则具有历史性的建构作用。其建构意义主要表现在，他通过对语词与事物、语言与主体关系的重新思索，在现象学存在论视野中提出了一种具有“复魅”色彩的“词物共生论”和“大道道说观”。这种“复魅”的语言观彻底打破了人类中心主义的独白话语，重建了语言与自然的源始关联，并以对语言的“大地”根基的强调，表现出对天地人神四方世界自由游戏的“生态审美栖居”的呼唤，是一种真正意义上的“生态语言观”。

一、生态美学文化研究与语言问题的提出

生态问题虽早已存在，但生态文化则主要是在西方后现代语境中兴起的。如果说西方历史上的现代是以工业文明为标志的，那么后现代则是以高度符号化、语言化的后工业文明为标志的。这种符号化、语言化一方面表现在后现代作为高科技媒体时代“堪称实实在在的语言时代”（海然热语）的现实状况上，另一方面则表现在关于这一状况的赋予话语理论以优先性的后现代观念、理论上。就像《后现代理论批判性质疑》一书说的：“就赋予话语理论以优先地位这一点而言，后现代理论大体上追随了后结构主义。无论

是结构主义还是后结构主义，都发展出了用符号系统及其符码和话语来分析文化和社会的话语理论。"①

人们一般认为，是工业文明破坏了人与自然的和谐关系，从而导致了生态问题。但实际上，生态问题既不是在现代在才开始的，也不只是工业文明才导致或加剧了它的存在。如果说现代工业文明的发展损害了自然的"肌体"，使自然受了血淋淋的"外伤"，那么，以高度语言化、符号化为标志的后工业文明，则让自然受了不见血的"内伤"。因为一方面，高度符号化、语言化的后现代状况从现实形态上遮蔽了自然，加剧了人与自然的疏离；另一方面，以后结构主义为代表的、强调话语优先性的解构性的后现代理论，则从观念上根本性地取消了自然。因为在他们看来，所谓的"自然"不过是一种文化的"建构"、语言的"效果"，它从来都没有真正存在过。符号化、语言化的后现代状况与强调话语优先性的后现代理论相互呼应，共同压抑着、消解了自然的现实和自然的概念，难怪美国后现代主义文化理论家弗雷德里克·詹姆逊会认为，在当今西方的后工业社会里，真正的"自然"已不复存在，各种各样的现实就像一个典型的符号系统，在把语言学当作一种方法和把我们今天的文化比作一场有规律的虚妄的恶梦之间存在着非常和谐的对应。②

因此我们说，不仅是现代工业文明破坏了自然以及人与自然的关系，也不只是现代工业文明才是需要批判反思的东西，后现代文化本身也是需要批判反思的。西方社会的符号化的"后现代状况"和话语性的"后现代理论"，也破坏了、疏离了人与自然的关系，使人类的自然生态甚至精神生态问题进一步加剧。可怕的是，这一现象并不被人所重视，甚至不为人所觉察。如果说，西方现代性有美学意义上的现代性和工业文明意义上的现代性两种类型，美学现代性已经包含了对工业现代性的反思，③西方后现代性也有两种类型，那就是生态的、美学的、建设性的后现代性和话语的、后工业

---

① ［美］道格拉斯·凯尔纳等：《后现代理论批判性质疑》，张志斌译，中央编译出版社2001年版，第33页。

② ［美］弗雷德里克·詹姆逊：《语言的牢笼》，李自修译，百花洲文艺出版社1995年版，第4页。

③ 盛宁：《人文困惑与反思》，三联书店1997年版，第33—34页。

的、解构性的后现代性。而那种生态的、美学的后现代性则不仅是对工业文明进行反思的结果，本身也潜在地包含了对符号的、话语的后现代性的反思。为生态文化提供支持的后现代科学家大卫·雷·格里芬，就曾对这两种类型的后现代主义进行区分，并对那种解构性的后现代主义的真理观、语言观进行了批判反思。这也表明生态文化研究不可避免地要涉及语言观的问题。

尽管上述所说，主要是针对西方发达资本主义国家的现实状况与文化观念而言的，但由于目前经济文化的全球化趋势，在某种程度上说，高度符号化、语言化也是中国当代语境的特点。而我们当前的生态美学文化研究也正是处于这样一种语境之中的。但实际上，思考生态美学文化与语言问题的关系，还不仅是由“语言时代”这一特殊处境决定的，而且也是人类作为“语言存在物”的本质要求。语言作为人类最基本的自然和文化现象，人们很早就开始以语言界定人的本质了。人作为一种语言性存在物，人们的语言观关系着他的存在观，人的言说方式影响着他与世界的关联。如果没有生态化的语言观和生态性的言说方式，也就不可能有生态化存在观和人与世界的生态关联，生态美学文化研究也是难以从理论上真正奠基的。但目前国内学界尚未充分认识到语言问题对于生态美学文化研究的重要意义。

不可否认，在中西语言哲学史上都存在着生态美学文化可资利用的语言理论资源，如中国道家的语言观就包含着明显的生态精神，但同时需要指出的是，在西方后现代语言哲学中，海德格尔后期的诗化语言观则可以提供更加直接、更加系统的语言哲学资源。但遗憾的是，海德格尔同德里达、福柯等人一起都被格里芬列为“解构性”的后现代思想家，从而排除在生态论、有机论的“后现代科学”的视野之外。而这些年来国内学者曾繁仁先生的生态美学研究，对海德格尔的生态存在论给予了高度关注，[①] 使我们得以从生态学眼光看待海德格尔的语言观，并深刻地感受到海德格尔的后期语言观对于生态美学文化研究具有不可替代的历史性的建构作用。要想说明这一问题，我们需要首先对西方的哲学语言观进行一历时性的比较梳理，说明它们对于生态美学文化研究的不同意义。

---

① 曾繁仁：《生态存在论美学论稿》，吉林人民出版社 2003 年版。

二、语言的“附魅”“祛魅”与“复魅”对生态美学文化研究的不同意义

我们知道，生态文化的核心价值目标，是促进人与自然的和谐共存的问题。与这种目标相一致，人们的语言观念对生态观念的影响一方面表现在如何看待“语言”与（客体）“自然”的关系上，另一方面表现在如何看待“语言”与（主体）“人”的关系上。语言与“自然”“语言”与“人”的关系，表现在语言哲学史上实际上也就是广义的“词与物”的关系问题。具体说来，也就是“词与物”（这里的“物”包括观念实在）的联系是自然的还是人为的问题。它是语言哲学的基本问题之一。如果从最概括的意义上对西方哲学在这一问题上的看法作一梳理描述的话，我们可以大致归纳出具有阶段性的四种代表模式：古代以“摹本主义”为代表的强调客体性的“自然语言观”和“词物对应论”；近代以浪漫主义为代表的强调主体性的“自然语言观”和“词物对应论”；现代、后现代以结构—后结构主义为代表的反主体性的“符号任意观”和“词物分离论”；后现代以后期海德格尔为代表的强调“四元同一”的“大道道说观”和“词物共生论”。

西方传统（古代、近代）的“自然语言观”认为，语词与事物、名称与实在之间存在着自然或天然的联系；传统的“词物对应论”则不管这种联系是自然的还是人为的，都坚持事物、观念、声音、字词之间存在着“原子式”的一一对应关系，并且认为“事物”在这一对应配列中具有先在性、本原性的意义，语词不过是事物的“摹本”或“表象”，没有独立的价值。“自然语言观”和“词物对应论”是西方传统语言观的主导类型，只不过古代是从客体性、近代是从主体性方面理解语言的自然性和对应性的。而20世纪西方“语言学转向”以来，这种传统语言观被认为是滋生各种“幻觉”与“欺骗”的基地，受到了来自各条路径的揭批，其中结构—后结构主义的“符号任意观”和“词物分离论”成为这种“反幻觉”语言观的代表性模式。根据索绪尔的结构主义语言观，语言符号是任意的、约定的，它既与对象世界的事物不存在对应关系，也是不受主体人的控制的，语言既不是外在自然的摹写，也不是内在自然的表现，不过是一种任意的、差别的、独立自主而

又空洞无物的形式系统。既不存在“自然之书”，也不存在“自然写作”，所谓“自然”，不过是用语言“建构”或“幻化”出来的。如果说那种强调语词与事物、名称与实在之间存在着自然或天然对应的观点，因为被注入了某些神秘观念，可以被看作一种“附魅”（enchantment）的语言观的话，以索绪尔为代表的这种反幻觉语言观则去除了语言的神秘面纱，给人们带来了失去了自然和神性魅力的“祛魅”（disenchantment）的语言观。

自从马克斯·韦伯提出“祛魅”的概念以来，世界的“祛魅”与“复魅”的问题受到人们高度关注，而当前的生态美学文化研究，也正与此有密不可分的关系。如果说现代自然科学导致了自然的“祛魅”，为现代自然科学奠基的哲学使整个世界“祛魅”，索绪尔开创的现代语言学则带来了“语言的祛魅”。而以后结构主义为代表的后现代的话语理论，作为对索绪尔语言学的进一步引申，正在当代世界的“祛魅”中发挥着关键而又隐秘的作用。这种“祛魅”的语言观虽在反主体性上与生态文化具有某种相通性，但它总体上则是非生态的。因为它既从根本上取消了自然存在的真实性和语言对自然实在的指称性，也从根本上阻断了人类用语言与自然世界进行交流沟通的可能性。如果我们不能对它进行反思清理的话，生态美学、诗学所追求的生态文化目标不仅在现实中难以实现，就是在理论上也是不可企及的。

正是因为此，对结构—后结构主义语言观的破坏性作用，无论是为生态学提供支持的后现代科学家格里芬，还是生态批评家都表现出拒斥和警惕。格里芬曾表示：“后现代的有机论反对这种语言观。”① 但从格里芬对真理、语言问题的整体表述来看，他对解构性语言观的批判明显缺乏力度。因为他为了给生态性的后现代科学奠定基础，一方面试图为传统的词物对应论辩护，反对把语言看成是“与任何广阔的世界毫无联系的语言系统”，认为语言与非语言性实在多少具有相一致、相符合的特征；另一方面又认为“从本质上说，语言是含混不清的，并且在任何情况下，其本身都不能与非语言的实在相‘符合’。”② 这种语言观上的摇摆不定，一方面使他的批判苍白无

① [美] 大卫·雷·格里芬：《后现代科学》，[美] 道格拉斯·凯尔纳、斯蒂文·贝斯特：《后现代理论批判性质疑》，张志斌译，中央编译出版社 2001 年版，第 42 页。

② [美] 大卫·雷·格里芬：《后现代科学》，[美] 道格拉斯·凯尔纳、斯蒂文·贝斯特：《后现代理论批判性质疑》，张志斌译，中央编译出版社 2001 年版，第 41 页。

力，另一方面也说明生态性的后现代科学实际上并没有找到一种新的、能够为生态文化提供支持的语言观来作为他们的真理观、世界观的基础。

语言问题不仅困扰着格里芬这样的生态性的后现代科学家，同样也让生态批评陷入困境之中。生态批评家也像格里芬那样对结构—后结构主义的“词物分离论”和话语优先理论表现出敌视，对传统的强调物的本体地位和先在性的“词物对应论”表现出亲近，认为生态批评“从某种文学的观点来看，它标志着与写实主义重新修好，与掩藏在‘符号海洋之中的岩石、树木和江河及其真实宇宙的重新修好’”①。传统的词物对应论虽然并非没有任何正确合理的东西，生态批评的“写实”主张也正可以从此找到依据，但这种从“物”而非“语言”出发的语言理论，“意义”与“真理”没被清楚地区分，它也难以充分界定文学自身的意义与特征。尽管它对于说明“写实”的文学是有效的，但如果严格以此为依据，必然不能进入文学精神的深广领域。因为从内在本性上说，文学“不是一个确定事物的状况，或某个可见物的命题”(福柯)，与真实的自然事物不存在一一对应的关系。如果生态批评非要把文学语言降低到指称真实的自然事物的水平，那无疑会从根本上损害文学的自由精神，并大大限制文学的领域。

由此看来，结构—后结构主义的“符号任意观”与“词物分离论”是生态理论的直接“杀手”，而传统的“自然语言观”和“词物对应论”，也不足以为作为一种文化理论的生态批评提供全面的、坚实的理论支撑。但通过梳理比较可以发现，海德格尔的后期语言观则有助于历史性地突破这一窘迫局面。他通过对语词与事物、语言与主体关系的重新思索，在现象学存在论视野中提出了一种具有“复魅”(Re-Enchantment) 色彩的“词物共生论”和“大道道说观”。这种“复魅”的语言观彻底打破了人类中心主义的独白话语，重建了语言与自然之间的源始关联，是一种更高意义上的“自然语言观”。

① 王宁编译：《新文学史》，清华大学出版社 2001 年版，第 298 页。

三、海德格尔的“词物共生论”对语言与自然关系的重建

海德格尔曾经说：“词与物的关系乃是通过西方思想而达乎语词的最早事情（Das Frü heste）之一，而且是以存在与道说（Sein und Sagen）之关系的形态出现的。这一关系如此不可抗拒地侵袭着思，以至于它以独一无二的词道出自身。这个词就是逻各斯（logos）。”① 海德格尔对这一问题的看法既不同于传统的“词物对应论”，也不同于索绪尔以来的“词物分离论”，而是在其现象学存在论哲学的基础上，对两者进行了批判改造，既认为词与物是不同的，又在新的基础上把它们统一起来，提出了一种可称为“词物共生论”的语言观。

同时由于海德格尔后期哲学出现了明显的诗化转向，他的这一“词物共生论”，也不是用概念语言直接表达出来的，而是根据诗人对语言的诗意经验或诗意运思暗示性地描画出来的。海德格尔通过对德国诗人格奥尔格《词语》一诗的解读指出，这首诗“专门把语言之词语和语言本身带向语言而表达出来，并且关于词与物之间的关系有所道说”。② 并且认为，从格奥尔格对语言的诗意经验来看，是“词”使“物”存在，而不是相反。因为格奥尔格《语词》的最后一行，“词语破碎处，无物存在（sei）”，说明不是先有“物”后有“词”，而是语词“让”物存在，是语词“给出”“赋予”或“创建”了事物的存在。海德格尔同时指出，现代技术是最不愿意承认这种语言观的。从科学经验来看，是先有事物才有相应语词的存在，“命名”就像给现成的事物贴上现成的“标签”，语词不过是强化、固化了存在。格里芬的后现代科学正是既坚持又反对这种技术语言观的。但海德格尔通过分析德国诗人特拉克的《冬夜》指出，诗歌作为纯粹的语言言说，诗歌“命名”物。“命名不是分发标签，也不是运用词语，而是召唤入词语之中。”③ “物是

---

① 《海德格尔选集》，孙周兴选编，上海三联书店 1996 年版，第 1088 页。

② 《海德格尔选集》，孙周兴选编，上海三联书店 1996 年版，第 1065 页。

③ Heidegger，*Poetry*，*Language*，*Thought*，Translated and With an Introduction By Albert Hofstadier，NewYork：Harper & Row Publishers，Inc. 1971. p.198.

在言词中、在语言中才生成并存在起来。”①

由此可见，海德格尔对词与物关系的看法，与传统的词物对应论不同，倒与结构主义强调语言对世界的建构作用的语言观有某些相似之处。但海德格尔的“建构”倾向，仍与索绪尔存在着根本性的不同。索绪尔认为，语言符号连结的不是事物和名称，而是概念和音响形象。为了与传统观念相区别，他用“所指”表示概念，用“能指”表示音响形象，用“符号”(sign) 表示人们通常所说的“名称”(name)，并突出强调语言符号的“任意性”、空洞性。

海德格尔虽然与索绪尔一样，也反对传统的“物”决定“词”的词物对应论，但他是明确反对索绪尔把“名称”看成“任意的”、空洞的“符号”观点的。海德格尔曾经说：“名称、词语是一个符号吗？一切全取决于，我们如何来思考‘符号’和‘名称’这两个词的意思。”又依据格奥尔格的《词语》说：“我们不敢贸然把‘名称’理解为单纯的标记”。“诗人对‘名称’和‘词语’作了不同于单纯符号的更为深刻的思考。”② 并在《荷尔德林诗的阐释》中指出：“诗乃是对存在和万物之本质的创建性命名——绝不是任意的道说”，“诗乃是一个历史性民族的原语言 (Ursprache)。这样，我们就不得不反过来从诗的本质那里来理解语言的本质”。③ 如果我们可以从诗的本质来理解语言的本质，诗“绝不是任意的道说”，不是空洞的符号，那么语言也不是任意的、空洞无物的符号，它是不能在形式主义视野内加以理解的。海德格尔说：“即便在一条漫长的道路上我们得以看到，语言本质问题决不能在形式主义中获得解决和清算”。④ 由此可以看出他与索绪尔形式主义语言观的不同。

以德里达为代表的后结构主义语言观，在形式主义上比索绪尔走得更远。在德里达看来，语言既不“表象”世界，也不“建构”世界，它“并不表明、生产或揭示存在，它也不建构存在与表象之间的任何一致性、相似性或等值性”，⑤ “文本之外空无一物”，文本之内也没有什么超验所指或终极的

---

① [德] 海德格尔：《形而上学导论》，熊伟等译，商务印书馆 1996 年版，第 15 页。
② 《海德格尔选集》，孙周兴选编，上海三联书店 1996 年版，第 1066 页。
③ [德] 海德格尔：《荷尔德林诗的阐释》，孙周兴译，商务印书馆 2000 年版，第 47 页。
④ 《海德格尔选集》，孙周兴选编，上海三联书店 1996 年版，第 1144 页。
⑤ Derrida，*Acts of literature*，edited by Derek Attridge. New York：Routledge，1992，p.159.

"事物"，从而遁入一种更加极端的形式主义和虚无主义之中。德里达的虚无主义的思想，虽然也曾受到海德格尔的启发，但他们的差别同样是根本性的。

在海德格尔看来，语言是与存在问题密切相关的，语言是对存在的"创建性持存"，"语言是存在之家"。① 因此，海德格尔对词物关系的思考没有在语词"给出"存在的类似索绪尔的形式主义的建构主义的看法上停住，也没有遁入德里达式的解构主义的虚无。海德格尔从格奥尔格的"词语破碎处，无物存在"出发，行进到最后得出了"词语崩解处，一个'存在'出现"的与出发点看似有些相反的结论。海德格尔由此认为，格奥尔格的诗意经验虽然击中了思想，但并没有达乎语言的本质。语言的本质不是在有声的、作为一"物"或"存在者"存在的词语之中，语言的本质在道说中。"道说"不是人类的有声言说，而是"存在"本身的"寂静之音"。词语本身不是"物"，不是任何"存在者"，"'存在'之情形犹如词语之情形。与词语一样，'存在'也很少是存在着的物中的一员。"② 但存在本身并不是纯粹的虚无，而是允诺"各类之有"进入本已存在的"本有"，它之所以看起来不存在，只是因为它在人类有声的、作为一物存在的词语中"遮蔽"着自身。当有声的、作为物的词语开始"崩解"，作为语言本身的"道说"才能显现出来，不是一物的、自行遮蔽着的"存在"本身也才能在这种"道说"之中显现出来，"存在"与"道说"可以说是共生共显的。

"道说"与"存在"是共生共显的，语词与事物、语言与世界也是共生共显的关系。因为在海德格尔那里，"道说与存在，词与物，以一种隐蔽的、几乎未曾被思考的、并且终究不可思议的方式相互归属"。③ 如果说"共"揭示出关系的共属一体性，源始同一性；"生"则表明这种关系不是静态的、现成性的，而是处于发生之中的，联合起来则可以说语词与事物、语言与世界是共属一体、同时发生的。海德格尔曾经说："诸神的出现和世界的显现并不单单是语言之发生的一个结果，他们与语言之发生是同时的。而且，情形恰恰是，我们本身所是的本真的对话就存在于诸神之命名和世界之词语生

① 《海德格尔选集》，孙周兴选编，上海三联书店1996年版，第1068页。

② 《海德格尔选集》，孙周兴选编，上海三联书店1996年版，第1095页。

③ [德] 海德格尔：《在通向语言的途中》，孙周兴译，商务印书馆2004年修订译本版，第236页。

成中。"[①] 由此亦可看出，海德格尔是坚持一种语词与事物、语言与世界、道说与存在共属一体同时发生的"词物共生论"的。

海德格尔的"词物共生论"，重建了语言与世界、语言与存在的源始关联，也把"语言"与"自然"重新联系起来了。因为"在其最深的意义上，海德格尔视自然、Physis、神明和存在是同一的。"[②] 海德格尔曾经说："对存在者整体本身的发问真正肇端于希腊人，在那个时代，人们称存在者为 φυσις，希腊文里在者这个基本词汇习惯译为'自然'。"拉丁文中的译名以及其他语言中的译名，"都减损了 φυσις 这个希腊词的原初内容，毁坏了它本来的哲学的命名力量"。因为"简略地说，φυσις 就是既绽开又持留的强力。"φυσις 作为绽开着的强力，既显现为诸如"天空启明，大海涨潮"那样的不假人力、自然而然的涌现、发生过程，但又不完全等同于这些自然过程。因为这些自然过程只是自然的"在者"，但"φυσις"则还指具有"超越性"的"在本身"。并且"φυσις"作为"自然的在者"也不完全等同于今天狭义上的物理自然过程，而是"原初的自然"，是自然的"存在者整体"。因为"φυσις 原初地意指既是天又是地，既是岩石又是植物，既是动物又是人类与作为人和神的作品的人类历史，归根结底是处于天命之下的神灵自身。"[③] 因此，在海德格尔看来，"自然在一切现实之物中在场着。"就像荷尔德林诗所说的："强大圣美的自然，它无所不在，令人惊叹。"[④] 海德格尔对"存在"问题的思考，正是从希腊的"φυσις"这一把"在者"与"在本身"统一起来的渗透着无所不在的"自然"精神的伟大开端词开始的。

也正是因为此，海德格尔的"词物共生论"强调语言与存在的共生性，也内在重建了语言与原初自然、与自然的存在者整体之间的源始联系。四重整体的"存在"，也是四重整体的"自然"，"存在"本身的语言也是"自然"本身的语言。"存在"与"自然"是以一种"寂静之音"道说着的。海德格尔的这种自然语言观可谓西方语言哲学史上的又一次革命，它以诗思运

① [德] 海德格尔《荷尔德林诗的阐释》，孙周兴译，商务印书馆 2000 年版，第 43 页。

② 张文喜：《海德格尔的自然阐释学思想浅论》，http://philosophy.cass.cn/chuban/zxyj/yjgqml/03/0304/030407.htm。

③ [德] 海德格尔：《形而上学导论》，熊伟等译，商务印书馆 1996 年版，第 16 页。

④ [德] 海德格尔：《荷尔德林诗的阐释》，孙周兴译，商务印书馆 2000 年版，第 60 页。

作的方式、在现象学存在论哲学的基础上返归了语言与自然的神性魅力，不仅为我们深入思考技术时代的人类命运提供了深刻的启示，具有对技术理性文化批判的有效性，而且也为我们深入思考技术时代的自然的命运提供了启发，对生态美学文化研究具有历史性的建构作用。海德格尔在对荷尔德林诗歌的阐释中，对"强大圣美的自然"进行盛赞，认为与强大圣美的自然相应合的是伟大的"诗人们"，这些"'诗人们'乃是未来者，其本质要根据他们与'自然'之本质的相应来衡量。"并且认为："美乃是以希腊方式被经验的真理，就是对从自身而来的在场者的解蔽，即对 φυσις（自然、涌现），对希腊人于其中并且由之而得以生活的那种自然的解蔽。"① 由此不难看出海德格尔语言思想对生态诗学、美学的建构性意义。

安特蔡叶夫斯基曾经指出：语言"这个问题既在早期浪漫派中又在海德格尔那里总是与自然问题相联系。自然——语言这个统一性是主要标志之一，并构成了两个哲学体系的明显的类似处。"② 从同是强调语言与自然的源始关联来看，二者确有一致之处，但若从哲学基础来看，二者又是存在深刻差异的。因为德国浪漫主义是建立在主体性哲学基础之上的，但海德格尔后期则是明确反对从人的主体精神中寻求语言本质的。在海德格尔看来，"原初的自然（Natur）乃是 physics，它本身基于大道之中，而道说正是从大道而来才涌现运作。"③ 语言与存在、语言与自然的源始关联也正是奠基在"大道道说"之中的。

四、海德格尔的"大道道说观"对人类中心主义独白话语的批判

海德格尔后期思想的一个主导词是"大道"。海德格尔后期从"大道"出发理解"存在"，也是依循着"大道"来思考"语言"的本质的。"大道"（Ereignis）的原义是"事件""发生"，但海德格尔对它进行了不同的理解

① ［德］海德格尔：《荷尔德林诗的阐释》，孙周兴译，商务印书馆 2000 年版，第 63—64、197 页。

② 宋祖良：《拯救地球和人类未来》，中国社会科学出版社 1993 年版，第 254 页。

③ 《海德格尔选集》，孙周兴选编，上海三联书店 1996 年版，第 1144 页。

和运用，并认为 Ereignis“就像希腊的逻各斯（λογος）和中文的‘道’一样是不可译的。”[①] 既然是不可译的，至于“Ereignis”究竟是什么意思，究竟如何翻译，也许就是海德格尔本人也是无法彻底言说清楚的。[②] 但从海德格尔关于“Ereignis”迂回性、否定性的描述以及把它与“逻各斯”和中文的“道”相比照来看，“Ereignis”是包含着与源始的“逻各斯”、与中文的“道”相通的含义或意味的。在海德格尔看来，逻各斯“这个词语同时作为表示存在的名称和表示道说的名称来说话”，[③] 而中国之道也是既有“道”的含义，又有“道说”的含义。而对于“道说”（Sage），海德格尔则特别突显其自行“显示”与关系“聚集”之义。

海德格尔指出，大道是道说着的，道说乃是大道说话的方式，而“道说即显示（Zeige）”。“作为显示，居于大道之中的道说乃是成道（Ereignen）的最本己的方式”，语言之本质乃是“作为道示的道说”，而“作为显示着的道说的语言本质”也正是居于大道中的。并且指出，“道说”之“显示”不建基于任何“符号”，一切符号都来源于这种“显示”；“道说”之“显示”也不是“人类的行为”，而是一种“自然的显现”，是“让自行显示”。海德格尔说：“有鉴于道说的构造，我们既不可一味地也不可决定性把显示（Zeigen）归咎为人类行为”。[④] 又说，“道说”不同于“人说”（Sprechen），终有一死者言说的任何一个词语都是从倾听道说而来并且作为这种倾听而言说。[⑤]

海德格尔这种大道“道说”即“显示”，“人说”要听从“道说”的语言观，不同于其早期的逻各斯“言说”是一种“揭示”的看法，具有鲜明的反主体性、反人类中心主义独白话语的特点。海德格尔早期哲学从“此在”（Dasein）（人）出发追问存在的意义，强调“此在”在存在论意义上的优先性，坚持一种“此在存在论”。从这种“此在存在论”出发，认为“逻

① 《海德格尔选集》，孙周兴选编，上海三联书店 1996 年版，第 656 页。
② 鉴于“Ereignis”与道家之“道”的相通性，我们这里采用孙周兴“大道”（“本有”）的译法。
③ 《海德格尔选集》，孙周兴选编，上海三联书店 1996 年版，第 1088 页。
④ 《海德格尔选集》，孙周兴选编，上海三联书店 1996 年版，1134 页。
⑤ Heidegger，*Poetry*，*Language*，*Thought*，Translated and With an Introduction By Albert Hofstadier，NewYork：Harper & Row Publishers，Inc. 1971，p.209.

各斯”作为“言说”的源始功能是“揭示”出来“让人看”，源始的“逻各斯”联系着源始的“真”，而只有“此在”人才可能有原本意义上的真。因为“真”就是一种“揭示着”的存在。只有此在才能“言说”，也只有此在才能进行“揭示”，而其他的世内存在者只能“被揭示”，因此只在第二位意义上它才是“真的”。海德格尔的此在存在论，本来有避免主客二分、批判主体形而上学“唯我论”的意图，但由于“此在”的存在具有“向来我属的特征”，对“此在”优先地位的强调实际上又加强了存在论意义上的“人”，海德格尔的早期语言观也因此不免具有主体性和人类中心主义的特征。但海德格尔后期不再从“此在”身上逼问出存在，也不再到此在的“言说”中寻求语言的生存论基础，而是从一种“大道存在论”出发，认为语言与存在的本质是共同归属于“大道”的。语言的本质就在大道“显示”着的“道说”中。“道说”之“显示”不同于“逻各斯”之“揭示”，它不是“此在”人的行为，而是大道的自然“涌现”，这样一来，就打击了此在人的优先性，其他存在者就具有了与此在平等的地位。因为不光人能通过道说“显示”自身，万事万物都能通过道说“显示”自身。

对于“道说”，海德格尔不仅突显其自行“显示”之义，还特别突显其关系“聚集”的功能。在海德格尔的后期思想里，“语言”“道说”与“逻各斯”基本上具有相同的语义，他对“道说”之“聚集”的突显，是从对“逻各斯”原义的再次重溯开始的。海德格尔指出：“逻各斯”“就是采集着的置放（Λεγειυ)”。但对希腊人来说，置放始终也意味着：呈送、陈述、讲述、言说。不止于此，作为采集着的置放，逻各斯或许还是希腊人所思的道说的本质。“语言或许就是道说。语言或许就是：聚集着让在场者在其在场中呈放出来。”①“呈放”也即“显示”。语言、道说“聚集”着“呈放”，亦即“聚集”着“显示”，“显示”与“聚集”可谓大道道说两个不可分割的基本含义。

所谓“显示”，是指道说既澄明着又遮蔽着把世界开放和端呈出来，让天地万物都如其所是地到场现身。所谓“聚集”，即是指道说把在场者“聚集”入其本己的在场中，“把一切聚集入相互面对之切近中”。所谓“切近”，

---

① ［德］海德格尔：《演讲与论文集》，孙周兴译，三联书店2005年版，第246页。

也就是让时间、空间上彼此遥远的东西成为精神上的近邻，进入相互面对之亲近性中。“相互面对”在这里不仅指人与人相互面对，而是指“辽远之境”之中的“天、地、神、人彼此通达”。用海德格尔的话说：“聚集”着的“道说”正是为“四个世界地带之近邻状态开辟着道路。让它们相互通达并把它们保持在它们的辽远之境的切近中”。[①] 与这种“切近”相关，海德格尔后期特别强调“关系性”。认为“居有着—保持着—抑制着的大道，乃是一切关系的关系”，“我们的道说作为回答（Antworten）始终在具有关系性质的东西中。”[②] 大道“道说”“作为世界四重整体之道说”，“作为为世界开辟道路的道说，语言乃一切关系的关系。”而大道、语言的“关系性”，正体现在道说的“聚集”功能之中，因为“道说就是作为这种聚集而为世界关系开辟道路。”作为聚集为世界关系开辟道路的道说，被海德格尔称作“本质的语言”，“它决不单纯是人的一种能力”，而属于为天地人神四个地带“相对面对”开辟道路的运动的“最本己的东西”。[③]

如果说，海德格尔突出大道“道说”的自行“显示”之义，强调人说归属于道说，已体现出彻底的反主体性、反人类中心主义独白话语的倾向；而他突出大道“道说”的“聚集”功能，把语言看成“关系之关系”，则不仅反对人类中心主义独白话语，而且还为人与天地万物的和谐共处提供了语言依据。由此不难看出，大道道说观所具有的鲜明的生态美学文化意义。海德格尔语言观的生态性，不仅表现在大道“道说”的“聚集”与“显示”之义，而且还表现在大道“道说”所具有的“大地性”根基。

五、海德格尔对语言的“大地”根基的强调与对生态审美栖居的呼唤

海德格尔对语言“大地性”因素的思索是从对方言的思索开始的。海德格尔指出：因地而异的说话方式称为方言。“方言的差异并不单单而且并不首先在于语言器官的运动方式的不同。在方言中各各不同地说话的是地方

① 《海德格尔选集》，孙周兴选编，上海三联书店 1996 年版，第 1114—1115 页。
② 《海德格尔选集》，孙周兴选编，上海三联书店 1996 年版，第 1148 页。
③ 《海德格尔选集》，孙周兴选编，上海三联书店 1996 年版，第 1118—1120 页。

(Landschaft)，也就是大地（Erde)。而口不光是某个被当作有机体的身体上的一个器官，倒是身体和口都归属于大地的涌动和生长”。“如果把词语称之为口之花朵或口之花，那么我们便倾听到语言之音的大地一般的涌现。”① 语言之音从“鸣响”中发出来，但声音的发声者，不是简单的肉体器官方面的事情，不能对语言作纯粹的物理学—生理学阐释。在海德格尔看来，是大地为语言的自然涌现提供了根基，语言的发声者是大地，而且也正是语言的“大地性因素”，才使“世界构造的诸地带一齐游戏”。

海德格尔对语言“大地”因素的强调也是对语言“自然”因素的强调。荷尔德林在名为《希腊》的一首诗的草稿中写道：“美更喜欢 / 在大地上居住，而且无论何种精灵 / 都更共同地与人结伴。”海德格尔认为，“这首诗歌在人类与自然的关联中来命名人类，而对于自然，我们必须在荷尔德林的意义上把它思为那种东西，它超越诸神和人类，但人类偶尔却能够容忍它的支配作用。”② 由此可见，在海德格尔那里，“大地”是可以作为“自然”的隐喻来看待的，而自然的地位又是至高无上的。

但“大地”又不能作纯粹的物理意义上的自然来理解，因为在海德格尔这里，“大地”的“承载者”“保护者”的位置以及大地本身的“归蔽性”，使得“大地”是可以作为“大道”的隐喻来使用的，“大地”“大道”和“自然”在这里是息息相通的。海德格尔通过对语言与大地、语言与大道关系的思索，既重新思考了语言与自然的关系，也重新反思了语言与主体人的关系，既不同于西方古代的从与具体自然事物的相似性、对应性来理解语言自然性的自然语言观，更不同于西方传统的把语言界定为人的精神活动的各种各样的“主体性”“唯我论”的自然语言观。他把人从“语言主人”的位置驱赶下来了。海德格尔曾通过对德国浪漫主义诗人诺瓦利斯《独白》一文的分析指出：“从大道方面得到规定的语言特性”，表达出了“语言的本质”，而诺瓦利斯在《独白》中表达的“语言的特性”，只是表达出了语言的“特殊性”。这一特殊性是“在绝对唯心论视界内从主体性出发辩证地表象语

---

① 《海德格尔选集》，孙周兴选编，上海三联书店 1996 年版，第 1109、1112 页。

② ［德］海德格尔：《荷尔德林诗的阐释》，孙周兴译，商务印书馆 2000 年版，第 224—225 页。

言的”。[1] 由此亦可看出，海德格尔与我们前面提到的德国浪漫主义的不同。浪漫主义把语言、自然与人联系在一起，对后来的生态批评具有一定启示意义，但这种从主体性出发的人文主义的自然语言观仍有潜在的导致人类中心主义的危险。海德格尔指出："无疑的，时下在全球范围内喧嚣着一种放纵而圆滑的关于被言说的东西的说、写和播。人的所作所为俨然是语言的构成者和主人，而实际上，语言才是人的主人。"[2]

海德格尔从"大地""大道"而来的自然涌现语言观，把人从语言主人的位置驱赶下来，但它与结构—后结构主义的反主体性、反人道主义又是不同的。海德格尔的确说过反人道主义的话，但他并非像福柯那样认为语言出现的地方"人已死亡"，而是在技术时代的"暗夜"试图通过语言重建天地神人的原始同一关系，实现人与各种生灵一起在大地上的诗意栖居的终极目的。因此海德格尔并非要反对真正意义上的人道主义。用他的话说："反人道主义，是因为那人道主义把人的人道放得不够高"。而他要思的正是更高意义上的人道主义。这种人道主义意味着，"语言是存在的家园，人居于其中生存着，同时人看护着存在的真理而又属于存在的真理。"[3] 所谓"存在的真理"也就是达到天地人神四方世界的自由游戏或称"世界游戏"。达到"世界游戏"也是达到"诗意地栖居"，达到"自由"的境界。因为在海德格尔看来，真理的本质就是"自由"，自由的本质就是"真理"。"真理"不是正确命题的标志，也不就是"此在"存在的真理，"自由"也并不就是人的"特性"，而是把人类这种存在者的存在与其他存在者的存在关联起来形成存在整体的根据。海德格尔关心的也并不只是人的自由生存问题，而是天地人神四方世界自由游戏的问题，是人与天地万物的和谐共存的问题。

由此不难看出，海德格尔的这种更高意义上的人道主义，具有与把"自然主义"与"人道主义"统一起来的"生态人文主义"相通的东西。如果再联系海德格尔的"大地"关怀，这一生态人文取向会显得更加清晰。海德格尔所说的"诗意栖居"，实际上正可看作是一种"生态审美性栖居"。海德格尔指出，"栖居乃是终有一死的人在大地上存在的方式"。"我们终有一

---

① 《海德格尔选集》，孙周兴选编，上海三联书店 1996 年版，第 1146 页。
② 《海德格尔选集》，孙周兴选编，上海三联书店 1996 年版，第 1189 页。
③ 《海德格尔选集》，孙周兴选编，上海三联书店 1996 年版，第 374、377 页。

死的人就成长于这大地的涌动和生长中，我们从大地那里获得了我们的根基的稳靠性。”“如果我们失去了大地，我们也就失去了根基。”① 但现代技术对大地进行“促逼”，已使人类居住的根基受到严重破坏，人要诗意地栖居，首先就要“拯救大地”，“保护”由天地人神四方构成的“四重整体”。而“拯救不仅是使某物摆脱危险；拯救的真正意思是把某物释放到它的本己的本质中。拯救大地远非利用大地，甚或耗尽大地。”只有“在拯救大地，接受天空、期待诸神和护送终有一死者的过程中，栖居发生为对四重整体的四重保护”，人类栖居才能发生为“诗意栖居”。②

在海德格尔的思路中，要想拯救大地，保护天地人神四重整体，我们必须首先能够倾听大地本身的语言，倾听天地人神四重整体的“道说”，不再囿于那种把人看成语言的主人，把语言作为情感的表现、作为人类的活动、作为真实的再现的种种常识性语言观。海德格尔反复申明“语言是语言，语言言说”，“大道道说”，目的正是要反对人类中心主义的独白话语，开启一种新的让“人说”归属于自然“道说”的言语方式，把对语言关系的理解引向无限辽阔的宇宙领域，从而为通达“天地人神四方游戏”的生态审美生存开辟道路。当我们让“人说”归属于“道说”，从广阔的宇宙领域理解语言时，于是就会听到“四种声音在鸣响：天空、大地、人、神。在这四种声音中命运把整个无限的关系聚集起来。”③ 存在之“真理”，也即“美”本身，就在这由天地人神构成的无限关系整体中、在天地人神四方世界的自由游戏中“闪现”出来。这也就是人类的“诗意栖居”或“生态审美性的存在”。

（原载《文学评论》2009 年第 5 期）

① 《海德格尔选集》，孙周兴选编，上海三联书店 1996 年版，第 1191、1109 页。

② 《海德格尔选集》，孙周兴选编，上海三联书店 1996 年版，第 1192、1194 页。

③ ［德］海德格尔：《荷尔德林诗的阐释》，孙周兴译，商务印书馆 2000 年版，第 210 页。

生态文明与后现代主义

乐黛云

一、生态文明新思维与过程哲学

过程哲学是一种主张世界即过程、要求以有机体概念取代物质概念的哲学学说。创始人是英国数学家、逻辑学家 A.N. 怀特海。怀特海把宇宙的事物分为“事件”的世界和“永恒客体”的世界：事件世界中的一切都处于变化的过程之中，各种事件的综合统一体构成有机体，从原子到星云、从社会到人都是处于不同等级的有机体。有机体有自己的个性、结构、自我创造能力。

有机体的根本特征是活动，活动表现为过程。过程就是有机体各个因子之间有内在联系的、持续的创造活动，因而整个世界就表现为一种活动的过程。在过程的背后并不存在不变的物质实体，其唯一的持续性就是活动的结构。所以自然界是活生生的、有生机的。怀特海认为，自然和人的生命是分不开的，只有两者的契合才构成真正的实在。这与王阳明的“心外无物”之说很类似。《王阳明·传习录》有言：“先生游南镇，一友指岩中花树问说：天下无心外之物，如此花树在山中自开自落，于我心中亦何相关？先生说：你未见此花树时，此花与汝同归于寂；你来看此花时，则此花颜色一时明白起来，便知花不在你心外。”王阳明强调的是，当“心”与“物”相隔绝，世界就是没有意义的；在没有认知者时，被认知者就和不存在一样。

而所谓“永恒客体”，也并非人们意识之外的客观实在，只是一种抽象的可能性，它能否转变为现实，要受到客体条件和主体条件的限制；在怀特海看来，最终是受到上帝的限制。中国道家哲学同样强调一切事物的意义并非一成不变，也不一定有预定的答案。答案和意义形成于千变万化的互动关系和不确定的无穷可能性之中。由于某种机缘，多种可能性中的一种变成了现实。这就是老子说的“有物混成”（郭店竹简作“有状混成”）。一切事物都是从这个无形无象的“混沌”之中产生的，这就是“有生于无”。“有”的最后结局又是“复归于无物”。“无物”是“无状之状，无物之象”，这“无物”“无状”并不是真的无物、无状的绝对虚无，而是其中“有象”“有物”。所谓“道之为物，惟恍惟惚。惚兮恍兮，其中有象；恍兮惚兮，其中有物”。这“象”和“物”都存在于“无”中，但都还不是“实有”，它只是一种在酝酿中的无形无象的、不确定的、尚未成形的某种可能性，这种可能性由于某种机缘，“时劫一会”，就会生成为现实。在此之前，这种现实并不存在，不存在而又确实有，是一种“不存在而有”。这就是“天下万物生于有，有生于无”的道理。这显然比怀特海最后只能归结为上帝，认为“事件世界正是上帝从许多处于潜在可能状态的世界中挑选出来的，因此上帝是现实世界的泉源”，更高一筹。

在怀特海看来，自然界不是确定不变的东西，而是不断变化的过程。时空是不可分割的，两者是一个东西，即时间空间共同构成的整块，他称之为“扩续”。总之，不能把自然界看成是事物的总和或堆积，而应看作许多事件的综合或有机联系。他认为，对感官知觉而言，最后的事实是事件。因此，怀特海以“感觉”“时空合一（扩续）”和“事件”构成了过程哲学①。

过程哲学从根本上消除了西方哲学自古希腊以来一直存在的主体与客体、事实与价值分裂对立的困境——也就是说，他试图通过彻底解决西方哲学自古以来就存在的有关本体与现象、一与多、动与静、永恒与流变、存在与生成、心与物、决定论与意志自由等形而上问题，以价值观念为核心、以论述带有生成色彩的“过程”为手段，建构能够融合英美语言分析哲学和欧陆思辨哲学这两大阵营的过程哲学体系。

---

① 参见全增嘏《西方哲学史》，上海人民出版社 1985 年版，第 592—593 页。

二、什么是“深度生态文明”?

我最早是从曾繁仁教授的文章中认识“深度生态学”的。百年的工业文明以人类征服自然为主要特征。世界工业化的发展使“征服自然”的文化达到极致；一系列全球性生态危机说明地球再没能力支持工业文明的继续发展。需要开创一个新的文明形态来延续人类的生存，这就是生态文明。如果说农业文明是“黄色文明”，工业文明是“黑色文明”，那生态文明就是“绿色文明”。“绿色文明”强调“人和自然是生命的共同体”。

正如曾繁仁教授所曾介绍的，1973 年挪威哲学家阿伦·奈斯（Arne Naess）将生态理论运用于人类社会与伦理的领域，提出“深度生态学”。“深度生态学”所考虑的，并不只是何种社会能最好地维持一个特定的生态系统，这种生态学只是一种关乎价值理论、政治、伦理问题的生态学。但是从深层生态学的观点来看，我们对当今社会能否满足诸如爱、安全和接近自然的权利这样一些人类的基本需要提出疑问，在提出疑问的同时，我们也就对社会的基本职能提出了质疑。我们寻求一种在整体上对地球上一切生命都有益的社会、教育和宗教，因而我们也要进一步探索实现这种必要性的转变①。曾繁仁教授认为“生态”作为一种现象，从阿伦·奈斯开始由自然科学领域进入到社会与情感价值判断的社会领域，这就使生态哲学、生态伦理学与生态美学应运而生，而“生态”也在“整体性”“系统性”的内涵之上又加上了“价值”“平等”“公正”与“美丑”等内涵。如曾繁仁教授所说，它应是在“天、地、神、人”四方游戏中，存在的显现、真理的敞开。其存在方式是一种“共在”。这是一个涵盖各种各样特殊方式的全称性术语，通过这种方式，各种各样的存在物就可以在某一个实际机遇之中“共在”。“共在”就以“创造性”“一”和“多”“同一性”和“多样性”等概念预设了前提。

以过程哲学为基础的生态文明引起的变革，首先是伦理价值观的转变。西方传统哲学认为，只有人是主体，生命和自然界是人的对象；因而只有人

---

① 参见雷毅《深层生态学思想研究》，清华大学出版社 2001 年版，第 25 页。

有价值，其他生命和自然界自身没有价值，其价值是人所赋予的；因此只能对人讲道德，无需对其他生命和自然界讲道德。这是工业文明人统治自然的哲学基础。生态文明，特别是“深度生态学”认为，不仅人是主体，自然也是主体；不仅人有价值，自然也有价值；不仅人有主动性，自然也有主动性；不仅人依靠自然所有生命都依靠自然。因而人类要尊重生命和自然界，人与其他生命共享一个地球。无论是马克思主义的人道主义，还是中国传统文化的天人合一，还是西方的可持续发展，都说明生态文明是一个人性与生态性全面统一的社会形态。以人为本的生态和谐原则即是每个人全面发展的前提。

其次是生产和生活方式的转变。工业文明的生产方式，从原料到产品到废弃物，是一个非循环的生产；生活方式以物质主义为原则，以高消费为特征，认为更多地消费资源就是对经济发展的贡献。生态文明却致力于构造一个以环境资源承载力为基础、以自然规律为准则、以持续社会经济文化政策为手段的环境友好型社会。实现经济、社会、环境的共赢，实现这一理想关键在于人的主动性。人的生活方式就应主动以实用节约为原则，以适度消费为特征，追求基本生活需要的满足，实行“低碳生活”，不追求过度的物质享受，而崇尚精神和文化的满足。这是生态思维的追求，也是建构性后现代社会的追求。

三、生态文明与建构性后现代主义

20世纪60年代兴起的后现代解构思潮轰毁了过去笼罩一切的“大叙述”，使一切权威和强制性的一致性思维都黯然失色，同时也使一切都零碎化、离散化，浮面化，最终只留下了现代性的思想碎片，以及一个众声喧哗的、支离破碎的世界。后现代思潮夷平了现代性的壁垒，却没有给人们留下未来生活的蓝图，未提出建设性主张，也未策划过一个新的时代。

20世纪末、21世纪初著名生态哲学家约翰·科布（John B. Cobb）等人以怀特海的“过程哲学”为基础，提出“建构性的后现代主义”（constructive postmodernism）。根据怀特海认为不应把人视为一切的中心、而应把人和自然视为密切相关的“生命共同体”的主张，对现代西方社会的二元思维进行了批判，提倡有积极意义的整体观念[1]，并由此出发，明确地把生态主义引入后现代主义，强调“具体的事物是一种连续不断的改变的基质。没有恒久不变的实体，相反，却存在着持续变化的关系。”[2] 他说：“我们的后现代是人与人、人与自然和谐相处的时代”，“这个时代将保留现代性中某些积极的东西，但超越其二元论、人类中心主义、男权主义，以建构一个所有生命的共同福祉都得到重视和关心的后现代世界”。[3] 科布认为“建构性后现代主义”是相对于“解构性的后现代主义”而言的，它与后者在拒斥现代主义的二元和实体思维上有共同点：他们都致力于解构支撑着现代主义的元叙事。但前者的解构立场使得他们几乎无法正面表达他们的意见，他们害怕说出任何有普遍性的东西。如果他们坚持彻底的解构立场，他们就只能最终解构自身。约翰·科布认为，如果我们接受生态主义的世界观，那么，我们就会发展出寻求人类共同福祉的经济学体系，把人类理解为生态共同体中的成员。

科布认为这种有机整体的系统观念，“关心和谐、完整和万物的互相影响”，与中国传统的许多思想都“深度”相通。例如《周易》强调“变易”和“生生之道”正与怀特海强调过程相契合。他坚信当过程思想被中国人所拥有和借鉴时，它在中国将比在西方获得更丰富的发展，因为中国传统文化一直是有机整体主义的。他以医学为例说，西方现代思想从分离开始，如西方现代医学原理区分了病原体和健康细胞，将纯粹的与不纯粹的分开，消灭不纯粹的。中国的阴阳却开始于对立面的统一，所以中医寻求综合平衡而不是分离和纯粹。西医的治疗方法是摧毁行动者，中医则是讲个体与整体的协调，使体内的力量达到平衡。

他深信未来哲学的发展方向，必定是西方文化和东方文化的互补和交融。

（原载《中国比较文学》2010 年第 4 期）

---

① ［美］科布、［美］大卫·R. 格里芬：《怀特海和谐回应东方》，《社会科学报》2002 年 8 月 15 日。

② 参见克里斯福德·科布《生态文明呼唤一种有机的思维方式》，《世界文化论坛》2008 年第 2 期；《关于自由的思考——一个过程思维的新视角》，《世界文化论坛》2009 年第 1 期；并参见中美后现代发展研究院副院长王治河的《后现代呼唤第二次启蒙》，《世界文化论坛》2007 年 1、2 月号。

③ 王晓华：《为了共同的福祉》，《社会科学报》2002 年 6 月 13 日。

生态美学视域中的迟子建小说

曾繁仁

迟子建的长篇小说《额尔古纳河右岸》（以下简称《右岸》）是一篇以鄂温克族人生活为题材的史诗性的优秀小说，获得第七届茅盾文学奖。这部小说的成就是多方面的，但我非常惊喜地发现，它是一部在我国当代文学领域十分少有的优秀生态文学作品。作者以其丰厚的生活积淀与多姿多彩的艺术手法，展现了当代人类“回望家园”的重要主题，揭示了处于茫然失其所在的当代人对于“诗意的栖居”的向往。这部小说以其成功的创作实践为我国当代生态美学与生态文学建设作出了特殊的贡献。我国早在远古时代的甲骨文中就有“家”字，释义为“人之所居也”“与宗通，先王之宗庙”①。说明“家园”是我们的居住之地，是我们祖先的安息之地，是我们的根之所在。从微观上讲，“家园”是我们每个人诞育与生活的“场所”，但从宏观上讲，“家园”就是人类赖以生存的大自然。但是，在现代隆隆的工业化与城市化的进程中，我们的“家园”已经伤痕累累，甚至失其所在。因此，在当代的历史视域中“回望家园”成为文学艺术与人文学科的非常重要的主题。哲人海德格尔在著名的《荷尔德林诗的阐释》中专门有一篇阐释德国诗人荷尔德林《返乡——致亲人》的专文，指出所谓“返乡”就是寻找“最本己的东西和最美好的东西”②。这种“回望”或“寻找”其实就是一种怀念，更是一种批判与反思。正如审美人类学家所说，“对以往文明的研究实际上都曲折地反映了对现实的思考、批判和否定”③。迟子建在《右岸》中恰恰是通过对鄂

---

① 《甲骨文字典》，四川辞书出版社 2003 年版，第 799 页。

② ［德］海德格尔：《荷尔德林诗的阐释》，孙周兴译，商务印书馆 2000 年版，第 12 页。

③ 王杰：《审美幻象与审美人类学》，广西师大出版社 2002 年版，第 192 页。

温克族人百年兴衰史的“回望”而表达了自己对人类前途命运的深沉的诗性情怀以及对于现实的生活的深刻反思。

一、“回望”的独特视角

众所周知，开始于18世纪的现代化与工业化给人类带来了福音，但也同时带来了灾难，这恰是美与非美的二律背反。一方面，人类的生活状况大幅度改善享受到现代文明；另一方面，自然的破坏、精神的紧张与传统道德的下滑则给人类带来了一系列灾难。人类赖以生存的物质的与精神的“家园”几乎变得面目全非，人类面临失去“家园”的危险。正如海德格尔所说：“在‘畏’中人觉得‘茫然失其所在’。此在所缘而现身于畏的东西所特有的不确定性在这话里当下表达出来了：无与无何有之乡。但茫然骇异失其所在的在这里指不在家”。又说：“无家可归指在世的基本方式”①。正是在“无家可归”成为人类在世的基本方式的情况下，才产生了“回望家园”的反思性作品。早在20世纪中期的1962年就有一位著名的美国生态作家，同样也是女性的蕾切尔·卡逊写作了具有里程碑意义的以反思农药灾难为题材的生态文学作品《寂静的春天》，起到振聋发聩的巨大作用。今天，迟子建的《右岸》则以反思游猎民族鄂温克族丧失其生存家园而不得不搬迁定居为其题材。作者在小说的“跋”中写道，触发她写作本书的原因是她作为大兴安岭的子女早就有感于持续30年的对茫茫原始森林的滥伐，造成了严重的原始森林老化与退化的现象。而首先受害的则是作为山林游猎民族的鄂温克族人。她说：“受害最大的，是生活在山林中的游猎民族。具体点说，就是那支被我们称为最后一个游猎民族的、以放养驯鹿为生的敖鲁雅的鄂温克人。”而其直接的机缘则是作者接到一位友人有关温可族女画家柳芭走出森林，又回到森林，最后葬身河流的消息以及作者在澳大利亚与爱尔兰有关少数族裔以及人类精神失落的种种见闻。使其深深地感受到原来“茫然失其所在”是当今人类的共同感受，具有某种普遍性。这才使作者下了写作这个重

① ［德］海德格尔：《存在与时间》，陈嘉映、王庆节译，三联书店1987年版，第218、318、121页。

要题材的决心。而她在深入鄂温克族定居点根河市时，猎民的一批批回归更加坚定了她写作的决心。于是，作者开始了她的艰苦而细腻的创作历程。作者采取史诗式的笔法，以一个年纪 90 多岁的鄂温克族老奶奶、最后一位酋长的妻子的口吻，讲述了额尔古纳河右岸敖鲁古雅鄂温克族百年来波浪起伏的历史。而这种讲述始终以鄂温克族人生存本源性的追溯为其主线，以大森林的儿子特有的人性的巨大包容和温暖为其基调。整个的讲述分上、中、下与尾四个部分，恰好概括了整个民族由兴到衰，再到明天的希望整个过程。正如讲述者的丈夫、最后一位酋长瓦罗加在那个温暖的夜晚所唱："清晨的露珠温眼睛 / 正午的阳光晒脊梁 / 黄昏的鹿铃最清凉 / 夜晚的小鸟要归林。"这里意寓着整个民族在清晨的温暖中诞育，在中午的炙热与黄昏的清凉中发展生存，在夜晚的月亮中期盼的历程。而每一个历程都寄寓着民族的生存之根基。在清晨的讲述中，鄂温克老奶奶讲述了该民族的发源及其自然根基。据传鄂温克族发源于拉穆湖，也就是贝加尔湖。但三百年前，俄军的侵略使得他们的祖先被迫从雅库特州的勒那河迁徙到额尔古纳河右岸，从 12 个氏族，减缩到 6 个氏族，从此额尔古纳河就成为鄂温克族的生活栖息之所。她说："可我们是离不开这条河流的，我们一直以它为中心，在它众多的支流旁生活。如果说这条河流是掌心的话，那么它的支流就是展开的五指，它们伸向不同的方向，像一道又一道的闪电，照亮了我们的生活。"在这里，讲述者道出了额尔古纳河与鄂温克族繁衍生息的紧密关系，它是整个民族的中心，世世代代以来照亮了他们的生活。

而额尔古纳河周边的大山——小兴安岭也是鄂温克族的滋养之地。讲述人说道："在我眼中，额尔古纳河右岸的每一座山，都是闪烁在大地上的一颗颗星星。这些星星在春夏季节是绿色的，秋天是金黄色的，而到了冬天则是银白色的。我爱它们。它们跟人一样，也有自己的性格和体态。——山上的树，在我眼里就是一团连着一团的血肉。"就是这个有着"连着一团一团血肉"的大山，成为鄂温克族人的生存与生命之地。鄂温克族人是驯鹿的民族，驯鹿为他们提供了鹿奶、皮毛、鹿茸，并且是很好的运载与狩猎的帮手。而驯鹿则是小兴安岭的特有驯养动物，因为那里森林茂密，长有被称作"恩克"和"拉沃可达"的苔藓和石蕊，为驯鹿提供了丰富的食物。因此，讲述人说道："驯鹿一定是神赐给我们的，没有他们，就没有我们……

看不到它们的眼睛，就像白天看不到太阳，夜晚看不到星星一样，会让人心底发出叹息的。”而且，就在额尔古纳河的周围山上还安葬着鄂温克人的祖先。讲述人生动地讲述了他的父亲、母亲、丈夫、伯父和侄子的不凡的生命历程及安息之所。先是她的父亲林克为了下山换取强健的驯鹿而在雷雨中被雷击而死，被风葬在高高的松树之上；母亲达玛拉则是在丧夫和爱情失败后痛苦地在舞蹈中死去，被风葬在白桦树之上；讲述人的两个丈夫，一个冻死于寻找驯鹿的途中，一个则死于营救别人与熊搏斗的过程中，也都进行了风葬，安息在山林之中；伯父尼都萨满则是为了战胜日本人在作法中力尽而亡；她的侄子果格力则是因为他的妈妈妮浩萨满为了救治汉人何宝林生病的孩子而必须向上天献出了自己的孩子而死去。这些亲人最后都回归自然，安息在崇山峻岭之中，有星星、月亮、银河与之做伴。正如妮浩在一首葬歌中所唱：“灵魂去了远方的人啊 / 你不要惧怕黑夜 / 这里有一团火光 / 为你的行程照亮 / 灵魂去了远方的人啊 / 你不要再惦念你的亲人 / 那里有星星、银河、云朵和月亮 / 为你的到来而歌唱。”这里所说的“风葬”是鄂温克人特有的丧葬方式，就是选择四棵直角相对的大树，又砍一些木杆，担在枝丫上，为逝者搭建一张铺。然后将逝者用白布包裹，抬到那张铺上，头北脚南，再覆盖上树枝，放上陪葬品，并由萨满举行仪式为逝者送行。这种风葬实际上说明，鄂温克族人来自自然又回归自然的生存方式，他们是大自然的儿子。

额尔古钠河与小兴安岭还见证了鄂温克族人的情爱与事业。讲述人讲述了自己的父辈以及子孙一代又一代在这美丽的山水中发生的生死情爱。她的父亲与伯父同时爱上了最美丽最爱跳舞的鄂温克姑娘达玛拉，但最后伯父尼满在通过射箭比赛来决定谁当新郎的过程中输给了林克，实际是让出了自己的爱情。于是达玛拉与林克第二年成亲，达玛拉的父亲送给她的结婚礼物是一团对于游猎部族十分重要的“火种”，而这个“火种”她又在自己的儿子结婚时作为礼物送给了他。林克结婚时，尼满划破了自己的手指并成为部族的萨满。林克死后，尼满对达玛拉的爱情再次复苏，他用攒了两年的山鸡羽毛编织了一件最美丽的裙子。这个裙子是尼满经过两年时间收集山鸡羽毛精心编织而成，完全是额尔古纳河及其周围群山的美丽形象，光彩夺目。讲述人描叙道：“这裙子自上而下看来也就仿佛由三部分组成了：上部是灰色的河流，中部是绿色的森林，下部是蓝色的天空”。当达玛拉收到这珍贵的礼物时真是高兴极了，充满着惊异、欢喜和感激，说这是她见过的世上最漂亮的裙子。但他们的爱情却因世俗的不允许寡妇再嫁大伯哥的习俗而宣告失败，达玛拉终于悲痛地辞世，尼满也匆匆结束了自己的生命。在达玛拉的葬礼仪式上，尼满的葬歌凄婉哀绝，表达了鄂温克人对爱情的坚贞无私，愿意为她蹚过传说中的“血河”进入美好的另一个世界而接受任何惩罚。歌中唱道：“滔滔血河啊 / 请你架起桥来吧 / 走到你面前的 / 是一个善良的女人 / 如果她脚上沾有鲜血 / 那么她踏着的是自己的鲜血 / 如果她心底存有泪水 / 那么她收留的 / 也是自己的泪水 / 如果你们不喜欢一个女人 / 脚上的鲜血 / 和心底的泪水 / 而为她竖起一块石头的话 / 也请你们让她 / 平安地跳过去 / 你们要怪罪 / 就怪罪我吧 / 只要让她到达幸福的彼岸 / 哪怕将来让我融化在血河中 / 我也不会呜咽!”由此可见，鄂温克族人真正是大自然的儿女，大自然见证了他们的爱情，他们爱情的信物与礼物也完全来自自然。鄂温克族人已经将自己完全融化在周围的山山水水之中，他们的生命与血肉已经与大自然融为一体。额尔古纳河与小兴安岭已经成为他们生命与生存的须臾难离的部分。伊莲娜是鄂温克族人第一个接受了高等教育的青年，成为著名的画家并在城市有了体面的工作，但她终究辞去了工作，回到额尔古纳河畔的故乡。因为，“她厌倦了工作，厌倦了城市，厌倦了男人。她说她已经彻底领悟了，让人不厌倦的只有驯鹿、树木、月亮和清风”。她试图画出鄂温克人百年的风雨历史，整整画了两年，才完稿。但最后却永远地安眠在故乡额尔古纳河的支流贝尔茨河之中。经过 30 年的愈来愈大规模的开发，鄂温克族人的生存环境已经遭到严重破坏，生活在山上的猎民不足两百人了，驯鹿也只有六七百只了。于是决定迁到山下定居。在动员定居时，有人说道，猎民与驯鹿下山也是对森林的保护，驯鹿游走时会破坏植被，使生态失去平衡，再说现在对动物要实施保护，不能再打猎了。一个放下猎枪的民族才是一个文明的民族，有前途的民族等等。讲述人在内心回应道：“我们和我们的驯鹿，从来都是亲吻着森林的。我们与数以万计的伐木人比起来，就是轻轻掠过水面的几只蜻蜓。如果森林之河遭受了污染，怎么可能是几只蜻蜓掠过的缘故呢?”讲述人讲道，驯鹿本来就是大森林的子女，它们吃东西非常爱惜，从草地上走过是一边行走一边轻轻地啃着青草，所以草地总是毫发未损的样子，该绿的还是绿的。它们吃桦树和柳树的叶子，也是啃几口就离开，那树依然枝叶茂盛。驯鹿怎么会破坏植被呢？至于鄂温克族人也是森林之子。他们狩猎不杀幼崽，保护小的水狗；烧火只烧干枯的树枝、被雷电击中失去生命力的树木、被狂风刮倒的树木，使用这些“风倒木”，而不像伐木工人使用那些活得好好的树木，将这些树木大块大块地砍伐烧掉。他们每搬迁一个地方总要把挖火塘和建希楞柱时戳出的坑用土添平，再把垃圾清理在一起深埋，让这样的地方不会因他们住过而长出疤痕，散发出垃圾的臭气。他们保持着对自然的敬畏，即便猎到大型野兽也会在祭礼后食用并有诸多禁忌。例如，鄂温克族人崇拜熊，因此吃熊肉的时候要像乌鸦似的“呀呀呀”地叫几声，想让熊的魂灵知道，不是人要吃它们的肉而是乌鸦要吃它们的肉。书中反复引用过鄂温克族人一首祭熊的歌：“熊祖母啊 / 你倒下了 / 就美美地睡吧 / 吃你的肉的 / 是那些黑色的乌鸦 / 我们把你的眼睛 / 虔诚地放在树间 / 就像摆放一盏神灯！”山林的开发使得鄂温克族人被迫离开了山林下山定居，但驯鹿不能没有山林中的苔藓，而鄂温克族人则不能没有山林，他们又带着驯鹿回到山林，但未来会怎样呢？在空旷的已经无人的营地乌力楞，只有讲述人与她的孙子安草尔，但在月光中突然发现她们的白色小鹿木库莲回来了。她说：“而我再看那只离我们越来越近的驯鹿时，觉得它就是掉在地上的那半轮淡白的月亮。我落泪了，因为我已经分不清天上人间了。”小鹿回来了，像那半轮月亮，但明天会怎样呢？作品给我们留下了想象的空间，也给我们留下了思考的空间。让我们从鄂温克族最后一位酋长的妻子的讲述中领悟到，额尔古纳河右岸与小兴安岭，那山山水水，已经成为鄂温克族人的血肉和筋骨，成为他们的生命与生存的本源。从文化人类学的角度考察，人类的生存与生命的本源就是大自然。我们如何对待自己的生命与生存之根与本源呢？在环境污染和破坏日益严重的今天，这已经不仅仅是一个鄂温克族的命运问题，而其实是整个人类的命运问题。

二、“回望”的独特场域

“家园”是与人的生存与生命紧密相连的“世界”，而“场所”则是作为具体的人生活的“地方”，生态文学和环境文学的重要特点就是将“场所”作为自己的特殊“视域”。美国环境美学家阿诺德·伯林特在《环境美学》

一书中指出，所谓“场所”，“这是我们熟悉的地方，这是与我们自己有关的场所，这里的街道和建筑通过习惯性的联想统一起来，它们很容易被识别，能带给人愉快的体验，人们对它的记忆中充满了感情。如果我们的邻近地区获得同一性并让我们感到具有个性温馨，它就成为了我们归属其中的场所，并让我们感到自在与惬意”①。而环境文学家斯洛维克则在《走出去思考》一书中进一步将“场所”界定为“本土”，即是附近、此地及此时②。《额尔古纳河右岸》就满含深情地描写了额尔古纳河右岸这个鄂温克族人生活栖息的特定“场所”。按照海德格尔对场所的阐释，“这种场所的先行揭示是由因缘整体性参与规定的，而上手事物之来照面就是向着这个因缘整体性开放的”③。也就是说“因缘整体性”与“上手”成为“场所”的两个基本要素。这就是说，人与世界构成因缘性的密不可分的整体，而世界万物又成为人的“上手之物”，当然其中许多物品是“称手之物”，是特定场所之人须臾难离之物。《右岸》就深情地描写了鄂温克族人与额尔古纳河右岸的山山水水的须臾难离的关系，以及由此决定的特殊生活方式，一草一木都与他们的血肉、生命与生存融合在一起，具有某种特定的不可取代性。这是一种对于人类“家园”独特性的探询，意义深远。先从鄂温克族的衣食住行来看其与特殊地域相联的特殊性。他们是以皮毛为衣，而且主要是驯鹿的皮毛。他们所食主要是肉类，因为游猎成为他们基本的生存方式。小说的“清晨”部分具体地描写了林克带着两个孩子捕猎大型动物堪达罕的场面，具体描写了他们乘坐着桦皮筏，在小河中滑行，然后在夜色中漫长地等待，以及林克机智勇敢地抢击堪达罕，将其毙命的过程。堪达罕的捕获给整个营地带来了快乐。大家都在晒肉条，“那暗红色的肉条，就像被风吹落的红百合花的花瓣”。当然，他们还食用驯鹿奶、灰鼠并通过与汉族及俄国商人交换布匹、粮食与其他食品。他们还有一种特殊的食品储备仓库“靠老宝”。这是留作本部族或者是其他部族备不时之需的物品仓库。用四棵松树树立为柱，做上底座与四

① ［美］阿诺德·伯林特：《环境美学》，张敏、周雨译，湖南科技出版社 2006 年版，第 66 页。

② ［美］斯洛维克：《走出去思考》，韦清琦译，北京大学出版社 2009 年版，第 160、172 页。

③ ［德］海德格尔：《林中路》，孙周兴译，时代文化企业文化出版有限公司 1994 年版，第 21 页。

框，苫上桦树皮，底部留下口，将闲置与富裕的物品存放在内。不仅本部落可取，别的部落的人也可去取。这就是鄂温克族老人留下的两句话：“你出门是不会带着自己的家的，外来的人也不会背着自己的锅走的”；“有烟火的屋子才有人进来，有枝的树才有鸟落”。这是由山林大雪与严寒等特殊条件决定的一种鄂温克族人的特殊生活方式，反映了这个山地民族的博大胸怀，讲述人年轻时迷失森林就依靠这个“靠老宝”获得食物并遇到了自己的丈夫。鄂温克族的居住也十分特殊。他们实行的是原始共产主义制度，由相近的家族组成一个“乌力楞”也就是部落。在每个乌力楞中实行的是原始共产主义生产与生活制度，按照男女老弱进行分工，并平分所得。而所居住的则是一家一户的住房“希楞柱”，也叫“仙人柱”。就是用二三十根落叶松杆，锯成两人高的样子，将一头削尖，尖头朝向天空，汇集一起，松木杆另一头戳地，均匀分开，好像无数条跳舞的腿，形成一个大圆圈，外面苫上挡风御寒的围子。讲述人说道：“我喜欢住在希楞柱里，它的尖顶处有一个小孔，自然而然形成了排烟的通道。我常常在夜晚时透过这个小孔看星星，从这里看到的星星只有不多的几颗，但它们异常明亮，就像在希楞柱顶上的油灯。”鄂温克族人出行的主要代步是驯鹿，但只是由妇女儿童和体弱者乘骑。为了驯鹿的食物等各种生存原因，他们过一段就要搬迁住处，讲述人讲述了一次搬迁的情况：“搬迁的时候，白色的玛鲁王走在最前面，其后是驮载火种的驯鹿，再接着是背负我们家当的驯鹿群。男人们和健壮的女人通常是跟着驯鹿群步行的，实在累了，才骑在它们身上。哈谢拿着斧子，走一段就在一棵大树上砍上树号。”鄂温克族人诞育孩子要专门搭建一个名叫“亚塔珠”的产房，生产时男人绝对不能进亚塔珠，女人进去则会使自己的丈夫早死。因此，鄂温克女人生产一般都是自己在大自然中处理。但他们老了之后却能得到全部族的照顾，讲述人已经 90 多岁，在大部分部族人要到定居点之时，她留了下来。于是部族的人们将她的孙子安草儿留在她身边照顾她，并给她留下足够的驯鹿和食品，甚至怕她寂寞，有意留下两只灰鹤，让她能够看到美丽的飞禽，不至于眼睛难受，说明对于老人的孝敬。至于鄂温克族人生病是通过萨满跳神来治疗的，而无须服药。死后，是实行风葬，葬在树上，随风而去，回归自然。以上说明，鄂温克族人有着自己具有独特性的衣食住行，生老病死。这是他们的生存方式，是他们具有特殊性的生活场所。在这样的场所中，他们有痛苦，但更多的是生存的自在与适应。书中在描写讲叙人当年与父亲一起捕猎堪达罕静夜中乘船出发的情景时写道："桦皮船吃水不深，轻极了，仿佛蜻蜓落在水面上，几乎没有什么响声，只是微微摇摆着。船悠悠走起来的时候，我觉得耳边有阵阵凉风掠过，非常舒服。在水中行进时看岸上的树木，个个都仿佛长了腿，在节节后退。好像河流是勇士，树木是溃败士兵。月亮周围没有一丝云，明净极了，让人担心没遮没拦的它会突然掉到地上。河流开始是笔直的，接着微微有些弯曲，随着弯曲度的加大，水流急了，河也宽了起来。"这真是一幅人与自然美好统一的图画。当然，大自然也会给鄂温克族人带来灾难，诸如"白灾"、"黄灾"、"瘟疫"与"狼祸"等等。但这些毕竟是人的生存世界的有机组成部分，就拿狼祸来说，虽然是对鄂温克族人的危害，但狼却是与人紧密相连，不可避开的。这些现象对于鄂温克族人来说尽管不"称手"，但却"在手"，与人处于一种尽管是不好，但却是回避不了"因缘性关系"之中。正如讲叙人所说："在我们的生活中，狼就是朝我们袭来的一股寒流。可我们是消灭不了它们的，就像我们无法让冬天不来一样"。但总体上来说，额尔古纳河右岸这个无比美妙的自然环境，是鄂温克族人真正的故乡，是生养他们的家园。这里的山山水水，已经融入他们每个人的生命与血液之中。这里的自然对于他们的"不称手"只是暂时的，而更多的则是"称手"，是一种须臾难离的生活方式。一旦脱离了这种生活方式，脱离了这里的山水、驯鹿、乌力楞与希楞柱，就会茫然失其所在，出现难以适应的水土不服的状况。特别对于老人更是如此。正如讲叙人对于搬迁到定居点之事所说："我不愿意睡在看不到星星的屋子里，我这辈子是伴着星星度过黑夜的。如果午夜梦醒时我望见的是漆黑的屋顶，我的眼睛会瞎的；我的驯鹿没有犯罪，我也不想看到它们蹬进'监狱'。听不到那流水一样的鹿铃声，我一定会耳聋的；我的腿脚习惯了坑坑洼洼的山路，如果让我每天走在城镇平坦的小路上，它们一定会疲软得再也负载不起我的身躯，使我成为一个瘫子；我一直呼吸着山野清新的空气，如果让我去闻布苏的汽车放出的那些'臭屁'，我一定就不会喘气了。我的身体是神灵给的，我要山里，把它还给神灵。"这就是鄂温克族人特殊的"家园"，这个"场所"的独特性，甚至是不可代替性，是生态美学与生态文学的重要内涵。《右岸》非常形象并深情地表达了这一点。

三、“回望”的独特美学特性

迟子建在《额尔古纳河右岸》中以全新的生态审美观的视角进行艺术的描写，在她构筑的鄂温克族人的生活中，人与自然不是二分对立的，“自然”不仅仅是人的认识对象，也不仅仅是什么“人化的自然”“被模仿的自然”“如画风景式的自然”，而是原生态的、与人构成统一体的存在论意义上的自然。正是在这种人与自然特有的“此在与世界”的存在论关系中，“存在者之真理自行置入作品”，从而呈现出一种特殊的生态存在之美。这里的“存在者”就是鄂温克族人，而所谓“真理”则指人之本真的人性，“自行置入”则指本真人性的逐步展开，由遮蔽走向澄明。迟子建在《右岸》中所描写的这种“真理自行置入”的美，不是一种静态的物质的对称比例之美，也不是一种纯艺术之美，而是在人与自然关系中的，在“天人之际”中的生态存在之美，特殊的人性之美。迟子建在作品中表现的这种美有两种形态，一种是阴性的安康之美。此时，人与自然处于和谐协调的状态，或是捕猎胜利后的满足，或是爱情收获后的婚礼等等。《右岸》生动地描写的多个这样的欢乐场面，有些类似我国古代的“羊大为美”的境况。我们试举小说中所写驯鹿产羔丰产后的一个喜庆场景：“这一年，我们在清澈见底的山涧旁，接生了 20 头驯鹿。一般来说，一只母鹿只产一仔，但那一年却有四只母鹿每胎产下两仔，鹿仔都那么健壮，真让人喜笑颜开。那条无名的山涧流淌在黛绿的山谷间，我们把它命名为罗林斯基沟，以纪念那个对我们无比友善的俄国安达。它的水清凉而甘甜，不仅驯鹿爱喝，人也爱喝。”这时因驯鹿丰产，鄂温克族人喜笑颜开，山谷黛绿，清泉甘甜的人的安康的生存状况跃然纸上。这显然是一种风调雨顺，人畜兴旺，吉祥安康的幸福的生存状态，是一种阴性的安康之美，反映了“天人合一”，人性幸福的一面。但大多数情况则是一种阳刚的壮烈之美，是一种特定的“生态崇高”。斯维洛克在《走出去思考》一书中介绍了当代美国环境文学中有关“崇高”的新的内涵。在这里，“生态崇高”意味着“需有特定的自然体验来达到这种愉快的敬畏与死亡恐怖的非凡结合”。迟子建在《右岸》中大量地描写了这种“愉快的敬畏与死亡的恐怖的非凡结合”的崇高场景。主要有两个方面，一个方面是人与恶劣自然环境奋斗中的英勇抗争与无畏牺牲。前已说到的林克为调换健康驯鹿时在林中被雷击的悲凄场面。而最具惊心动魄的则是鄂温克族人达西与狼的拼死搏斗。达西是优秀的鄂温克族猎手，在一次寻找三只丢失的鹿仔的过程中，达西发现鹿仔被三只狼围困在山崖边，发着抖，非常危险。达西当时并没有带枪而只带着猎刀，但却只身与三只饿狼搏斗，虽然最终打死了老狼，但他的一条腿却被小狼咬断了，只好带着三只救下的鹿仔爬回营地，但从此落下了残疾。但他下定复仇的决心，专门驯养了一只猎鹰，随时准备与袭击部族的狼群拼死搏斗，保护部族利益。正好碰到瘟疫蔓延，野兽减少，驯鹿也减少了，人与狼群都处于生存困境之中。这时，狼群始终跟着部族，觊觎着驯鹿与人，试图袭击。就在狼群准备袭击之时，达西和他的猎鹰奋起还击，展开殊死搏斗，最后是人狼双亡，极为惨烈，请看《右岸》为我们展现的这种极为惨烈的搏斗场面：许多小白桦被生生地折断了，树枝上有斑斑点点的血迹；雪地间的蒿草也被踏平了，可以想见当时的搏斗多么惨烈。那片战场上横着四具骸骨，两具狼的，一具人的，还有一具是猎鹰的……我和伊芙林在风葬地见到了达西，或者说是见到了一堆骨头。最大的是头盖骨，其次是一堆还附着粉红肉的粗细不同、长短不一的骨头，像是一堆干柴……狼死了，他们也回不来了。这是人与自然环境“不称手”的典型表现。此时，人与恶劣的自然环境剧烈对抗，表现了人的顽强的生存信念与勇气。在这里，特别展现了达西维护部族利益，牺牲自我的人性光芒。作品呈现在我们面前的是以抗争的死亡与遍地骸骨的恐怕为其特点的森人画面，展现出鄂温克族人另一种生存精神的崇高之美。《右岸》还非常突出地表现了人对于自然的敬畏，具有前现代的明显特色。这种敬畏又特别明显地表现在鄂温克族人所崇信的萨满教及其极为壮烈的仪式之中。萨满教是一种原始宗教，是原始部落自然崇拜的表现。这种宗教里面的萨满即为巫，具有沟通天人的力量与法术，其表现是如醉如狂神秘诡谲的跳神。《右岸》绘声绘色地描写了两代萨满神秘而离奇的宗教仪式，特别是跳神。这当然是一种前现代状态下的迷信，但却表现了萨满在救人于危难中的牺牲精神，构成具有浓郁人性色彩的神秘离奇的崇高之美。作为叙述人伯父的尼都萨满是书中描绘的第一代萨满。他在宗教仪式中体现出来的崇高之美，集中地表现在为了对付日本人侵者而进行的那场不同寻常的跳神仪式之中。书中写道，二战开始后，日本人占领了东北，一天日本占领军吉田带人到山上试图驯服鄂温克族人，他要求尼都萨满通过跳神治好他的脚伤，否则要求尼都萨满烧掉自己的法器与法衣，跪在地上向他求饶。这其实就意味着鄂温克族人的失败。在这样的关系部族前途命运的关键时刻，尼都萨满毫不犹豫地接受了挑战，而且说他要用舞蹈治好吉田的腿伤，但他要付出战马的生命，而且同样是用舞蹈让战马死去。他说："我要让他知道，我是会带来一个黑夜的，但那个黑夜不是我的，而是他的！"黑夜来临后，尼都萨满开始了惊心动魄的跳神："黑夜降临了，尼都萨满鼓起神鼓，开始跳舞了……他时而仰天大笑着，时而低头沉吟。当他靠近火塘时，我看到他腰间吊着的烟口袋，那是母亲为他缝制的。他不像平常看上去那么老迈，他的腰奇迹般地直起来了，他使神鼓发出激越的鼓点，他的双足也是那么轻灵，我很难相信，一个人在舞蹈中会变成另外一种姿态。他看上去是那么的充满活力，就像我年幼时候看到的尼都萨满"；"舞蹈停止的时候，吉田凑近火塘，把他的腿撩起，这时我们听到了他发出的怪叫声，因为他腿上的伤痕不见了，可如今它却凋零在尼满萨满制造的风中……吉田的那匹战马，已经倒在地上，没有一丝气息……吉田抚摩着那匹死去的、身上没有一道伤痕的战马，冲尼都萨满叽里呱啦地大叫着。王录说，吉田说的是，神人，神人……尼都萨满咳嗽了几声，反身离开了我们。他的腰又佝偻起来了。他边走边扔着东西，先是鼓槌，然后是神鼓，接着是神衣、神裙……当他的身体上已没有一件法器和神衣的时候，他倒在了地上。"这是一个为部族利益与民族大义在跳神中奉献了自己生命的鄂温克族萨满，他的牺牲自我的高大形象，他在跳神时那神秘、神奇的舞蹈及其难以想象的效果，制造出一种诡谲多奇的崇高之美，这就是所谓的"生态崇高"。我不由得想起小时候进庙时的那种难以言状的神秘神奇的感受，感到在这种种神奇神秘的力量面前，人的渺小，向恶的可怖与向善的必然。这种萨满教虽然是一种迷信，但却是主宰鄂温克族人精神世界的信仰，常常在他们心中唤起无限安宁与崇高。继承尼都萨满的是他的侄儿媳妇妮浩萨满，她在成为新萨满时在全乌力楞的人面前表示，一定要用自己的生命和神赋予的能力保护自己的氏族，让氏族人口兴旺、驯鹿成群，狩猎年年丰收。她确实是这样做的，为了部族的安宁献出了自己三个孩子的生命。书中写道，部族成员马粪包被熊骨卡住嗓子，马上就要毙命，这时部族里的人将眼光投向了妮浩萨满，只有她能够救马粪包了，但妮浩颤抖着，悲哀地将头埋进丈夫的怀里，因为她知道如果救了马粪包她就要献出自己的女儿。但她还是披上了法衣，跳起了神："妮浩大约跳了两个小时后，希楞柱里忽然刮起了一股阴风，它呜呜叫着，像是寒冬时刻的北风。这时'柱'的顶撒下的光已不是白的了，是昏黄的了，看来太阳已经落山了。那股奇异的风开始时是四面弥漫的，后来它聚拢在一个地方鸣叫，那就是马粪包的头上。我预感到那股风要吹出熊骨了。果然，当妮浩放下神鼓，停止了舞蹈的时侯，马粪包突然坐了起来，'啊——'地大叫一声，吐出了熊骨……妮浩沉默了片刻后，唱起了神歌，她不是为起死回生的马粪包唱的，而是为她那朵过早凋谢的百合花——交库托坎唱的。"她的百合花——美丽的女儿永远地败落和凋零了，秋天还没有到，还有那么多美好的夏日，但却使自己的花瓣凋零了，落下了。一命换一命，这就是严酷的生活现实，也是妮浩作为萨满所付出的沉重代价，在神秘的法则面前，人又是多么渺小啊！这里所说的萨满跳神的奇效，可能是一种偶然，也可能是神秘宗教和信仰起到的一种心理暗示，但却向我们展示了游猎部族特有的由对自然的敬畏与无力所产生的特殊的崇高之感。因为在这种崇高中包含着妮浩萨满的无畏的牺牲精神，所以放射出特有的人性光芒，而具有了美学的含义。动人心魄，感人至深！妮浩萨满的最后一次跳神是 1998 年初春因两名林业工人吸烟乱扔烟头而引发的火灾。火势凶猛，烟雾腾腾，逃难的鸟儿都被熏成了灰黑色。额尔古纳河和小兴安岭要蒙受灾难了。妮浩已经年迈，但还是披上了神衣："妮浩跳神的时候，空中浓烟滚滚，驯鹿群在额尔古纳河畔低头站着。鼓声激昂，可妮浩的双脚却不像过去那么灵活了，她跳着跳着，就会咳嗽一阵。本来她的腰就是弯的，一咳嗽就更弯了。神裙拖到了地上，沾满了灰层……妮浩跳了一个小时后，空中开始出现阴云；又跳了一个小时，浓云密布；再一个小时过去后，闪电出现了。妮浩停止了舞蹈，她摇晃着走到额尔古纳河畔，提起那两只湿漉漉的啄木鸟，把它们挂到一棵茁壮的松树上。她刚做完这一切，雷声和闪电就交替出现，大雨倾盆而下。妮浩在雨中唱起了她生命中最后一支神歌。可她没有唱完那支歌，就倒在了雨水中——额尔古纳河啊，你流到银河去吧，干旱的人间……山火熄灭了，妮浩走了。她这一生，主持了很多葬礼，但她却不能为自己送别了。"在这里，作者为我们塑造了一个为额尔古纳河，也为鄂温克族人奉献了自己生命的最后一名鄂温克族萨满的悲壮的形象，充满着特殊的崇高之美。以这样的画面作为小说的结尾，就是以崇高之美作为小说的结尾，为作品抹上了浓浓的悲壮的色彩，将额尔古纳河右岸鄂温克族人充满人性的生存之美牢牢地镌刻在我们的心中。

“回望家园”是《额尔古纳河右岸》的特殊视角，它给我们提供了一系列的深刻的启示，告诉我们在大踏步的现代化浪潮中，不断地回望家园是人类应有的态度。回望是一种眷恋，使我们永记地球母亲对于人类的养育；回望是一种反思，促使我们不断地反思自己的行为；回望也是一种矫正，不断地矫正我们对地球母亲的态度与行为。《额尔古纳河右岸》的回望告诉我们，地球家园中存在着众多文明形态，众多的生存方式，这样才使地球家园呈现出百花齐放，绚丽多姿的色彩。因此，保留文明的多样性也是一种地球家园生态平衡的需要，我们能否在兴建高速公路的同时适当保留那一条条特殊的“鄂温克小道”？同时，《右岸》也告诉我们，永远也不要忘记自己是大自然的儿子，也许大自然有时会是一个暴虐的家长，但我们作为子女的身份是永远无法改变的，我们只有依靠这样的父母才能生存的现实也是无法改变的，珍惜自然，爱护自然，就是珍惜爱护我们的父母，也是珍惜爱护我们人类自己。

（原载于《文学评论》2010 年第 2 期）

《周易》与生态美学

李庆本

一

宗白华先生在《中国美学史中重要问题的初步探索》一文中，特别指出《周易》与美学的密切关系。他说："《易经》是儒家经典，包含了宝贵的美学思想。如《易经》有六个字：'刚健、笃实、辉光'，就代表了我们民族一种很健全的美学思想。"① 所谓"刚健、笃实、辉光"，按照宗先生的解释，就是"质地本身放光，才是真正的美"。② 这是一种无需外在雕饰的美，是一种发乎内而显于外的阳刚之美，也是中国古代所崇尚的一种美的理想。

而这样的一种美的理想也具体体现在贲卦之中。贲卦，为离下艮上。象为山下有火。按照高亨先生的解释：离为阴卦，为火、为柔；艮为阳卦，为山、为刚。所以其《彖》曰：刚柔交错。又因为离为文明，艮为止，所以《彖》又有"文明以止"的话。③ 可见，无论是刚柔交错，还是文明以止，都是从卦象中生发出来的易之理。这也正是《周易》甚或是中国古代所特有的"立象以尽意"的"诗性思维"。④

对于山下有火之象，宗白华先生解释说："夜间山上的草木在火光照耀下，线条轮廓突出，是一种美的形象。"⑤ 那么，这种美的形象究竟传达出一

---

① 宗白华：《艺境》，北京大学出版社 1987 年版，第 332 页。

② 宗白华：《艺境》，北京大学出版社 1987 年版，第 333 页。

③ 参见高亨《周易大传今注》，齐鲁书社 1979 年版，第 226—227 页。

④ 曾繁仁：《生态存在论美学论稿》，吉林出版社 2009 年版，第 191 页。

⑤ 宗白华：《艺境》，北京大学出版社 1987 年版，第 332 页。

种怎样的美的讯息呢？宗白华先生主要是从文艺美学的角度来加以阐释的。

他认为贲卦《象》中所说的“君子以明庶政，无敢折狱”，“是说从事政治的人有了美感，可以使政治清明。但是判断和处理案件却不能根据美感，所以说‘无敢折狱’。这表明了美和艺术（文饰）在社会生活中的价值和局限性”。这样的解释固无不可，但显然与贲卦中的本义距离较大，故稍嫌牵强。为什么从事政治的人有了美感，就会使政治清明？判断和处理案件却不能根据美感，又是从何而来呢？宗先生都没有加以说明，因此所谓“美和艺术在社会生活中的价值和局限性”云者，也只能是宗先生自己的体会与见解，是无法从贲卦的象辞中直接得到证明的。

对于同样的“君子以明庶政，无敢折狱”，高亨先生的解释也许更贴切，更有说服力。他指出：“山间草木错生，花叶相映，是山之文也。山下有火（光），山之文乃明，是以贲之卦名曰贲。按《象传》以火比人之明察，以山比客观事物，以山下有火，仅照见山之一面，比人之明察仅认识事物之片面。君子观此卦象，从而在从政时，唯恐其认识之片面，乃进而用其明察于各项政事。在断狱时，又恐其认识之片面，只有一面之辞，只有一人一物之证，绝不敢妄作裁判。故曰‘山下有火，贲。君子以明庶政，无敢折狱。”①

因为联系贲卦的《象》辞来看，此段话主要讲的是化成天下、教化的意思，而不是直接谈文艺问题的。《象》曰：“刚柔交错，天文也。文明以止，人文也。观乎天文，以察时序。关乎人文，以化成天下。”可见，贲卦的这段话意思是仰观天文而俯察人文，是在通过天文来说明人文，着重说明从政经验。虽然人文现象中也包括文艺问题，但毕竟隔了一层，至少“君子以明庶政，无敢折狱”这句话不是直接谈文艺问题的。

宗白华先生对贲卦共有三条解释。上面说的是他的第一条解释。他的第二条解释说：“美首先用于雕饰，即雕饰的美。但经火光一照，就不只是雕饰的美，而是装饰艺术进到独立的艺术：文章。文章是独立纯粹的艺术。在火光照耀下，山岭形象有一部分突出，一部分不见，这好像是艺术的选择。由雕饰的美发展到了以线条为主的绘画的美，更提高了艺术家的创造

① 高亨：《周易大传今注》，齐鲁书社1979年版，第227页。

性，更能表现艺术家自己的情感。”[①] 可以看出，宗先生的第二条解释仍然是从文艺美学的角度来看待贲卦的易理。不过这一次，他不是直接解释《易经》，而是从李鼎祚的《周易集解》中转引了王廙的一段话，来说明王廙的时代山水画已经见到“文章”了，从而说明这是艺术思想的重要发展。宗先生所引王廙的那段话是：“山下有火，文相照也。夫山之为体，层峰峻岭，峭崄参差。直置其形，已如雕饰，复加火照，弥见文章，贲之象也。”[②] 在这里，“文章”的含义应该是指“山之文在火的照耀下更加彰显”，恐怕还不是指“独立纯粹的艺术”，这段话是否可以引申为文艺问题，我不敢妄言。但这显然是王廙自己对贲卦的一种解释，因此宗先生的第二条解释可以看作是《周易》解释的解释，与原文隔了三层。

宗先生的前两条解释，一是谈美和文艺与社会的关系问题，属于文艺美学的理论问题，一是谈绘画从雕饰的美到线条的美，属于文艺发展史的问题。这两条解释，在我看来，都是宗先生借题发挥，实质上谈的问题离《易经》较远。

我并不是在完全否认宗先生从文艺美学的角度来解释《周易》的可能性和有效性。我只是觉得宗先生的这两条解释显得较为牵强。这并不表示，《周易》的贲卦不可以从文艺美学的角度来解释。如第三条，宗先生的解释还是比较精确的。

宗先生的第三条解释认为贲卦中包含了两种美——华丽繁复的美和平淡素净的美——的对立。他说：“贲本来是斑纹华采，绚烂的美。白贲，则是绚烂又复归于平淡。所以荀爽说：‘极饰反素也。’有色达到无色，例如山水花卉画最后都发展到水墨画，才是艺术的最高境界。所以《易经》杂卦说：‘贲，无色也。’这里包含了一个重要的美学思想，就是认为要质地本身放光，才是真正的美。”[③] 的确，贲的本意是修饰的意思，贲卦《序卦》中说：“贲者，饰也。”正是由于这个原因，所以才会使“孔子卦得贲，意不平”，因为在孔子看来，“贲，非正色也”（《汉书·说苑》）。可是贲卦《杂卦》中却说：“贲，无色也。”这就讲不通了。一是贲如果是饰的意思，那就不可

---

① 宗白华：《艺境》，北京大学出版社 1987 年版，第 332—333 页。

② 李鼎祚：《周易集解》（卷五），北京市中国书店 1984 年版，第 12 页。

③ 宗白华：《艺境》，北京大学出版社 1987 年版，第 333 页。

能是无色，《序卦》与《杂卦》自相矛盾；二是如贲为无色，孔子自然不会“意不平”。可见，贲的本意只能是“饰”的意思，而不是“无色”的意思。高亨先生认为“无色”之“无”当作“尨（mang）”解，“杂色为尨”，这就跟“饰”的意思一致了。因此，贲的完整的意思就是“杂色成文（饰）”。[①] 这就容易理解了。

既然贲的本意是杂色成饰，是华丽繁复的美，是绚烂的美，那么“白贲”自然就是复归于平淡、素净、本色。“白贲”一词出自贲卦上九之爻辞：“白贲，无咎。”高亨解释说：“白贲，白色之素质加以诸色之花文。此喻人有洁白之德，加以文章之美，故无咎。”[②] 在这一点上，我倒觉得高亨先生的解释就不如宗先生的解释来得精当。既然贲为文饰，那么贲就应该是白贲之先，白贲为贲之后，显然是“从绚烂复归于平淡”，而不是高亨先生所讲的先有“白色之素质”，然后“加以诸色之花纹”。这其实也就是孔子说的“绘事后素”的意思。

> 子夏问曰：“‘巧笑倩兮，美目盼兮，素以为绚兮。’何谓也？”子曰：“绘事后素。”曰：“礼后乎？”子曰：“起予者商也！始可与言诗已矣。”

这段话出自《论语·八佾》，是大家都熟知的。但对此的解释却很容易发生歧义。关键在于“绘事后素”，究竟是先素而后绘，还是绘之后而素。杨伯峻先生的《论语译注》将此看成是“绘事后于素”，也就是“先有白色底子，然后画花”。[③] 而郑玄的注则是：“绘画，文也。凡绘画先布众色，然后以素分布其间，已成其文。喻美女虽有倩盼美质，亦须礼以成之。”[④] 如果我们不拘泥于文字，而从整体上来把握这段话的含义，那么，我们就应该明白，《论语》的这段话主要是讲素与绚的关系。美女的“巧笑倩兮，美目盼兮”，都是发自自然的内质，而并不是着意的雕饰，所以她们的美是自

---

① 高亨：《周易大传今注》，齐鲁书社 1979 年版，第 226 页。
② 高亨：《周易大传今注》，齐鲁书社 1979 年版，第 231 页。
③ 杨伯峻译注：《论语译注》，中华书局 1980 年版，第 25 页。
④ 阮元校刻：《十三经注疏》（下），中华书局 1980 年版，第 2466 页。

然的美，是一种天然去雕饰的美，因此才可以说是“素以为绚兮”，虽然是“绚”，却又是“素绚”，是“绚”复归于“素”。这正像绘画一样。绘画要先用各种色彩，但画成后并不应该让人觉得太刺目，而应该仍给人一种素朴的感觉，这样的画作才是上品。这也正像“礼”一样。孔子强调的礼，也并不是要求繁文缛节，而应该是一种朴素而恰当的礼节。《论语·八佾》中还有这样一段话：“林放问礼之本。子曰：‘大哉问！礼，与其奢也，宁俭；丧，与其易也，宁戚。’”① 可见，礼的根本不是铺张浪费，不是仪文周到，而是要做到朴素俭约，做到内心真诚。“礼后”，是“以素喻礼”，是“礼”复归于“素”，这应该是“礼后”的确切含义。如果说“礼后”有省略，那也是承前省略了“素”，而不是像杨伯峻先生所说的省略了“仁”。从《论语》谈“绘事后素”的这段话中，我们可以看出，由言诗进而言画，进而言礼，诗画合一，礼在其中，这样的言说方式，这样的论证套路，反映的仍然是“立象以尽意”的“诗性思维”，是中国古人整体观的一种体现。

由此来看“白贲”，完整的意思应该是“白色底子加上诸色之花纹”而其最终之效果又能复归于“白”，“是绚烂复归于平淡”。这是一种更高的境界。所以刘熙载在《艺概》中说：“白贲占于贲之上爻，乃知品居极上之文，只是本色。”刘熙载在这段话后，还说了下面的一段话，可以作为佐证。他说：“君子之文无欲，小人之文多欲；多欲者美胜信，无欲者信胜美。”② 这些说法都表达了中国古代对于不事雕琢之美、自然之美、内在充实之美的一种推崇。这些说法也都无疑是谈文艺问题的。就这一点而言，宗白华先生从文艺美学的角度来解释贲卦显然是合理的。

二

刘勰的《文心雕龙》是谈文学问题的，其中多处谈到《周易》。这说明《周易》也的确与文学问题有关。《文心雕龙》中的《情采》说：“是以‘衣锦褧衣’，恶乎太章；‘贲’象穷白，贵乎反本。”③《征圣》篇中说：“文章昭

---

① 杨伯峻译注：《论语译注》，中华书局1980年版，第24页。

② 徐中玉、肖华荣校点：《刘熙载论艺六种》，巴蜀书社1990年版，第47页。

③ 周振甫译注：《文心雕龙选译》，中华书局1980年版，第171页。

晰以象‘离’。”① 这些都证明从文艺美学的角度来研究《周易》是可行的。

《文心雕龙》除了谈论具体的贲卦和离卦中的文艺问题之外，其实更值得关注的是它还从一般意义上来谈论文学与《周易》的关系。《文心雕龙》的《原道》篇说：“文之为德也大矣，与天地并生者何哉？夫玄黄色杂，方圆体分，日月叠璧，以垂丽天之象；山川焕绮，以铺理地之形：此盖道之文也。仰观吐曜，俯察含章，高卑定位，故两仪既生矣。惟人参之，性灵所钟，是谓三才。为五行之秀，实天地之心。心生而言立，言立而文明，自然之道也。”② 刘勰在这里所说的“道之文”，如“玄黄色杂，方圆体分，日月叠璧，以垂丽天之象；山川焕绮，以铺理地之形”，非常类似于《周易》中所讲的“天文”。只不过《周易》贲卦只是简单地讲“刚柔交错，天文也”；而刘勰则是从颜色之玄黄、形体之方圆，讲到日月山川，要具体得多。而仰观俯察云者，则又与《周易》贲卦中所讲的“观乎天文，以察时序，观乎人文，以化成天下”一脉相承。《周易》谈两仪、谈三才，《文心雕龙》也谈两仪和三才，这都说明《文心雕龙》与《周易》密切的渊源关系。

刘勰谈了“天文”之后，又紧接着谈人文：“人文之元，肇自太极，幽赞神明，《易》象惟先。庖牺画其始，仲尼翼其终。而乾坤两位，独制文言。言之文也，天地之心哉！若迺《河图》孕乎八卦，《洛书》韫乎九畴，玉版金缕之实，丹文绿牒之华，谁其尸之，亦神理而已。”③ 在这段话中，刘勰非常明确地指出文学与《周易》的密切关系。可见，在刘勰那里，是可以从文学或者从文艺美学的角度来谈《周易》的。但我们要注意到这样的事实，在《原道》中，刘勰谈的《周易》的文艺美学问题，与宗白华先生谈的有所不同。宗先生谈的《周易》的美学是具体问题，《原道》中谈的是一般原理。这个原理我们可以概括为“仰观俯察”原理，这是中国古代审美思想的一种重要原则，也是《周易》突出强调的一种思想。《周易》除了在《贲卦》中说“观乎天文，以察时序；观乎人文，以化成天下”之外，在《系辞》中又更加明确地说：“古者包牺氏之王天下也，仰则观象于天，俯则观法于地，近取诸身，远取诸物，于是始作八卦，以通神明之德，以类万物之情。”这

---

① 周振甫译注：《文心雕龙选译》，中华书局 1980 年版，第 29 页。
② 周振甫译注：《文心雕龙选译》，中华书局 1980 年版，第 19 页。
③ 周振甫译注：《文心雕龙选译》，中华书局 1980 年版，第 20 页。

就更加明确集中地阐述了这种“仰观俯察”的思想宗旨。

“仰观俯察”可以看成中国古人一种特有的审美方式。但这种审美方式却是跟中国古代的生态整体论联系在一起的，透露出的是一种天人合一的生态思想，因此可以看成是一般原理。为什么要仰观俯察呢？就是因为天与地、自然与人文是合一的。对此，周振甫先生是心领神会的。他说刘勰“举出天地、日月、山川、龙凤、虎豹、云霞、花木来说明自然界的一切都有文采，从而说明作品也要有文采。根据林籁、泉石的有音韵，从而说明作品也要讲音韵。从文采和音韵的自然形成，来反对作品的矫揉造作”，这样他就“把自然之文和人文混淆了”。① 这在周振甫先生看来是《原道》的不合理之处，但对于《原道》而言，却是一种合乎逻辑的自然之理。由自然而言人文，由天文来证明人文的合理性，这是一种言说方式，是一种论证逻辑，更是中国古代特有的一种思维方式。从中透露出的正是中国古代所特有的一种天人合一思想，或者说一种生态整体论思想。

让我们再回来看宗白华先生关于《易经》美学的解释。他对贲卦的三条解释，有说服力的只是第三条解释，而前两条解释则稍显牵强。但是宗白华先生对于《周易》美学研究是很有贡献的。他指出了《周易》中包含的美学思想，阐明了《周易》与美学研究的关系，并且也从文艺美学的角度对《周易》的个别卦象进行了解读。这都是值得后人认真学习和研究的。但我认为，从文艺美学的角度来解释《周易》毕竟有很多的限制，有些是可以加以文艺美学解释的，有更多的地方却无法仅从文艺美学的角度来解释。那么，这是否意味着美学解释失效呢？也不是。不可以从文艺美学的角度来解释，却可以从生态美学的角度来解释。例如，对于“山下有火，贲。君子以明庶政，无敢折狱”这句话，我们说它不是直接谈文艺问题的，不能从文艺美学的角度去解读，却可以从生态美学的角度去解读。首先，山下有火，我们可以把它看成是自然界中的一种美象，属于自然生态美。其次，这段话由自然美象引申为“君子以明庶政，无敢折狱”，其实讲的是君子美行，属于社会生态美。最后，这段话还告诉我们行事要抱有敬畏之心，对于自然万物都不能任意所为，这正是我们今天保护生态环境应有的一种态度，《周

① 周振甫译注：《文心雕龙选译》，中华书局1980年版，第18页。

易·节》说："天地节而四时成。节以制度，不伤财，不害民。"也是这个意思。所以这一切，都可以从生态美学的角度来认识、来解读。即使是《周易》中可以从文艺美学角度加以阐释的地方，也仍可以从生态美学的角度来阐释。例如，我们上面谈的"白贲"，是一种绚烂复归于平淡之美，既是一种艺术美，同时也是一种生态美。生态美学追求的不正是这种天然去雕饰的素朴自然之美吗？所以，这种文艺之美是可以从生态之美来加以解释的。因为在先秦经典中，文艺问题从来都是与社会问题甚至与天地问题联系在一起的。这甚至可以看成中国古代文化思想的一个传统。这种传统，用今天的话来说就是一种生态整体论思想。而这样的一种生态整体论思想，又可以从阴阳两仪的角度加以概括。

刘熙载说："立天之道，曰阴与阳；立地之道，曰柔与刚。文，经天纬地者也，其道惟阴阳刚柔可以该之。"① 宗白华先生指出："中国画所表现的境界特征，可以说根基于中国民族的基本哲学，即'易经'的宇宙观：阴阳二气化生万物，万物皆禀天地之气以生，一切物体可以说是一种'气积'(庄子：天，积气也)。这生生不已的阴阳二气织成一种有节奏的生命。中国画的主题'气韵生动'，就是'生命的节奏'或'有节奏的生命'。伏羲画八卦，即是以最简单的线条结构表示宇宙万相的变化节奏。"② 从上引两段话中可以看出，刘熙载谈文，宗白华谈画，都是将文艺问题与天地宇宙问题联系在一起谈的，都是将阴阳思想看成文艺的根本，这说明阴阳两仪思想与文艺美学的密切关系，说明中国文艺美学的根本问题是可以从阴阳两仪的思想中解释清楚的。

另一方面，我们也必须认识到，仅从文艺美学的角度来解释《周易》是不够的，是无法揭示出《周易》美学的丰富内涵的。不仅是文艺的生命，而且是宇宙的生命，都可以从阴阳两仪的思想层面上加以阐发。不仅是文艺美学，而且是生命美学，也都可以解释《周易》美学。刘纲纪在《周易美学》中指出："就美学而论，生命美学的观念在'周易'中是居于主导地位的。这是'周易'美学最重要的特色，也是他的最重要的贡献。"③ 从文艺美

---

① 徐中玉、肖华荣校点：《刘熙载论艺六种》，巴蜀书社1990年版，第173页。

② 宗白华：《艺境》，北京大学出版社1987年版，第118页。

③ 刘纲纪：《周易美学》，武汉大学出版社2006年版，第69页。

学到生命美学，我们可以看出对《周易》美学研究的一种内在逻辑，代表着我们对《周易》美学思想认识的深入。而要全面准确地理解和阐释《周易》的美学思想，还必须从生命美学进入生态美学的层面。

曾繁仁教授在《试论〈周易〉的“生生为易”之生态智慧》中认为：“《周易》作为中国古代哲学与美学的源头之一，就包含着我国古代先民特有的以‘生生为易’为内涵的诗性思维，是一种东方式的生态审美智慧，影响了整个中国古代的审美观念与艺术形态。”①

曾先生继承并积极肯定了宗白华先生和刘纲纪先生的生命美学的理论观点，并进一步将《周易》的生命美学观念生发和引申为生态美学的层面，并从生态整体论（存在论）的角度予以解读。在我看来，这样的一种解读也许更能触及《周易》美学的精神实质。我们必须承认，生命的确是《周易》美学所关注的焦点范畴，但这一范畴却显然不同于西方近代生命美学所阐发的生命范畴。《周易》关注的生命是在生态整体论意义上的生命，而不仅仅是人的个体生命意志。② 或者更准确地说，《周易》是将人的个体生命置于无机物与有机物、植物物与动物、自然与社会、天文与人文相统一的整个天地宇宙观的层面来加以审视的。“生生为易”，说的就是使生命得以孕育生长的道理。在这一命题中，第一个“生”应该是动词，是一种使动用法，第二个“生”，是名词——生命，是一个主词，是它的产生、发展、相生相克的运动规律，才是《周易》所要阐发的内容。不是生命，而是生命之间的相互关系——生命产生的根源，生命能够成长壮大的理由根据，生命之间的相生相克，才构成了《周易》的整体框架和核心内容。《周易》之所谓“生”，不仅是人的个体生命，更是整体的宇宙生命，不仅是生命，更是生态。正像曾先生指出的：“《周易》所说的生命是包括地球上所有物体的‘万物’。无论是有机物还是无机物，均由乾坤、阴阳与天地所生，都是有生命力的。这与西方现代生命论哲学将生命局限在有机物、植物、动物特别是人类是有区别的。西方的这种生命论哲学与美学可以说还有某种人类中心主义的遗存，而

---

① 曾繁仁：《生态存在论美学论稿》，吉林人民出版社 2009 年版，第 184—185 页。

② 关于《周易》生命观与西方近代哲学生命观的区别，可参见刘纲纪《周易美学》，武汉大学出版社 2006 年版。

《周易》中的生命论则更加具有生态的意义。"① 所以我们说，与其是生命美学，不如生态美学更能揭示《周易》美学的精神实质。

那么，这是不是说《周易》美学表现出非人类的生态中心主义呢？显然不是。曾先生说："《周易》也没有忽视人，在其著名的'三才说'中仍然将人放在'万物'中的重要地位。《周易》的'天地人三才'说中，除天地之外人是重要的一维，但人却与天地乾坤须臾难离，人是在天地乾坤的交互施受中才得以诞育繁衍生存的。《周易》包含了中国古代素朴的包含生态内涵的人文精神，这是一种古典形态的人文精神，是人与自然万物的共生共存。"② 因此，既不是人类中心主义，也不是生态中心主义，而是生态整体主义——自然主义与人文主义的统一，才能够全面准确把握《周易》美学的精神实质。《周易·乾·文言》说："夫'大人'者，与天地合其德，与日月合其明，与四时合其序，与鬼神合其吉凶，先天而天勿违，后天而奉天时。"这段话阐明的正是这种生态整体主义，即：人与天地万物应该奉为一体，顺应自然的四时变化，不违背自然规律。人只有在天地万物之中顺应自然才能够很好地繁衍诞育，生长生存。这跟我们今天讲的"人是自然界的一部分，自然界是人的生命的组成部分，保护自然环境就是保护人类自身"，在根本观念上是一致的。

三

那么，如何从生态美学的角度来解读《周易》？在《试论〈周易〉的'生生为易'之生态审美智慧》中，曾繁仁先生从两个层面对《周易》的生态美学思想进行了解读。首先，曾先生论述了作为《周易》核心内容的"生生为易"的生态智慧，也就是《周易》与生态学的关系；其次论述了由这一生态智慧所引发出了的生态审美智慧，也就是《周易》与生态美学的关系。

对于《周易》的生态智慧，曾繁仁先生谈到了几方面的问题：1."生生为易"之古代生态存在论哲思；2."乾坤""阴阳"与"太极"是万物生命

① 曾繁仁：《生态存在论美学论稿》，吉林人民出版社 2009 年版，第 187 页。
② 曾繁仁：《生态存在论美学论稿》，吉林人民出版社 2009 年版，第 187 页。

之源的理论观念；3. 万物生命产生于乾坤、阴阳与天地之相交的理念；4. 宇宙万物是一个有生命环链的理论；5.“坤厚载物”之古代大地伦理学。曾先生认为，《周易》至少表达了这样的生态智慧与观念：人与自然万物是一体的，均来源于太极，均产生于阴阳之相交，并由此构建了一个天人、乾坤、阴阳、刚柔、仁义循环往复的宇宙环链。《周易》还特别对大地母亲的伟大贡献与高尚道德进行了热烈而高度的歌颂，首先歌颂了大地养育万物的巨大贡献，所谓“万物资生”；其次歌颂了大地安于“天”之辅位、恪尽妻道臣道的高贵品德，所谓“乃顺承天”；再次歌颂了大地自敛含蓄的修养，所谓“含弘广大，品物咸亨”；最后歌颂了大地无私奉献的高贵品德，所谓“地势坤，君子以厚德载物”。所有这一切，都证明《周易》这部元典的确包含着非常丰富的生态智慧，完全可以从生态学的角度加以解读。

与此同时，《周易》的生态智慧又是一种美学的哲思，是一种生态美学智慧，因而又可以从生态美学的角度进一步的解读。在曾先生看来，《周易》的生态美学内涵包括以下几个方面。

第一，描述了艺术与审美作为中国古代先民的生存方式之一。《周易·系辞》说：“圣人立象以尽意，设卦以尽情伪，系辞焉以尽言，变而通之以尽利，鼓之舞之以尽神。”这段话描述了中国古代先民立象、设卦、系辞、变通以及鼓、舞、神等占卜活动的全过程，这一过程包含了艺术和审美活动，或者说，艺术和审美活动渗透在整个占卜过程之中，占卜活动由此也变成了一种审美活动。这种包含审美活动或具有审美活动性质的占卜活动是古代先民寻求美好生活的一种基本方式，是生态美学整体论思想的体现。

第二，表述了中国古典的“保合大和”“阴柔之美”的基本美学形态。《周易·乾·彖》：“保合大和，乃利贞。”曾先生认为，所谓“大和”，是一种乾坤、阴阳、仁义各得其位的“天人之和”、“致中和”的状态。[1] 这不仅是中国古代最基本的美学形态，而且可以说是中国古代最高的审美追求。中国古代的阳刚之美和阴柔之美，都无疑是从这种最基本的美学形态和最高的审美理想中具体生发出来的。所谓大和，其实就是阴阳、乾坤、天地的和谐统一。这种和谐统一，又因为阴阳两仪的各自变化，分化为阳刚之美和阴柔

① 曾繁仁：《生态存在论美学论稿》，吉林人民出版社 2009 年版，第 190 页。

之美。在《周易》中，阳刚之美的集中体现就是“乾”，而阴柔之美的集中体现就是“坤”。相比较来说，《周易》虽也强调阳刚之美，但似乎对阴柔之美更加注重。

第三，阐述了中国古代特有的“立象以尽意”的“诗性思维”。《周易·系辞下》云：“是故《易》者，象也。象也者，像也。”曾先生解释说：《易》的根本是卦象，而卦象也就是呈现出的图像，借以寄寓“易”之理。如“观”卦为坤下巽上，坤为地为顺，巽为风为入，表现风在地上对万物吹拂，即吹去尘埃使之干净可观，又在吹拂中遍观万物使之无一物可隐。其卦象为两阳爻高高在上被下面的四阴爻所仰视。《周易》“观”卦就以这样的卦象来寄寓深邃敏锐观察之易理。曾先生指出：“《周易》所有的卦象都是以天地之文而喻人之文，也就是以自然之象而喻人文之象。这与中国古代文艺创作中的比兴手法是相通的。”① 因此说，《周易》阐述了中国古代特有的“立象以尽意”的“诗性思维”。这种“诗性思维”也是一种生态整体论思维。

第四，歌颂了“泰”“大壮”等生命健康之美。曾繁仁先生认为，《周易》代表的中国古代以生命为基本内涵的生态审美观还歌颂了生命健康之美。如《周易》“泰”卦为乾下而坤上，乾阳在下而上升，坤阴在上而下行，表示阴阳交合，天地万物畅达、顺遂，生命旺盛。再如“大壮”卦，乾下震上，乾为刚，震为动，所以《周易·大壮·象》说：“大壮，大者壮也。刚以动，故壮。”这些都是对宇宙万物具有的生态健康阳刚之美的歌颂。

第五，阐释了中国古代先民素朴的对于美好生存与家园的期许与追求。《周易·乾·文言》曰：“‘元’者善之长也，‘亨’者嘉之会也，‘利’者义之合也，‘贞’者事之干也。”曾先生认为，善、嘉、和与干都是对于事情的成功与人的美好生存的表述，是一种人与自然、社会和谐相处的生态审美状态的诉求。

应该说，上述曾繁仁先生对《周易》生态美学内涵的揭示是非常独到的、确切的。这证明，从生态美学的角度来解读《周易》，的确可以发现许多我们过去所难以发现的新内涵。这也再次说明，从生态美学的角度来解读

① 曾繁仁：《生态存在论美学论稿》，吉林人民出版社 2009 年版，第 191 页。

《周易》是可行的。当然，我们也并不是说，上述曾先生所谈的《周易》生态美学的诸多内涵，已经涵盖了《周易》生态美学的所有内涵，已经没有作进一步的挖掘和探讨的必要了。

实际上，《周易》的生态美学思想是非常丰富的。曾繁仁先生坦言："《周易》的'生生为易'作为一种古代生态智慧本身就是一种'诗性的思维'，包含着丰富的美学内涵。"① 而上面说的五个方面的内涵仅是《周易》生态美学内涵的一部分。曾先生说《周易》表现出的思维方式是一种"诗性思维"，是跟西方古典美学（尤其是黑格尔的美学）表现出的逻辑思辨美学相对的；曾先生说这是一种生态存在论美学，是跟西方以主客二分为主要运思方式的认识论美学相对的。"诗性思维"也好，"生态存在论"也罢，其实都是为了彰显中国古代美学特有的理论形态和精神实质，都是为了揭示《周易》美学中蕴含的生态整体论的独特内涵。我们说这样的解读是深刻的，却也只是对《周易》生态美学思想部分内涵的解读。而要全面解读《周易》的生态美学思想，显然还有很多工作要做。例如从阴阳两仪的角度来解读《周易》的生态美学思想，就是一个饶有兴趣的话题。阴阳构成太极，并生八卦，它是《周易》中最关键的因素。《周易·系辞下》中说："是故易有太极，是生两仪。两仪生四象，四象生八卦。八卦定吉凶，吉凶生大业。"阴阳是由太极到八卦的中介，其重要作用不言自明。同时，我们说，阴阳两仪还是打开《周易》美学奥秘的一把钥匙。对于《周易》的美学研究，我们可以有各种不同的角度，例如文艺美学的角度，生命美学的角度，生态美学的角度。但所有这些不同的角度，却都应该首先面对《周易》美学的整体论思想，都应该首先面对阴阳两仪在构成《周易》整体论思想中发挥的重大作用这一基本事实。只有由此出发，我们才可以进一步谈论对《周易》美学的各种具体解读。而上面谈到的《周易》生态美学的诸多内涵，也都无一不可以从阴阳两仪的角度去解说。

上面我们谈了对《周易》的三种美学解读和阐释，包括文艺美学、生命美学和生态美学。这三种阐释角度不同，出发点不同，着重点不同，阐述的问题不同，因此可以发掘《周易》美学思想的不同层面。相比较而言，生

---

① 曾繁仁：《生态存在论美学论稿》，吉林人民出版社 2009 年版，第 189 页。

态美学的角度也许更能贴近《周易》美学的精神实质和理论全貌。更进一步说，生态美学其实也就包含着文艺美学和生命美学。或者说，文艺美学的解读、生命美学的解读，也都可以上升到生态美学的层面。

（原载于《中南民族大学学报》（人文社会科学版）2010 年第 6 期）

生态存在论美学视野中的自然之美

曾繁仁

自然美问题是美学的难点与热点。李泽厚在《美学四讲》中指出，“就美学的本质说，自然美是美学的难题”[①]。叶朗在《美在意象》中说：“自然美问题，在美学史上是一个引人关注的问题”[②]。也有人更为形象地将自然美说成美学的“斯芬克斯之谜”。最近有的学者认为：“生态美学虽然这几年相对来说比较热闹，但是，它的哲学基础和核心命题都还是空缺”[③]。这个问题提得很好也很尖锐。其实所谓“核心命题”主要就是“自然之美”问题。本文从生态存在论美学的立场出发，尝试阐述有关自然之美的问题，以求教于大家。

一

自然之美不是实体之美，而是生态系统中的关系之美。它不是主客二分的客观的典型之美，也不是主观的精神之美。事实告诉我们，自然界根本不存在孤立抽象的实体的客观自然美与主观自然美。西文中的“自然”一词有“独立于人之外的自然界”之意，与中国古代“道法自然”中的“自然”内涵不同，主要指物质世界而非一种状态。早在古希腊，亚里士多德在《物理学》中讨论了自然。他说：“只要具有这种本源的事物（即因自身而存在）

---

① 李泽厚：《美学四讲》，三联书店 1998 年版，第 73 页。

② 叶朗：《美在意象》，北京大学出版社 2009 年版，第 178 页。

③ 徐碧辉：《从实践美学看生态美学》，《哲学研究》2005 年第 9 页。

就具有自然。一切这样的事物都是实体”[①]。可见，西方历来将自然看作相异于人、独立于人之外甚至是与人对立的物质世界，这就必然推导出自然之美就是这种独立于人之外的物质世界之美。但这种美在现实中实际上是不存在的。从生态存在论的视角看，人与自然是此在与世界的关系，两者结为一体，须臾难离。而且，人与自然是特定时间与空间中此时此刻的关系，不是相互对立的。正如美国生态哲学家伯林特所说，“自然之外并无一物”，人与自然的“关系仍然只是共存而已”[②]。恩格斯也对那种将人与自然割裂开来的观点进行了严厉的批判。他说：“而那种把精神和物质、人类和自然、灵魂和肉体对立起来的荒谬的、反自然的观点，也就愈不可能存在了”[③]。因此，在现实中只存在人与自然紧密相连的自然系统，也只存在人与自然世界融为一体的生态系统之美。在这里，“生态”有家园、生命与环链之意，所以生态系统之美就有家园与生命之美的内涵。

至于是否有实体性的“自然美”，则是一个在国际上普遍被争论的问题。那么，在自然之美中，对象与主体到底是怎样的关系呢？从生态系统来看，它们各自有其作用。“荒野哲学”的提出者罗尔斯顿认为，在自然生态审美中，自然对象的审美素质与主体的审美能力共同发挥作用。从生态存在论哲学的角度看，自然对象与主体构成共存并紧密联系的机缘性关系。人在世界之中生存，如果自然对象对于主体是一种“称手”的关系，获得肯定性的情感评价，人就会处于一种自由的栖息状态，那人与自然对象就是一种审美的关系。卡尔松认为：“美学作为感性学，它的最重要的特点就是必须指涉具体对象，审美活动必须在具体的活生生的感性形象中进行。生态学强调的有机整体无法成为审美对象，因为整体不是对具象的凸显，而是湮没；生态学强调的关系无法成为审美对象”[④]。这个问题是具有普遍性的。因为在传统的认识论美学中，从主客二分的视角来看，审美主体面对的确实是单个的审美客体；但从生态存在论美学的视角看，审美的境域则是此在与世界的关系，审美主体作为此在，所面对的是在世界之中的对象。此在以及世界之中

① 苗力田主编：《亚里士多德全集》第2卷，中国人民大学出版社1991年版，第31页。
② ［美］阿诺德·伯林特：《环境美学》，周雨、张敏译，湖南科技出版社2006年版，第9页。
③ 《马克思恩格斯选集》第3卷，人民出版社1972年版，第518页。
④ ［加］艾伦·卡尔松：《环境美学》，杨平译，四川人民出版社2001年版，第17页。

的对象，与世界之间是一种须臾难离的机缘性关系，因而形成一种关系性的美，而非一种实体的美。海德格尔对这种情形进行了深刻的阐述，他认为这种"在之中"有两种模式，一种是认识论模式的"一个在一个之中"，另一种是存在论意义上的"在之中"，是一种依寓与逗留。他说："'在之中'不意味着现成的东西在空间上'一个在一个之中'；就源始的意义而论，'之中'也根本不意味着上述方式的空间关系。'之中'（in）源自 innan-，居住，habitare，逗留。'An'（于）意味着：我已住下，我熟悉、我习惯、我照料"①。这说明，在生态美学视野的自然审美中，此在所面对的不是孤立的实体，而是处于机缘性与关系性中的审美对象。正如阿多诺所说，"若想把自然美确定为一个恒定的概念，其结果将是相当荒谬可笑的"②。

二

自然之美有别于认识论的"自然的人化"之美，也有别于生态中心论的"自然全美"，而是生态存在论的"诗意栖居"与"家园之美"。众所周知，李泽厚曾提出"自然的人化"。他说："我当年提出了'美的客观性与社会性相统一'亦即'自然的人化'说。"③ 但这种说法是站不住脚的，原因如下：第一，"自然的人化"并不都是美的。太湖周围"人化"的结果是严重污染，造成生态灾难。整个华北地区无节制地开发地下水，造成地下水已近枯竭。这样的"人化"难道也是一种美吗？第二，这一理论误读了马克思的哲学观与美学观。马克思并不是在美学的意义上讲"自然的人化"以及劳动创造美的。他在《1844 年经济学哲学手稿》中，在谈到对象与人的感官的互相创造关系时说道："一句话，人的感觉、感觉的人性，都只是由于它的对象的存在，由于人化的自然界，才产生出来的"④。显然，这里说的是人的感觉是社会的，是在具有社会性的对象的创造中形成的，并不是在讲自然美。至于劳动创造美，则是在"异化劳动"部分批判资本主义劳动对于人的

① ［德］海德格尔：《存在与时间》，陈嘉映、王庆节译，三联书店 1987 年版，第 67 页。
② ［德］西奥多·阿多诺：《美学原理》，王柯平译，四川人民出版社 1998 年版，第 125 页。
③ 李泽厚：《美学四讲》，三联书店 1998 年版，第 74 页。
④ 《马克思恩格斯全集》第 42 卷，人民出版社 1979 年版，第 126 页。

压迫时讲到“劳动创造了美，但是使工人变成畸形”[①]。在这里如果仅仅引用以上这些话，给人的感觉是，马克思是力主人在自然美创造中的主导作用的，是一种人类中心主义。但恰恰相反，他在论述共产主义时讲到了“彻底的自然主义与彻底的人道主义的统一”。他说：“这种共产主义，作为完成了的自然主义，等于人道主义，而作为完成了的人道主义，等于自然主义，它是人和自然之间、人和人之间矛盾的真正解决，是存在和本质、对象化和自我确证、自由和必然、个体和类之间斗争的真正解决”[②]。他还在“异化劳动”的部分说道：“而人却懂得按照任何一个种的尺度来进行生产，并且懂得怎样处处都把内在的尺度运用到对象上去；因此，人也按照美的规律来建造”[③]。以上论述包含着鲜明的生态维度。马克思还曾对“自然的人化”进行尖锐的批判，以化学工业对河流的污染为例，指出河水的污染剥夺了鱼的“本质”，使河水成为“不适合鱼生存的环境”。他对过度的“人化”发出警告：“每当工业前进一步，就有一块新的地盘从这个领域划出去……”[④]。李泽厚还以狩猎时代没有对植物的欣赏为例，证明生产实践是审美的唯一决定因素以及“自然的人化”的合理性。这也不完全符合实际。生产方式是审美意识的终极根源，但不是唯一根源。甚至连普列汉诺夫也说，在狩猎时代，“这种生活方式使得从动物界吸取的题材占据着统治的地位”[⑤]，而没有说“唯一的地位”。恩格斯曾经针对当时的经济决定论说道：“根据唯物史观，历史过程中决定性因素归根结底是现实生活的生产和再生产。无论马克思或我都从来没有肯定过比这更多的东西。如果有人在这里加以歪曲，说经济因素是唯一的决定性的因素，那么他就是把这个命题变成毫无内容的、抽象的、荒诞无稽的空话”[⑥]。这说明，以生产决定论来证明“自然的人化”是没有充分理由的。

第三，这一理论依据的康德的“合规律性与合目的性相统一”，以形式符合人的需要为标准，是人类中心主义的。李泽厚认为，“合规律性与合目

① 《马克思恩格斯全集》第 42 卷，人民出版社 1979 年版，第 93 页。
② 《马克思恩格斯全集》第 42 卷，人民出版社 1979 年版，第 120 页。
③ 《马克思恩格斯全集》第 42 卷，人民出版社 1979 年版，第 97 页。
④ 《马克思恩格斯全集》第 42 卷，人民出版社 1979 年版，第 369 页。
⑤ 《普列汉诺夫读本》，王荫庭编，中央编译出版社 2008 年版，第 247 页。
⑥ 《马克思恩格斯选集》第 4 卷，人民出版社 1972 年版，第 477 页。

的性相统一，这个‘通向美的问题’和直觉”，在社会美之中更多是规律性服从目的性，而在自然美中则更多是目的性从属于规律性。[①] 众所周知，从欧洲启蒙主义开始，主体性与人类中心主义就占据了主导地位，康德哲学与美学力主“人为自然立法”，认为审美形式符合主体的目的，最后导致“美是道德的象征”。他的“自然向人的生成”等观点都是人类中心主义的。“自然的人化”理论凭借康德哲学与美学理论，强调合目的性与合规律性相统一，其主体性与人类中心主义的哲学根基是明显的，必然导致主体的目的性压倒自然的规律性。特别需要指出的是，李泽厚将康德的观点附加到马克思身上，提出以“康德—席勒—马克思”的新公式代替“康德—黑格尔—马克思”旧公式的所谓理论创新。[②] 但这样的新公式不仅违背了马克思本人一再强调的与黑格尔哲学的直接继承关系，而且忽略了马克思唯物主义实践论与康德的本质区别。

自然之美有别于生态中心论的“自然全美”。卡尔松认为，“全部自然界是美的。按照这种观点，自然环境在不被人类所触及的范围内具有重要的肯定美学特征”[③]。这种“肯定美学”完全从自然的角度出发而不考虑人的需要。按照这一理论，罂粟花是美的，地震是美的，海啸也是美的。这违背了生态整体论的共存、共生与“稳定、和谐与美丽”的原则，不利于人类的生存与生态共同体的平衡。

自然之美应该是生态存在论的“诗意栖居”的“家园之美”，即海德格尔后期论述的人在“天地神人四方游戏”中获得的犹如在家的栖居。俞吾金最近在《形而上学发展史上的三次翻转》一文中认为，海氏后期的从“人类中心”到“生态整体”的“翻转”是哲学界研究形而上学发展史尤其是海氏形而上学观念发展史得出的“新结论”[④]。在这里，我们明确地将“诗意栖居”的“家园之美”作为生态美学的基本范畴提了出来，以区别于传统美学有关自然美是对现实的反映与认识之美的观点。这种范畴的提出是一种革

① 李泽厚：《美学四讲》，三联书店 1998 年版，第 81—83 页。
② 李泽厚：《批判哲学的批判》，三联书店 2007 年版，第 435 页。
③ [加] 艾伦·卡尔松：《环境美学》，杨平译，四川人民出版社 2001 年版，第 109 页。
④ 俞吾金：《形而上学发展史上的三次翻转——海德格尔形而上学之思的启迪》，《中国社会科学》2009 年第 6 期。

命，它不仅超越了传统的认识之美与形式之美，而且超越了传统的凭借科技的理性栖居之美。

海德格尔曾经在《荷尔德林的大地和天空》中讲道，“对于这个诗人世界，我们依据文学和美学的范畴是决不能掌握的”①。这就告诉我们，生态存在论美学运用生态现象学的“运思经验”，是一种超越了传统形式论美学的崭新的美学形态。在这里，生态现象学的“运思经验”是十分重要的，它使生态存在论美学与传统认识论美学和形式论美学划清了界限。它超越了工业革命时代主体性的理性栖居，即所谓“自然的人化”。后者是一种凭借人的意志与工具对自然的开发，可能导致人类家园的破坏，是一种非美的生活。“诗意栖居”也有别于纯自然的栖居，即所谓“自然全美”，那实际上是一种膜拜自然的前现代状态，也是对工业革命的否弃。我们现在难道能够须臾离开科技与现代生活方式吗？“诗意栖居”与“家园之美”保留了理性栖居现代生活的长处，而否定其破坏自然的缺陷。它是生态文明时代新的生活方式。当然这种生活方式需要重建，需要刷新目前的理念与许多做法。它有十分丰富的“生存”内涵：恰恰是人与自然共生中的“美好生存”将生态观、人文观与审美观统一了起来。“生存”成为理解生态美学视野中自然之美的关键。如果用简洁的语言表述生态美学视野中的自然之美，可以是“在家”，即对“天地神人四方游戏”的生态系统的保护。所谓“在家”就是人诗意的栖居、美好的生存，这正是生态存在论美学的主旨所在。审美与生存的必然联系，是生态存在论美学的要旨。海德格尔指出“此在总是从它的生存来领会自身”，又说，“此在的‘本质’在于它的生存”②。是的，只有作为有生命同时又有理性的此在——人——才有历史，有畏与烦，有痛苦与幸福，有生与死，也才有生存。所有的真善美，都紧密联系着人的生存状态，与人的生命与生存息息相关。海德格尔在谈到壶时认为，壶的物性不在作为陶瓷“器皿”，也不在它的“虚空”，而在它的“赠品”（酒或水），因为这赠品与此在紧密相连。他说，“倾注之赠品乃是终有一死的人的饮料。它解人之渴，提神解乏，活跃交游”③。他还说：“在这里，‘家园’意指这样一个空间，它赋

① ［德］海德格尔：《存在与时间》，陈嘉映、王庆节译，三联书店 1987 年版，第 52 页。
② ［德］海德格尔：《荷尔德林诗的阐释》，孙周兴译，商务印书馆 2000 年版，第 186 页。
③ 《海德格尔选集》（下），孙周兴选编，上海三联书店 1996 年版，第 1173 页。

予人一个处所，人惟有在其中才能有‘在家’之感，因而才能在其命运的本己要素中存在”①。

当然，这种生态存在论美学视野中的家园之美在审美过程中不是完全客观存在的，需要审美主体通过语言去创建。海氏说道，“诗乃是存在的词语性创建”②。他以荷尔德林《返乡——致亲人》为例具体展示了这种创建。该诗描写1801年春作为家庭教师的荷尔德林从图尔高镇经由博登湖回到故乡施瓦本的情形。诗中写道：“回故乡，回到我熟悉的鲜花盛开的道路上……群山之间有一个地方友好地把我吸引。”诗中，故乡的山林、波浪、山谷、小路、鸟儿与花朵都与诗人紧密相连，以空前的热情欢迎诗人返乡。诗人以深情的笔触勾画了一幅无比美好的家园图景：“在宽阔湖面上，风帆下涌起喜悦的波浪 / 此刻城市在黎明中绽放鲜艳，渐趋明朗 / 从苍茫的阿尔卑斯山安然驶来，船已在港湾停泊 / 岸上暖意融融，空旷山谷为条条小路所照亮 / 多么亲切，多么美丽，一片嫩绿，向我闪烁不停 / 园林相接，园中蓓蕾初放 / 鸟儿的婉转歌唱把流浪者邀请 / 一切都显得亲切熟悉，连那匆忙而过的问候 / 也仿佛友人的问候，每一张面孔都显露亲近”③。这一宗宗自然物仿佛都是家人，每一张面孔都显露亲切，都是对流浪者的“邀请”。游子在这样的自然世界中就是一种“返乡”与“回家”，但最根本的是透过这一切返回到“本源近旁”。这就是生态存在论美学视野中的自然之美。

由此可见，自然之美是此在与对象生存论关系中“返乡”与“回家”之感，是对存在者的超越。这里的“返乡”与“回家”不是通常的存在者之美，而是作为存在者背后的不在场的存在的彰显。通常的存在者之美是一种外在的比例、对称与艳丽之美，不涉及存在，还常常会走向反面。例如，罂粟花从外表来看是美的，但它作为毒品，直接危害人的生存，则是非美的。“返乡”与“回家”则深入作为此在的人的生存深处，是关乎人类终极命运并真正扣人心弦的一种美。所以，“返乡”“回家”与“诗意栖居”是人与自然的共生共存，是真正的自然之美；而无节制的“自然的人化”则是典型的人类中心主义，只会导致家园的破坏和失去。现在我们已经在很大程度上破

---

① ［德］海德格尔：《荷尔德林诗的阐释》，孙周兴译，商务印书馆2000年版，第15页。
② ［德］海德格尔：《荷尔德林诗的阐释》，孙周兴译，商务印书馆2000年版，第45页。
③ ［德］海德格尔：《荷尔德林诗的阐释》，孙周兴译，商务印书馆2000年版，第6—7页。

坏了赖以栖居的家园，已经到了必须在无节制的“自然的人化”面前保持足够警醒和适当停下脚步的时候了。而“自然全美”则是一种生态中心主义，必然导致妨碍人类必要生存的后果，也是一条走不通的路，是无法实现的乌托邦。

需要说明的是，我们并不是将“诗意栖居”和“家园之美”与“自然的人化”与“自然全美”相对立，而是从存在论与认识论、现象学与主客二分这两种不同的哲学观与思维方式层面厘清它们的区别，阐述生态存在论美学视野中自然之美作为“诗意栖居”与“家园之美”的合理性。

三

自然之美不是传统的凭借视听的静观之美，而是以人的所有感官介入的“结合美学”。自然审美面对的是活生生的自然世界，不是康德讲的无功利审美，而是在人面对自然世界时以全部感官介入的“结合之美”。伯林特称之为“参与美学”：“它将会重建美学理论，尤其适应环境美学的发展。人们将全部融合到自然世界中去，而不像从前那样仅仅在远处静观一件美的事物或场景”①。“参与”（engagement）有“婚约、约会”之义，我们认为译作“结合”为好，因为从词义上说，“婚约”具有“百年好合”之意，而自然审美本身对三维空间实际上是融入其间的。人面对的是活生生的自然，不仅有画面，而且有声音与气味。自然是动态的，是与人互动的。因此，自然之美就不是康德所说的静观之美、无功利之美，而是结合之美。试想秋天时分，我们到香山观赏红叶，那扑面而来清新的山林气息，鸟儿美妙的啼鸣，红叶的灿若烟火，使我们得到美好的享受。相反，沙尘暴中那漫天弥漫的黄沙给我们的感官以难以忍受的刺激。长期以来，我们受康德“判断先于快感”的美学理念影响很深，忽视了感官知觉在审美中的重要作用。这就使美学无法解释生态审美与生活审美，当然也无法解释正在蓬勃兴起的视觉艺术。因此，“结合美学”的提出实际上从一个侧面反映了美学的发展与解放。伴随

---

① ［美］阿诺德·伯林特：《环境美学》，周雨、张敏译，湖南科技出版社 2006 年版，第 12 页。

着“结合美学”的兴起，出现了自然审美中的“生态崇高”这一新的美学论题。这是美国当代生态批评家斯维洛克在《走出去思考——入世、出世及生态批评的职责》一书中借用的一个美学概念，其意为“需要特定的自然体验来达到这种愉快的敬畏与死亡恐怖的非凡结合”①。这是在实实在在的自然体验中出现的一种特殊的崇高之感，不同于康德非功利的、凭借理性战胜自然的古典形态的崇高，而是完全介入的、凭借生存与生命之力甚至会导致牺牲的崇高。例如大地震中为营救同胞而与天灾抗争导致的死亡，草原狼祸中抗击狼群而导致的牺牲等等。首先这都是全身心投入的抗争，无静观可言；其次不是抽象的理性力量的胜利，而是人的生存与生命之力的胜利。当然，这也不是什么自然的形式之美，而是超越自然的生存与生命之美。《圣经·旧约》记载了人类早期大洪水中义人诺亚一家在神的帮助下战胜洪水的故事。当时洪水浩大，在地上共一百五十天，天下的高山被淹没了，山岭被淹没了，凡在旱地上有气息的生灵都死了。诺亚在神的提示下建造了足以抵御洪水的方舟，将全家老小与每一种动物中的一公一母都带在方舟之上，洪水退后才保留了人类与动物。这就是早期人类抵御自然灾难的一种生态崇高，曲折地表现了人类强烈的生存欲望与能力。

自然之美不是依附于人的低级之美，而是体现人的回归自然本性的、与其他审美形态同格的重要审美形态。所以，自然生态之美不是黑格尔说的低于艺术美的、依附于人的“朦胧预感”的低级之美。它体现了人类来自自然、与自然须臾不离的本性。人类有没有自然本性也是一直争论的问题，长期以来我们强调的是人区别于动物的理性与社会性，而相对忽视了人与动物一致的自然本性。恩格斯在《自然辩证法》中恰恰强调了人与自然联系的本性。事实证明，自然本性作为人之本性也不是低级本性，与社会性一样是每个人都具有的本性。所以，自然之美也绝不是什么低级之美，而是反映了人的本性的重要审美形态。英国历史学家汤因比将地球称作“人类的大地母亲”。他说：“生物圈是指包裹着我们这个星球（事实上的确是个球体）表面的这层陆地、水和空气。它是目前人类和所有生物唯一的栖身之所，也是我

① [美] 斯洛维克：《走出去思考——入世、出世及生态批评的职责》，韦清琦译，北京大学出版社 2010 年版，第 172 页。

们所能预见的惟一栖身之地”①。“诗意栖居”与“家园之美”就是人类亲近大地与自然本性的表现。

四

生态存在论美学的自然之美与中国古代“天人相和”“天地之大德曰生”的“中和论”与“生命论”美学恰相契合。中国古代哲学以“天人合一”为基调，审美与艺术形态以抒情诗、山水诗画为代表。艺术中所表现的主要是对于自然的感发与生命的体悟。因此，从某种意义上讲，中国古代的哲学与美学就是一种生态的、生命的哲学与美学。以《周易》为代表的典籍所阐述的“中和之美”与“生生之美”，奠定了我国以“天人合一”为基础的美学的基本形态。《周易·乾卦》曰“保合太和，乃利贞”，说明宇宙万物各正其位和谐协调就能使万物得利。中国古代将宇宙看作人类生存之家，所谓“天圆地方”“天父地母”等等，并将天、地、人看作有机联系的环链，所谓“道大，天大，地大，人亦大。域中有四大，而人居其一焉”（《老子·第二十五章》)。这就将道、天、地、人有机相连，构筑了有利于人类生存的家园系统。在此基础上产生了“天人相和”的“中和论”。仅仅将它看作中庸之道是不全面的，它主要是一种天地各在其位、有利于万物生长的宏阔的东方“家园意识”。《礼记·中庸》曰：“喜怒哀乐之未发，谓之中；发而皆中节，谓之和。中也者，天下之大本也；和也者，天下之达道也。致中和，天地位焉，万物育焉。”《周易》还提出“元亨利贞”四德，其实就是中国古代之美，描述了天地各在其位，为人类与万物提供美好家园，使得风调雨顺，万物繁茂。

中国古代的“自然”是所谓“道法自然”“顺其自然”“自然而然”“无为无欲”“大化”等等。它是一种天地人各在其位的本然状态，进入这种本然状态才能创造一种有利于人与万物美好生存的境遇。这种本然状态也是一种万物复归本位的状态。《周易·复卦》云：“休复，吉。”在这里“复”为“返本”之意，即回归本位，包括天人关系中阴阳各在其位，社会生活中人

① ［英］汤因比：《人类与大地母亲》，徐波等译，上海人民出版社2001年版，第6页。

之还归、返乡，艺术创作与欣赏中走向素朴的“白贲”“本色”等等。所以，“自然”成为中国审美范畴中具有浓郁生态意味的特有范畴。

与此相关的是“生生”范畴。“生生”是“使动结构”，前一个“生”是动词，后一个“生”为名词，其意为“使万物生命蓬勃生长”。这是中国古代的特有的生命论哲学与美学。甲骨文“生”从“草”，从“一”。“一”即地也，象草木生出地上之形。《说文》曰：“生，进也，象草木生出土上。释义为活也，鲜也；为祈求生育之事等。”[①] 这种生命论体现于各个方面，如“气韵生动”“文以气为主”“浩然之气”等等。

“中和之美”与“生生之美”不同于西方近代叔本华与尼采以生命意志为主要内容的生命哲学。“中和”是天地阴阳和谐协调的状态，“生生”则反映生物生长繁茂的状态，是一种自然生态的哲学与美学。我国民间艺术特殊地反映了这种生命之美。年画中的儿童与动物集中表现了五谷丰登、人畜兴旺、瑞雪丰年、吉祥有余的景象。胖胖的儿童，大大的鲤鱼，肥肥的猪，高鸣的雄鸡等等，象征着吉祥、安康、富足的生活。《周易》还提出阳刚与阴柔两种宇宙运行状态与人生状态。这其实也就是审美的两种形态，前者阳刚之美可以与上述“生态崇高”相类似，而阴柔之美则是常态的“中和之美”。

总之，我们可以从“中和之美”与“生生之美”出发重写中国古代美学史。中国古典美学与西方认识论美学所谓“感性认识的完善”是不同的，它是一种以“中和”与“生生”为主要线索的生态的、生命的美学。这种美学的旨归是为人提供一个宏观的美好家园，人的“诗意栖居”之地。

“中和之美”是一种“家园之美”。它以整个天地为家，在这种天地、乾坤、阴阳相生相克之中，万物诞育，生命繁茂。这种古典形态的东方生态与生命美学必将在新世纪发出新的光辉。当今的时代已经从工业文明发展到生态文明，经济发展模式、生活方式与思想观念都发生了根本的变革，人类中心主义以及与此相关的“人定胜天”等等观念也随之发生变化，审美观念也应发生相应的变革。我们认为，从生态存在论美学的视角来看，根本不存在孤立抽象的实体性的“自然美”，也没有“人化自然”之美与“自然全美”，只有生态系统中的人的生存之美，“诗意栖居”的“家园之美”。

---

① 转引自徐中舒主编《甲骨文字典》（上），四川辞书出版社 2003 年版，第 687—688 页。

最后，我想以汤因比的一段话作结：人类将会杀害大地母亲，抑或将使她得到拯救？如果滥用日益增长的技术力量，人类将置大地母亲于死地；如果克服了那导致自我毁灭的放肆的贪欲，人类则能够使她重返青春，而人类的贪欲正在使伟大母亲的生命之根——包括人类在内的一切生命造物付出代价。何去何从，这就是今天人类所面临的斯芬克斯之谜①。地球是人类唯一的家园，保护好这个家园成为我们思考自然之美的基本立场。

（原载《文艺研究》2011 年第 6 期）

① ［英］汤因比：《人类与大地母亲》，徐波等译，上海人民出版社 2001 年版，第 524 页。

对德国古典美学与中国当代美学建设的反思

——由"人化自然"的实践美学到"天地境界"的生态美学

曾繁仁

反思是学术发展的动力。当我们对我国五十多年美学发展进行反思时，就会发现在我国当代美学的发展中，德国古典美学的影响是一个十分重要的因素。它几乎渗透到我国当代美学发展的每一个角落，融进我们每个美学工作者的心田。

我们曾经对德国古典美学如此地痴迷，将其看作解读一切美学现象与艺术现象的宝典。但正如德国古典哲学和古典美学告诉我们的，世界上的万事万物都是历史的，都是过程，没有永世不变的学术理论，也没有能够永远解读一切的宝典，新陈代谢是事物辩证发展的普遍规律。德国古典美学及其影响下产生的中国当代实践论美学思想同样处在这种新陈代谢的辩证发展的历史长河之中。

一

从20世纪50年代中期开始到80年代中期结束的两次美学大讨论是我国当代美学发展中最重要的事件。同时也使美学这个本来相对冷僻并还不成熟的学科一度在我国成为显学，这两次美学讨论也成为我国当代美学工作者无法抹去的记忆。这两次美学讨论参加者之广、发表的观点之多，都是空前的，但给我们印象深刻的是所谓四大派美学观点，而其中又以实践论美学独树一帜。实践论美学因其既坚持马克思主义，又具理论阐释力而脱颖而出，成为中国当代美学的代表性理论成果。但我们通过认真地研究发现，实践论美学所师承的并不是马克思主义哲学和美学，而是德国古典美学，特别是康德美学。实践论美学的倡导者在论述其美学的哲学基础“人类学本体论哲学”或“主体性实践哲学”时说道，“这两个名称是我在《批判哲学的批判》一书（1979—1984年）中提出的”，“所以，它不是谈某种经验的心理学，而是源自康德以来的人的哲学”，“人类学本体论的哲学基本命题即是人的命运”[①]，“于是，‘人类如何可能’便成为第一课题。‘批判哲学的批判’就是通过对康德哲学的评述来提出和初步论证这个课题的”[②]。而且，实践论美学所一再坚持的“认识论”也早已被马克思在1845年《关于费尔巴哈的提纲》中当作“只是从客体的或者直观的形式去理解”的旧唯物主义加以超越。实践论美学倡导者所坚持的认识论哲学立场显然仍然是康德哲学的。其实，坚持康德哲学立场本也无妨，而且《批判哲学的批判》在我国当代哲学与美学发展中是起过重要作用的论著。但实践论美学的真正师承作为学术问题还是应该搞清楚的。

我们说实践论美学是对德国古典美学，特别是康德美学的师承的一个重要根据已如上述，首先是在哲学立场上师承了康德哲学与美学的认识论哲学立场。众所周知，康德哲学与美学是对传统理性主义认识能力的探索，当然也包含了对传统理性主义独断论的怀疑。但他最后并没有突破这种理性主义独断论而只是在其上预设了一个主观先验的“先验原则”。以这个“先验原则”来实现真善美与知情意的统一，最后实现对世界的认识。实践论美学倡导者在其初期所持守的哲学立场还是很明晰的，就是坚持美的客观性与社会性。诚如论者所言，“美学科学的哲学基本问题是认识论问题”[③]。1979年之后，实践论美学倡导者认为，他在《批判哲学的批判》中“认为认识如何可能、道德如何可能，审美如何可能，都来源和属于人类如何可能”[④]。接着，他又论述了人类如何由使用生产工具的社会存在的工具本体，形成超生物族类的心理本体，认识、意志与审美都包含其中。以所谓“工具本体”置换了康德的“先验本体”，其他一切如常，说明其总体上仍在康德哲学与美学的框架之内。康德哲学与美学包含着理性主义与人道主义两种理论倾向，

---

① 李泽厚：《美学四讲》，三联书店2004年版，第33页。
② 李泽厚：《美学四讲》，三联书店2004年版，第36页。
③ 李泽厚：《美学论集》，上海文艺出版社1980年版，第2页。
④ 李泽厚：《美学四讲》，三联书店2004年版，第36页。

但其人道主义并未突破理性主义而是在理性主义的框架之内。所以康德哲学与美学仍然属于传统的理性主义认识论。这也就是实践论美学到后期试图跳出传统认识论，而始终未能跳出的原因所在。

实践论美学与德国古典美学，特别是康德美学的师承关系的另一个重要根据就是“自然的人化”这一著名的、同时也是极为重要的命题。“自然的人化”是实践论美学的核心命题，缺少了这一命题实践论美学就不复存在。那么，什么是“自然的人化”呢？实践论美学的倡导者指出，“‘自然的人化’可分狭义和广义两种含义。通过劳动、技术去改造自然事物，这是狭义的自然人化。我所说的自然的人化，一般都是从广义上说的，广义的‘自然的人化’是一个哲学概念。天空、大海、沙漠、荒山野林，没有经过人去改造但也是‘自然的人化’。因为‘自然的人化’指的是人类征服自然的历史尺度，指的是整个社会发展到一定的阶段，人和自然的关系发生了根本改变”①。这里已经非常清楚地告诉我们所谓“自然的人化”就是指“人类征服自然的历史尺度，整个社会发展到一定阶段”，这个所谓“尺度”与“一定的阶段”就是指工业文明，指人凭借科技与工业的手段对自然的无所不在的征服与蹂躏。这与马克思批判资本主义对人与自然双重剥削的理论是不一致的，倒的确是来自于康德哲学。康德在他的著名的三大批判中明确提出了“人为自然立法”的所谓“哥白尼式革命”的重要结论。他说，“范畴是这样的概念，它们先天地把法则加诸现象和作为现象全体的自然界之上”，“自然界的最高法则必然在我们心中，即在我们的理智中”②。同时，他又提出了“人是终结目的”的结论。他说，“没有人，全部的创造将只是一片荒蛮，毫无用处，没有终结的目的”③。而且，康德美学也是一部以“美”“崇高”与“艺术”作为桥梁实现由自然到人逐步生成，最后使人成为“道德的象征”的过程，亦即通过审美实现“自然的人化”的过程。由此可见，实践论美学的核心原则“自然的人化”无疑也是师承康德的。

至于实践论美学的另一个重要美学原则“合规律与合目的统一”与德国古典美学，特别是康德美学的师承关系，那更是十分明朗的。诚如其倡导

① 李泽厚：《美学四讲》，三联书店 2004 年版，第 75 页。
② 转引自赵敦华《西方哲学简史》，北京大学出版社 2001 年版，第 273 页。
③ 转引自赵敦华《西方哲学简史》，北京大学出版社 2001 年版，第 284 页。

者所言："如果用古典哲学的抽象语言来讲，我认为美是真与善的统一，也就是合规律性和合目的性的统一"①。康德美学以"审美判断"作为桥梁实现真与善、知与意的统一已是众所周知的美学常识。

综上所述可知，作为我国当代美学标志性成果的实践论美学实际上是直接渊源于德国古典美学，特别是康德美学。由此可见德国古典美学对我国当代美学影响之深。

二

为什么德国古典美学会对我国当代美学产生这么大的影响呢？这首先是由德国古典美学自身的水平及魅力所决定的。哲学是时代精神的精华，德国古典美学是西方古典和谐论美学的高峰，凝聚并闪耀着西方几千年古典文化艺术与美学思想的精髓与智慧之光。它上承古代希腊罗马的和谐论美学的传统，并以其特有的哲学与美学智慧综合了欧洲理性派美学与英国经验派美学的积极成分，成为整个西方古代和谐论美学的总结。而康德作为德国古典哲学与美学的开山鼻祖，又以其特有的综合性与"无目的的合目的性的""二律背反"，吸纳并包容了最丰富的西方美学智慧。所以黑格尔认为，康德找到了"关于美的第一个合理的字眼"②。对于整个德国古典美学，蒋孔阳的评价是："从德国古典美学所包含的内容来看，它是对古希腊以来西方美学的批判性总汇：从西方美学的发展脉络来看，德国古典美学是西方美学发展史上继古希腊美学和启蒙主义以后的又一个发展高峰，而且是西方近代美学的一个无法超越的高峰；从德国古典美学的影响来看，它又是十九世纪末至二十世纪形形色色美学思想和潮流的直接或间接的来源"③。由此可见，德国古典美学的影响从中国现代美学初创的王国维、蔡元培、一直延续到当代的实践论美学就是顺理成章的事情了。

另外一个非常重要的原因就是中国从辛亥革命以来直至当代的社会文化发展需要德国古典美学。中国作为后发展国家，其现代化进程大约比西方

① 李泽厚：《美学四讲》，三联书店 2004 年版，第 56 页。
② 转引自鲍桑葵《美学史》，张今译，商务印书馆 1985 年版，第 344 页。
③ 蒋孔阳、朱立元：《西方美学通史》第 4 卷，上海文艺出版社 1999 年版，第 3 页。

发达国家要晚一个世纪，因此中西之间在哲学文化上有一个时间差。1831年黑格尔逝世标志着德国古典哲学与美学的终结，西方哲学与美学领域开始超越以德国古典哲学与美学为代表的启蒙主义“认识本体论”哲学与美学，走向“人生—存在论”哲学与美学。但此时，德国古典哲学与美学却在中国19世纪末至20世纪前期的现代化进程中找到适宜自己的土壤。德国古典美学洋溢着启蒙精神，充满着人的自由解放的宝贵内涵。它所主张的“美在自由”“人是终结目的”“美是无限自由的理想”“美是真与善的桥梁”“美的特殊情感领域”等观念成为中国现代与当代美学建设的重要理论依据，发展演化出在中国现代与当代风靡一时的“心育论”“情育论”“主体论”与“实践论”美学思想。因为中国辛亥革命以来直至20世纪80年代的主要任务就是大踏步地走向现代化，就是启蒙，就是人的主体性的觉醒与发扬。启蒙主义的德国古典哲学与美学就这样必然地成为中国现代与当代思想文化与美学建设的重要思想理论资源，实践论美学就是德国古典美学，特别是康德美学在中国当代土壤上开出的一朵美学之花。

还有一个非常重要的原因就是我国当代作为一个以马克思主义为指导的国家，马克思主义经典作家对古希腊与德国古典哲学、美学给予了较多的肯定，而且德国古典哲学又是马克思主义的三个来源之一。因此，德国古典哲学与美学的研究必然成为我国当代哲学与美学领域的重点与热点。同时，又由于新中国成立后我国面临的“两大阵营”冷战的国际背景，我国所必然选择的“一边倒”的外交路线，以及国内长期坚持的“以阶级斗争为纲”的方针，给包括第一次美学大讨论在内的美学研究打上了浓浓的政治色彩。以致将美学研究与讨论归约为客观与主观两种观念的“斗争”，进而又归约为唯物与唯心两条哲学路线的“斗争”，最后归约为无产阶级与资产阶级两个阶级的斗争。这与文学领域强调的现实主义与反现实主义的“斗争”是完全一致的。将极为丰富复杂的美学研究简单化地归结为空泛的“唯物与唯心”两条哲学路线斗争，最后成为政治路线斗争，这就在很大程度上制约了美学研究所需要的自由思想的空间。对当代美学研究，特别是第一次美学大讨论作如是观可能有些严峻，但我们翻捡这次讨论的缘起及其发展又不得不承认这是事实。实践论美学在这次讨论中应该是比较学术化的一种理论形态，但是它对唯心主义奋起批判的事实及其对“客观性”与“认识论哲学立场”的竭力坚持都说明它同样产生于这样的背景。对这一问题有着比较清醒认识的反而是作为批判对象的朱光潜。他在1957年8月写道："谈到这里，我们应该提出一个对美学是根本性的问题，应不应该把美学看成只是一种认识论？从1750年德国学者鲍姆嘉通把美学（Aesthetic）作为一门专门学问起，经过康德、黑格尔、克罗齐诸人一直到现在，都把美学看成一种认识论。一般从反映观点看文艺的美学家们也还是只把美学当作一种认识论。这不能说不是唯心美学所遗留下来的一个须经重新审定的概念。为什么要重新审定呢？因为依照马克思主义把文艺作为生产实践来看，美学就不能只是一种认识论了，就要包括艺术创造过程的研究了"①。又说，"目前在参加美学讨论者之中，肯定美客观存在于外物的人居绝对多数：但是在科学问题上，投决定票的不是多数而是符合事实也符合逻辑的真理。我相信这种真理无论是在我这边还是在和我持相反意见者那边，总是最终会战胜的"②。我们没有说朱光潜的观点就一定正确，但他作为被批判对象能够坚持美学问题不是简单的认识论问题，也不是单纯的"美在客观"的问题却是难能可贵的，反映了他少有的坚持与清醒。

三

马克思主义唯物辩证法告诉我们，一切理论形态与学术观点都是一种历史的形态，在历史中产生，并在历史中逐步退场。包括康德美学在内的德国古典美学是历史的，在其影响下产生的中国当代实践论美学也是历史的，它们都曾有过自己的兴盛与辉煌，但也统统免不掉退出历史舞后的命运。历史已经证明不存在任何一种永久有效、永久适应现实的美学理论。但这种退出是一种曾经有过光荣的退出，伴随着人们的怀念与敬意而不是黯然消失。首先是德国古典哲学与美学伴随着黑格尔，特别是费尔巴哈的逝世而悄然退场。1886年，恩格斯写了著名的《路德维希·费尔巴哈和德国古典哲学的终结》。恩格斯在文章的开篇就描述了德国古典哲学已经从德国和欧洲退场的事实。他说，"我们面前的这部著作使我们返回到一个时期，这个时期就

---

① 《中国现代美学名家文丛·朱光潜卷》，浙江大学出版社2009年版，第158页。
② 《中国现代美学名家文丛·朱光潜卷》，浙江大学出版社2009年版，第152页。

时间来说距离我们不过一代之久。但是它对德国现代的一代人却如此陌生，似乎已经相隔整整一个世纪了”[①]。他这里指的是费尔巴哈及其所处的德国古典哲学时期，如果以1872年费尔巴哈逝世为界，距离1886年也真的只有十多年，一代人而已，但费尔巴哈及德国古典哲学在19世纪80年代已经退出历史舞台，从而使人们感到“似乎已经相隔整整一个世纪了”。而且，恩格斯进一步运用黑格尔的辩证法雄辩地论证了德国古典哲学必然退场的历史命运。他说，“按照黑格尔思维方法的一切规则，凡是现实的都是合理的这个命题，就变为另一个命题：凡是现存的，却是应当灭亡的。”又说，黑格尔哲学的真实意义和革命性质“正是在于它永远结束了以为人的思维和行动的一切结果具有最终性质的看法……这种辩证法推翻了一切关于最终的绝对真理和与之相应的人类绝对状态的想法。在它面前，不存在任何最终的、绝对的、神圣的东西：它指出所有一切事物的暂时性：在它面前，除了发生和消灭、无止境地由低级上升到高级的不断的过程，什么都不存在”[②]。值得我们注意的是，恩格斯在这里对于德国古典哲学借用了这个哲学体系的一个专用名词“扬弃”。他说，“但是仅仅宣布一种哲学是错误的，还制服不了这种哲学。象对民族的精神发展有过如此巨大影响的黑格尔哲学这样的伟大创作是不能用干脆置之不理的办法加以消除的。必须从它的本来意义上扬弃它，就是说，要批判的消灭它的形式，但是要救出通过这个形式获得的新内容”[③]。这里的“扬弃”是黑格尔辩证哲学的“否定”环节，是事物经过否定之否定前进发展的必要阶段，通过否定抛弃消极因素，保留积极因素，进入崭新的阶段。我们对于包括康德美学在内的德国古典美学以及我国当代实践论等美学理论都取“扬弃”的态度，抛弃与保留并存，在否定中进入新的阶段。

更为重要的是，20世纪90年代中期，特别是21世纪以来的中国社会经济与文化发生了深刻的转型，迅速地由计划经济发展到市场经济，由工业文明发展到生态文明，由生产社会发展到消费社会。可以说，我国已经以极快的速度由现代社会进入了后现代社会与后工业社会，理性主义、主体精神与工具本体逐步被和谐社会，生态人文精神，共生精神与以人为本所取代。

---

① 《马克思恩格斯选集》第4卷，人民出版社1972年版，第210页。

② 《马克思恩格斯选集》第4卷，人民出版社1972年版，第212—213页。

③ 《马克思恩格斯选集》第4卷，人民出版社1972年版，第319页。

在这种情况下，以理性主义与主体精神为标志的包括康德美学在内的德国古典哲学与美学就不再完全适应中国当代社会文化建设的需要，而现象学与存在论等更具当代性的哲学与美学理论则更多地进入人们视野，在中国化的马克思主义指导下，成为建设具有当代形态的中国美学的重要元素之一。

而与此相应的是实践论美学的弊端也逐步更加明显地显露出来。在说其弊端之前，我们应该先说一下实践论美学在当代中国美学理论建设中的贡献。前已说到，尽管有其特定的历史文化背景，在那样的背景下很容易使一切的理论走向非学术化与简单化。但我们还是要说实践论美学是在那个特定历史阶段产生的具有较强学术性的一种中国形态的美学，它以其特有的理性主义与人文主义精神，特别是对人的理性精神与改造自然能力的张扬，在很大程度上适应与满足了新中国成立后，包括新时期人文主义启蒙的需要：它构建了包括“认识论—人类本体—自然的人化—积淀说”在内的具有相当的自洽性的美学理论体系，独树一帜。但随着时间的推移，其局限与弊端日益明显。对此，已有不少学者论及，我只加以简要论述。从哲学立场上来看，实践论美学所坚持的“主客二分”的认识论立场是与马克思的实践论立场及时代现实不相符的。历史已经证明，人与世界的“主客二分”的认识关系只在科学实验中存在，而并不是一种现实的存在。在现实中，人与世界是一种“此在与世界”的存在论关系，人与世界并非二分对立，而是生成于与世界须臾难离的生态系统之中。马克思的实践论也绝不是“实践认识论”，而是“实践存在论”，是以生产劳动的社会实践为前提，以个体劳动者的生存为基础的阶级与人类解放的崭新的存在论哲学。这种“实践存在论”哲学摆脱了一切的感性与理性、主体与客体、人与自然、身与心的二分对立，走向“实践世界”基础上的新的统一。实践论美学正是基于这种“主客二分”的认识论，所以导致它的必不可免的一系列二分对立。首先是作为认识论哲学必不可免的“主客二分”对立。其次是以其“自然的人化”的原则导致了人与自然的对立。对此我们下文再专门论述。然后就是感性与理性的二分对立。那就是实践论美学对康德美学“判断先于快感”命题的坚持，认为这是美感与快感区别的关键，也是审美心理的关键①。在这里实际上是将感性与理性人

① 李泽厚：《美学四讲》，三联书店2004年版，第110页。

为地对立起来，而所谓“判断先于快感”也是人为预设的，在现实生活中根本不可能存在。在现实生活中只有“判断与快感的相伴而生”，而决不存在什么“判断先于快感”。而在身与心的关系上，实践论美学坚持西方理性主义美学，特别是康德静观美学仅仅将视听界定为审美感官而否定嗅、触、味等感觉在审美中的作用，由此将身心割裂开来①。下面我们要谈一下作为实践论美学基本原则的“自然的人化”。首先这是对马克思的误读。因为马克思在《1844 年经济学哲学手稿》中有关“自然的人化”的论述并不是在美学的意义上讲的，而且马克思的有关人也按照“两个尺度”建造的思想本身即为人的尺度要与物种尺度的统一，包含着浓郁的生态维度。因为，这里所说的“任何物种的尺度”明显的是指“自然物种的需要”是一种生态意识的表现。但实践论美学却将其解释为“依照客观世界本身的规律来改造客观世界，以满足主观的需要”，显然是一种严重的误读。而且，实践论美学有十分突出的“人类中心主义”倾向，明显提出人成为控制自然的主人这种蔑视自然的观点。论者指出，“通过漫长历史的社会实践，自然人化了，人的目的对象化了。自然为人类所控制改造、征服和利用，成为顺从人的自然，成为人的‘非有机的躯体’，人成为掌握控制自然的主人”②。这显然是人类的一种不切实际的妄自尊大，是与当今生态文明时代的历史趋势不相容的。而且，实践论美学力主一种“工具本体”观念，将其哲学基本命题“人类学本体论”归结为“工具本体”③。并在“自然美”部分论述“自然的人化”时又再次对“工具本体”观念进行竭力推崇，认为“不必去诅咒科技世界和工具本体，而是要去恢复、采寻、发现和展开科技世界和工具本体中的诗情美意”④。其实“工具本体”是一种工具至上的观念，是工业革命早期的观念，比德国古典美学的“人是最终目的”的“人本体”还要落后。“工具本体”更不是马克思实践论哲学的必有之义。马克思强调从社会生产实践出发，通过无产阶级革命实现阶级和人类解放的“人本体”，反对“工具本体”，认为在资本主义制度下作为“资本”的生产工具是资本家的既剥削工人，又剥削

① 李泽厚：《美学四讲》，三联书店 2004 年版，第 102 页。
② 李泽厚：《美学四讲》，三联书店 2004 年版，第 58 页。
③ 李泽厚：《美学四讲》，三联书店 2004 年版，第 36 页。
④ 李泽厚：《美学四讲》，三联书店 2004 年版，第 84 页。

自然的重要手段；“工具本体”与马克思主义哲学作为无产阶级解放武器的性质是不相融的。我们并不赞成当代某些哲学与美学中完全否定现代性与科技作用的倾向，这种倾向将现代性与科技描写成一片阴沉、一种灾祸。这是对现代人类文明成果的抹杀。我们认为现代性曾经创造了人类璀璨的文明，但其极为明显的压抑人性与破坏自然的弊端却不容忽视。而科技则是人类文明的成果与继续前行的重要动力，但唯科技主义与科技理性主义的膨胀则是现代性的负面反应与弊端之一，它的泛滥只能造成对人与自然的伤害。“自然的人化”的观点还必然地否定了自然作为审美对象的可能，从而否定了自然审美，而只承认艺术审美，将艺术作为美学唯一的研究对象或主要研究对象，从而导致“艺术中心主义”。实践论美学中十分重要的“积淀说”，只强调了人化的“自然”的价值，而完全没有看到未经“人化”的自然的价值。宇宙、地球与自然万物，其价值怎能用一个“人化”与“积淀”概括，它们是人类生存之源、地球万物之母，具有人类难以企及的价值。所以人类不仅要改造自然，而且要敬畏自然，决不能仅仅将自然万物看作可以随意“人化”的无生命的物质对象，而应将其视为人类生命之基，存在之源，永远同其保持友好的共生共在的关系。

总之，实践论美学与其借以产生的母体德国古典美一样，也是一种历史的形态，有着难以避免的已经成为历史的那个时代的痕迹，在21世纪的今天，已经逐步失去其理论阐释力，只应作为中国当代美学发展链条中的一环，为新的美学理论形态的诞生作理论的准备。

四

当今，人类社会已经进入21世纪的第二个十年，我国的美学应该如何发展？这是众多同行学者都在考虑与探索的课题。问题的关键是要找到一个贯通中西古今的“节点”，以此出发进行当代美学建设。有的学者提出“意境”说，有的提出“情味说”，有的提出“和谐说”，有的提出“意象说”……均有其道理与价值。我则提出“天地境界”生态美学论，作为一得之见，参与到这场我国当代美学建设的探索之中。我们考虑的是这个“节点”的选择如果完全从中国古代出发，其与当代的衔接与转接颇费周折，所以还是从我国现代美学出发进行选择。“境界说”是被众多哲学家与美学家用得最多的一个概念。王国维、朱光潜、冯友兰、张世英等都曾明确提出过“境界说”，冯友兰与张世英则明确提出“天地境界”理论。蔡元培的“以美育代宗教说”也包含着天地人生境界之义，丰子恺的人生“三层楼”思想尽管包含浓郁的佛学思想但其实也是讲“境界”。即便是实践论美学的倡导者在其后期，特别是面向新世纪之际也倡导“天地境界之说”。他在与晓名的《关于“美育代宗教”的杂谈答问》中明确地提出“审美的天地境界……是中国人的栖居的诗意或诗意的栖居”[①]。这其实已经突破了他在《美学四讲》中将“天人合一”解释为“自然的人化”的认识论美学思想[②]，而在一定程度上走向了现代存在论。这里说的“天地境界”实际上是一种“天人相和”的生态美学思想。诚如冯友兰在解释其“天地境界”时所说，处于这种境界中之人“他不仅是社会的一员，同时还是宇宙的一员。他是社会组织的公民，同时还是孟子所说的‘天民’，有这种觉解，他就为宇宙的利益而做各种事”[③]。张世英在其近著《哲学导论》“论境界”一章中明确提出“万物一体”“民胞物与”的精神境界。他指出“如果我们能经常给儿童和青少年一种‘万物一体’‘民胞物与’的精神熏陶，我想对于改变整个时代人的普遍的精神境界将会有不可估量的作用”[④]。显然，冯、张两位的“天地境界”或“精神境界”是包含着明显的生态美学思想的。

新世纪“天地境界论”生态美学思想直接借鉴作为德国古典美学继承者与发展者的海德格尔的存在论哲学与美学思想。海德格尔在其《存在与时间》等代表性论著中明确阐明了他的哲学与美学思想与以康德、黑格尔为代表的德国古典哲学的继承与发展关系。他突破了德国古典哲学与美学以实体性的理性作为本体的认识论，划清存在者与存在的界线走向以作为过程的“存在”作为“本体”的存在论，从而将人的存在奠定在“此在与世界”须臾难离的机缘性关系之上。他继承康德与黑格尔的“美在自由”说，但将德国古典美学的抽象的思辨中的“自由”发展到以“时间性”为特点的人

① 刘再复：《李泽厚美学概论》，三联书店 2009 年版，第 230 页。
② 刘悦笛：《美学国际》，中国社会科学出版社 2010 年版，第 78 页。
③ 冯友兰：《中国哲学简史》，北京大学出版社 1996 年版，第 292 页。
④ 张世英：《哲学导论》，北京大学出版社 2002 年版，第 88 页。

的“生存”中的自由即诗意的栖居，从而将纯艺术的“理想”发展到人生的“四方游戏”与“家园意识”，从而使其哲学与美学具有浓郁的生态意识，成为“形而上的生态理论家”。而且，他的“天地神人四方游戏”也与道家的“域中有四大，人为其一”密切相关，从而使之与中国古代的“天人之际”理论密切相关。由此，海德格尔的“存在论”哲学与美学思想成为我国当代“天地境界论”生态美学的重要理论资源。

“天地境界论”生态美学思想也是中国当代建设生态文明社会的现实需要。我国2007年提出的“建设生态文明社会”的理论已经标志着我国已经由工业文明时代过渡到后工业文明的“生态文明”时代，意味着一味强调“自然的人化”、人要“主宰”自然的“工具本体”的时代已经结束。时代要求我们由人与自然的对立走向人与自然的友好共生，由人对自然的滥开发走向发展与环保的双赢。这就是“天地境界论”的生态美学赖以生存发展的现实土壤。

“天地境界论”生态美学还植根于肥沃的中国传统文化土壤。著名文史学家钱穆将世界文化划分为西方型与东方型两类。这两类文化平行发展、互不冲突，交流甚少，各有偏重①。实践论美学虽然精致，但以借鉴德国古典美学，特别是康德美学为主，难以与中国传统文化衔接。而“天地境界论”生态美学则立足于中国传统文化，具有很强的本土性。这种传统文化以农耕社会为经济社会根基，以“天人合一”为其哲学根基，以“中和之美”为其美学根基，以中国传统文学艺术、民间工艺以及民族生活方式为其艺术根基，包含“元亨利贞”四德之美，“气韵生动”艺术之美，“风雅比兴”诗乐之美，“福寿安康”生活之美等等。迥异于西方古代“科学论”哲学、“和谐论”美学、“模仿论”诗学与“感性论”艺术等等。当然，中国古代“天人合一”论哲学与“中和论”美学需要经过现代的改造，吸收西方美学精华，立足中国现实土壤，镕铸创造出具有当代形态的“天地境界论”生态美学。运用这种新的美学形态在中华民族伟大复兴的过程中提升人民的境界，培养高素质的人才，建设诗意栖居的美好生活。

（原载《文艺理论研究》2012年第1期）

---

① 杨华、刘耀：《用历史研究回应时代拷问》，《光明日报》2011年8月1日。

人类中心主义的退场与生态美学的兴起

曾繁仁

20 世纪 90 年代中期以来，生态美学在中国悄然兴起，在新世纪得到一定程度的发展。但在其发展过程中却遇到强劲的阻力，主要是人类中心主义思潮的强劲对抗。其论者认为，生态美学是对人类中心主义的颠覆，而人类中心主义作为对人的利益的维护则是具有永恒价值的理论，反对人类中心主义就是反人类，如此等等。因此，厘清人类中心主义及其与生态美学的关系即是生态美学发展的当务之急。

一

什么是人类中心主义呢?《韦伯斯特第三次新编国际词典》指出，人类中心主义指“第一，人是宇宙的中心；第二，人是一切事物的尺度；第三，根据人类价值和经验解释或认知世界”①。这种人类中心主义包含着传统的人文主义内涵，萌生于文艺复兴之时市民阶层以人权对教会神权的对抗。但其真正的发展则是工业革命迅猛发展的启蒙运动时期。当时，由于蒸汽机的发明，科技的进步，大工业的出现，生产力的迅猛发展，人类充满了从未有过的自信，认为完全能够改造、控制并战胜自然。启蒙主义最重要的代表人物之一、著名的百科全书主持人狄德罗指出：“有一件事是必须得考虑的，就是当具有思想和思考能力的人从地球上消失时，这个崇高而动人心弦的自然将呈现一派凄凉和沉寂的景象。宇宙变得无言，寂静与黑夜将会显现，一切

---

① Webster’s Third New internationdl Dictionary，4nd，Merrian Co.

都变得孤独。在这里，那些观察不到的现象以一种模糊和充耳不闻的方式遭到忽视。人类的存在使一切富有生气。在人类的历史上，如果我们不去考虑这件事，还有什么更好的事情考虑吗？就像人类存在于自然中一样，为什么我们不能让人类进入我们的作品中？为什么不把人类作为中心呢？人类是一切的出发点和归宿”①。德国古典哲学的开山祖康德则明确地指出“人为自然立法”。他说：“故悟性乃仅由比较现象以构成规律之能力以上之事物，其自身实为自然之立法者”②。

人类中心主义在审美领域同样得到表现。在作为西方古典美学高峰的德国古典美学，以理性主义做哲学根基，使人类中心主义得到集中表现。康德明确地将美归结为“形式”的“合目的性”与“道德的象征”。自然在审美中几乎消失殆尽，只剩下人的“目的性”与“道德”。而黑格尔更是完全否定了自然美，将之放到“前美学阶段”，并将其内涵界定为对人的“朦胧预感”。中国当代的“实践美学”继承德国古典美学，成为我国当代美学领域人类中心主义的突出代表。这种美学观以“自然的人化”与“工具本体”作为核心美学观念，力主人在审美中对于自然的“控制”，从而成为过分张扬人类改造自然的力量、一味贬低自然地位的典型的人类中心主义的美学理论形态。而更令我们震撼的则是美籍华裔人文主义地理学家段义孚所深刻揭露和批判的“审美剥夺”（aesthetic exploitation）现象。这是人类在人类中心主义指导下，凭借丰富的想象力，在审美领域对自然进行粗暴压制与扭曲的行径。他将这种行径斥为“审美剥夺”。他说：“这是出于娱乐和艺术的目的对自然本性的扭曲。”又说：“我们为了寻求快乐正在对自然施加着强权——我们在建造园林，饲养宠物中都能体会到这种快乐。”他还认为，将权势与“玩”相结合是件相当可怕的事，这种“结合”对环境的破坏力甚于经济对环境的破坏。因为，“经济剥削有个限度……相反，玩是无止境的，自由随意的，仅凭操纵者的幻想和意愿”③。他对这种“审美剥夺”进行了具体的描绘，在植物方面就是花样翻新的所谓的“园艺”。人们“居然会使用刑具作

① ［德］沃尔夫冈·韦尔施：《如何超越人类中心主义》，《民族艺术研究》2004 年第 5 期。

② ［德］康德：《纯粹理性批判》，商务印书馆 1995 年版，第 136 页。

③ 转引自山东大学 2011 年文艺美学专业宋秀葵博士学位论文《段义孚人文主义地理学生态文化思想研究》，第 93—94 页。

为自己的工具——枝剪和削皮刀、铁丝和断丝钳、铲子和镊子，标绳和配重——去阻止植物的正常生长，扭曲它们的自然形态!"① 例如：把独立的植株和整个一小簇树丛修剪成繁复的形状，为了娱乐而糟蹋植物的"微缩景园"与盆景等等；对待动物，段义孚认为是，"问题出现最多，人的罪过体现最深的方面"。如通过驯化使动物成为负重的劳力，变成玩偶，经过选择性繁殖，使动物变得奇形怪状，机能失调，使鱼长出圆形外突的大眼睛，将京八狗改造得只剩下一小撮狗毛重量不足5斤等等。至于在建筑领域，人类的"审美剥夺"更是举不胜举。诸如，填海造地，挖山建城，断河造湖等等。当然，这种人对自然的"审美剥夺"并不始于工业革命而在古代即已存在，但从工业革命以来，"人类中心主义"兴盛泛滥，"审美剥夺"的情况愈演愈烈。特别是随着大规模的工业化与城市化，在推土机的隆隆声响中，昔日美丽的自然早已不复存在。表面上我们剥夺的是自然，实际上我们剥夺的是人类赖以生长的血脉家园，是人类自己的生命之根。

由上述可知，在"人类中心主义"观念基础上产生的"审美剥夺"是与审美的"亲和性"本性相违背的，是一种审美的"异化"。其结果必然是审美走向自己的反面——非美，从而导致审美与美学的解体。因此，告别"审美剥夺"及其哲学根基"人类中心主义"就是美学学科自身发展的紧迫要求。当然，对于"审美剥夺"的理解也不应过于绝对，而是应该在人与自然共生的背景下理解，并不是人类对于自然一点也不能改变。但压制与扭曲自然的现象则是不能允许的。

二

马克思主义唯物辩证法告诉我们，新陈代谢是万事万物发展的普遍规律，世界上没有永恒的东西，一切都在发展当中，都是过程，包括一切理论形态，也都在发展的历史进程之中。即便是作为西方古典哲学高峰的德国古典哲学也随着资本主义现代化过程中诸多弊端的暴露而逐步退出历史。1886

① 转引自山东大学2011年文艺美学专业宋秀葵博士学位论文《段义孚人文主义地理学生态文化思想研究》，第96页。

年，恩格斯写了著名的《路德维希·费尔巴哈和德国古典哲学的终结》指出德国古典哲学时期“对德国现在一代人却如此陌生，似乎已经相隔整整一个世纪了”①。恩格斯在该文中宣告这个曾经无比辉煌的理论形态及所包含的“人类中心主义”业已退出历史舞台。这当然首先是由历史时代所决定的，对于包括像“人类中心主义”那样的理论形态我们都不能孤立抽象地加以审视而必须将其放到一定的历史发展之中。“人类中心主义”作为一种理论形态并非自古就有的，而是在历史中生成并在历史中发展，最后完成自己的历史使命而必然地退出历史舞台。众所周知，在西方古代农耕社会之时，占统治地位的自然观仍然是万物有灵的“自然神论”。柏拉图关于诗歌创作的“迷狂说”就是古希腊诗神的“凭附”，而诗神奥尔菲斯则是一名能与自然相通的占卜官，能观察飞鸟、精通天文等。而美学与文学理论中十分流行的“模仿说”也是一种将自然放在先于艺术位置的理论。诚如亚里士多德在《诗学》中所说，“一般说来，诗的起源仿佛有两个原因，都是出于人的天性。人从孩提的时候起就有模仿的本能（人和禽兽的分别之一，就在于最善于模仿，他们最初的知识就是从模仿得来的），人对于模仿的作品总是感到快感”②。这里所谓“模仿”就是对自然的模仿，在这里自然有高于艺术的一面。只在工业革命以后，科技与生产能力的迅速发展，人类掌握了较强的改造世界的能力，“人类中心主义”才随之兴起。但 19 世纪后期以来，特别是 20 世纪开始，资本主义现代化与工业化过程中滥伐自然、破坏环境的弊端日益暴露，地球与自然已难以承载人类无所遏止的开发，不得不由工业文明过渡到后工业文明即生态文明。1972 年 6 月 5 日，全世界 183 个国家和地区的政府代表聚会瑞典斯德哥尔摩召开了国际人类环境会议。这是世界各国政府代表第一次坐在一起讨论人类共同面临的日益严重的环境问题，讨论人类对于环境的权利和义务。会议宣告“保护和改善人类环境关系各国人民的福利和经济发展”，“要求每个公民、团体、机关、企业都负起责任，共同创造未来的世界环境”。全世界各国将环境问题作为全人类共同面临的严重问题并将保护环境作为全世界每个公民的共同责任就意味着以开发自然为

---

① 《马克思恩格斯选集》第 4 卷，人民出版社 1972 年版，第 210 页。
② ［古希腊］亚里士多德：《诗学》，罗念生译，人民文学出版社 1982 年版，第 11 页。

唯一目标的工业革命时代的结束，而一个新的开发与环保统一的“生态文明”时代已经来临。同时也意味着“人类中心主义”这一理论形态已经完成自己的历史使命而退出历史舞台。人类中心主义曾经以其高举的“人道主义”旗帜和对于人的主体性的张扬，而在历史上起过积极进步的作用。但随着历史的发展和其弊端的暴露已无可避免地衰落并成为被批判的对象。恩格斯在其《自然辩证法》中曾对“人类中心主义”过渡贬抑自然并将人与自然对立的倾向提出了自己的批评。他说，“人们愈会重新地不仅感觉到，而且也认识到自身和自然界的一致，而那种把精神和物质，人类和自然，灵魂和肉体对立起来的荒谬的、反自然的观念，也就愈不可能存在了”。又说，“我们连同我们的肉、血和头脑都是属于自然界，存在于自然界的”①。法国哲学家福柯则明确地宣布“人的终结”即“人类中心主义”的终结。他说“在我们今天，并且尼采仍然从远处表明了转折点，已被断言的，并不是上帝的不在场或死亡，而是人的终结（这个细微的，这个难以观察的间距，这个在同一性形式中的退隐，都使得人的限定性变成了人的终结）”②。另一位法国哲学家德勒兹则以其别具一格的非人类中心的“块茎理论”取代人类中心的“根状系统”。他说，“块茎本身呈多种形式，从表面上向各个方向的分支延伸，到结核成球茎和块茎”，“块茎的任何一点都能够而且必须与任何其他一点连接。这与树或根不同，树或根策划一个点，固定一个秩序”③。至于美学领域，从1966年美国美学家赫伯恩发表《当代美学及自然美的遗忘》开始，环境美学逐步在西方勃兴，宣告由“人类中心主义”派生而出的“艺术中心主义”也受到挑战并必将逐步退场。我国也从20世纪90年代中期开始，生态美学与生态批评日渐兴起。

当然，对“人类中心主义”的批判绝不是一种简单的抛弃，而是一种既抛弃又保留的“扬弃”，恩格斯将这种“扬弃”解释为“要批判地消灭它的形式，但要救出通过这个形式获得新内容”④。这就告诉我们，我们批判

① 《马克思恩格斯选集》第3卷，人民出版社1972年版，第518页。
② ［法］米歇尔·福柯：《词与物》，莫伟民译，上海三联书店2001年版，第513页。
③ ［法］吉尔·德勒兹、费利克斯·瓦塔里：《游牧思想》，陈永国译，吉林人民出版社2011年版，第127页。
④ 《马克思恩格斯选集》第4卷，人民出版社1972年版，第219页。

"人类中心主义"并不是将其彻底抛弃而走到另一极端的"生态中心主义"。事实证明，"生态中心主义"将自然生态的利益放在首位，力图阻止人类的经济社会发展否定现代化与科学技术的贡献。这不仅是一种倒退的反历史的倾向，而且因其与人类的根本利益相违背，所以在现实中也是一条走不通的路。我们与之相反，一方面批判了"人类中心主义"对人类利益的过分强调，同时又保留其合理的"人文主义"内核；另一方面批判了"生态中心主义"对自然利益的过分强调，同时又保留其合理的"自然主义"内核。由此，延伸出一种新的生态文明时代的人文主义和自然主义相结合的精神——生态人文主义（其中包含生态整体主义的重要内涵）。这是一种既包含人的维度又包含自然维度的新的时代精神，是人与自然的共生共荣，发展与环保的双赢。这种新的"生态人文主义"就是我们的新的生态美学的哲学根基，它的首先倡导者实际上是海德格尔。众所周知，认识论哲学采取"主客二分"的思维模式，人与自然是对立的，也是人类中心主义的，人文主义与自然主义永远不可能统一。只有在存在论哲学之中，以"此在与世界"的在世模式取代"主体与客体"的传统在世模式，人与自然，人文主义与自然主义才得以统一，从而形成新的生态人文主义。海氏的存在论哲学与美学以现象学为武器有力地批判了将人与自然生态即此在与世界对立起来的人类中心主义，深刻地论述了现世之人的本质属性就是"在世"与"生存"，也就是人对作为"世界"的自然生态的"依寓"与"逗留"。这就是生态存在论的哲学与美学，就是一种生态人文主义。生态人文主义的提出也是与"生物圈"的存在密切相关的。因为生物圈的存在告诉我们人类与地球上的其他物种甚至无机物密切相关，须臾难离，这其实也是人性的一种表现，正是生态人文主义的重要依据之一。有论者认为，人类中心主义作为世界观是荒谬的，但作为价值观则应该坚持，对各种事物和行为的评价还应以人的需要为中心来进行。这种观点仍然是对传统人类中心主义的维护。因为价值观与世界观是一致的，根本不可能在荒谬的世界观基础上产生出正确的价值观。生态人文主义是对人类中心主义世界观与价值观的根本调整与扭转。尽管在价值评价上只有人类是价值主体，但评价的视角与立场却发生了根本的变化，由完全从人的利益和需要出发到兼顾人与自然的利益与需要，由只强调人的生存到强调人与自然的共生，由经济发展一个维度到发展与环保两个维度。这样的根本转变是过去的人类中心主义所不可想象的。

三

以生态人文主义为哲学根基所建立的生态美学是迥异于传统的在人类中心主义理论基础上建立起来的美学形态的。

我们先从美学的基础方面来谈两者的区别。从哲学观上来看，生态人文主义实际上是一种存在论的哲学观，而人类中心主义则是传统的认识论的哲学观。存在论哲学观是对传统认识论哲学观的一种超越。在认识论哲学观之中，人与世界的关系是一种“主体与客体”的关系，是一种纯粹的认识关系，所面对的是现实生活中并不存在的静止不动的“存在者”；而存在论哲学观则是一种“此在与世界”的关系，是一种属人的生存论关系，所面对的是活生生的、在时间中生成发展的“此在”（人），这一此在的发展过程即为“存在”。从思维方式来看，人类中心主义的美学观是一种主客二分对立的美学观，在这种美学观之中，人与自然，主体与客体，感性与理性，身体与心灵等等完全是二分对立的。这是一种脱离生活的僵化的美学。而生态人文主义的美学观则凭借生态现象学方法将所有的二分对立加以“悬搁”，而在纯粹的意向性中进行审美的“环境想象”①。从美学对象来看，人类中心主义美学观是只以或主要以艺术美作为美学对象的，从而走上典型的艺术中心主义。而生态人文主义美学观则在“此在与世界”的关系之中，从此时此刻的生存中进行美的体验。艺术与自然在“此在与世界”之关系中，并无伯仲高下之分。

下面，我们再从更加具体的审美范畴对两者加以区分。首先，从时间的角度来看，人类中心主义的美学观是一种没有时间感的静观美学。例如，康德美学就是一种人与对象保持距离的、判断先于快感的、仅仅凭借视听感官的典型的静观美学。其实，这种静观的审美形态在现实生活中是不可能存在的。它是一种纯粹在理论中存在的认识论美学。而生态人文主义美学观则是一种在时间中存在的动态人的现世的美学。诚如德国美学家韦尔施所说

---

① ［美］劳伦斯·布依尔：《环境的想象：梭罗，自然与美国文化的形成》，美国哈佛大学贝尔纳普出版社 2001 年版。

“独辟蹊径：由人类之人（homohumanus）到现世之人（homomundanus)”。又说“克服人类中心论的视角，从一开始就要采取一种不同的态度……人类的定义恰恰是现世之人（与世界休戚相关之人）而非人类之人（以人类自身为中心之人）……正是对现世之人的构想最终使我们放下人类中心主义……”①。海德格尔则更加明确地指出，作为现世之人的“此在”其意义就是在时间中展开的这一“此在”的存在方式。他说：“此在的存在在时间性中发现其意义。然而时间性也就是历史性之所以可能的条件，而历史性则是此在本身的时间性的存在方式”②。也就是说，真正的现实生活中之人是此时此刻生存着并由生到死之人，从而是具有历史之人。这种现世之人与包括自然生态在内的世界休戚相关，须臾难离，因此一切的人类中心主义在现实生活中是无法成立的。所以，时间性恰恰是现世之人的本真呈现，而从时间性的角度来看审美，根本就不可能存在与人所借以生存的“世界”毫不相关的、仅凭视听觉的静观之美，只有存在于人的生存进程之中、所有感觉都介入的动态之美。这就是美国当代环境美学家阿诺德·伯林特所提出的“介入美学”(aestheticsofengagement)。

再从空间的角度来看，人类中心主义的美学观是一种纯思辨的抽象美学，立足于对于极为抽象的美的本质的思辨与探讨。这种美学观是既不包括时间观，也不包括空间观的。例如，康德为了沟通其纯粹理性与实践理性，实现其哲学的完整性而创造出作为沟通两者桥梁的“审美的判断力”，而黑格尔美学则是绝对理念在其自身发展中感性阶段的呈现。这些美学理论尽管不乏现实的根据并具一定的理论阐释力，但总体上来看却是主要从纯粹理论出发，所以不免其虚无高蹈性而脱离人生，是既无时间意识也无空间意识的。但生态人文主义的美学观却是一种人生的美学，而人都是立足于大地之上，生活于世界之中，与空间紧密相关，所以，生态美学也是一种空间的美学。海德格尔十分明确地阐释了生态美学的“空间性”。他说，“此在本身有一种切身的‘在空间之中存在’，不过这种空间存在唯基于一般的在世界之中才是可能的”，而所谓“在世界之中”，海氏认为存在两种情况，一

---

① ［德］沃尔夫冈·韦尔施：《如何超越人类中心主义》，《民族艺术研究》2004年第5期。

② ［德］海德格尔：《存在与时间》，陈嘉映、王庆节译，三联书店1987年版，第25页。

种仍然是认识论的，空间中的“一个在一个之中”，两者是二分对立互相分离的；另一种则是存在论的，是居住、依寓与逗留，人与世界须臾难离血肉不分[①]。后来，海德格尔用“家园意识”来界定这种“空间性”。他说，“在这里，‘家园’意指这样一个空间，它赋予人一个处所，人唯有在其中才能有在‘在家’之感，因而才能在其命运的本己要素中存在。这一空间乃由完好无损的大地所赠予”[②]。段义孚则将“家”的内涵界定为“安定”与“舒适”。他说，“我们想知道我们所处的位置，想知道我们是谁，希望自己的身份为社会所接受，想在地球上找个安定的地方，安个舒适的家”[③]。正因为“家”是人舒适安定的依寓、栖居与逗留之所，是人须臾难离的“世界”，所以它与“围绕着人”的环境是不相同的。段义孚指出，“‘世界’是关系的场域（afieldofrelations），‘环境’对人而言只是一种冷冰冰的科学姿态呈现的非真实状况，在‘世界’的‘关系场域’中，我们才得以面对世界，面对自己，并且创造历史”[④]。很明显“环境”与人的关系就正是海德格尔所说的“一个在一个之中”的两者分离的认识论关系。而从字意学的意义上说“环境”（Environment）与“生态”（Ecological）也有着不同的含义，前者有“包围、围绕与围绕物”之意，没有摆脱“二元对立”；而后者则有“生态的与生态保护的”之意，与古希腊词“家园与家”紧密相关，反映了人与自然融为一体的情形。这就是我们之所以将生态人文主义的美学观称作“生态美学”而不称作“环境美学”的重要原因。当然在现实生活中自然对人并不总是温和友好的，有时也是严峻甚至是暴虐的。杜威将自然称作是人类的“后母”，而段义孚则对此进行了更加深入具体的描述。他说，“自然既是家园，也是坟墓，既是伊甸园，也是竞技场，既如母亲般的亲切，也如魔鬼般的可怕”[⑤]。正因此，段义孚提出人类常不免选择“逃避”，从而写作了著名的《逃避主义》一书。这种“逃避”既包括择地而居的迁徙，也包括通过艺术

① [德] 海德格尔：《荷尔德林诗的阐释》，孙周兴译，商务印书馆2000年版，第15页。
② [德] 海德格尔：《荷尔德林诗的阐释》，孙周兴译，商务印书馆2000年版，第15页。
③ 转引自山东大学2011年文艺美学专业宋秀葵博士学位论文《段义孚人文主义地理学生态文化思想研究》，第38页。
④ 转引自山东大学2011年文艺美学专业宋秀葵博士学位论文《段义孚人文主义地理学生态文化思想研究》，第125页。
⑤ [美] 段义孚：《逃避主义》，周尚意、张春梅译，河北教育出版社2005年版，第145页。

创作在想象中创造出理想的人类之家来进行逃避。他说："文化是想象的产物，无论我们要超出本能或常规做些什么，总是会在头脑中先想象一下。想象是我们逃避的唯一方式。逃到哪里去？逃到所谓的'美好'当中去——也许是一种更好的生活，或是一处更好的地方"①。但他极力反对压制扭曲自然的"审美剥夺"式的想象，倡导一种"改变或掩饰一个令人不满的环境"的想象。这到底是一种什么样的审美想象呢？我想这应该是一种如美国生态文学批评家劳伦斯·布伊尔所说的与"绿色文学"有关的"绿色的想象"，构建一种人与自然共生共荣的美好家园。

下面要涉及的就是生态美学所特有的"生命性"内涵，这也是它与人类中心主义认识论美学的重要区别之一。从古希腊开始，以"模仿论"为其标志的认识论美学就力倡一种外在的形式之美，所谓"比例、和谐、对称、黄金分割"等等。但过分地强调这种外在的形式美就会导致一种无机性、纯形式性。这也正是传统认识论美学的弊端之一。但生态人文主义的美学观抛弃了这种无机性与纯形式性，而将"生命性""生命力"带入美学领域，使之成为生态美学的有机组成部分。著名的"该亚定则"就是生态人文主义的重要内涵，它将地球比喻为能进行新陈代谢的充满生命活力的地母该亚，从而创建了著名的地球生理学，以是否充满生命力与健康状态作为衡量自然生态的重要标准。更进一步由著名的环境美学家爱伦·卡尔松明确提出外在的形式之美是一种"浅层次的美"，而"深层含义"的美则为"对象表现生命价值"②。这种"生命性"与"生命力"的美学内涵恰与中国古代的"有机性"的"生命哲学"与美学相契合，所谓"生生之谓易""气韵生动"等均可在建设当代生态美学中发挥重要作用。

总之，人类中心主义的退场就标志着传统认识论美学的退场，也意味着一种新兴的以生态人文主义为根基的生态美学的产生并逐步走向兴盛，而且，在我国还意味着对以人类中心主义为根基、以"自然的人化"为核心原则的实践美学的突破，意义深远。

（原载《文学评论》2012 年第 2 期）

---

① ［美］段义孚：《逃避主义》，周尚意、张春梅译，河北教育出版社 2005 年版，第 145 页。

② ［加］卡尔松：《环境美学》，杨平译，四川人民出版社 2006 年版，第 207 页。

环境美学对分析美学的承续与拓展

程相占

引　言

提及环境美学与分析美学的关系，国内学术界一般认为环境美学以反分析美学的面目出现，其理论取向是超越以艺术为研究中心的分析美学传统。笔者认为，这种观点似是而非，它不但忽视了环境美学对分析美学的承续，而且掩盖了环境美学理论的基本思路。

国际学者对此有着比较清醒的认识。在为《斯坦福哲学百科全书》所做的“环境美学”条目的开头，著名环境美学家、加拿大学者艾伦·卡尔森这样写道：“环境美学是哲学美学的一个较新的分支领域。它发生在分析美学之内，产生的时间是20世纪的后三十年。在此之前，分析传统中的美学主要关注艺术哲学。环境美学是对这一重点的回应，它转而探索对于自然环境的审美欣赏。”① 卡尔森所描述的重点正是环境美学与分析美学的关系。不过，二者的关系究竟是什么，卡尔森并没有进行归纳总结。我们这里试图对此进行比较详尽地清理，目的主要有两方面：第一，准确地揭示环境美学的理论背景；第二，在与分析美学的对比分析中，凸显环境美学的理论思路和问题意识。

① Carlson，Allen，“Environmental Aesthetics”，*The Stanford Encyclopedia of Philosophy*（*Winter 2008 Edition*），Edward N. Zalta（ed.），URL=<http：//plato.stanford.edu/archives/win2008/entries/environmental-aesthetics/>.

一、赫伯恩对分析美学的批判反思与当代环境美学的正式发端

卡尔森说环境美学“发生在分析美学之内”具有很大的合理性，但遗憾的是，他没有深入挖掘一个更加基本的问题：环境美学为什么会发生在分析美学之内？或者说，两种貌似风马牛不相及的美学理论到底有着什么内在关联？

要回答这个问题，我们不妨首先引用被称为“环境美学之父”① 的赫伯恩的一段话：“尽管最近的美学一直很少关注自然美本身，但是，在其分析艺术经验的过程中，它也频繁地比较我们两种不同的审美欣赏：欣赏艺术对象与欣赏自然中的物体（对象）。它已经使得这些比较研究处于美学论争的焦点，处于几种不同类型的语境之中。但是，尚未追问或充分回答的问题是：这些比较是否公允？特别是，那些对于自然体验的说明是充分的或是歪曲的？”② 这段话言简意赅，其意义值得我们深入挖掘，从而揭示西方美学的当代发展逻辑。

赫伯恩先后长期担任英国诺丁汉大学和爱丁堡大学哲学系主任，主攻领域为道德哲学。他那个时代正是分析哲学繁荣昌盛之时，他当然无法回避其影响。在其论文集《“惊异”与其他文章：美学与邻近诸领域八论》的“导言”部分的结尾，他特意地评论了哲学方法。他写道：“在当今的思想气候中，无需证明这些文章的某些部分为什么会涉及语言与概念分析（linguistic and conceptual analysis）；然而，我的很多讨论都不能归于这些范畴：我允许我自己自由地探索真正的问题、评价问题和反思‘体验’的各种形式。”③ 这几句话尽管表明了作者本人突破分析哲学藩篱的学术自由和勇气，但无疑也显示了分析哲学对他的强大影响。

---

① 这个称呼来自英国学者，参见 Emily Brady，“*Ronald W. Hepburn：In Memoriam*”，British Journal of Aesthetics，2009，49 (3)：199-202.

② Hepburn，Ronald W，“*Wonder*” *and Other Essays：Eight Studies in Aesthetics and Neighbouring Fields*，Edinburgh：University Press，1984，pp.23-24.

③ Hepburn，Ronald W，“*Wonder*” *and Other Essays：Eight Studies in Aesthetics and Neighbouring Fields*，Edinburgh：University Press，1984，p.7.

众所周知，分析哲学的准确名称应该是“语言（概念）分析哲学”，语言和概念辨析是其最基本、最核心的哲学主张和法宝。当这种哲学涉及或进入美学领域时，那些令人眼花缭乱、歧义丛生的美学概念范畴，自然而然成了被解析的对象。自黑格尔将美学界定为“艺术哲学”以来，艺术成了美学研究的核心。那么，什么是艺术？艺术的定义成了分析美学“核心中的核心”，正如分析美学的领军人物之一比尔兹利所说：“在过去的60多年间，影响最广泛和最持久的美学问题——至少在英语国家——就是‘什么是艺术’的问题”，“以至于定义这个术语成为这个哲学分支学科的最核心、最必不可少”的部分。①

回答“什么是艺术?”从反面回答其实就是回答“什么不是艺术?”——知道了什么不是艺术，当然就了解了什么是艺术——人类的思维逻辑就是如此奇特。所以，分析美学家通常采用的方法就是比较艺术与非艺术。尽管分析美学家们为定义艺术提出了“六套方案”，但自始至终无法令人满意地解决这个最核心的问题。乔治·迪基（George Dickie）提出来的解决方案是限定艺术品的最低条件，基本条件有两个，第一个，艺术品必须是“人工制品”(artifact)。② 与此对应的、顺理成章的结论便是：非艺术品是人工制品的反义词“自然物体”。因此，要深入研究艺术，必须研究自然物体以便比较。于是，以艺术为核心的分析美学，竟然以奇特的思维逻辑走向了对于自然的研究，自然美学与环境美学的理论序幕就这样拉开了。所以，我们不能简单地说自然美学和环境美学的基本取向是“反分析美学的”。

基于分析美学的上述逻辑，赫伯恩一代名文《当代美学与自然美的忽视》的方法与核心要点是：辨析对于艺术的审美欣赏（艺术欣赏）与对于自然的审美欣赏（自然欣赏）之间的差异，在此基础上，积极肯定自然欣赏的正面价值。他主要讨论了两点，其理论逻辑正来自于分析美学。第一点可以概括为“内外”之别：欣赏者只能在艺术对象“之外”欣赏它；但是，在对于自然的审美体验中，观赏者可以走进自然审美环境自身“之内”——“自然审美对象从所有方向包围他”。例如，在森林里，树木包围他，他被

① 参见刘悦笛《分析美学史》，北京大学出版社2009年版，291页。

② 参见朱狄《当代西方艺术哲学》，人民出版社1994年版，第116—133页。

山峦环绕；或者，他站立在平原的中间。也就是说，欣赏自然时，“我们内在于自然之中并成为自然的一部分。我们不再站在自然的对面，就像面对挂在墙上的图画那样。”从欣赏模式的角度而言，“内外”之别就是“分离”(detachment) 与“融入”(involvement) 之别：前者主要是艺术欣赏的模式，而后者则主要是自然欣赏的模式——观赏者与对象的相互融入或融合。在赫伯恩看来，融入这种欣赏模式具有很大的优势：通过融入自然，观赏者“用一种异乎寻常而生机勃勃的方式体验他自己”。这种效果在艺术里也并非没有，比如观赏者也可以融入建筑；但是，融入的审美体验在自然体验中更加强烈、更加充盈。赫伯恩用诗歌一样的句子强烈赞赏融入自然：“在融入自然时，作为欣赏者的我既是演员又是观众，融合在风景之中并沉醉于这种融合所引发的各种感觉，因这些感觉的丰富多彩而愉悦，与自然积极活跃地游戏，并让自然与我游戏、与我的自我感游戏。”① 这样的赞赏，无疑表明了赫伯恩在倡导自然审美，鼓励美学从艺术哲学走向环境美学。

艺术欣赏与自然欣赏的第二点差异可以概括为“有无”之别——有无框架和边界：艺术品一般都有框架或基座，这些东西“将它们与其周围环境明确地隔离开来”，因此，它们都是有明确界限的对象，都具有完整的形式；艺术品的审美特征取决于它们的内在结构、取决于各种艺术要素的相互作用。但是，自然物体是没有框架的、没有确定的边界、没有完整的形式。②对于分析美学来说，自然物体的这些“无”是其负面因素；也就是说，分析美学之所以像赫伯恩批判的那样“忽视”自然，主要原因在于自然的“无”的特点：无框架、无边界、无确定性。正如赫伯恩所指出的：“美学在分析哲学追求精确性的影响下日益缜密或细密。一些分析美学家致力于完全彻底地说明审美体验，而这种说明无法参照对于自然的体验。审美体验的一些特征无法在自然中发现，所以，只有艺术是最卓越的审美对象，可以作为参照更好地研究审美体验。”③

① Hepburn, Ronald W, “*Wonder*” *and Other Essays*: *Eight Studies in Aesthetics and Neighbouring Fields*, Edinburgh: University Press, 1984, pp.12-13.

② Hepburn, Ronald W, “*Wonder*” *and Other Essays*: *Eight Studies in Aesthetics and Neighbouring Fields*, Edinburgh: University Press, 1984, pp.13-14.

③ Hepburn, Ronald W, “*Wonder*” *and Other Essays*: *Eight Studies in Aesthetics and Neighbouring Fields*, Edinburgh: University Press, 1984, p.11.

但是，倡导自然美研究的赫伯恩却反弹琵琶，认真发掘了那些“无”的优势。艺术品的审美特征取决于它们的内在结构、取决于各种艺术要素的相互作用；相反，自然物体都没有框架。这在某些方面是审美的劣势，但是，“无框架”也有一些不同寻常的优势：对艺术品而言，艺术框架之外的任何东西都无法成为与之相关的审美体验的一部分；但是，正因为自然审美对象没有框架的限制，那些超出我们注意力的原来范围的东西，比如，一个声音的闯入，就会融进我们的整体体验之中，改变、丰富我们的体验。自然的无框架特性还可以给观赏者提供无法预料的知觉惊奇，带给我们一种开放的历险感。另外，与艺术对象如绘画的“确定性”（determinateness）不同，自然中的审美特性（aesthetic quality）通常是短暂的、难以捕捉的，从积极方面看，这些特性会产生流动性（restlessness）、变化性（alertness），促使我们寻找新的欣赏视点，如此等等。[①] 在进行了比较详尽的对比分析之后，赫伯恩提出：对自然物体的审美欣赏与艺术欣赏同样重要，两种欣赏之间的一些差别，为我们辨别和评价自然审美体验的各种类型提供了基础——“这些类型的体验是艺术无法提供的，只有自然才能提供。在某些情况下，艺术根本无法提供。”[②] 这表明，自然欣赏拓展了人类审美体验的范围，因而具有无法替代的价值，理应成为美学研究的题中应有之义。这等于为环境美学的产生提供了合法性论证。

二、分析美学与卡尔森的自然欣赏模式

像很多分析哲学家一样，卡尔森一直倾向于从分析哲学的角度看待美学。他对于美学基本理论似乎不感兴趣，大体上认为，美学所研究的无非就是审美主体对于审美对象的审美欣赏。这是一个主—客二元的美学理论框架。1979年，他的著名论文《欣赏与自然环境》在《美学与艺术批评杂志》上发表，[③]

---

① Hepburn，Ronald W，“*Wonder*” *and Other Essays*：*Eight Studies in Aesthetics and Neighbouring Fields*，Edinburgh：University Press，1984，pp.14-15.

② Hepburn，Ronald W，“*Wonder*” *and Other Essays*：*Eight Studies in Aesthetics and Neighbouring Fields*，Edinburgh：University Press，1984，p.16.

③ Carlson，Allen，“*Appreciation and the Natural Environment*，” Journal of Aesthetics and Art Criticism，1979，37：267-76.

从此确立了他研究环境美学的基本思路和理论框架，也奠定了他在环境美学领域的领先地位。

卡尔森的环境美学自始至终围绕两个核心问题展开：一个是“欣赏什么”，第二个是“怎样欣赏”。这两个问题都是以艺术哲学为参照的。艺术品是人类的创造物，即迪基所说的“人工制品”，因此，我们知道它是什么，知道什么不是作品的一部分，知道它的哪些方面具有审美意义，还知道人们创造它们的目的是为了审美欣赏，总之，我们知道欣赏什么、怎样欣赏。这里，卡尔森引用了分析美学家阿瑟·丹托“艺术界”（Artworld）的观点。早在1964年，丹托发表了《赋予现实物体以艺术品的地位：艺术界》一文，提出某物只有经过了艺术界的认定才能成为艺术品。也就是说，某物能否成为艺术品，关键不在于它自身是否具有传统美学理论所说的“审美属性”等，而在于艺术界是否认可它。艺术界包括艺术理论氛围和关于艺术史的知识等。[①] 丹托的本意在于剖析一件物品“如何成为”艺术品，开了另一位分析美学家迪基的“艺术惯例论”的先声；不过，卡尔森介绍艺术界理论是为了说明“如何欣赏”艺术品——因为艺术史知识和艺术界区分了艺术与现实其他部分的界限，艺术史知识可以指导人们欣赏艺术。卡尔森并不完全同意丹托和迪基的理论，也无意深入讨论艺术和艺术界——因为他的论题是如何审美地欣赏自然环境。在他看来，分析美学的上述理论尽管“是对艺术的正确说明，但它不能不加修正地运用到自然环境欣赏中。因此，对于自然而言，‘欣赏什么’和‘如何欣赏’依然是两个开放的问题。”[②] 这就意味着，卡尔森的环境美学研究基于他对分析美学的批判性反思——分析美学所欠缺的地方，正是他要着力探索的方向。

卡尔森批判了自然欣赏中的两种模式，一是对象模式，二是景观模式。意味深长的是，他把二者都称为“艺术模式”（artistic model）或“艺术范式”（artistic paradigm），表明它们都是艺术欣赏的普遍模式——而正因为它们是人们欣赏艺术品时所通常采用的模式，它们无法完全适用于自然欣赏。

---

① Danto，Arthur，“*The Artistic Enfranchisement of Real Objects*，*the Artworld*，” Journal of Philosophy，1964，vol. 61，pp. 571-584.

② Carlson，Allen，*Aesthetics and the Environment*：*The Appreciation of Nature*，*Art and Architecture*，London；New York：Routledge，2000，p.42.

这表明，卡尔森环境美学的思维方式与赫伯恩一样，都是比较艺术欣赏与自然欣赏的差异。他自己在论述“环境模式”时，则反复强调乃至重复一个基本点：“自然环境是自然的，自然环境不是艺术作品。”① 他提出的自然环境模式不像艺术模式那样把自然物体同化为艺术对象，也不像景观模式那样把自然环境简化为风景。但是，这种模式依然遵循着“对于艺术进行审美欣赏的普遍结构”，欣赏自然环境就是把这种“普遍结构”运用到不是艺术的事物那里。② 一言以蔽之，艺术依然是卡尔森环境美学的最终底色——尽管他的环境模式对于“欣赏什么”这个问题的回答是“任何事物”，对于“怎样欣赏”这个问题的回答是“借助自然科学知识把自然体验为自然的”。

我们不禁要追问两个层面的问题：第一，真的有这种“艺术欣赏的普遍结构”吗？如果有，它来自哪里？答案只能是“可能有”，它只能来自长期的艺术审美教育；第二，更进一步，将这种“艺术”欣赏的普遍结构运用到对于自然环境的欣赏上，真的能做到卡尔森所说的、在自然环境中“欣赏一切”“如其自然地欣赏”吗？因为卡尔森本人对于这两个问题的回答都必然是肯定的，所以他提出了“自然全美”的“肯定美学”。但在笔者看来，由于卡尔森受艺术哲学的影响实在太深，对于艺术过度执着，他所提出的“自然环境模式”最终还是一种“艺术模式”而已，只不过它比卡尔森本人所批评的两种艺术模式更加隐蔽而已。笔者的结论是：卡尔森最终并没能走出艺术哲学，更不用说“反分析美学”了——他的环境美学是分析美学的理论延续或扩展。在当代环境美学家中，真正超越分析美学藩篱的是卡尔森的挚友兼学术论争的老对手伯林特——而伯林特的哲学基础正是与分析哲学处于对峙状态的现象学——这已经超出了本文的讨论范围。

三、分析美学与瑟帕玛的环境美学体系构建

芬兰学者约·瑟帕玛早在 1970 年就开始了环境美学研究，是国际上创

---

① Carlson, Allen, *Aesthetics and the Environment: The Appreciation of Nature, Art and Architecture*, London; New York: Routledge, 2000, p.49.

② Carlson, Allen, *Aesthetics and the Environment: The Appreciation of Nature, Art and Architecture*, London; New York: Routledge, 2000, p.51.

建环境美学这个领域的重要代表之一。1982年他得到加拿大政府资助，前往加拿大埃德蒙顿艾伯塔大学，师从艾伦·卡尔森进行学术访问与合作研究，所以受到卡尔森的很大影响。他于1986年出版的《环境之美》一书是国际上最早的由一个学者单独完成的系统性环境美学专著，其副标题“环境美学的普遍模式”显示了该书的学术目标与价值：为环境美学构建一个系统全面、可以普遍运用的理论模式。该书借鉴分析美学的美学观，深入辨析了自然欣赏与艺术欣赏的14点区别，更加充分地体现了分析美学对环境美学的重大影响。我们首先来看瑟帕玛的美学观及其对于环境美学的界定。

在《环境之美》一书的扉页上，瑟帕玛用一页的篇幅勾勒了全书的思路与框架。他开篇就写道：“美学一直由三个传统主导着：美的哲学，艺术哲学和元批评。在现代美学中，艺术之外的各种现象从来没有得到认真、广泛地研究。笔者这本书的目标是系统地描绘环境美学这个领域的轮廓——它始于分析哲学的基础。笔者将‘环境’界定为‘物理环境’，其基本区分是处于自然状态的环境和被人类改造过的环境。”① 这段言简意赅的概述至少包含了三方面的内容，它们都与界定环境美学这个新领域密切相关：第一，什么是美学；第二，什么是环境，第三，环境美学的哲学背景。对于我们这里的论题来说，第一、第三两个问题值得认真讨论。

什么是美学？按照西方美学观念史的轮廓，这个问题不难回答：美学首先是“美学之父”鲍姆嘉滕于1735年初次提出、于1750年充实完善的“感性学”（审美学），然后是黑格尔于19世纪提出的“艺术哲学”。直到环境美学兴起之时、甚至直到目前，在西方处于主导地位的基本上是艺术哲学，尽管20世纪的艺术哲学已经与黑格尔的艺术哲学大不相同——20世纪的艺术哲学主要经历了分析哲学的精神洗礼，哲学基础、研究方法和主要理论问题都与19世纪不可同日而语。那么，如何理解和看待瑟帕玛所说的“美学一直由三个传统主导着：美的哲学，艺术哲学和元批评”这句话？简单说来，这句话存在许多含混和不准确之处：一方面它忽视了鲍姆嘉滕的审美学及其重要意义，另一方面它把本来属于艺术哲学的元批评单列了出来，制造了不

---

① Sepanmaa, Yrjo, *The Beauty of Environment: A General Model for Environmental Aesthetics*, Painomeklari Ky, Scandiprint Oy, Helsinki, 1986. 作者下文紧接着又将“物理环境”表述为“physical environment”。

必要的混乱。我们下面来认真讨论一下。

瑟帕玛并非不了解鲍姆嘉滕，他认为“美的哲学”就来自于鲍姆嘉滕。他这样写道：“鲍姆嘉滕早期的美学定义始于‘美的哲学’（philosophy of beauty）这一基础，后来，这个基础一直被普遍地扩展为‘审美学’（aesthetics），也就是‘审美哲学’（aesthetic philosophy）。当时，审美被设想为一个极其宽广的领域，其范围包括各种审美对象，或具有审美属性的所有对象，或那些从审美的观点来研究的事物。”① 这段话表明，瑟帕玛对于鲍姆嘉滕的感性学之本义“审美学”有着精深的了解；然而奇怪的是，他在自己的环境美学研究中完全放弃了“审美哲学”而仅仅抓住“美的哲学”——他的论著的标题“环境之美”已经充分体现了这一点，其内在逻辑是：美学是研究“美”的，环境美学当然就是研究“环境美”的；而环境又被他理解为物理环境（physical environment），所以一个合理的推理就是：环境美学所研究的就是物理环境的美，或客观存在于物理环境之中的美。瑟帕玛对于鲍姆嘉滕的美学观所做的断章取义的片面接受，严重地影响了他的环境美学的深度与高度。这是非常遗憾的事。与瑟帕玛截然不同的是，环境美学家伯林特自始至终坚持，环境美学应该回到鲍姆嘉滕意义上的“审美哲学”。

瑟帕玛的美学观受分析美学影响很大，特别是受到门罗·比尔兹利美学观的影响。比尔兹利的《美学：批评哲学的各种问题》被认为是20世纪分析美学最深刻、最重要的著作。比尔兹利写作《美学》一书的时代，正是分析哲学如日中天的时候。分析哲学在美国高校占据着支配地位，主宰着当时的哲学理论。比尔兹利对于分析哲学的态度比较折中：他并没有完全接受逻辑实证主义或日常语言哲学的观点和方法；对于他来说，采取分析的立场研究艺术哲学，只不过意味着批评性地考察支撑艺术与艺术批评的基本概念和信条。从事这种哲学工作，需要明晰、精确，需要甄别与评价艺术品的见识。基于上述哲学观，比尔兹利认为美学无异于关于艺术的“元批评”（meta-criticism）。《美学》这部名著开门见山的第一句话就明确地揭示了这种立场：“如果没有人曾经讨论过艺术作品，那将没有美学的各种问题——

① Sepanmaa，Yrjo，*The Beauty of Environment*：*A General Model for Environmental Aesthetics*，Painomeklari Ky，Scandiprint Oy，Helsinki，1986，p.2.

我这样说的目的是划出这个研究领域的范围。”接下来他又进一步提出：“在这部书的研究过程中，我们将把美学设想为一种与众不同的哲学探索：它关注批评的性质和基础。”① 也就是说，美学研究的无非是艺术以及艺术批评的哲学基础。比尔兹利认为，批评性的陈述有三类，即描述性的、解释性的和评价性的。第一类关注艺术作品的非规范性的属性，也就是一般正常人都可以感到的属性；解释性的陈述也是非规范性的，但它关注艺术作品的“意义”，也就是这部作品与外在于它的某物的语义关系；与前两种陈述不同，评价性陈述则是规范性的判断，也就是说，它要判断一个作品的好坏优劣、如何好与如何坏。②

比尔兹利的上述观点深深影响了瑟帕玛。瑟帕玛把“元批评”特别突出出来，与“美的哲学”“艺术哲学”放在一起，并列为他说的“美学的三个研究传统”。这样说多少有点夸大其词：比尔兹利的“元批评”就是他的艺术哲学，二者并非两个东西；何况，元批评只不过是20世纪在分析哲学影响下所产生的艺术哲学观念之一，接受这种艺术哲学观的学者并不多见，它从来也没有成为什么“美学传统”。瑟帕玛这样说，无法是为了突出元批评的理论价值，抬高它的理论地位，从而为自己的“环境批评”(Environmental criticism）确立根据。《环境之美》一书的总页数为184页，而“环境批评”所占的篇幅为57页（从第79页到第136页），基本上是三分之一，足见其分量之重。在这一部分里，瑟帕玛依次讨论了环境批评的定义，哪些人可以称为环境批评家，环境批评的成分与任务等；其中，环境批评的成分和任务是他最为关心的。他仍然是借鉴了比尔兹利的观点来展开论述：比尔兹利认为批评性的陈述有描述性的、解释性的和评价性的三类，瑟帕玛就亦步亦趋地研究了环境描述、环境解释和环境评价三方面，认为环境批评的任务就是这些。公正地说，瑟帕玛所研究的环境批评富有很大的开拓性，因为在他之前，批评主要是艺术批评，没有人想到有什么环境批评；在

---

① Beardsley，Monroe，*Aesthetics：Problems in the Philosophy of Criticism*，2nd ed. Indianapolis：Hackett Publishing Company，Inc.，1981，p.1，p.6.

② 参看 Wreen，Michael，“Beardsley's Aesthetics”，*The Stanford Encyclopedia of Philosophy* (*Fall 2010 Edition*)，Edward N. Zalta (ed.)，URL=<http：//plato.stanford.edu/archives/fall2010/entries/beardsley-aesthetics/>。

日益发展壮大的环境运动中，描述环境、解释环境和评价环境无疑都具有重大意义。因此，瑟帕玛的理论贡献不容忽视。我们这里的所关注的主要是他与分析美学的关系。这种关系可以简单概括为“承续而拓展”：瑟帕玛首先承续了比尔兹利的元批评观念，然后将之拓展到比尔兹利所忽略的环境领域，也就是扩大了元批评的对象和范围。

除了比尔兹利之外，其他的著名分析美学家如维特根斯坦、莫里斯·韦茨（Morris Weitz）、阿瑟·丹托、乔治·迪基等，都是瑟帕玛著作中经常引用的人物。瑟帕玛对为分析美学奠基的分析哲学大师维特根斯坦充满敬意。在《环境之美》一书的“致谢辞”里，瑟帕玛提及的第一个人物就是维特根斯坦。维特根斯坦论及美学与艺术的论著并不多，他对于分析美学的贡献主要在于哲学思维方法上。他后期提出的“语言游戏”与“家族相似”等观念表明，他反对那种“对普遍性的追求”。他的追随者之一韦茨将这些观念应用到分析美学的核心工作——为艺术下定义——时，提出了艺术是个“开放的概念”的说法。瑟帕玛在讨论“三个美学传统”之一的“艺术哲学”时，引用和借鉴了上述两位分析美学家的观点。[①] 丹托在瑟帕玛这里出现频率很高。丹托最为著名的观点是“艺术界”理论：艺术界是由某种历史、理论环境构成的。该理论对于后来迪基提出的“艺术惯例论”和“艺术圈”说都有重大影响，瑟帕玛则引用了说明他的“艺术活动”与“分类”。他转述丹托的话说：“艺术作品总是存活在于一种关系之中，即它与调控它的概念系统的关系：那也就是与艺术理论、与美学的关系。”[②]

赫伯恩自然环境美学的论证方式是比较艺术欣赏和自然欣赏的差异，瑟帕玛的环境美学继续沿着这个思路前行，只不过他把赫伯恩提及的两点差异扩充为更加详尽的三方面共 14 点。这样划分的原因在于：瑟帕玛的理论出发点是艺术作品，因为在他看来，艺术作品是最基本的例证，其他现象都可以与它比较；艺术作品包括三方面的问题：创作、作品本身和接受者，所以，瑟帕玛把他的比较划分为与之一一对应的三方面：1—3 点与创作有关，

---

① Sepanmaa，Yrjo，*The Beauty of Environment*：*A General Model for Environmental Aesthetics*，Painomeklari Ky，Scandiprint Oy，Helsinki，1986，p.10.

② Sepanmaa，Yrjo，*The Beauty of Environment*：*A General Model for Environmental Aesthetics*，Painomeklari Ky，Scandiprint Oy，Helsinki，1986，p.6.

4—11 点与作品的属性有关，而 12—14 点与观察者或受众有关。应该说，这个思路本身就是分析美学的。但更为明显的则是，瑟帕玛在这里频繁地引用了丹托和迪基的相关理论。我们重点来分析瑟帕玛所论述的环境与艺术的第一点区别。

瑟帕玛的表述如下："艺术品是人工制品，是人造的——而（自然）环境则是既定的、独立于人的，或在没有全局规划的情况下形成的。"[①] 在瑟帕玛看来，艺术作品总是艺术家的活动与艺术惯例作用的结果，创造艺术品的目的是为了审美考察，至少是为了激发审美讨论。为了增强自己的理论根据，瑟帕玛在此几乎列举了迪基的所有代表作，诸如《艺术与审美》《艺术圈》。我们知道，迪基提出的"惯例论"（Institutional theory）是西方最流行、引发争议最多的艺术理论之一。迪基最初在《艺术与审美》认为，一件艺术作品必须具备两个最基本的条件：第一，它必须是人工制品；第二，它必须由代表某种社会惯例的艺术界中的某人或某些人授予它以鉴赏的资格。其中，第二个条件更加重要，它是惯例论的核心。[②] 惯例论受到了来自比尔兹利等人的尖锐批评，迪基在回应批评的过程中也不断修正自己的理论。《艺术与审美》出版 10 年之后发表的《艺术圈》一书则基本上放弃了"授予"的概念，修正后的惯例论保留了艺术品的第一个基本条件，即"必须是件人工制品"，而把第二个条件修改为：它是为了提交给艺术界的公众而被创造出来的。此时的迪基所重点探讨的已经不是"授予"问题，而是"什么是人工制品"问题。这样一来，第一个条件就成了迪基艺术哲学的核心，他以一块自然形成的漂浮木为例展开讨论，旨在说明人工制品与非人工制品的差异。比如：某人捡起一块漂浮木头，把它扔在海滩的另外一个地方——这块木头就不是人工制品，因为它没有受到任何人的加工；如果某人捡起了这块同样的木头，用小刀把它削成一把鱼叉，这时，它就是人工制品，因为有人加工过了它，如此等等。[③] 我们这里无意讨论迪基惯例论的是非得失，我们

---

① Sepanmaa，Yrjo，*The Beauty of Environment*：*A General Model for Environmental Aesthetics*，Painomeklari Ky，Scandiprint Oy，Helsinki，1986，p.56.

② Dickie，George，*Art and the Aesthetic*：*An Institutional Analysis*，Cornell University Press，Ithaca and London，1974，pp.35-45.

③ Dickie，George，*The Art Circle*：*A Theory of Art*，Haven Publications，New York，1984，pp.44-45.

的目的是想揭示如下事实：辨别自然物与人工制品的区别是艺术哲学的中心议题之一，它天然地包含着走向自然美学的因子。瑟帕玛的环境美学正好利用了艺术哲学的这个要点。他在自己的著作中明确地标注了自己的理论来源。迪基的"艺术惯例论"还影响了瑟帕玛对环境与艺术的第二点区别："艺术品产生于、接受于由各种惯例构成的框架之中——环境之中则没有这样明确的框架。"在论述第四点时，瑟帕玛引用了丹托的理论："艺术品是虚构的——环境则是真实存在的。"此处引用的是丹托 1973 年的论文《艺术品与真实之物》。① 其他还有一些引用，我们这里不再一一列举了。总之，可以非常有把握地说，瑟帕玛环境美学是分析美学"自然与人工"之辩的合理延伸——而这一点，也正是赫伯恩倡导自然美研究的出发点。

总而言之，环境美学与分析美学的关系可以概括为一句话：承续而拓展。这当然只是环境美学的一个方面或一个立场——卡尔森经常讲环境美学有两个立场，一是以他本人为代表的"认知"立场，二是以伯林特为代表的"交融"立场。伯林特的环境美学主要受到现象学美学与实用主义美学的影响，与分析美学的距离很远。那将是另外一个论题了。

（原载《文艺研究》2012 年第 3 期）

① Sepanmaa，Yrjo，*The Beauty of Environment*：*A General Model for Environmental Aesthetics*，Painomeklari Ky，Scandiprint Oy，Helsinki，1986，pp.55-59.

建设性后现代视域中的生态美学建构及其意义

杨建刚

生态美学自20世纪90年代提出以来，已经取得了非常丰硕的理论成果，并逐渐成为一门显学而受到越来越多的关注和研究。生态美学是由中国学者建立的美学学科，也是中国学者对世界美学界的一大贡献。生态美学的提出是中国美学家对日益严重的生态危机所作出的理论回应，也是对新时期以来在中国美学界居统治地位的实践美学的反思、批判和超越，而其大的理论背景则是20世纪后期以来世界进入后现代的社会文化语境。因此，我国著名生态美学家曾繁仁指出："从时间上来说，生态美学是20世纪后期，特别是21世纪后工业社会的产物，是后现代语境下的一种不同于传统学科的新兴学科。"①

中国学术界对后现代理论已经非常熟悉，提到后现代我们立刻可以列出德里达、福柯、鲍德里亚、詹姆逊等一系列解构主义理论家的名字。相反，中国美学界对小约翰·柯布（John B. Cobb）和大卫·格里芬（David. R.Grifin）等人提倡的建设性后现代主义却没有予以足够的重视。这种建设性后现代主义关注的核心问题是生态问题，并认为建设性后现代必然是生态的。生态美学得以建立的后现代语境正是这种建设性的后现代文化语境，其理论观念对中国的生态美学建构具有重要的参考价值和理论意义。曾繁仁教授断言在"建设性后现代语境下中国生态审美智慧将重放光彩"。故而把生态美学置于建设性后现代的理论视域中，研究二者的内在关联，对我国生态美学的建构和发展具有重要意义。

---

① 曾繁仁：《生态美学导论》，商务印书馆2010年版，第453页。

一、两种后现代的关联与差异

20 世纪 70—80 年代之后，西方世界进入了后现代发展时期，与此相对应的后现代文化思潮大行其道，风靡欧美，乃至影响了全球包括建筑、文学、艺术、哲学等各个领域。因此，近 30 年来，在西方学术界，后现代已经成为一个标签，在各个研究领域内随处可见。詹姆逊认为，如果说现实主义体现的是市场资本主义的文化特征，现代主义超越了民族市场的界限，体现着扩展了的世界资本主义或帝国主义的文化特征的话，那么后现代主义则是资本主义发展到跨国资本主义阶段的产物，体现了晚期资本主义的文化逻辑。① 凯尔纳认为“后现代主义不过是现代主义的一种新面孔、新发展”。②“后现代”一词更多涉及人们对现代性的态度以及超越现代性的方式。因此，尽管后现代一词在使用中包含了各种不同的含义，但其共同之处在于，它可以概括为一种广泛的情绪而不是任何共同的教条，即一种认为人类可以而且必须超越现代的普遍情绪。

从这个角度看，尼采可谓后现代的鼻祖。尼采提出的“上帝死了”“重估一切价值”等观念对 20 世纪的思想界具有振聋发聩的作用，为反思现代性的后现代思潮奠定了理论基础。彼得·奇马（Peter V. Zima）认为康德、黑格尔和尼采是 20 世纪文学理论和美学的三大理论源头，20 世纪的所有理论都可以从中找到理论资源。如果说俄国形式主义、英美新批评和法国结构主义是康德美学的继承人，马克思主义是黑格尔思想的发展，那么解构主义、女性主义、后殖民主义等具有后现代色彩的理论流派的思想源头则是尼采哲学。③ 因此，哈贝马斯指出，作为从现代向后现代的转折点，是“尼采打开了后现代的大门”。④ 凯尔纳也认为：“尼采对西方哲学基本范畴所做的

---

① ［美］詹明信：《晚期资本主义的文化逻辑》，陈清侨等译，生活·读书·新知三联书店 1997 年版，第 286 页。

② ［美］道格拉斯·凯尔纳、斯蒂文·贝斯特：《后现代理论：批判性的质疑》，张志斌译，中央编译出版社 2011 年版，第 38 页。

③ Peter V. Zima. *The Philosophy of Modern Literary Theory*. London：The Athlone Press.1999.

④ ［德］于尔根·哈贝马斯：《现代性的哲学话语》，曹卫东译，译林出版社 2008 年版，第 108 页。

深刻犀利的哲学批判，为许多后结构主义和后现代批判提供了理论前提。”①尼采的这种反思和批判意识对后现代主义思潮产生了直接的影响，决定了后现代主义文化和哲学的表现形态和理论特征。这种后现代观念体现在各个方面。伊格尔顿从文化和哲学等方面对后现代思潮的特点进行了总结和概括，指出：“后现代主义是一种文化风格，它以一种无深度的、无中心的、无根据的、自我反思的、游戏的、模拟的、折中主义的、多元主义的艺术反映这个时代性变化的某些方面，这种艺术模糊了‘高雅’和‘大众’文化之间，以及艺术和日常经验之间的界线。”②后现代主义文化的这种特点与其哲学观念直接相关。“从哲学上说，后现代思想的典型特征是小心避开绝对价值、坚实的认识论基础、总体政治眼光、关于历史的宏大理论和‘封闭的’概念体系。它是怀疑的、开放的、相对主义的和多元论的，赞美分裂而不是协调，破碎而不是整体，异质而不是单一。它把自我看作是多面的、流动的、临时的和没有任何实质性整一的。后现代主义的倡导者把这一切看作是对于大一统的政治信条和专制权力的激进批判。”③

后现代主义的这种反思和批判意识体现了一种“微观政治”，具有重要的理论价值。正如伊格尔顿所言，后现代主义“是西方一个特定历史时代的意识形态，这就是被辱骂的和被羞辱的群体正在开始恢复他们的历史和人格的时代”。④但是也不可忽视其中所包含的消极因素。麦茨·埃尔弗森指出：“虽然后现代主义思想未必意味着一种否定的或破坏性的立场，但是后现代作品的旨归以及最明显或许也是最新鲜有趣的蕴意，是沿着极端的怀疑和问难方向发展的。”⑤当这种后现代主义思潮弥漫到社会生活的各个方面，成为一个时代的文化表征的时候，其所具有的虚无主义和相对主义的弊端也日益显露出来。詹姆逊认为，在这种文化语境中，一切深度模式都被消解了，后

① [美] 道格拉斯·凯尔纳、斯蒂文·贝斯特：《后现代理论：批判性的质疑》，张志斌译，中央编译出版社 2011 年版，第 24 页。
② [英] 特里·伊格尔顿：《后现代主义的幻象》，华明译，商务印书馆 2000 年版，第 1 页。
③ [英] 特里·伊格尔顿：《后现代主义的幻象》，华明译，商务印书馆 2000 年版，致中国读者第 1 页。
④ [英] 特里·伊格尔顿：《后现代主义的幻象》，华明译，商务印书馆 2000 年版，第 138 页。
⑤ [瑞典] 麦茨·埃尔弗森：《后现代主义与社会研究》，甘会斌译，上海人民出版社 2011 年版，第 58 页。

现代主义文化是一种平面的、破碎的、拼贴的、戏仿的文化。格里芬认为，这种后现代主义“以一种反世界观的方法战胜了现代世界观：它解构或消除了世界观中不可或缺的成分，如上帝、自我、目的、意义、现实世界以及一致真理。由于有时出于拒斥极权主义体系的道德上的考虑，这种类型的后现代思想导致相对主义甚至虚无主义。”① 这种后现代主义在反思现代性的灾难的同时，却又把人类带入虚无主义的新灾难，世界失去了意义的根基，真理、价值、正义等问题都变成了无意义的东西。所以，马歇尔·伯曼借用马克思的话把他研究现代性体验的著作直接起名为《一切坚固的东西都烟消云散了》。诺里塔·克瑞杰也借用《圣经》故事把后现代的特点描述为“沙滩上的房子”。②

在这种后现代文化语境中，当世界陷入虚无主义之后，重建一个意义世界就成为理论界直接面对的问题。伊格尔顿认为，这个充满怀疑精神的“理论”时代随着德里达、福柯、巴特等人的离世已经结束，“后理论”时代的首要任务就是重新建立意义世界，重新关注一直被怀疑和解构的意义、价值、真理、普遍性等宏大理论问题。为世界重新建立意义和目的，应该成为理论建构的目标所在。③

正是出于这一目的，美国克莱蒙研究生大学过程研究中心和后现代发展研究院的后现代研究团队提出了另一种不同的后现代理论范式。为了和上述后现代区分开来，大卫·格里芬称上述理论为“解构性的后现代主义”(Deconstructive Postmodernism)，与此相对，把自己提出的后现代称为“建设性的后现代主义”(Constructive Postmodernism)。“这两种后现代哲学的区别不在于必须解构那些对现代（而且有时是前现代的）世界观来说至关重要的概念，而在于建构一种新的宇宙论（它可能成为未来几代人的世界观）的必要性和可能性。”④ 格里芬的老师、生态神学家小约翰·柯布指出，作为后现代形态之一，“建设性后现代主义正在为现代世界提出一个积极的选择

---

① ［美］大卫·雷·格里芬：《后现代精神》，王成兵译，中央编译出版社 2011 年版，第 225 页。

② ［美］诺里塔·克瑞杰主编：《沙滩上的房子》，蔡仲译，南京大学出版社 2003 年版。

③ ［英］特里·伊格尔顿：《理论之后》，商正译，商务印书馆 2009 年版。

④ ［美］大卫·雷·格里芬：《超越解构：建设性后现代哲学的奠基者》，鲍世斌等译，中央编译出版社 2002 年版，第 1 页。

途径。但这并不意味着它就反对解构现代性的诸多特征的工作。重要的是，对现代性的批判和拒绝应当伴随着重构的主张”。[①] 因此，当一切都遭到解构而导致世界变得虚无之后，在这个生态危机日益严重、社会问题层出不穷的时代，提出一种建设性的理论主张的意义就不言而喻了。“这种后现代精神是重构主义的、乐观的、合乎规范的。它不是要抛弃现代主义的积极的一面，而是试图取代其消极的一面。后现代可能意味着人类将有能力摆脱当今世界的暴力、贫穷、生态恶化、压迫和非正义现象。”[②] 这种建构不是要重新建造一种新的世界观，而是把前现代、现代和后现代的诸多有价值的理论和观念进行综合，并应用于社会生活的各个领域。正如格里芬所言，建设性后现代“试图战胜现代世界观，但不是通过消除上述世界观本身存在的可能性，而是通过对现代前提和传统概念的修正来建构一种后现代世界观。建设性或修正的后现代主义是一种科学的、道德的、美学的和宗教的直觉的新体系……建构性后现代思想强调，范围广泛的解放必须来自现代性本身，它为我们时代的生态、和平、女权和其他解放运动提供了依据。”[③]

解构性的后现代主义把尼采作为精神导师，是从尼采的路径反思现代性，而建设性后现代则是怀特海哲学的继承者，从怀特海的过程哲学出发，来建构一种有机世界观。和尼采不同，怀特海是一位科技哲学家，他的有机哲学观是通过对 17 世纪以来的科技发展史的反思而建构起来的。因此，与解构性后现代主义主要集中在文化和哲学领域不同，建设性后现代主义所讨论的问题更多贴近于自然科学和社会科学，它所涉及的范围更加广泛。格里芬等人所建立的建设性后现代主义包含了后现代社会中的科学、教育、农业、商业、政治和伦理等各个方面，而在这些方面贯穿始终的是一条生态世界观的线索。生态问题作为未来人类所面临的最大问题是一种“元问题”，关注生态问题，为人类的共同福祉而努力应该成为未来社会的最大政治。因

---

① [美] 小约翰·B. 科布：《建设性的后现代主义》，孔明安、牛祥云译，《求是学刊》2003 年第 1 期。

② [美] 大卫·雷·格里芬：《后现代精神》，王成兵译，中央编译出版社 2011 年版，第 128 页。

③ [美] 大卫·雷·格里芬：《后现代精神》，王成兵译，中央编译出版社 2011 年版，第 225 页。

此，对日益严重的生态危机的关注和研究也就成为建设性后现代主义理论建构的重中之重。格里芬坚信，“作为人类的我们如果想要继续繁荣发展，甚至是想要继续生存的话，就需要走向一种生态文明”。[①] 从生态的角度思考上述问题，是建设性后现代主义理论的方法论基础，建立一个生态文明时代则是其最终的价值指向。可以说，建设性后现代主义所讨论的各种问题都可以加上“生态”的定语。因此，格里芬认为“建设性后现代从根本上来看是生态学的，它为生态运动所倡导的持久的见解提供了哲学和意识形态方面的根据”。[②] 从这个意义上说，建设性后现代主义也可以称为“生态后现代主义”。[③]

二、建设性后现代主义的生态观

格里芬认为：“尽管怀特海从未使用过‘后现代’这个词，但他谈论现代的方式却有着一种明确的后现代语调。”[④] 对建设性后现代主义的基本构想，怀特海哲学提供了最系统、最明确的说明。美国过程哲学家罗伯特·梅斯勒对怀特海过程哲学的基本观念进行了分析。他认为，在西方哲学中，柏拉图牢固地建立起了存在首位的学说，这一点在启蒙时代由笛卡尔得以加强。他们认为世界是由物质的“实体”和精神的“实体”（特别包括人的灵魂）构成的。这些“实体”既是独立存在的，又是在变化中保持不变的。“较之生成，存在是首位；较之相关性，独立性是首位；较之过程，事物是首位。”[⑤] 怀特海创立了一种“有机哲学”(the philosophy of organism)，对雄霸西方哲学中心地位两千余年的这种机械论世界观进行了批判。怀特海认为，

---

① 李惠斌、薛晓源、王治河编：《生态文明与马克思主义》，中央编译出版社 2008 年版，第 52 页。

② [美] 大卫·雷·格里芬：《后现代精神》，王成兵译，中央编译出版社 2011 年版，第 216 页。

③ 李惠斌、薛晓源、王治河编：《生态文明与马克思主义》，中央编译出版社 2008 年版，第 7 页。

④ [美] 大卫·雷·格里芬：《超越解构：建设性后现代哲学的奠基者》，鲍世斌等译，中央编译出版社 2002 年版，第 227 页。

⑤ [美] 罗伯特·梅勒斯：《过程—关系哲学——浅释怀特海》，周邦宪译，贵州人民出版社 2009 年版，第 7 页。

世界不是固定的“存在”，而是“过程或生成”。世界是一个有机的整体，各种“现实实有”（actual entity，也有人译为“动在”）在其中紧密联系构成了一个关系网络。“一个现实实有是如何生成的，这决定了该现实实有是什么；因此，对一个现实实有的两种描述并非是相互独立的。它的‘存在’(being) 是由它的‘生成’(becoming) 构成的。这便是‘过程的原理’。”① 而“一个机体便是一个联系，每一个现实实有本身只能被描述为一个有机过程”。② 在一个有机体中每一个事物都与其他事物密切相关，并有自己的固有价值。从这个意义上说，怀特海的“过程哲学”也可称为“关系哲学”或“有机哲学”，这种哲学正是建设性后现代生态哲学的理论源泉。正如日本学者田中裕指出的：“怀特海的哲学，尤其是其中的有机论自然观，是一种意义深远的生态学，即在自然界诸种生命活动整体中为人类定位这种思维方式的先驱。怀特海的哲学以宇宙论的方式展望了现代世界最深刻的问题——地球环境危机，在美国基督教神学家中最早敲响了环境问题警钟的人，是曾经跟随怀特海学习过的过程神学家约翰·柯布，这并非偶然。”③ 柯布也明确指出：“怀特海的思想本来就是生态的；自从 20 世纪 60 年代晚期以来，我们就一直在反思他的思想与这个深陷生态危机的世界之间的潜在实践关联。”④ 在人类社会遭遇严重生态危机的今天，怀特海的有机哲学要求深刻反思人类在自然界中的位置。怀特海在自己的哲学中所实践的“观念的冒险”，无疑对文明的未来具有重大意义。正是怀特海的“有机哲学”为建设性后现代主义理论的提出和建构奠定了坚实的哲学基础。

建设性后现代理论家们普遍认为，目前日益严重的生态灾难、军国主义和核威胁等人类所面临的严重危机直接导源于现代性的世界观，自然危机本质上是人类的精神危机和信仰危机，因为“我们的宇宙观、世界观必然决定着我们的伦理观和生活方式”。⑤ 长期以来，人们一直遵循着一种“支离

① [英] A. N. 怀特海：《过程与实在》，周邦宪译，贵州人民出版社 2009 年版，第 31 页。

② [英] A. N. 怀特海：《过程与实在》，周邦宪译，贵州人民出版社 2009 年版，第 294 页。

③ [日] 田中裕：《怀特海：有机哲学》，包国光译，河北教育出版社 2001 年版，第 17 页。

④ 李惠斌、薛晓源、王治河编：《生态文明与马克思主义》，中央编译出版社 2008 年版，第 4 页。

⑤ [美] 大卫·雷·格里芬：《后现代精神》，王成兵译，中央编译出版社 2011 年版，第 206 页。

破碎的、祛魅的、以权力为基础的、竞争性的现代世界观”。[①]这种现代世界观建立在伽利略、培根、笛卡尔和牛顿等几代科学家所努力创立的二元论、机械论的世界观的基础之上。

格里芬从四个方面对这种现代世界观进行了分析。从力量的本质角度来看，现代范式的一个灾难性特征就是，它使强制性的力量成为一切变化的基础。无论是有神论还是无神论，都认为力量是世界得以运转的原因，不同仅仅在于，有神论认为力量控制在上帝的手中，而当上帝消失之后，无神论者把整个世界看作是各种不同的基本实体之间力量关系的产物而已。达尔文的进化论是其代表理论，适者生存造成的是世间万物为了各自的利益而无情地恶性竞争。在自然的本质方面，现代世界观主张人与自然对立的二元论思维模式和绝对的唯物主义自然观，把自然看作僵死的东西，是由无生气的物体构成的，是外在于人类的客体世界。马克斯·韦伯把这种观念概括为“世界的祛魅”（the disenchantment of the world）。在这种现代世界观中，对世界的科学解释代替了神学的解释，知识不再被用来服务于上帝和支撑信仰，而是进一步服务于人类并扩充人类征服自然的能力。他们坚信，“科学要取得进步，就必须对世界进行祛魅，从其中清除掉所有把自然看作是充满了生命和精灵力量的影响……通过对宇宙进行先进而严密的数学和物理解释，现代科学君临于‘僵死的自然’，并将生机勃勃的自然世界转变成一架死的机器。这种前景极大地推进了支配自然的工程，因为它断言无生命的物质既不妨碍也不阻挡它的操纵。”[②]现代世界观遵从一种主客二分的主奴辩证法，人类是世界的主体，而外部世界中的一切都是受人类主宰的客体。这种世界观产生了一种激进的人类中心主义伦理观，并在决定对待自然的方式时，人类的欲望及其满足是唯一值得考虑的因素。人们不必去顾及自然的生命及其内在价值，自然成为人得以控制和操纵的工具。这种世界观也直接导致了工具理性的盛行。这种掠夺性的世界观一旦成为一种普世观念，对自然的剥削和掠夺就在所难免。这直接造成了“人与自然的那种亲切感的丧失，同自然的交流

---

① ［美］大卫·雷·格里芬：《后现代精神》，王成兵译，中央编译出版社2011年版，第205页。

② ［美］斯蒂芬·贝斯特、道格拉斯·科尔纳：《后现代转向》，陈刚译，南京大学出版社2002年版，第259页。

之中带来的意义和满足感的丧失……人们越来越不是通过与自然的律动保持和谐的方式，而是通过对自然的控制和支配来寻找这种意义。”① 人与自然之间的依存关系被破坏了，自然成为人类为了自身生存可以肆意掠夺的“资源”，而不是人类赖以生存的家园。正如凯尔纳所言：“现代科学允许人类在他们对世界的知识中获得更多的确定性，但是却以丧失类似于在家的舒适感为代价。”② 现代范式的第三个特征是它的片面的人性观。这种人性观包括两个方面，一是认为性欲是驱动我们的唯一真正的原因，二是认为人是一种经济动物，经济动机是决定一切的力量。现代经济中所宣扬的似乎就是，性动机与经济动机的结合是人类一切行为的动因。现代范式的第四个特征是一种非生态的存在观。17 世纪的思想家们认为自然是一个独立的实体，这些实体不受周围环境中的事物的内在影响。格里芬认为这种非生态的、非关系性的存在观的消极后果之一就是生态本身的危机，特别是各种形式的污染。另一后果是，它使我们产生了一种看法，认为自己完全是独立、自主的个体，可以离开他们或群体的利益而实现自己的利益，人类为了实现自己的利益可以不顾整体环境和他人的利益。

历史事实已经证明，自 16 世纪以来建立起来的这种现代范式已经陷入困境，它在为人类社会带来巨大发展的同时也把人类引入了一条万劫不复的深渊。“人们不再把现代性看作是所有历史一直苦苦寻求以及所有社会都应遵守的人类社会的规范，而越来越视之为一种畸变”，所以，面对现代性所带来的种种危机，“我们可以而且应该抛弃现代性。事实上，我们必须这样做，否则，我们和地球上的大多数生命都将难以逃脱毁灭的命运”。③ 因此，要解决这些危机首先就是要在对现代性世界观进行反思、批判乃至抛弃的基础上建立一种全新的后现代世界观。正如格里芬所言：“我们只有摒弃了现代世界观，才有可能克服目前的各种建立在这种世界观之上的、用于指导个人和社区生活的灾难性的方法。并且，只有当我们拥有

---

① ［美］大卫·雷·格里芬：《后现代精神》，王成兵译，中央编译出版社版 2011 年版，第 221 页。

② ［美］斯蒂芬·贝斯特、道格拉斯·科尔纳：《后现代转向》，陈刚译，南京大学出版社 2002 年版，第 260 页。

③ ［美］大卫·雷·格里芬：《后现代精神》，王成兵译，中央编译出版社 2011 年版，第 223 页。

了新的看上去更可信的世界观，我们才有可能放弃这种旧的观点。只有当后现代范式开始出现的时候，现代范式才会消亡。”① 解决人类当前所面临各种危机的当务之急就是把各种力量联合起来，建立一种让当代人，尤其是正在成长的一代感到更为可信的世界观，并着手建立一种用以规范个人、社区、国家以及国际关系的新伦理学，为了人类共同的福祉而提供将会带来更好的生活方式的现实主义的希望。这也正是他们建立后现代世界中心的目的之所在。

小约翰·柯布把建设性后现代主义定义为“一种建立在有机联系概念基础之上的推重多元和谐的整合性的思维方式，它是传统、现代、后现代的有机结合，是对现代世界观和现代思维方式的超越”。② 柯布进而从七个方面对这种后现代世界观的特点进行了概括。一是反对二元论，主张整体有机论，认为宇宙是一个有生命的整体，处于一种流变的过程中，并且相互联系。世界的发展是一个开放的体系，是一个不断演化的过程。二是在人与人的关系上，摈弃激进的个人主义，主张通过倡导“主体间性”和“共同体中的自我”来消除人我之间的对立。三是在人与自然的关系上，主张人与自然之间是一种动态的平衡关系，人与自然应该和谐共处，因此主张生态主义。四是在方法论上推重高远的整合精神。五是在不同文化和宗教之间鼓励对话和互补。六是对现代性的态度不是简单地否定，而是扬弃，既克服又保留。七是在经济上所诉诸的是共同体的发展和可持续的发展，所寻求的是一个“既是可持续的，又是可生活的社会”。显而易见，在柯布所总结的建设性后现代主义的所有特征中始终贯穿着一条生态的线索，因为他认为“生态学为后现代世界观提供了最基本的要素”。③ 正因为如此，费雷德里克·费雷把生态科学看作是“一门年轻而意义重大的后现代科学”，④ 托马斯·伯里则把

① ［美］大卫·雷·格里芬：《后现代精神》，王成兵译，中央编译出版社 2011 年版，第 205 页。

② ［美］柯布、樊美筠：《现代经济理论的失败：建设性后现代思想家看全球金融危机——柯布博士访谈录》，《文史哲》2009 年第 2 期。

③ ［美］大卫·雷·格里芬编：《后现代科学》，马季方译，中央编译出版社 1995 年版，第 132 页。

④ ［美］大卫·雷·格里芬编：《后现代科学》，马季方译，中央编译出版社 1995 年版，第 120 页。

这种后现代文化概括为一种“生态时代的精神”。①

三、建设性后现代与生态美学建构

建设性后现代主义作为一种世界观对建设生态文明社会具有重要的理论价值和现实意义。然而，遗憾的是，他们的声音在西方社会却并没有得到足够的重视。相对于解构性的后现代主义在西方学术界所具有的统治地位而言，建设性后现代主义完全处于学术界的边缘。目前美国大学哲学系还是以分析哲学为主流，即使建设性后现代主义的精神导师怀特海的哲学也被放在神学院，研究者寥寥。甚至在维克多·泰勒编写的两卷本《后现代主义百科全书》中对建设性后现代和大卫·格里芬等人都根本没有提及，道格拉斯·凯尔纳在《后现代转向》一书中对他们的思想也只是简单提及。其中原因可能在于，建设性后现代主义理论还处于发展的过程之中，尚未形成一套完善的理论体系，其著作也无法与德里达、福柯和鲍德里亚等人的皇皇巨著相比。更重要的原因在于，在西方世界，格里芬等人所极力批判的现代范式仍然处于主导地位，并没有受到太多的反思和批判，因此建设性后现代主义的理论主张就显得与这个被捆绑在经济战车上的疯狂的资本主义世界格格不入。正因为如此，格里芬等人把发展建设性后现代主义、建设生态文明社会的希望寄托于中国。在他们看来，作为一个世界大国，“地球及其人类居住者（还包括其他居住者）的前途，取决于中国正在制定的种种政策”。② 令他们感到兴奋的是，“中国政府是世界上第一个把建设‘生态文明’作为主要目标的政府。虽然宣布一个目标和实际地采取措施去推动它还存在着很大的差距，但是，这种宣布本身就是非常重要的一个步骤……通过提倡发展生态文明，中国已经显示了向这种后现代方向迈进的意图和决心”。③ 尽管中国的现代化还没有完全实现，但是正如格里芬所言：“中国可以通过了解西

---

① ［美］大卫·雷·格里芬：《后现代精神》，王成兵译，中央编译出版社 2011 年版，第 89 页。

② 李惠斌、薛晓源、王治河编：《生态文明与马克思主义》，中央编译出版社 2008 年版，第 172 页。

③ 李惠斌、薛晓源、王治河编：《生态文明与马克思主义》，中央编译出版社 2008 年版，第 7 页。

方世界所做的错事，避免现代化带来的破坏性影响。这样做的话，中国实际上是‘后现代化了’。”① 从这个意义上来说，中国要建设生态文明社会，发展建设性后现代主义便是极有必要的。事实证明，建设性后现代主义与中国的传统哲学有密切的契合度，其主张也非常符合中国当代的社会现实，对中国学术乃至社会的发展具有重要的启示意义。

建设性后现代主义并不限于某一学科，而是涉及诸多学科的一种新的世界观或理论范式，其基本理念可以为多个学科所借鉴。就美学而言，虽然建设性后现代理论家柯布和格里芬甚至怀特海等人都没有专门从事美学和文学批评研究，但其所提出的基本理念却对美学学科的建设和发展具有重要的启示意义。怀特海认为：“建构一个观念体系，以便将审美的、道德的以及宗教的关注与那些源于自然科学的有关世界的诸种概念结合起来，这也应该是一个完整宇宙论的目的之一。”②J–M. 费里也认为：“未来环境整体化不能靠应用科学或政治知识来实现，只能靠应用美学知识来实现。”③ 面对日益严重的生态危机，建设和发展一种建设性的后现代主义就比解构性的后现代主义更有价值。因此，把美学和生态学结合起来，从美学的角度对生态问题予以回应，建立一种生态美学就既是必要的、合理的，也是可能的。

建设性后现代主义所倡导的生态世界观与生态美学的基本理论问题密切相关，因此对中国生态美学的建构和发展具有重要的启示意义。

第一，建设性后现代主义的有机论哲学观有助于拓展生态美学的哲学基础。

中国生态美学虽然自 20 世纪 90 年代就有了相关论述，但是其真正繁荣还是在新世纪之后。短短的十余年间生态美学取得了空前的发展，但是不可否认，它还处于初步的建设之中，需要更多学者的参与来完善和发展。就目前的研究来看，在生态美学的西方理论资源中，中国学者更多地借鉴马克思的实践论和海德格尔的存在主义哲学，对建设性后现代主义的生态观念，尤其是怀特海的过程哲学研究较少。作为建设性后现代主义最主要的理论奠

---

① ［美］大卫·雷·格里芬编：《后现代科学》，马季方译，中央编译出版社 1995 年版，中文版序言第 13 页。

② ［英］A. N. 怀特海：《过程与实在》，周邦宪译，贵州人民出版社 2009 年版，第 2 页。

③ 鲁枢元：《生态文艺学》，陕西人民教育出版社 2000 年版，第 27 页。

基者，怀特海早在20世纪30—40年代就对现代科学及其世界观进行了反思和批判，在他的著作中已经包含了清晰的生态观念，而当时的世界还在为现代科学的伟大力量和光明前景而欢呼雀跃。正因为怀特海的这种前瞻性使他的哲学在西方学术界没有受到足够的重视。虽然早在20世纪上半叶我国学术界已经开始介绍怀特海哲学，但是，对怀特海哲学中所蕴含的生态观念的研究还比较粗浅。因此，“要使怀特海具有生态精神的形而上学开始作为人们熟悉的传统观点的替代物而占有一席之地，还有很多工作要做”。① 另外，怀特海出于自己的整体性有机哲学观念对工业文明所造成的环境与艺术和审美的内在张力进行了有力的批判。怀特海认为：“对于文明社会的审美的需要来说，科学的反作用从来是不幸的，它的唯物论基础使人们都把事物和价值对立起来。”② 事实证明，在工业化最发达的国家中，艺术被看成一种儿戏。在伦敦美轮美奂的泰晤士河上架设一座铁路桥，设计这座桥时根本就没有考虑审美价值。因此，在他看来，“伟大的艺术就是处理环境，使它为灵魂创造生动的但转瞬即逝的价值”。③ 怀特海的这种基于生态和环境的审美意识对生态美学的建构具有参考意义。

第二，有助于中国古代生态审美智慧的现代转换和发扬光大。

格里芬指出，对现代和后现代的划分只是一种出于方便起见的二元划分法。事实上，“在我们构想后现代主义的美好前景时，吸取前现代的理解和智慧是有帮助的。在许多方面，前现代比现代更有助于我们去构想后现代，尤其是它暗含的生态学世界观……走向后现代世界的过程需要前现代主义、现代主义和后现代主义形式在我们的生活和关于无限未来的意识中彼此共存、相互渗透”。④ 由此可见，与解构性后现代主义不同，建设性后现代主义并不否定前现代和现代的合理因素，而是倡导前现代、现代和后现代的有效结合。这给我们提出了重建美学的一条重要途径。我们不能仅仅停留在批判的层面，不是要和过去断裂，而是要在过去的智慧中寻求对现代和未来

① ［美］菲利浦·罗斯：《怀特海》，李超杰译，中华书局2002年版，序第5页。
② ［英］A. N. 怀特海：《科学与近代世界》，何钦译，商务印书馆2009年版，第223页。
③ ［英］A. N. 怀特海：《科学与近代世界》，何钦译，商务印书馆2009年版，第222页。
④ ［美］大卫·雷·格里芬：《后现代精神》，王成兵译，中央编译出版社2011年版，第142页。

有价值的东西。著名生态后现代主义思想家斯普瑞特奈克认为："在这重新反思现代性意识形态假设的关键时刻，中国不仅面对着一系列问题，而且还深藏着解决问题的智慧。"[①] 中国古典哲学中充满了生态审美智慧，比如天人合一、生生为易、万物齐一、参赞化育、仁民爱物、民胞物与、天地境界、气韵生动等等。发展一种建设性后现代主义的生态文明不是要抛弃这些古代观念，而是要对其进行一种现代转换，从而把它和现代、后现代的世界观进行有效结合，让其在当代的后现代文化语境中发挥重要价值。格里芬认为，"古代中国的生态观念要比西方的机械论思维能更富有成效地促进当代科学"。[②] 因此，在建设性后现代文化语境中，中国古代的生态审美智慧必将重放光彩，并对当代生态美学乃至生态文明社会的建构发挥重要作用。

第三，有助于对实践美学的反思和超越。

托马斯·伯里把人类文化—精神的发展划分为四个阶段。首先是具有萨满教宗教经验形式的原始部落时代（在这个时代自然界被看作神灵们的王国）；其次是产生了伟大的世界宗教的古典时代（这个时代以对自然的超越为基础）；再次是科学技术成了理性主义者的大众宗教的现代工业时代（这个时代以对自然界实施外部控制和毁灭性的破坏为基础）。直到现在，在现代的终结点上，我们才找到了一种具体化的生态精神（同自然精神的创造性的沟通融合）。[③] 在人类的不同发展阶段，依据对待自然的不同态度，人们创造出了不同的美学形态。如果说实践美学是适合于农业文明和工业文明社会中的美学形态的话，生态文明时代的美学就应该是生态美学。

新时期以来，实践美学一直是中国美学的主流形态。实践美学对中国美学的当代发展起到了重要的推动作用，但其中也存在着难以避免的偏颇与矛盾。对自然所采取的态度以及对自然美的阐释是实践美学的一大难题，李泽厚对此也有清晰的认识。中国当代的诸多美学流派对实践美学的批判大多也都集中于实践美学在自然美问题上所持的人类中心主义和主客二分的理论

---

① ［美］查伦·斯普瑞特奈克：《真实之复兴》，张妮妮译，央编译出版社2001年版，第4页。

② 李惠斌、薛晓源、王治河编：《生态文明与马克思主义》，中央编译出版社2008年版，第11页。

③ ［美］大卫·雷·格里芬：《后现代精神》，王成兵译，中央编译出版社2011年版，第89页。

模式。虽然朱立元等人逐渐将海德格尔的存在论哲学引入实践美学从而提出了一种“实践存在论”美学观，但是实践美学所固有的这一难题依然没有得到很好地解决。

在这方面，建设性后现代的生态世界观无疑具有借鉴意义。格里芬认为，现代范式的四大消极后果之一就是它的非生态论的存在观，这种存在观所造成的后果已经触目可见。后现代主张一种生态论的、关系性的存在观。“与信奉二元论的现代人不同，后现代并不感到自己是栖身于充满敌意和冷漠的自然之中的异乡人。相反，后现代人在世界中将拥有一种在家园感，他们把其他物种看成是具有自身的经验、价值和目的的存在，并能感受到他们同这些物种之间的亲情关系。借助这些在家园感和亲情感，后现代人用在交往中获得享受和任其自然的态度这种后现代精神取代了现代人的统治欲和占有欲。”① 自然不再是人类为了自己的利益可以随意剥削和掠夺的“资源”，而是我们存在的“家园”。因此，主张“世界的返魅”（the reenchantment of the world）就成为建设性后现代主义的一个重要论题。这种生态存在论的世界观对反思实践美学，解决实践美学的“自然”难题，建构生态美学提供了有效的理论参照。

第四，有助于中国美学参与国际平等对话。

目前中国美学界对德里达、福柯、巴特、鲍德里亚等理论家的解构性后现代主义美学关注甚多，也取得了丰硕的成果。但是，解构性的后现代主义是在西方哲学传统和文化现实之上绽放的理论之花，其所关注的很多理论问题与中国的社会和文化现实比较隔膜。相反，生态问题则是一个全球性的现实问题，建设性后现代主义就是要“把对人的福祉的特别关注与对生态的考虑融为一体”。② 因此，在建设性后现代主义视域中建设并发展生态美学应该具有更强的现实关怀性，也更容易走出国界与国际学术界进行平等对话。

面对生态危机这一人类共同问题，中西方美学家提出了类似的应对策

---

① ［美］大卫·雷·格里芬：《后现代精神》，王成兵译，中央编译出版社 2011 年版，第 38 页。

② ［美］大卫·雷·格里芬：《后现代精神》，王成兵译，中央编译出版社 2011 年版，第 39 页。

略。为了纠正长期以来把美学等同于艺术哲学而忽视环境问题的分析哲学路径，加拿大美学家艾伦·卡尔松、美国美学家阿诺德·柏林特和和芬兰美学家约·瑟帕玛不约而同地提出了“环境美学”的理论构想并付诸实践，建立了环境美学体系。中国美学家在中国古代“天人合一”的理论基础上提出了“生态美学”的理论构想，其中包含着中国人丰富的生态审美智慧。① 近年来，山东大学召开了多次大型生态美学国际学术研讨会，诸多西方环境美学家，以及建设性后现代主义理论家大卫·格里芬等人都参与并与中国学者进行了理论对话，取得了良好的效果。第 18 届世界美学大会为生态美学开辟了专场，从而使世界美学界更多地了解和接受了中国学者提出的生态美学理论。事实证明，在建设性后现代主义理论视域中建立起来的中国生态美学已经成为可以与世界美学平等对话的新领域。

（原载于《学术研究》2012 年第 8 期）

① 曾繁仁：《论生态美学与环境美学的关系》，《探索与争鸣》2008 年第 9 期。

中国传统自然主义文学精神的消亡

——从陶渊明之死谈起

鲁枢元

什么是陶渊明的文学精神？

晚年的梁启超在其专著《陶渊明》中，对于陶渊明的人品与艺术曾有如下评述："渊明何以能够有如此高尚的品格和文艺？一定有他整个的人生观在背后。他的人生观是什么呢？可以拿两个字来概括他：'自然'。""他并不是因为隐逸高尚有什么好处才如此做，只是顺着自己本性的自然。'自然'是他理想的天国，凡有丝毫矫揉造作，都认作自然之敌，绝对排除。他做人很下艰苦功夫，目的不外保全他的'自然'。他的文艺只是'自然'的体现，所以'容华不御'恰好和'自然之美'同化。"① 这一段话中，梁任公竟一连用了七个"自然"，表达他对陶渊明"自然精神"不容置疑的肯定。

陈寅恪在 1945 年发表的一篇专论《陶渊明之思想与清谈之关系》中，同样用了一连串的"自然"概括陶渊明的文学创作精神，并将其上升为中国古代诗歌传统中的"新自然主义"："新自然主义之要旨在委运任化。夫运化亦自然也，既随顺自然，与自然混同，则认为己身亦自然之一部，而不须更别求腾化之术，如主旧自然说者之所为也。""渊明虽异于嵇、阮之旧自然说，但仍不离自然主义。"陈寅恪因此认定，陶渊明不仅是一个"品节居古今第一流"的文学家，而且也是"吾国中古时代之大思想家"②。

两位近现代学术大师都把中国传统的"自然"哲学看作陶渊明安身立

---

① 梁启超：《陶渊明》，商务印书馆 1923 年版，第 26 页。

② 《陈寅恪集》，三联书店 2009 年版，第 225 页。

命的根基、文学精神的核心，应当说大抵符合陶渊明其人、其文的实绩。

然而，在一部中国文学史中“自然”的观念与价值并非始终如一，随着“自然”在中国社会生活中的演替，关于诗人陶渊明的阐释评述也在发生着明显的变化。早先，我曾在一篇文章中将中国文学史中“自然主题”的兴衰划分为“混沌”“谐振”“旁落”“凋敝”几个阶段，认为人与自然的关系在唐宋文学中得到高度的推重与成熟的表现；明清之际则开始旁落；进入20世纪之后，在现代中国，“当‘自然’成了‘进军’和‘挑战’的对象时，文学艺术作品中的‘自然’，甚至连‘配角’也当不上了，常常只能充当‘反面角色’”①。对照陶渊明的接受史，我惊异地发现，关于陶渊明文学地位与价值的评判，竟也与此息息相关：唐宋时期攀至顶峰；元代之后、明清以降逐渐旁落；延至现代当代几近名存实亡。目前已有的两部陶渊明接受史专著，仅只论及元代之前；② 胡不归先生的《读陶渊明集札记》下篇“陶诗对后世之影响”带有接受史研究的性质，也只是到宋代为止。而在我看来，诗人陶渊明在元明清之后，尤其在现当代的处境际遇更为复杂曲折，也更具现实意义。

一

相对于唐宋时代关于陶渊明的评价，明清时期虽亦不乏赞誉推崇之辞，但重心已发生了明显的“位移”。概括地说，即由“自然”移向“世事”。由前人推崇的自然主义哲学精神偏向忠君不二的政治道德与经国济世的社会伦理。这固然与明清各时代诗歌整体的萎缩有关，更与时代价值观念的变迁、审美偏爱的走向有关。

按照通常的说法，中国古代社会以农业为主体的自然经济在唐宋达到鼎盛，从明代就开始受到新的经济形态的冲击，主要是城市商品经济的冲击，从而使社会结构、文化心态都发生了微妙的变化。国内一些史学家从历史唯物主义的角度阐发，认为从明代开始，中国社会内部已开始孕育出自

① 鲁枢元：《文学艺术中自然主题的衰变》，《文艺理论研究》2000年年第5期。

② 李剑锋：《元前陶渊明接受史》，齐鲁音像出版社2002年版；刘中文：《唐代陶渊明接受研究》，中国社会科学出版社2006年版。

身的“资本主义萌芽”。余英时先生并不同意这一判断，但也认为由鸦片战争前后开始的中国社会的内部变革，早在明清时代就以“渐变”的形态开始了，其在思想文化界的表现就是“15、16世纪儒学的移形转步”①，在知识界则具体表现为文人的“弃儒就贾”，在社会层面则表现为民众的“崇奢避俭”，有些像今日的“文人经商”与“大众消费”了。余英时列举了许多生动的例子证实明代中期山西、安徽、江苏一带的商人已经达到相当的数量，其中一部分是儒生兼营的，一部分是商贾发财后又以数量不等的金钱购置了“监生”“贡生”等“学历学位”加入儒者行列的，这在晚明时代的《三言》《二拍》中均有精彩的表现，“君子喻于义，小人喻于利”的儒家元典精神已基本瓦解，义与利已经“合而相成，通为一脉”了。②

与商业活动的扩展互为因果的，便是人们对财富、舒适、享乐的追求不但成为合理的，也成为必需的。余英时书中列举了明代学者陆揖（1515—1552）撰著的一篇反对节俭、鼓倡奢费的文章，该文认为奢可以刺激生产、扩大就业，从国计民生角度、从发展社会经济意义上肯定“奢侈”的重要性。“俭”与“奢”的道德意味被大大削弱，现代社会的“经济效益”理论在明代开始已被用来为“奢侈消费”正名。③至于陶渊明身体力行的“敝庐何必广，取足蔽床席”“耕织称其用，过此奚所须”“富贵非吾愿”、“转欲志长耕”的清贫自守志向已经不再受到社会的鼓励。陶渊明在《感士不遇赋》中发出：“闾阎懈廉退之节，市朝驱易进之心”的批评话语，也已经难以在此时的社会舆论中获得共鸣。宗白华先生曾经屡屡以渊明诗意为证：“晋人向外发现了自然，向内发现了自己的深情。”④晋人风神潇洒，不滞于物，对于自然、对于友谊、对于哲理的探求全都一往情深，从内到外，无论生活上、人格上都表现出自然主义的精神。而明清以来日渐炽盛的“崇奢避俭”的物欲心态，必然壅塞了人们对于外在自然的感悟；而“弃儒就贾”的士林取向，又必然污染了心灵中内在的自然，在这样的社会与时代环境中，与自然同化的陶渊明其诗其文的失落也就无足为怪了。到了清朝末年，士子钱振

① 余英时：《现代儒学的回顾与展望》，生活·读书·新知三联书店2004年版，第189页。
② 余英时：《现代儒学的回顾与展望》，生活·读书·新知三联书店2004年版，第219页。
③ 余英时：《现代儒学的回顾与展望》，生活·读书·新知三联书店2004年版，第221页。
④ 宗白华：《美学散步》，上海人民出版社1981年版，第183页。

镗竟然说："渊明诗不过百余首，即使其篇篇佳作，亦不得称大家，况美不掩恶，瑕胜于瑜，其中佳作不过二十首耳，然其所为佳者，亦非独得之秘，后人颇能学而似之。"① 陶渊明作为诗坛"大家"的地位竟也被取缔了，这在以往的时代是从不曾见到的。

鸦片战争拉开了中国近代史的序幕，日渐式微且日趋老化的中华民族的文化道统遭遇西方现代社会思潮的猛烈冲击，遭遇西方国家强权政治的严重威胁，古老的中国已经被推上生死存亡的历史关头。传统的儒家精神已无力支撑这一残局，传统的道家精神更无法挽回这一颓势。中华民族被推上了这样一种看似尴尬的选择：向自己深恶痛绝的西方学习，吸收西方现代文化以图自强，从而抗拒西方的入侵。从鸦片战争到五四运动不过半个世纪的时间，中国人的思想观念却发生了根本性的改变。于此期间轰轰烈烈开展的"洋务运动""戊戌变法"无不基于这一转向。就社会普遍心理而言，放旷冲淡、归隐田园的素朴人生观就显得更加不合时宜。根据史学界的共识，从1911年的辛亥革命之后，尤其是1919年的五四运动之后，中华民族已经摆脱传统社会的束缚进入"现代"阶段，被纳入世界现代化的进程。西方的启蒙观念、工具理性开始了从根本上改造中国思想文化界的这一宏阔过程。

从表面上看，百年来的中国文学史书写陶渊明的身价地位并未出现戏剧性的大变化，不像"五四"前后的"孔圣人"一下子被列入打倒之列。文学史提到陶渊明时，往往仍旧冠以"伟大诗人"的赞语，但若深入进去看一看，"伟大"的内涵已悄然发生变化，而且随着社会现代化进程的加速，变化愈来愈显著，远不止是余英时先生形容儒家的"移形转步"，陶渊明"形"未变，其内在的精神却被置换了，自东晋南北朝、唐宋以来广泛流布于诗苑文坛的陶渊明的精灵已经散佚，陶渊明的身躯内被注入另外的思想与观念。

在对陶渊明的精神实施改造的过程中，胡适、鲁迅二位新文学运动的先驱曾发挥强有力的作用。

胡适的"文学革命"首先是从"诗界"切入的，当然避不开陶渊明。他评诗的标准简单明了：好诗应明白如话，通俗易懂。在他的半部《白话文学史》中，凡是白话的一律赞赏；凡是文言的，一律贬斥；即使同一个诗人，

① （清）钱振鍠：《快雪轩全集》（卷上），光绪活字本。

接近白话的诗就被赞为上品，用事用典的，难以解读的，便斥为败笔。其内在的理论支撑可以概括为“白话体”与“平民性”。平心而论，胡适在这一文学批评标准之下，的确发掘出一批民间的、散佚的、清新质朴的、朗朗上口的好诗，但也拒斥了许多诗意葱茏而用语隐晦的好诗。陶潜是被列为“大诗人”专节论述的，而且评价甚高：“陶潜的诗在六朝文学史上可算得一大革命。他把建安以后的一切辞赋化，骈偶化，古典化的恶习气都扫除的干干净净。他生于民间，做了几次小官，仍旧回到民间……他的环境是产生平民文学的环境；而他的学问思想却又能提高他的作品的意境。故他的意境是哲学家的意境，而他的言语却都是民间的言语。”① 胡适的这番话对陶渊明的推崇不可谓不高，其中不乏恰切肯綮之论，但话语的重心仍十分明显，胡适推重的陶诗“自然”，主要还是陶诗语言风格上的“天然去雕饰”“轻描淡写，便成佳作”，可以印证其文学革命的理论：“中国文学史的一个自然的趋势，就是白话文学的冲动”，陶渊明的出现“足以证明那白话文学的生机是谁也不能长久压抑下去的”②。且不说胡适的这段史述并不周严，因为陶渊明的诗文并不全都质朴如白话，陶的辞赋中也没有完全抛弃骈俪体的意思。更重要的是陶渊明的“自然”并不仅仅体现在他的文字与手法上，而是基于他“散淡旷放”“委运任化”“心与道冥”“纵浪大化中不喜亦不惧”的自然主义人生观，而胡适赞颂陶渊明的用意显然并不在这里。胡适所谓陶诗的“自然”，多半停留在文字表达的明白如话、通俗易懂上，应是其“科学”“民主”精神在文学批评中的实践。

较之胡适，中国现代文学革命的另一位旗手鲁迅关于陶渊明的评论，其影响要复杂、重大得多。

《鲁迅全集》中提到陶渊明的地方有十余处，其中《魏晋风度及文章与药及酒之关系》《隐士》《“题未定”草》（六）等篇中有较具体的讲述。与胡适相比，鲁迅的这些文章并非专题研究，多与当时的某些情事相关。如“魏晋风度”一文，原本是1927年夏天在国民政府举办的广州夏期学术演讲会上的讲稿，他自己后来也说“在广州之谈魏晋事，盖实有慨而言”③。其话锋

---

① 胡适：《白话文学史》，安徽教育出版社2006年版，第95页。
② 胡适：《白话文学史》，安徽教育出版社2006年版，第96页。
③ 《鲁迅全集》（第11卷），人民文学出版社1981年版，第646页。

暗中指向国民党统治下的现实生活。《隐士》一文，意在嘲讽林语堂、周作人在《人世间》倡导“悠闲生活”及“闲适格调”小品文，顺手牵来“隐逸之宗”陶渊明借题发挥，杀鸡给猴看。尽管如此，鲁迅关于陶渊明的这些言论并非纯嬉笑怒骂，仍具备一定的学术价值，在一定的程度上代表了鲁迅对陶渊明的态度。“魏晋风度”一文论及陶渊明处约800余字，其中前半说陶是一位“贫困”“自然”“平和”“平静”的“田园诗人”；后半文字则反过来指出“他于世事也并没有遗忘和冷淡”，“完全超于政治的所谓‘田园诗人’‘山林诗人’是没有的”，而且，“于朝政还是留心，也不能忘掉‘死’”。他还特别强调：“用别一种看法研究起来，恐怕也会成一个和旧说不同的人物罢。”[①] 鲁迅这里对陶渊明所做的品评，虽没有什么突破性的创见，也大体符合陶渊明生平的实际状态。只不过他在这里着重强化陶渊明并未忘情于社会政治生活的一面，为后人寻此路径阐释陶渊明预留一片空间。到了《隐士》篇，由于索性把陶渊明与当时的论敌“隐君子”林语堂们捆绑在了一起，那用语就尖刻得多了：先是说“赫赫有名的大隐”陶渊明有家奴为他种地、经商，要不然，“他老人家不但没有酒喝，而且没有饭吃，早已在东篱旁边饿死了”，接着又讲“登仕，是噉饭之道，归隐，也是噉饭之道。假使无法噉饭，那就连‘隐’也隐不成了”[②]。他还又引出唐末诗人左偃的诗句“谋隐谋官两无成”[③]，来拆穿隐士们的虚伪与奸巧。明眼人完全可以看出，后边的发挥已经不再指称陶渊明，而是针对“当代隐士”林语堂、周作人们的（至于林、周是否这样的人，则另当别论）。尽管如此，鲁迅对包括陶渊明在内的“归隐之道”的怀疑与不信任还应是真实的。

至于《“题未定”草》中论及陶渊明的文字，同为论战旁及。这次论战的对象除了林语堂，还有梁实秋、施蛰存、朱光潜。起因是施蛰存批评鲁迅《集外集》的文章应有取舍，不必全录。而鲁迅则认为要看清一个作家的真实面貌就不能看选本，更不能看摘句，一定要顾及整体，于是就举出陶渊明的例子，认为以往的选家由于多录取《归去来辞》和《桃花源记》，陶渊明在后人的心目中就成了飘逸的象征。“但在全集里，他却有时很摩登，‘愿

---

① 《鲁迅全集》（第3卷），人民文学出版社1981年版，第515—517页。

② 《鲁迅全集》（第6卷），人民文学出版社1981年版，第223—224页。

③ 《鲁迅全集》（第6卷），人民文学出版社1981年版，第224页。

在丝而为履，附素足以周旋。悲行止之有节，空委弃于床前'，竟想摇身一变，化为'阿呀呀，我的爱人呀'的鞋子……就是诗，除论客所佩服的'悠然见南山'之外，也还有'精卫衔微木，将以填沧海，刑天舞干戚，猛志固常在'之类'金刚怒目'式，在证明着他并非整天整夜的飘飘然。"① 这里鲁迅强调的是论人要全面，不可偏执一端，虽然不免情绪化，仍可言之成理。《"题未定"草》之七是反驳朱光潜所说"陶潜浑身是'静穆'，所以他伟大"，鲁迅对此深为不满，不但花费许多笔墨重申了要顾及全文、全人的道理，最后他还申明了这样的结论："历来的伟大的作者，是没有一个'浑身是"静穆"'的。陶潜正是因为并非'浑身是"静穆"'，所以他伟大。现在之所以往往被尊为'静穆'，是因为他被选文家和摘句家所缩小，凌迟了。"② 作为论战文字，鲁迅以陶为例阐发自己的观点，亦无可厚非；当然对方也可以说出"选本"与"摘句"的许多必要来。问题在于，鲁迅强调陶渊明的"金刚怒目式"，竟至得出陶渊明正因为并非浑身静穆所以才伟大的结论。虽然这一结论的得出有着与梁实秋、朱光潜论辩的具体语境，但给人的印象却是：鲁迅推崇的陶渊明是一名"金刚怒目式"的斗士。如果作为鲁迅一己的偏爱，别人仍无权提出异议；但假如作为一位文学研究者的学术判断，别人或许可以质疑：陶渊明的伟大以及他在中国文学史上的地位和价值，究竟是因其关心政治的斗争意志，还是散淡放旷、委任运化的自然精神？而这个问题，恐怕是早有定论，假如一定要做翻案的文章，未必能有更多的空间。一个失败的例子是日本当代学者冈村繁，在《陶渊明李白新论》一书中，他强调他对于陶渊明的研究是沿着鲁迅指引的方向开展的，决心要挖掘出陶渊明"和旧说不同"的一面。令人深为遗憾的是，他在"从根本上""重新审视"陶渊明之后，便不能不跌入"斗士""隐士"两极对立的逻辑陷阱，结果发掘出的竟是"深深蕴藏于陶渊明之后的，也可以说是人的某种魔性似的奸巧、任性、功利欲和欺瞒等特点"③。他自谓看到了陶渊明这轮被人们美化、幻化了的月亮的另一面，与实际"全然相反"的真实的一面，

---

① 《鲁迅全集》(第6卷)，人民文学出版社1981年版，第422页。

② 《鲁迅全集》(第6卷)，人民文学出版社1981年版，第430页。

③ ［日］冈村：《陶渊明李白新论》，上海古籍出版社2002年版，第34页。

“那里只不过是由岩石、砂土等构成的一片干燥无味的世界罢了”①。被中国诗界历来崇仰的陶渊明成了一个“疏懒”“怯懦”“苟且求生”“虚伪”“世俗”“卑躬屈膝”“厚颜无耻”“内心布满阴翳”的复杂人物。

冈村繁虽然明确强调自己的研究是沿着鲁迅指引的道路进行的，但我并不认为最终得出的这些“卑污”的结论应由鲁迅负责。我想，如果鲁迅在世，也不会同意冈村繁的这些论断。鲁迅之所以对陶渊明作出与众不同的评价，除了论战时的一时之需外，也是他个人心性的映射。鲁迅自己作为一位一贯主张“痛打落水狗”“费厄泼赖应当缓行”的“猛士”与“斗士”，自然会更欣赏陶渊明的反叛性与斗争性，且无意间又将其夸张、放大许多。

如果往深处探究，我想，《鲁迅全集》中留下的那些论及陶渊明的言论，也许还和鲁迅自己当时的处境有关。从1912年到1926年十多年的时间，鲁迅一直在北洋政府教育部和南京国民政府教育部任“佥事”一职，1922年底至1931年年底，又曾受聘于半官方的国民政府大学院任撰述员。为此，他曾受到对立派如陈西滢、林语堂们的猛烈攻讦。陈西滢曾发表文章讽刺他“从民国元年便做了教育部的官，从没脱离过。所以袁世凯称帝，他在教育部，曹琨贿选，他在教育部，‘代表无耻的彭永彝’做总长，他也在教育部……”②平心而论，鲁迅担任这些“官职”时曾为国民的文化生活做过不少有益的事，如普及艺术教育、清查图书、筹建图书博物馆等；但官差不自由，有时也不得不委屈自己参与一些并非本心所愿的官场应酬，如由国民政府举办的“祭孔大典”。③鲁迅自己解释说，做官只不过是谋个饭碗，“目的在弄几文俸钱，因为我祖宗没有遗产，老婆没有奁田，文章又不值钱，只好以此暂且糊口”④。针对陈西滢的文章中嘲讽的“在‘衙门’里吃官饭”，于是便有了前文提到的鲁迅所说的陶渊明的“闲暇”是因为“他有奴子”，做官是“噉饭之道”，归隐也是“噉饭之道”的议论，其中未必没有为自己辩诬的意气。鲁迅在教育部任佥事一职的薪俸是每月大洋三百元，对于鲁迅来说，这是一笔不小的家庭收入来源（毛泽东当时在北大图书馆做管理员，每

① ［日］冈村：《陶渊明李白新论》，上海古籍出版社2002年版，第127—128页。

② 吴海男：《时为公务员的鲁迅》，广西师范大学出版社2005年版，第3页。

③ 吴海男：《时为公务员的鲁迅》，广西师范大学出版社2005年版，第230—231页。

④ 《鲁迅全集》（第3卷），人民文学出版社1981年版，第228页。

月收入为八元)。鲁迅没有学习陶渊明，放弃这几斗官俸也无可厚非，历史上许多“诗人”同时也是“官人”，如杜甫、白居易、苏轼、辛弃疾，并不都要像陶渊明那样决绝地辞官种地。此时鲁迅若是再去赞颂陶渊明的“辞官归隐”“不为五斗米折腰”，那反倒不正常了。可以作为参照的是，这一时期的鲁迅受到论敌攻讦的，还有他与女学生许广平的恋爱。鲁迅在论及陶渊明的《闲情赋》时，却并不否定陶渊明恋爱的狂态，甚至还特别为之开脱地说“譬如勇士，也战斗，也休息，也饮食，自然也性交”。由此看来，鲁迅评价陶渊明的文字多与当时文坛论战的具体语境有关，也有鲁迅自己个性上的偏爱，并不是对于陶渊明的全面论述，甚至也不是严格意义上的学术判断。

二

可能是因为胡适、鲁迅在中国文学研究领域中拥有的至高无上地位，也许还由于时代精神已开始为陶渊明铺设别样的色彩，所以从“五四”以后，胡适的“白话体”“平民性”，鲁迅的“反叛性”“斗争性”“金刚怒目式”便成了评价陶渊明的基调。1949 年，中国大陆政权更替以后，鲁迅固不必说，即使作为政治营垒中的敌人的胡适，其对于陶渊明的评价实际上依然在大学的教科书中延续下来，并成为评价陶渊明的主要尺度。胡适与鲁迅的评价，上承明清以来经世致用的儒学，下启文学为政治服务的阶级斗争文艺方针，加上胡适个人的工具理性与实用主义哲学、鲁迅永不妥协的战斗精神，文学研究界已经另立炉灶，为古人陶渊明灌注更多的现代理念。

完稿于 1952 年秋季的李长之先生的《陶渊明传论》为此率先做出贡献。作者在“自序”中表示，要从政治态度与思想倾向上对陶渊明进行新的阐释，落实鲁迅先生的夙愿，得出“一个和旧说不同的人物”①。作者在阐释过程中一再摒弃青少年时代读陶时获得的真率的感性体验，而希望运用阶级的眼光、政治的眼光对陶渊明其人、其文作出理智的剖析，更由于坚执“和旧说不同”的先入之见，结果便真的塑造出一位新式陶渊明：就“人民性”而

---

① 李长之：《陶渊明传论》，天津人民出版社 2007 年版，第 1 页。

言，他虽然出身于没落仕宦家庭，曾经过着地主的享乐生活，后来由于家道败落，开始参加劳动，接触劳动人民，缩短了与劳动人民的距离，在很大程度上成为“人民的代言人”，“在中国所有的诗人中，像他这样体会劳动，在劳动中实践的人，还不容易找出第二人。因此，他终于是杰出的，伟大的了”①。在这篇仅仅六万余字的论著中，作者还花费大量的笔墨铺陈东晋、刘宋之际的政治斗争与军事斗争，而把陶渊明看作一位始终念念不忘政治斗争的孔门仕人，他的退隐只是出于“赌气”，出于“无奈”，并非“‘乐夫天命复奚疑’那样单纯”②。他的沉默，不过是与政治的对抗；他的超然，不过是对现实的否定。由于受到“鲁迅的启发”，并且为了落实“鲁迅的指示”，证明“陶渊明是非常关怀当时的现实，而有战斗性”，作者甚至还从陶渊明那位身份不甚确定的曾祖陶侃那里，寻觅到陶氏家族凶暴善战的“溪人”（即“巴蜀蛮獠谿俚楚越”的谿族）血统；《桃花源记》中“秋熟靡王税”的诗句，也被认作“随闯王，不纳粮”的“同义语”。③ 这实际上比之鲁迅已经走得更远了，还应当说正是那一时期的政治氛围左右了《陶渊明传论》一书作者的学术考量。

北京大学中文系1955级集体（由学生与教师共同组成编委会）编著的四卷本《中国文学史》，于1958年由人民文学出版社出版，次年修订再版，书中对于陶渊明的评价集中代表了新中国成立之后的主流意识形态。该书对陶渊明单独开列一章：“伟大的诗人陶渊明”，对其多有正面评价，但“伟大”的内涵已不同于梁启超、陈寅恪当年的品评，而在于他自幼怀有济苍生的壮志，不肯屈服于黑暗势力，毅然与统治者决裂，回归陇亩，亲自参加劳动，接近下层农民，体验到劳动的重要性与民间疾苦；在于他以“金刚怒目式”的姿态、慷慨激昂的情绪揭露了社会的黑暗，表现了坚贞不屈的精神；在于他作品的艺术风格多采用“白描的手法和朴实的语言”，自然质直、明白如话，反对选择惊奇的辞藻或雕镂奇特的形象。该书同时又对陶渊明思想中“消极落后”的东西进行了批判，批判的矛头不但指向“安贫乐道”的儒家思想，尤其集中指向他“与世无争”“逃避现实”“自我麻醉”“借酒浇

---

① 李长之：《陶渊明传论》，天津人民出版社2007年版，第129页。
② 李长之：《陶渊明传论》，天津人民出版社2007年版，第69页。
③ 李长之：《陶渊明传论》，天津人民出版社2007年版，第138页。

愁”“屈服命运”“放弃斗争”“随顺自然，委任运化”的道家思想。

该书虽是“大跃进”年头北大文学系师生的急就章，书中评价陶渊明的模式却是早已制定了的，并在此前此后的文学教科书中渐次固定下来。如果非要细分，1949年前的文学史著中多突出陶渊明在“文体革命”方面的价值，如刘大杰撰写于1939年的《中国文学发展史》指出的：“陶渊明的作品，在作风上，是承受着魏晋一派的浪漫主义，但在表现上，他却是带着革命的态度而出现的。他洗净了潘、陆诸人的骈词俪句的恶习而返于自然平淡，又弃去了阮籍、郭璞们那种满纸仙人高士的歌颂眷恋，而叙述日常的琐事人情。在两晋的诗人里，只有左思的作风和他的稍稍有些相像。”① 这里关于两晋诗人的品评并不那么公允，其主旨无疑是沿袭胡适《白话文学史》的主调写下来的。而1949年之后的文学史著，如游国恩主编的《中国文学史》中，则强化了阶级性、政治性的内容，其中往往少不了援引鲁迅关于“金刚怒目式”的说法。即便在刘大杰后来修订再版的《中国文学发展史》中，也增补进鲁迅关于“猛志固常在”的语录。反叛性、斗争性成了陶渊明精神的正面评价，而反叛性不足、斗争性不强成了陶渊明精神的负面评价。这一单纯从政治性、阶级性出发的评价模式，在“文化大革命”中发展到登峰造极的地步，即使学力过人、涵养深厚且对陶渊明怀有诚挚感情的学者如逯钦立先生，也未能抵挡住“时代浪潮的冲击”。他在去世前留下的从“游斜川”到“桃花源”，几乎全盘予以否定，文章中自然少不了反复引用鲁迅的话。这或许可以看作一个特殊时期对陶渊明进行政治性、阶级性、斗争性评论的极端例证。

20世纪即将结束之际，一部由中国社会科学院文学研究所、少数民族文学研究所张炯、邓绍基、樊骏主编的《中华文学通史》面世。单就陶渊明的评述而言，该书基本上是选用了余冠英先生主编的《中国文学史》1984年修订本的内容，单独列章，标题没有使用“伟大”的字眼，而是“田园诗人陶渊明”，对于陶渊明诗文的成就给予了高度的肯定，对其后世产生的影响也给予了积极的评价，而且用语平和稳健，体现出学术大家的风范。但在对于陶渊明的基本评价上，仍然没有超越“五四”以来启蒙理念与革命政治

---

① 刘大杰：《中国文学发展史》，百花文艺出版社2007年版，第140页。

的约束，思想方面尽量突出其对普通劳动人民的亲近、对于黑暗统治势力的拒斥与反抗及“有志难展、壮怀不已”的矛盾心态。艺术上则赞赏其朴素、自然、简洁、“全无半点斧凿痕迹”的创作风格。而“乐天知命、安分守已”，则为陶渊明“消极思想”的表现，属于“陶诗的糟粕”。该书对陶渊明的评价，一洗多年来极左思潮强加于陶渊明身上的卑污之辞，起到了“拨乱反正”的效果。但这个“正”，仍不过是“五四”以来学界的通识，仍运行在由现代理性规约的文学河道中。

三

陶渊明何年出生，众说纷纭。至于陶渊明的卒年，几乎没有异议，《晋书》《南史》《宋书》都有明确的记载，确切地说是刘宋王朝的元嘉四年十一月，即公元 427 年冬天，距今已 1584 年。但此后千余年以来，由陶渊明的诗歌和人格所彰显的任真率性、放旷冲澹、任化委运、清贫高洁、孑世独立的自然精神始终如和风细雨滋养着中国的文学和文化。从这个意义上说，陶渊明并未死去，他的精神依然活着，甚至作为他的生命升华物的诗歌和文章仍然活着。

本文所说的“陶渊明之死”，该是诗人的第二次死亡。即不但肉体消失，他的思想、他的精神，以及作为他思想象征的诗歌与文章也已经在现实世界中渐渐消泯。比起陶渊明一千多年前的那次死亡，他的这一次死亡，才是真正的死亡。

20 世纪以来，尤其是 20 世纪 50 年代以来，关于陶渊明的研究虽然还在文学史的书写与学术会议的讨论中继续展开，甚至不乏貌似轰轰烈烈的场面，但是在人们的现实生活中，包括现实文学创作界，陶渊明的身影却在不断淡化。即使偶尔登台露面，却又往往形象不佳，或灰头土脸，或下场悲惨。在我的记忆里，印象较深的就有这么两次。

一是 1959 年 7 月，共和国最高领袖毛泽东主席在《七律 · 登庐山》一诗中写到陶渊明：“陶令不知何处去，桃花源里可耕田？”据臧克家、周振甫对于该诗作出的权威解释：“陶渊明已经过去了，在当时他可以到桃花源里耕田吗？不行，因为那是空想。今天中国的农村跟桃花源不同，今天的知识分子自然也跟（古代知识分子）陶渊明不同了。”[①] 照此说，毛泽东主席的这句诗不但没有肯定陶渊明和桃花源的意思，反而认为陶渊明的这一页已经翻过去了。可资佐证的，中共中央文献研究室副主任、全国毛泽东文艺思想研究会副会长陈晋先生在他不久前出版的《读毛泽东札记》一书中披露，毛泽东曾向他的文学侍读芦荻表示过对陶渊明的不满：“即使真隐了，也不值得提倡。像陶渊明，就过分抬高了他的退隐。”陈晋对此的解读是：“在历代社会，读书人不是总有修身、齐家、治国、平天下的责任吗？结果你却躬耕南亩，把说说而已的事情当了真，白白浪费了教育资源不说，忘却了自己更大的社会责任和历史使命，实在是有违于士子们的共识。再说了，如果真的像老、庄宣扬的那样，全社会都绝圣弃智，有文化有知识的人都陶然自乐于山野之间，文明的脚步还怎样向前？”[②] 与《七律·登庐山》一诗形成鲜明对照的是毛泽东主席于前五日（1959年6月26日）写下的《七律·到韶山》：“喜看稻菽千重浪，遍地英雄下夕烟。”诗句对人民公社给予高度赞誉。在后来毛泽东写给《诗刊》的信中，进一步坦诚地挑明了他写作这两首诗的心态与动机：“近日右倾机会主义猖狂进攻，说人民事业这也不好，那也不好，我这两首诗，也算是答复那些王八蛋的。”[③] 在毛泽东主席的心目中，陶渊明大约也是一位“右倾”分子。或许还要更差，据朱向前先生主编的《毛泽东诗词的另一种解读》中披露：“毛泽东的原稿为‘陶潜不受元嘉禄，只为当年不向前’，后改为‘陶令不知何处去，桃花源里可耕田’。”[④] 改前的诗句显然流露出毛泽东对陶渊明更大的不满。从1957年开始，中国上下全都处于“反右派”“反右倾”“反保守”“反倒退”“反‘反冒进’”“反厚古薄今”的政治风潮中，有55万人被打成“右派分子”，更多人被定性为“右倾机会主义分子”，被贬职、罢官、劳教、流放、监禁。此时的陶渊明被划为“不向前”的右倾保守之列，恐已不仅仅是一个诗意的戏谑了。

接下来，在20世纪60年代围绕着陶渊明发生的一件“文学政治”的事

---

① 臧克家、周振甫：《毛主席诗词讲解》，中国青年出版社1990年版，第37页。

② 陈晋：《读毛泽东札记》，三联书店2009年版，第86页。

③ 毛泽东：《关于〈到韶山〉、〈登庐山〉两首诗给臧克家、徐迟的信》，《建国以来毛泽东文稿》（第8册），中央文献出版社1993年版，第488—499页。

④ 朱向前：《毛泽东诗词的另一种解读》，人民文学出版社2008年版，第294页。

件，就更加悲惨了。

事件源于陈翔鹤的一篇小说《陶渊明写挽歌》。陈翔鹤，四川重庆人，生于1901年，20世纪20年代先后就读于复旦大学、北京大学，并与杨晦、冯至等人创办沉钟社，编辑出版《沉钟》半月刊。此人性情率真内向，喜欢养花，尤喜兰花，崇尚陶渊明，是共产党内一位有自己个性的文化人。《陶渊明写挽歌》是他发表在《人民文学》1961年第11期上的一篇短篇小说，问世后颇得圈子中友人的好评。以现在的目光看，这篇小说写得风致有趣、舒卷自如，有30年代文坛遗韵，深得陶渊明精神之况味：旷达中游移着丝丝感伤，愤世中又不乏旷达的自我解脱。小说写元嘉四年秋日，陶渊明上庐山东林寺见慧远和尚不欢而返，步行20里下山后一夜未能安眠。次日在与家人的闲谈中，论及佛门名僧慧远的矫情迎俗，达官贵人王弘、檀道济之辈的骄横跋扈，友人颜延之的患得患失，名士刘遗民、周续之的浅薄平庸，同时也表露了对新上台的皇帝刘裕的蔑视与憎恶，对前贤阮籍高风亮节的认同。陈翔鹤以其厚积薄发的文学才情，在不大的篇幅里全面展现了中国天才诗人陶渊明伟大的精神内涵：坚守率真自然，厌恶矫情作势；拒斥权力诱惑，保持人格独立；超然对待现实，旷达直面生死；不肯附和时代潮流，甘愿固穷守节、困顿终生。小说在颂扬陶渊明清贫自守的高风亮节、淡泊高远的人生志向的同时，也流露出20世纪60年代初中国知识分子屡受强权整肃与政治迫害的抑郁心态，以及回归自然、从文学创作中寻求自我解脱的意向。《陶渊明写挽歌》如实表达了新中国如陈翔鹤一类知识分子从灵魂深处对陶渊明的认同，这在1949年以后的中国文学界，是颇为罕见的，应看作陶渊明精魂不泯的一线生机。

然而，这一线生机很快就被扼杀了。

从1964年开始，权力高层组织了对于《陶渊明写挽歌》的严厉批判，认定这是一篇“有害无益”的小说，充满了“阴暗消极的情绪”，“宣扬了灰色的人生观”，是“没落阶级的哀鸣与梦呓”。这里的“阴暗”“消极”“灰色”“没落”，不仅指向小说家的创作心态，完全可以看作对诗人陶渊明的定性。当时文坛的绝对权威姚文元就曾在一篇文章中指责：某些共产党员不想革命，却神往陶渊明的生活情趣。到了“文化大革命”中，更有人将这篇小说的写作背景与“庐山会议”放在一起（那也正是毛泽东主席写作《七律·登庐山》的写作背景)，宣布《陶渊明写挽歌》是“为一切被打倒的反动阶级鸣冤叫屈，鼓动他们起来反抗的‘战歌’”，是“射向党和无产阶级专政的毒箭”。小说作者陈翔鹤因此受到残酷的迫害，于1969年4月22日下午死于接受批斗的路上。《陶渊明写挽歌》竟成了小说家为自己写下的“挽歌”!

四

“文革”结束后，“陶渊明研究”与其他文学研究、文学批评一样，一度出现活跃局面，并最终推出像袁行霈的《陶渊明研究》、龚斌的《陶渊明传论》、胡不归的《读陶渊明集札记》以及关于陶渊明接受史研究的一些颇有分量的学术成果。然而，这却难以挽回陶渊明精神渐趋消亡的时代命运。

中国诗人陶渊明在新旧世纪之交再次遇到严重挑战，这次的对手并不在学术界，甚至也不在政治界，而在于中国社会的转型，即由传统农业社会向工业社会的转型。经济发展成为社会发展的硬道理，市场经济、消费文化迅速占据了人们的公共空间乃至私人空间。“平面化”“齐一化”的货币特性变成“现代社会的语法形式”，国内生产总值(GDP)成为当代中国人的最高统帅，国人的注意力全被引向发财致富的金光大道，资本的魔性在我们这块曾经绝对革命化的土地上显得格外张狂。新的价值体系对国家财力的积累颇见成效，而对于高尚生活风格的形成却一无补益。被货币占领的社会生活界变得越来越“非人格”“无色彩”，个人精神文化中的灵性和理想伴随着自然生态系统的恶化越来越干涸萎缩。面对蜂拥进城的农民工，还能说什么“归去来兮，田园将芜胡不归?”面对一脸渴望走进“公务员”考场的大学生、研究生，还能说什么“不为五斗米折腰”!即使有人有心回归乡土，当下的中国农村在城市化浪潮的冲击下也已经失去了固有的价值与意义。

以往文学史书写中由胡适与鲁迅为陶渊明定格的“平民性”与“斗争性”，在当下其实也已经遭遇尴尬。“文革”结束以后，国家的决策层不再希望将阶级斗争、路线斗争持续下去，即使社会生活中“斗争”时有发生，也不再把“斗争性”作为每个国民必备的高尚品格，当初为政治服务而代陶渊明强化的“斗争性”已经失去现实的依托。至于胡适强调的“平民性”“大众化”，情况更要复杂些。当一个社会真正进入现代化轨道之后，“大众化”真正的推手已经不再是文学艺术家，甚至也不再是政界的“英明领袖”，而是由资本与高新技术操纵的市场。在市场经济汹涌澎湃的今天，文化事业正在转型为产业和企业，作为市场精英的资本家完全有办法收买或扼杀那些已经背时倒运的文化精英。面对新世纪的文化市场，我们的伟大诗人陶渊明，也未能逃脱那些商业文化大腕、大鳄们设置下的一个又一个“大众化”陷阱。

到互联网上搜索一下，争先恐后扑进人们“眼球”的更多的“桃花源”，竟是房地产开发商们的广告，开发商们热衷于将自己的楼盘命名为“桃花源”，装扮成人间仙境。这里下载一例，为陶渊明的研究者们长长见识：

> 豪宅专家营造绝版“桃花源”；面积：963 平方米；售价：4500 万元（46728 元 / 平方米）；私家花园、室内游泳池、仿古长廊；周边环境：百老汇购物商场、沃尔玛购物超市；贷款总额：31499344.8（元）；月均还款：193512.5（元）；契税：674985.96（元）；交易印花税：22499.53（元）；超级经纪人专业代理，多套供选，现房诚售！

这样的桃花源，当然已不再是“相命肆农耕，日入从所憩”“春蚕收长丝，秋熟靡王税”的桃花源，然而这样的“桃花源”对于现实的中国人却拥有更强烈的吸引力，陶渊明的桃花源在现代人的日常生活中已被成功置换。

如果说陶渊明在后现代的艺术家那里只是被解构，那么，他在当代中国房地产开发商那里遭遇到的却是被侵吞，连骨头带肉的一并吞噬。面对中国现实生活中从内到外的各个方面，陶渊明似乎已经整个地失去了存在的意义，他赖以传布百世的自然主义生存理念、文学精神也已经死亡。在 21 世纪的中国，陶渊明已经完全成为这个时代的局外人，成为被这个时代消解、戏弄、遗弃的人。但也恰恰因为如此，陶渊明成了我们这个时代的一个“他者”，“陶渊明之死”成为一个值得深思的问题。按照德里达“幽灵学”的说法，陶渊明的这一次死亡，才使他可能成为一个真正的“幽灵”。我们现在重提陶渊明的意义也许正在于此。

面对当前人类在自然生态、社会生态、精神生态方面存在的种种繁难问题，人们能否向一个幽灵求助？德里达在《马克思的幽灵》一书中阐述了这样一个道理：幽灵像是精神，却又不等于精神。或许可以把幽灵叫作“精神中的精神”，这是一种游移不定、绵延不绝、无孔不入的精神遗存。世界本身的现象兴衰史就是幽灵式的。“幽灵不仅是精神的肉体显圣，是它的现象躯体，它的堕落的和有罪的躯体，而且也是对一种救赎，以及——又一次——一种精神焦虑的和怀念式的等待。”[①]用德里达的话说，幽灵具有“不可抵挡的作用力”和“原生力量”。[②]幽灵似乎也成为“纵浪大化中”的一个精灵，成为“一个永远也不会死亡的鬼魂，一个总要到来或复活的鬼魂”[③]。任何试图彻底清除它的举动，都只会让他以游魂的形式重新返回。德里达的“幽灵学”用语艰涩深奥，以我的肤浅理解，他的用意在于以他的幽灵说更好地解释精神现象，包括精神的流布与效应。从哲学的意义上讲，德里达认为他的幽灵说，已经将我们引向一个对于超越于二元逻辑或辩证逻辑之外的事件的思考。从某种意义上讲，超越也是救赎，幽灵更由于拥有这种原生的与再生的力量，也就具备了参与救赎（非基督教的）的潜在能量。继海德格尔的诗性拯救之后，在德里达的幽灵学中，“幽灵”被再度赋予拯救艰难时世的力量。

传统中那些属于精神文化领域的东西是不会轻易被取缔的。当现实社会的滚滚红尘、滔滔洪水漫过人类的精神原野时，那些隐匿在人类思想与情感幽深处的精灵并不会全部席卷而去，它们还会守候在某些深潭、深渊中，游荡在某些山峦、林木间，会飘散在月光下，清风中，云里，雾里，文学评论的任务就是要寻觅并召回这些幽灵，让其在新的时代境遇中显灵、显圣，为人类社会调阴阳、正乾坤，让包括人类在内的整个地球生态系统品物咸亨、万国咸宁、逢凶化吉、共享太平。

（原载《苏州大学学报》2012年第1期）

① ［法］德里达：《马克思的幽灵》，中国人民大学出版社1993年版，第91页。
② ［法］德里达：《马克思的幽灵》，中国人民大学出版社1993年版，第206页。
③ ［法］德里达：《马克思的幽灵》，中国人民大学出版社1993年版，第141页。

论环境美学与生态美学的联系与区别

程相占

引　言

早在2008年，曾繁仁就发表了《论生态美学与环境美学的关系》一文，提出生态美学与环境美学的关系问题一直是国内外学术界所共同关心的问题，并在阐述二者关系的基础上着重讨论了二者的四点区别。[①] 这是较早涉及生态美学与环境美学之关系的论著，具有较大的学术价值。针对这一问题，本文采取“历史与逻辑相统一”的研究方法：以相关文献发表的先后为顺序，以环境美学与生态美学可能存在的几种关系为理论支点，拟从五方面展开讨论：一、环境美学与生态美学的不同开端与二水分流；二、在环境美学框架内发展生态美学；三、将环境美学等同于生态美学；四、吸收环境美学的理论资源来发展生态美学；五、参照环境美学以发展生态美学。笔者坚持第五个学术立场。

本文所追求的研究意义和价值主要有两方面：一、从历史层面来说，以国际美学的当代发展为参照，在环境美学与生态美学相互交织的理论地图上，清理二者各自的发展线路与发展过程；二、从理论层面而言，明确界定环境美学与生态美学各自的侧重点与特定问题，以便我们将二者的研究推向深入。必须郑重说明的是：画地为牢、作茧自缚等狭隘心态，一直都是笔者

① 曾繁仁：《论生态美学与环境美学的关系》，《探索与争鸣》2008年第9期。该文稍后收入曾繁仁：《生态存在论美学论稿》，吉林人民出版社2009年版，第152—159页。该文后又收入曾繁仁《生态美学导论》，商务印书馆2010年版。详见第七编“生态美学建设的反思”的第三部分第462—470页。由此可见，作者对于这个问题一直非常重视。

努力避免的不良学术倾向。

一、环境美学与生态美学的不同开端与二水分流

国际学术界公认，环境美学正式发端于英国学者罗纳德·赫伯恩的《当代美学与自然美的忽视》。该文正式发表于出版于1966年的《英国分析哲学》一书，赫伯恩因此文而被称为“环境美学之父”。①

在这篇文章里，赫伯恩试图突破分析哲学的藩篱，辨析对于艺术的审美欣赏（艺术欣赏）与对于自然的审美欣赏（自然欣赏）之间的差异。他主要讨论了两点。第一点可以概括为“内外”之别：欣赏者只能在艺术对象“之外”欣赏它；但是，在对于自然的审美体验中，观赏者可以走进自然审美环境自身“之内”——“自然审美对象从所有方向包围他”，也就是说，欣赏自然时，“我们内在于自然之中并成为自然的一部分。我们不再站在自然的对面，就像面对挂在墙上的图画那样。”从欣赏模式的角度而言，“内外”之别就是“分离”（detachment）与“融入”（involvement）之别：前者主要是艺术欣赏的模式，而后者则主要是自然欣赏的模式——观赏者与对象的相互融入或融合。在赫伯恩看来，融入这种欣赏模式具有很大的优势：通过融入自然，观赏者“用一种异乎寻常而生机勃勃的方式体验他自己”。②艺术欣赏与自然欣赏的第二点差异可以概括为“有无”之别——有无框架和边界：艺术品一般都有框架或基座，这些东西“将它们与其周围环境明确地隔离开来”，因此，它们都是有明确界限的对象，都具有完整的形式；艺术品的审美特征取决于它们的内在结构、取决于各种艺术要素的相互作用。但是，自然物体是没有框架的、没有确定的边界、没有完整的形式。③对于分析美学来说，自然物体的这些“无”是其负面因素；但是，倡导自然美研究的赫伯恩却反弹琵琶，认真发掘了那些“无”的优势：对艺术品而

---

① 这个称呼来自英国学者，参见 Emily Brady，“Ronald W. Hepburn：In Memoriam”，*British Journal of Aesthetics*，2009，49（3）：199-202.

② Hepburn，Ronald W.，“*Wonder*” *and Other Essays*：*Eight Studies in Aesthetics and Neighbouring Fields*，Edinburgh：University Press，1984，pp.12-13.

③ Hepburn，Ronald W.，“*Wonder*” *and Other Essays*：*Eight Studies in Aesthetics and Neighbouring Fields*，Edinburgh：University Press，1984，pp.13-14.

言，艺术框架之外的任何东西都无法成为与之相关的审美体验的一部分；但是，正因为自然审美对象没有框架的限制，那些超出我们注意力的原来范围的东西，比如，一个声音的闯入，就会融进我们的整体体验之中，改变、丰富我们的体验。自然的无框架特性还可以给观赏者提供无法预料的知觉惊奇，带给我们一种开放的历险感。另外，与艺术对象如绘画的"确定性"（determinateness）不同，自然中的审美特性（aesthetic quality）通常是短暂的、难以捕捉的，从积极方面看，这些特性会产生流动性（restlessness）、变化性（alertness），促使我们寻找新的欣赏视点。如此等等。① 在进行了比较详尽的对比分析之后，赫伯恩提出：对自然物体的审美欣赏与艺术欣赏同样重要，两种欣赏之间的一些差别，为我们辨别和评价自然审美体验的各种类型提供了基础——"这些类型的体验是艺术无法提供的，只有自然才能提供。在某些情况下，艺术根本无法提供。"② 这表明，自然欣赏拓展了人类审美体验的范围，因而具有无法替代的价值，理应成为美学研究的题中应有之义。这等于为环境美学的产生提供了合法性论证。后来的不少环境美学家诸如加拿大的艾伦·卡尔森、芬兰的约·瑟帕玛等，都是沿着赫伯恩的理论思路而发展环境美学的。③

较早以"生态美学"作为标题的论著发表于 1972 年。这一年，加拿大学者约瑟夫·米克的论文《走向生态美学》发表于《加拿大小说杂志》，④ 同年又收入作者的《存活的喜剧——文学生态学研究》一书，成为该书的第六章，标题是"生态美学"。⑤ 如果说赫伯恩是"环境美学之父"的话，笔者认为米克就是"生态美学之父"。

米克的立论从反思西方理论美学史入手。他提出，从柏拉图开始，西

---

① Hepburn，Ronald W.，"*Wonder*" *and Other Essays*：*Eight Studies in Aesthetics and Neighbouring Fields*，Edinburgh：University Press，1984，pp.14-15.

② Hepburn，Ronald W.，"*Wonder*" *and Other Essays*：*Eight Studies in Aesthetics and Neighbouring Fields*，Edinburgh：University Press，1984，p.16.

③ 参见程相占《环境美学对分析美学的承续与拓展》，《文艺研究》2012 年第 3 期。

④ Meeker，Joseph W，"Notes Toward an Ecological Esthetic，" *Canadian Fiction Magazine*，Vol. 2，1972，nr 6，pp. 4-15.

⑤ Meeker，Joseph W.，"Ecological Aesthetics，" *The Comedy of Survival*：*Studies in Literary Ecology*. New York：Charles Scribner's Sons，1972，pp.119-136.

方美学一直被“艺术对自然”的重大争论所主导，审美理论传统上强调艺术创造与自然创造的分离，假定艺术是人类灵魂“高级的”或“精神化”的产品，不应该混同于“低级的”或“动物性的”生物世界。在米克看来，无论将艺术视为“非自然的”产品或人类精神超越自然的结果，都歪曲了自然与艺术的关系。达尔文的进化论揭示了生物进化过程，表明传统人类中心的思想夸大了人类的精神性而低估了生物的复杂性。从19世纪开始，哲学家们重新考察了生物与人类之间的关系，“试图根据生物学知识重新评价审美理论”。[①] 在这种研究思路引导下，米克依次研究了人类的美、丑观的本源，认为审美理论要想更成功地界定“美”，就应该“借鉴一些当代生物学家和生态学家已经形成的自然与自然过程的观念”[②]。简言之，在达尔文生物进化论的基础上注重人类的生物性，根据当代生物学知识、生态学知识来反思并重构审美理论，这就是米克说的“生态美学”的思想基础和理论内涵。

米克还具体分析了各个艺术门类的特性：空间（或视觉）艺术如绘画、雕塑和设计，最佳的类比是自然中有机体的物理结构；而时间艺术如文学和音乐，则能够从生物过程的视角得到最佳阐明——各种生物过程又通过演化的时间框架和生态演替而得到解释。这就意味着，可以借用一些生态学术语诸如“生态演替”（ecological succession）来解释艺术。米克使用的生态学术语还有生态系统（ecosystem）、生物稳定性（biological stability）、生物完整性（biological integrity）或生态整体性（ecological integrity）等，他甚至推测：“时间艺术中的快乐与生物生态系统的稳定过程中的快乐之间，可能存在着共同的基础。”[③] 审美体验是美学的关键词之一，米克试图运用生态系统这个概念来解释审美体验。他认为，艺术品之所以令人愉悦，是因为它们提供了整体性体验，将高度多样性的因素整合为一个平衡的整体。一件艺术品就像一个生态系统，因为它传达“统一的体验”（unitive experience）；艺术品中每一个要素都应该与其他要素有机地结合在一起而形成一个系统整

① Meeker，Joseph W.，*The Comedy of Survival*：*Studies in Literary Ecology*. New York：Charles Scribner's Sons，1972，p.120.

② Meeker，Joseph W，*The Comedy of Survival*：*Studies in Literary Ecology*. New York：Charles Scribner's Sons，1972，p.125.

③ Meeker，Joseph W.，*The Comedy of Survival*：*Studies in Literary Ecology*. New York：Charles Scribner's Sons，1972，p.129.

体。对于令人愉悦的景观或艺术品，“生态整体性原理是内部固有的”①。米克还从环境的长期稳定性的角度，批判了以人为中心的伦理传统与善恶标准，提醒人类重视生态系统的完整性。他认为，对于生态系统整体最大限度的耐久性而言，最大限度的复杂性和多样性是最重要的，也就是说，是否有利于维护生态系统的复杂性和多样性，应该成为人类的价值准则。

米克还批判了横亘于科学家与人文学者之间的理智偏见，倡导打破科学与人文的学科界限，跨越科学与人文的鸿沟。特别意味深长的是，米克最后提出，生态学是关于实在的富有说服力的新型模式，为调和人文探索与科学探索提供了难得的机遇。“生态学展示了人类与自然环境的相互渗透性(interpenetrability)。”② 这个结论表明了米克生态美学的理论取向：充分借鉴生态学知识，将美学研究奠定在生态学基础上。

赫伯恩与米克的两篇论文没有什么关联，二者的理论思路也迥然不同：一个人从分析哲学出发研究自然审美与艺术审美之别，另外一个则借鉴生态学的观念及其基本概念重新阐发审美理论。这表明：大体上同时出现的环境美学与生态美学（二者出现的时间相差只有六年）是两种不同的美学新形态。

二、在环境美学框架内发展生态美学

将赫伯恩视为环境美学的开创者，某种程度上是后来者对于环境美学之发展历程进行历史追溯的结果，并不完全符合历史发展的真实情形。因为，根据当代著名环境美学家阿诺德·伯林特和艾伦·卡尔森等人的口述，他们都是在进行环境美学研究很久以后才看到赫伯恩的那篇论文的。

正式打出“环境美学”大旗的是艾伦·卡尔森与巴里·萨德勒主编的《环境美学阐释文集》。这本论文集正式出版于1982年，所收录的是举办于1978年的“环境的视觉质量研讨会”的会议论文，与会代表分别来自哲

① Meeker，Joseph W.，*The Comedy of Survival*：*Studies in Literary Ecology*，New York：Charles Scribner's Sons，1972，p.131.

② Meeker，Joseph W.，*The Comedy of Survival*：*Studies in Literary Ecology*，New York：Charles Scribner's Sons，1972，p.136.

学、文学、景观设计和地理学等领域。编者在该书的“前言”中提到，“环境美学现在是地理学家认真研究的对象”，应该采取跨学科的方式和多重视角来研究“人与环境的审美关系”；本论文集正是这一研究进程的“正式开端”。①1988 年由杰克·纳泽编辑的《环境美学——理论、研究与应用》出版。该书是1982年和1983年两届“环境设计研究学会会议”的会议论文集，共收录 32 篇论文，其中包括环境美学家伯林特的《环境设计中的审美知觉》等，作者们分别来自景观设计、环境心理学、地理学、哲学、建筑学和城市规划等领域。该书“前言”指出：环境美学代表着经验美学（empirical aesthetics）与环境心理学两个研究领域的合并——“这两个领域都采用科学方法来解释物理刺激与人类反应之间的关系”。② 简言之，本书关心的核心问题是两个：人们如何回应其周围环境的视觉特征？设计师能够做些什么来改善这些环境的审美质量？围绕这两个问题，本书从理论上探索了人—环境—行为之间的关系，还强调将审美标准具体运用到设计、规划和公共政策之中。

就是在上述学术背景中，出现了高主锡的生态美学。韩国裔美籍学者高主锡从 1978 年开始就借鉴阿诺德·伯林特的“审美场”概念（一种现象学美学的普遍理论），试图将之与他自己称为“生态设计”的环境设计理论连结起来，旨在创造一种可以运用于设计实践的美学理论。他于 1988 年发表了《生态美学》一文，在环境美学的基础上发展出了自己的生态美学。

高主锡认为环境美学有两种含义：一是“环境美学”（aesthetics of the environment），也就是以《环境美学阐释文集》为代表的环境美学。高主锡批评这种环境美学，认为它植根于人与环境二元论观点基础上，其缺陷与实证主义的形式美学相关。高主锡提出第二种环境美学是“生态美学”：一种“关于环境的整体的、演化的美学”，③ 就像伯林特在其“审美场”概念中表述的那样，既适用于艺术品，也适用于人建环境。在高主锡的论著中，建

① Carlson，Allen and Barry Sadler，eds.，*Environmental Aesthetics*：*Essays in Interpretation*，Victoria，B.C.：University of Victoria，1982，p.iv.

② Nasar，Jack L.，ed.，*Environmental Aesthetics*：*Theory*，*Research*，*and Applications*，New York：Cambridge University Press，1988，p.xxi.

③ Koh，Jusuck，“An Ecological Aesthetic”，*Landscape Journal*，7（2，1988）：177-191.

筑、景观和城市都是不同的“环境”，都属于“环境设计”研究的对象，都可以与“生态设计”理念贯通起来。他认为，环境设计的目的是构建人性化的、家园式的、供人分享的环境，指导这种设计的理念应该是生态设计。他的“生态美学”就是这种设计理念的概括。因此，他的美学理论可以概括为“生态的环境设计美学”，是在生态思想基础上对于一般环境美学的批判与超越。

高主锡从 11 个方面对比了形式美学、现象学美学与生态美学，简言之，他认为生态美学的哲学基础是整体的、生态的、演化的、主客体统一的；在生态美学中，设计师 / 艺术家倾向于创造以体验 / 环境为中心的艺术（例如，创造处于演化中的环境）；生态美学强调整体的意识、无意识体验与创造力。等等。在构建生态美学时，高主锡确认并辨析了与设计原理、美学理论相连的核心概念，提出“包括性统一”“动态平衡”和“补足”三个原则是美学的生态范式。前两个概念是对于传统形式美学原理中“统一”与“平衡”两个概念的扩展，最后一个概念则是在吸收东方建筑美学基础上的独立创造。需要特别注意的是，高主锡在讨论他的三个核心原理时，都首先将其作为“创造过程的原理”来论述，然后才将之作为环境设计中的审美原理来研究。这表明：这三个概念是贯通自然规律和人造环境的桥梁，是整个宇宙的普遍原理，使我们很容易联想到生态学中的“自然过程”（natural process）这个概念。①

与高主锡近似，中国学者李欣复也试图在环境美学的整体框架内发展出生态美学。关于李欣复的生态美学，国内学者一般只重视他发表于 1994 年的《论生态美学》一文，不少学者认为这篇文章是生态美学的开山之祖，甚至据此认为生态美学是中国学者的“首创”。在我们了解到西方生态美学之后，“首创”之说已经完全不可靠了；但是，国内一些学者至今依然没有准确揭示李欣复生态美学的理论来源，因为他们忽视了作者此前的一篇文章《论环境美学》，也就是说，忽视了中国环境美学对于生态美学的决定性影响。

① 详尽的论述请参见程相占《美国生态美学的思想基础与理论进展》，《文学评论》2009 年第 1 期。

中国学者的环境美学研究大体上始于1980年左右。比如，一篇题为《环境美学浅谈》的论文提出：环境美学研究的主要对象是人类生存环境的审美要求，研究环境美感对于人的生理和心理作用，进而探讨这种作用对人们身体健康和工作效率的影响。[1] 就是在这种学术背景下，李欣复于1993年发表了《论环境美学》一文。该文提出环境美学是一个新学科，"其个性特质就在是以研究时空环境在主客体审美交流活动中的地位作用和美的发生构成与价值中的身分角色为主要内容、任务和标志的，这是它与普通美学及其他美学学科的区界和分工。"[2] 简言之，李欣复的环境美学所研究的核心问题是"环境在美的发生构成中的地位作用"，而他所说的"环境"包括"自然地理环境""文化社会环境""政治环境"等方面，后两方面"环境"的含义很大程度上近似于通常所说的"背景"，因此与西方环境美学大异其趣。

作者次年发表的《论生态美学》一文是对《论环境美学》一文的理论延续或延伸。该文认为，生态美学的研究对象是"地球生态环境美"，所以，生态美学"是环境美学的核心组成部分"。[3] 作者的理论逻辑如下："美学"是研究"美"的学科，因此，"环境美学"顺理成章就是研究"环境美"的学科；生态环境学等学科表明"环境"具有"生态"特性，所以，"生态美学"的研究对象是"生态环境美"，只不过在环境美学的研究对象"环境美"加上了"生态"二字而已。笔者觉得，这是中国当代主导性美学观在环境美学与生态美学研究中的具体表现，后来不少学者继续沿用这种美学观来进行研究，或坚持环境美学的研究对象就是"环境美"，[4] 或提出生态美学的研究对象就是"生态美"。[5] 这种美学观极其严重地制约了环境美学与生态美学的理论探讨与发展，值得我们深入反思和批判。

---

① 郑光磊：《环境美学浅谈》，《环境保护》1980年第4期。稍后的环境美学论文还有一些，比如，黄浩：《环境美学初探》，《环境管理》1984年第4期。

② 李欣复：《论环境美学》，《人文杂志》1993年第1期。

③ 李欣复：《论生态美学》，《南京社会科学》1994年第12期。

④ 陈望衡：《环境美学》，武汉大学出版社2007年版。

⑤ 徐恒醇：《生态美学》，陕西人民教育出版社2000年版。

三、将环境美学等同于生态美学

中国学者最早接触生态美学这个概念，大概始于《国外生态美学》一文。该文原来发表于俄国《哲学科学》1992 年第 2 期，当年年底就被中国学者翻译成中文在国内发表。认真研读这篇文章会发现，尽管论文的标题是“生态美学”，但文章的内容基本上都是“环境美学”。这表明了学术界的一种学术倾向：将环境美学等同于生态美学。

该文首先讨论的问题是“作为审美客体的环境”，认为“审美客体问题是环境美学的精髓”。[①] 作者准确地指出，环境美学争论的首要问题是“环境区别于其他审美客体的特点”，这正是赫伯恩环境美学的核心论题。这个问题中涉及的环境美学家主要是芬兰的瑟帕玛（原译为“谢潘玛”）。该文讨论的第二个问题是“环境美学与艺术哲学”，主要围绕着“自然”问题而展开，其核心观点是：环境美学中所说的“自然”不同于艺术哲学中的“自然”，该部分涉及的环境美学家为加拿大环境美学家卡尔森。以上概括表明，作者并非不知道“环境美学”，但还是以“生态美学”来作为标题，并不断在论述中将二者混为一谈。

《国外生态美学》这篇文章对于中国生态美学的影响具有正负两面性。从正面来说，它推动了中国生态美学的发展，使此前零星出现的“生态美学”概念[②] 受到更多关注，中国学者开始自觉地构建生态美学理论；从负面来说，由于它将环境美学与生态美学视为同一个概念，导致国内一些学者不加分辨地认为欧美的环境美学实际上就是生态美学。这种情况也为西方学者沿袭。比如，出版于 2010 年的《现象学美学手册》收录了由美国学者特德·托德瓦因撰写的“生态美学”词条，它开门见山地将生态美学的研究对象界定为“对于世界整体——包括自然环境和人建环境——的审美欣赏”。[③]

---

① ［俄］Н.Б.曼科夫斯卡娅：《国外生态美学》（上），由之译，《国外社会科学》1992 年第 11 期。以下引自本文者不再另注。

② 比如，较早在论文题目中使用生态美学的论文有，杨英风：《从中国生态美学瞻望中国建筑的未来》，《建筑学报》1991 年第 1 期。

③ Sepp，Hans Rainer，L. Embree，eds.，*Handbook of Phenomenological Aesthetics*，Springer，2010，p.85.

尽管作者在行文中也使用了“环境美学”这个概念，但是，却把环境美学家伯林特的美学称为“生态美学”，所引用的文献正是伯林特“环境美学”的两本代表作：一本是出版于1992年的《环境美学》，另外一部是出版于1997年的《生活在景观中——走向环境美学》。[①] 作者提出当代“生态美学”的核心问题是“对于艺术品的审美欣赏与对于自然的审美欣赏之间的关系”[②]——我们知道，这个问题正是赫伯恩环境美学的核心问题，后来被伯林特、卡尔森等环境美学家所继承和发展；而托德瓦因“生态美学”词条的主体部分也是围绕这个问题而展开的。

像托德瓦因等人那样，不加分辨地将环境美学等同于生态美学是否合理呢？笔者觉得，最有说服力的应该是环境美学家们的意见。我们这里来看看卡尔森本人的意见。当一位中国学者问及环境美学与生态美学的关系时，卡尔森明确提出：“‘生态美学’这个术语可以接受，但我并不认为它应当具有与‘环境美学’这一概念完全相同的意义……我将‘生态美学’理解为环境美学中的一种特殊视野——将生态科学知识作为自然审美欣赏的中心维度。”由于卡尔森本人特别重视生态科学知识在自然审美欣赏中的功能，所以，他认为他自己的理论“便是生态美学的一种形式”；但他同时又提到其他环境美学家如伯林特、艾米莉·布雷迪，认为生态科学在他们那里就没有什么作用，所以，“不宜将‘生态美学’与‘环境美学’混为一谈”。[③]

那么，将环境美学称为生态美学到底有没有一定的合理性？如果有，

---

① Berleant，Arnold，*The Aesthetics of Environment.* Philadelphia：Temple University Press，1992. Berleant，Arnold，*Living in the Landscape*：*Toward an Aesthetics of Environment*. Kansas University Press，1997. 笔者曾经就这个词条向伯林特请教过他的意见，他说他与作者相识，但表示不太理解作者为什么这样；笔者也曾经给作者写信请教，但是没有收到回复。

② Sepp，Hans Rainer，L. Embree，eds.，*Handbook of Phenomenological Aesthetics*，Springer，2010，p.86.

③ [加] 艾伦·卡尔松：《从自然到人文——艾伦·卡尔松环境美学文选》，薛富兴译，广西师大出版社2012年版，第331页。笔者这里想补充一点学术史事实。2009年10月，山东大学主办的“全球视野中的生态美学与环境美学”国际学术研讨会在济南召开，伯林特、卡尔森（又译为卡尔松）、瑟帕玛等国际著名环境美学家均应邀赴会。会后，山东大学文艺美学研究中心又邀请这三位学者与中心的中国学者进行了学术座谈，曾繁仁教授和笔者都参加了座谈会。座谈会涉及的一个重要问题便是生态美学与环境美学的关系，三位环境美学家都表示二者不能混为一谈。

这个合理性在哪里？笔者认为，国内外之所以不断有学者认为环境美学就是生态美学，是因为“生态学”这个概念在发挥着无形的作用。众所周知，生态学本来是自然科学的一种，它是研究有机体与其环境相互作用的科学。按照这个定义所包含的逻辑进行合理地推论就会发现：研究人与其生存环境之间审美关系的“环境美学”，完全符合生态学的内在逻辑。但笔者所理解的生态美学要更加严格一些：只有那些基于生态伦理、将自然环境视为一个动态而有机的生态系统、并对自然环境持有尊重态度的环境美学，才是严格意义上的生态美学。① 本文最后一部分将对此进行比较详尽的讨论。

四、吸收环境美学的理论资源来发展生态美学

在回顾和总结中国当代生态美学的发展状况与理论成果时，有学者提出“尤以曾繁仁‘生态存在论美学观’影响为巨”。② 笔者同意这个判断，并认为曾繁仁的生态美学代表了现阶段中国生态美学的最高理论成就。奠定曾繁仁“生态存在论美学观”的是他于2001年参加“全国首届生态美学研讨会”的会议论文——《生态美学：后现代语境下崭新的生态存在论美学观》，该文次年正式发表。③ 在随后近10的学术生涯中，曾繁仁首先吸收后现代哲学家大卫·格里芬的思想而提出“生态存在论”，然后以之作为理论切入点而吸收海德格尔的存在哲学，稍后又以“生态文明”作为理论导向，④ 在充分吸收西方环境美学理论成果的同时强调二者的区别，从而构建了包括“生态论的存在观”“诗意地栖居”“场所意识”“参与美学”等七到九个基本范畴在内的生态美学框架。⑤ 我们下面按照这个理论线索进行概括。

针对法国哲学家福柯、德里达等人为代表的“解构性的”（destructive）

① 参见程相占《国际生态美学精粹》，《南阳师范学院学报》2012年第5期。

② 朱立元、栗永清：《从“生态美学”到“生态存在论美学观”》，《东方丛刊》2009年第3期。

③ 曾繁仁：《生态美学：后现代语境下崭新的生态存在论美学观》，《陕西师范大学学报》2002年第3期。

④ 曾繁仁：《当代生态文明视野中的生态美学观》，《文学评论》2005年第4期。

⑤ 曾繁仁：《当代生态美学观的基本范畴》，《文艺研究》2007年第4期。这篇文章提出的基本范畴为七个，作者2010年版的《生态美学导论》对此进行了一定修改并拓展为九个。

后现代哲学，美国学者大卫·格里芬等人倡导“建构性的”（constructive）后现代主义（国内一般翻译为“建设性后现代主义”）。早在1988年，格里芬主编了《精神性与社会的后现代视野》一书，格里芬本人撰写了第十章“和平与后现代范式”，其第四节“关系的本质”这样写道：“现代范式的第四个特征是它的‘非生态的存在观’（nonecological view of existence），这一点已经给世界和平造成了各种各样的负面后果。生态的观念则是这样一种观念：每个个体都被视为互相‘内在关联的’，每个个体都由它与其他个体的关系以及它向那里的反应而被内在地构成。”① 这本书于1998年被翻译成汉语在国内出版，书名被修改为《后现代精神》。② 曾繁仁较多地引用了格里芬主编的这本书，从“生态论的存在观”这个汉语表达式获得了生态美学的理论切入点。他非常细致地界定了“狭义的生态美学”与“广义的生态美学”，而他本人赞同后者，认为后者是“一种人与自然和社会达到动态平衡、和谐一致的处于生态审美状态的崭新的生态存在论美学观”。③ 但是，我觉

① Griffin，David R.，ed.，*Spirituality and Society*：*Postmodern Visions*，State University of New York Press，1988，p.150.

② [美] 大卫·格里芬：《后现代精神》，王成兵译，中央编译出版社1998年版。根据英语原文我们不难发现，“非生态的”（nonecological）所修饰的中心词是“观念”（view）而不是“存在”（existence）。坦诚地说，这个中译本问题较多，比如，译者将nonecological view of existence翻译为“非生态论的存在观”，其中的“论”字就不知所云。另外，existence更确切的翻译应该是“生存”，如果翻译为“存在”，就无法别于另外一个英文哲学术语being。笔者这里所引用的格里芬的这段话是由笔者重新翻译的。简言之，格里芬原文所讨论的不是“存在”是否是“生态的”，而是“关于存在的观念”是否是“生态的”。因此，从中解读出“生态存在”的意义来，既是翻译方面的误读，也是一种逻辑跳跃。中国学者从汉语译本中提炼出“生态存在”这个重要的理论问题，应该是一种非常富有学术价值的创造性“误读”。这甚至可以作为中西文化交流的一个典型案例来认真研究。

③ 曾繁仁《生态美学：后现代语境下崭新的生态存在论美学观》一文开门见山地指出：“对于生态美学，目前有狭义与广义两种理解。狭义的生态美学着眼于人与自然环境的生态审美关系，提出特殊的生态美范畴。而广义的生态美学则包括人与自然、社会以及自身的生态审美关系，是一种符合生态规律的存在论美学观。我个人赞成广义的生态美学，认为它是在后现代语境下，以崭新的生态世界观为指导，以探索人与自然的审美关系为出发点，涉及人与社会、人与宇宙以及人与自身等多重审美关系，最后落脚到改善人类当下的非美的存在状态，建立起一种符合生态规律的审美的存在状态。这是一种人与自然和社会达到动态平衡、和谐一致的处于生态审美状态的崭新的生态存在论美学观。”曾繁仁：《生态美学：后现代语境下崭新的生态存在论美学观》，《陕西师范大学学报》2002年第3期。

得他在同一篇文章中的如下一段话，更加简明地描述了生态美学的研究思路与理论内涵："所谓生态美学就是生态学与美学的一种有机的结合，是运用生态学的理论和方法研究美学，将生态学的重要观点吸收到美学之中，从而形成一种崭新的美学理论形态。"①

曾繁仁就是依据上述生态美学观来吸收西方环境美学的理论成果、进而辨析二者区别的，而这样做的前提是"环境美学译丛"的出版。该丛书由美国学者伯林特与中国学者陈望衡共同主编，2006年由湖南科学技术出版社同时推出，共包括伯林特的《环境美学》与《生活中景观中——走向环境美学》、瑟帕玛的《环境之美》、卡尔松（森）的《自然与景观》和米歇尔·柯南的《穿越岩石景观》等五部。这几本书成为中国生态美学和环境美学研究的重要参考书。曾繁仁认真研究了这些环境美学著作，他于2009年发表的《西方20世纪环境美学述评》一文所依据的就是这几本书。② 他提出，西方环境美学是中国当代生态美学发展建设的重要参照与资源，虽然两者在产生的历史、社会背景、字意、哲学内涵与传统文化继承上还是有着某些差异，但两者的联合与互补能够促进当代美学的建设发展。③ 曾繁仁从环境美学那里借鉴的主要是环境美学家伯林特的场所理论和参与理论，二者分别成为他的生态美学基本范畴中的第五个范畴"场所意识"和第六个范畴"参与美学"。④ 简言之，曾繁仁注意到了环境美学与生态美学的区别，他的策略是吸收环境美学的理论资源来发展自己早已形成的生态美学，进而"将环境美学纳入其中"。⑤

五、参照环境美学以发展生态美学

与上述第四种立场相同的是，笔者所坚持的第五种立场也认为环境美

① 曾繁仁：《生态美学：后现代语境下崭新的生态存在论美学观》，《陕西师范大学学报》2002年第3期。该文后来收入作者的《生态存在论美学论稿》，吉林人民出版社2009年版，"生态学"都被作者修改为"生态哲学"，参见该书第79—80页。

② 曾繁仁：《西方20世纪环境美学述评》，《社会科学战线》2009年第2期。

③ 曾繁仁：《论生态美学与环境美学的关系》，《探索与争鸣》2008年第9期。

④ 曾繁仁：《当代生态美学观的基本范畴》，《文艺研究》2007年第4期。

⑤ 曾繁仁：《生态美学导论》，商务印书馆2010年版，第290页。

学与生态美学具有较大差异，决不能将二者简单地混为一谈；但是，第五种立场与第四种立场也有着明显差异：1. 在构建生态美学的学术策略方面，不是一般地借鉴西方环境美学的某些理论观点作为理论资源，而是从理论逻辑、整体思路等方面参照环境美学，从而提炼出生态美学的理论逻辑和总体思路；2. 不仅仅将西方环境美学与中国生态美学相对比，而且将西方环境美学与西方生态美学相对比，充分借鉴西方生态美学的已有成果；3. 不同于第四种立场所秉持的生态美学观，第五种立场认为生态美学就是"生态审美学"，其研究对象是"生态审美"。这既是对"美学"之本义"审美学"的回归，也是对生态美学核心问题的简明界定。

西方环境美学的发端始于对审美对象的反思：审美对象仅仅是艺术品吗？自从黑格尔将"美学"等同于"艺术哲学"以来，西方美学所关注的中心就是艺术，所以被称为"以艺术为中心的"（art-centered）理论。[①] 其实，就连黑格尔本人也明确意识到，审美对象绝对不仅仅是艺术品，他也曾经讨论过"自然美"，只不过他对于自然美的评价很低，认为自然美远远低于他高度推崇的"艺术美"。明乎此，就非常容易理解赫伯恩环境美学的理论策略与思路了：既然审美对象不仅仅是艺术品、也应该包括自然，那就应该将自然作为审美对象来研究；既然黑格尔缩小美学的范围而将之仅仅局限在艺术的狭小范围内，那就应该对他进行反思与批判并努力超越他；既然黑格尔贬低自然而抬高艺术，何不反其道而行之来突出自然作为审美对象的优势呢？既然美学探索的出发点都离不开艺术，那就来将自然与艺术品进行对比。赫伯恩的环境美学正是这样做的，其后继者特别是卡尔森、瑟帕玛也都是这样做的。简言之，半个世纪以来的西方环境美学可以从宏观上描述为三方面：1. 从西方美学史的发展逻辑来说，反思和批判自黑格尔以来占据主导地位的艺术哲学；2. 从审美对象来说，将其范围从艺术扩大到自然和环境（还包括环境中的东西）；3. 从研究方法来说，对比艺术欣赏与环境欣赏的异同——而"艺术欣赏与环境欣赏的异同"正是环境美学的核心问题。

与上述三方面对应，笔者所构想的生态美学可以描述如下。

1. 从西方美学史的发展逻辑来说，生态美学所要反思、批判和超越的，

---

① Saito，Yuriko，*Everyday Aesthetics*，Oxford University Press，2010，p.13.

主要是作为西方“现代性”一部分的“现代西方美学”，也就是从鲍姆嘉滕正式提出“审美学”（1735 年）直到 20 世纪 60 年代各种“后现代”思潮兴起、二百多年间的美学。之所以这样限定是基于如下考虑：20 世纪 60 年代以来愈演愈烈的全球性生态危机，无疑是西方现代性及其扩张过程所造成的恶果；现代美学作为现代性整体方案的一部分当然也难辞其咎。因此，以生态学、生态哲学作为理论基础，反思和批判现代美学的局限和缺陷，构建一种能够回应生态危机、符合生态文明理念的美学新范式，自然成为生态危机时代美学研究无法回避的责任。笔者认为，构建生态美学的时候，首先应该从这个角度来思考问题。

2. 生态美学仅仅是扩大“审美对象”的美学吗？答案是否定的。从人类审美史的角度看，人类的审美对象远远不只是艺术品，各种自然现象、各种日常用品等，都可以成为审美对象。仅就西方现代美学而言，伴随着工业化、城市化进程的浪潮，复归自然、欣赏自然一直是西方的一个文艺传统，从英国的湖畔诗人到美国的梭罗，某种程度上都在以自然审美欣赏的方式批判西方现代性。所以，环境美学将审美对象扩大到自然和环境，并没有彻底的革命性意义。

但是，现代西方美学理论主要是现代西方哲学的组成部分，在现代性观念主导下的现代西方哲学无疑缺乏生态意识，其哲学观念甚至与生态观念相反。比如，笛卡尔将“实体”定义为“一个不依赖其他任何东西而自身存在的东西”，心灵和物质都是实体。① 这种观念与生态学就是格格不入的，因为生态学认为，所有生命样式都是相互关联的，上文提到的格里芬所说的“每个个体都被视为互相‘内在关联的’”，正是对笛卡尔哲学的反思批判。简言之，如果说现代西方哲学的主导性思维方式是“实体性思维”的话，那么，生态学和生态哲学就是“关系性思维”。因此，我们构建的生态美学就不能仅仅停留在扩大审美对象的范围上，而应该深入到生命的存在方式和人类的思维方式层面，从生态的生存方式与生态的思维方式来立论：按照海德格尔的思想，人（Dasein，国内学者张祥龙将之翻译为“缘在”）是一种特殊的“存在”，其存在应该被称为“生存”（existence）——“它是

---

① 参见赵敦华《西方哲学简史》，北京大学出版社 2001 年版，第 190 页。

缘在（‘人类生存者’）的存在方式，因为只有缘在从它在世界中的位置那里站出去并反观自身。”[①] 正是在这里，我们可以承续格里芬对“非生态的生存观”（nonecological view of existence）所做的批判，[②] 直接用“生态的”（ecological）来修饰海德格尔意义上的“生存”（existence）而提出“生态生存”（ecological existence）。既然生态学和生态哲学都揭示出人的生存真相是“生态生存”，那么，人的思维方式就应该是“生态思维”（ecological thinking），其审美顺理成章就是“生态审美”（ecological appreciation）。[③] 所以，笔者认为，生态美学的研究对象是“生态审美”（其对立面是“非生态审美”），也就是根据生态学、生态哲学改造审美主体的思维方式和审美方式，使审美主体采用“主客交融”的生态审美方式取得“主客二元”的现代审美模式。这就意味着，生态美学是对于人的生态生存本性、生态思维方式和生态审美方式的整体研究，绝不仅仅是对于某一类审美对象（比如环境）的研究。

3. 既然生态美学所要研究的问题不再是环境美学所一贯坚持的“艺术欣赏与环境欣赏的异同”，生态美学的研究方法也就不能停留在“对比艺术欣赏与环境欣赏的异同”，而应该采用那种包含在“生态审美”底层的方法，即运用生态学的基本原理并将之与生态哲学相沟通、相融汇，适当引进生态学、生态哲学的核心概念来构想生态审美范畴。米克的生态美学正是较多地引进生态学概念的成果，而曾繁仁不仅从生态学或生态哲学的角度描述过生态美学，而且他的生态美学也较多地引进了生态哲学概念。

生态美学依然处在构建过程之中，究竟怎样做才能使之走向成熟，每一个学者都可以、也都应该有自己的思路和论断。笔者认为，我们可以参照已经比较成熟的环境美学来界定、发展生态美学：环境美学的研究对象是不同于“艺术审美”的“环境审美”，它是对于自黑格尔以来、以艺术品为研

---

① ［英］尼古拉斯·布宁、余纪元编著：《西方哲学英汉对照辞典》，人民出版社 2001 年版，第 344—345 页。

② Griffin，David R.，ed.，*Spirituality and Society：Postmodern Visions*，State University of New York Press，1988，p.150.

③ 在西方学术界，“生态思维”已经是一个得到普遍运用的术语，而“生态生存”与“生态审美”这样的表述方式则很罕见。这表明，西方学术界尚未从这两个方面来研究生态美学，而这正是笔者目前的努力方向。

究中心的“艺术哲学”的批判超越，其核心问题可以概括为环境审美与艺术审美的区别与联系；而生态美学的研究对象则是“生态审美”，它的对立面不是“艺术审美”，而是传统的“非生态地审美”，亦即“没有生态意识的审美”。简言之，环境美学是就“审美对象”这个理论角度立论的：审美对象是艺术品还是环境？生态美学是就“审美方式”这个角度立论的，其核心问题是“如何在生态意识引领下进行审美活动”？也就是说，在人类的审美活动和审美体验中，如何使生态意识发挥引领作用而形成一种“生态审美方式”？笔者的核心观点是：生态审美是相对于此前的非生态审美（亦即“传统审美”）而言的，它是为了回应全球性生态危机、以生态伦理学为思想基础、借助于生态知识引发想象并激发情感、旨在克服人类审美偏好的新型审美方式与审美观。某种程度上可以说，构建生态审美理论的过程，也就是论述生态审美与传统审美之差异的过程。笔者最近发表的《论生态审美的四个要点》一文，从交融性审美方式、生态审美与生态伦理的关系、生态审美与生态学知识的关系、生态审美与人类审美偏好等四方面对此进行了比较详尽地讨论，这里不再重复。①

结　语

从1966年赫伯恩发表《当代美学与自然美的忽视》一文到现在，时间已经跨越了近半个世纪。全面系统地清理过去半个世纪中的环境美学与生态美学论著，将是一件非常耗费心力的事情。同时，由于语言能力的欠缺，笔者对相关的法语和德语论著就无法涉及。比如，笔者最近了解到，法国学者娜塔莉·勃朗于2008年出版了《走向环境美学》一书，②德国学者格尔诺特·伯姆更是早在1989年就出版了研究“生态自然美学观”的专著，③等等。这些事实都提醒我们，应该更加清醒地意识到自己的局限，更加谨慎地对待

① 参见程相占《论生态审美的四个要点》，《天津社会科学》2012年第5期。

② Blanc，Nathalie，*Vers une esthétique environnmentale*，Quae，2008.

③ Böhme，Gernot，*Für eine ökologische Naturästhetik*，Frankfurt am Main：Suhrkamp Verlag，1989. 参见王卓斐《浅析格尔诺特·伯姆的生态自然美学观》一文，收入山东大学《“建设性后现代思想与生态美学”国际学术研讨会论文集》2012年6月，第505—514页。

自己的研究结论。

无论是环境美学还是生态美学，目前都正处于发展完善的过程之中。相比较而言，环境美学的相关论著数量更多一些，所取得的学术成果也更加丰富、更加成熟一些。每一个学者都可以根据自己的学术兴趣，自由地选择自己的研究方向与重点。我们区分环境美学与生态美学的差别，目的不是让二者互为壁垒，而是为了更加清晰地辨别各自的理论逻辑与具体问题；我们关注环境美学与生态美学的联系，不是为了将二者混为一谈，而是为了使二者相互参照、借鉴以走向双赢。

（原载《学术研究》2013 年第 1 期）

当代环境美学对西方现代美学的拓展与超越

谭好哲

环境美学的兴起，是当代美学的一个大事件。它的兴起不仅对于伴随着工业化进程而愈益加剧的自然生态恶化问题作出了学术上的回应，体现了美学研究作为一门人文学科应有的社会责任，而且就整个世界美学史而言也有其学术史的意义。环境美学将自然审美重新拉回人类审美的视野之中，以包含自然在内而又被拓展了的环境作为自己的研究对象，相对于西方现代美学而言，既在研究对象和范围上有新的拓展，也在审美的性质和审美主客体关系的建构等方面形成了新的超越，从而使当代美学研究跃入一个新的境界。

一

无论东方还是西方，在前工业化的农耕文明时期，与人类生存休戚相关的外在自然历来都包含在审美视野的范围之内。月明风清的静美，长河落日的雄浑，芳草茵茵的绿地，烟波浩渺的江海，无不构成人类审美的对象。中国古代的“美”字，无论解释为“羊人为美”还是训注为“羊大为美”，人之外的羊的存在，广义说也就是自然的存在，都是审美构成不可或缺的因素。所以，在中国古代人的眼中，“天苍苍，野茫茫，风吹草低见牛羊”（中国北朝民歌《敕勒歌》：“敕勒川，阴山下，天似穹庐，笼盖四野。天苍苍，野茫茫，风吹草低见牛羊。”）就是一幅天然的美丽图画。建安诗人曹植在《洛神赋》中描绘的洛神，被称为中国古典神话中完美无缺的美神。该赋以绝美的笔调描绘洛神的容貌、体态、气质、衣着、风度、神态，呈现出洛神无可比拟的绝代风华。赋中以“翩若惊鸿，婉若游龙。荣曜秋菊，华茂春松。仿佛兮若轻云之蔽月，飘飖兮若流风之回雪。远而望之，皎若太阳升朝霞；迫而察之，灼若芙蕖出渌波”状写其美丽容貌，实则完全是对自然美景的描摹。不仅如此，中国古代文学，自先秦时代起，还形成了香草美人即以嘉木香草譬喻美德和具有美德之人的隐喻化写作传统①。可见，在中国文化传统中，自然与美（包括人之美）以及人的审美是有其不可分割的关系的。

在西方，希腊神话传说中的美神阿芙罗狄忒（Aphrodite）也就是罗马神话中的维纳斯（Venus），是从大海的泡沫中诞生的，文艺复兴时期的意大利画家波提切利曾作有表现这一传说的著名绘画《维纳斯的诞生》。这一神话传说恰好揭示出了审美与自然的密切关系。所以，在古代的希腊，虽然有那么多美轮美奂的艺术作品存在，虽然当时的哲人如柏拉图、亚里士多德之辈对美的探讨多以艺术为例，但是在他们对审美对象的描述中，还是包括自然美在内的，比如柏拉图在其对话录中就包括许多对于自然美的描写和体验，他还在其《理想国》里要求对城邦艺术教育负责任的诗人应该在自己的作品里描绘自然的优美以有利于受教育者心灵的美化②。希腊化时期的斯多噶学派更是明确地谈到了世界的美：“世界是美丽的。这从它的形状、色彩和满天繁星中显而易见。因为它有一个胜过所有其他形状的球形……它

① ［汉］王逸《离骚》序：“《离骚》之文，依《诗》取兴，引类譬喻，故善鸟香草，以配忠贞；恶禽臭物，以比谗佞；灵脩美人，以媲于君。”

② 柏拉图在其对话《斐德若篇》著名的开头从自己细腻的审美体验出发描绘了自然风景的美：“这棵榆树真高大，还有一棵贞椒，枝叶葱葱，下面真荫凉，而且花开的正香，香的很。榆树下这条泉水也难得，它多清凉，脚踩下去就知道。从这些神像神龛看来，这一定是什么仙女河神的圣地哟！再看，这里的空气也新鲜无比，真可爱。夏天的清脆的声音，应和着蝉的交响。但是最妙的还是这块青草地，它形成一个平平的斜坡，天造地设地让头舒舒服服地枕在上面。”（柏拉图：《文艺对话集》，朱光潜译，人民文学出版社1963年版，第95—96页）在《理想国》里，柏拉图谈到艺术教育时写道：“我们不是应该寻找一些有本领的艺术家，把自然的优美方面描绘出来，使我们的青年们像住在风和日暖的地带一样，四围一切都对健康有益，天天耳濡目染于优美的作品，像从一种清幽境界呼吸一阵清风，来呼吸它们的好影响，使他们不知不觉地从小就培养起对于美的爱好，并且培养起融美于心灵的习惯吗？”（柏拉图：《文艺对话集》，朱光潜译，人民文学出版社1963年版，第62页）

的色彩也是美丽的。而且也因为它巨大无比，它是美的。它包含着相互联系的各种事物，它就像一只动物或一棵树那般美丽。这些现象都给世界的美增添了光彩。”还谈到了生物的美：“大自然为了美而创造了许多生物，因为它爱美并以色彩和形状的丰富多采为乐……孔雀是因为它的尾巴，因为它的尾巴的美丽而被创造出来的。”在他们看来，如果说艺术家的伟大创造是美的，那么宇宙或大自然本身就是“最伟大的艺术品”，“在每个方面都是最完美的”①。

但是，人类与自然的亲和以及建立在这种亲和关系之上的对自然美的审美欣赏随着工业文明的到来而无情地被打破和解构了。现代工业文明从经济上来说是建立在对自然资源的开掘、利用乃至破坏、污染基础之上的，与这一进程相伴而行的即是自然生态的恶化和反常；而从审美的角度来看便是随着主体意志的无限扩张和膨胀而导致人类中心主义的日渐盛行和自然审美领域的不断萎缩，与这一趋向紧密相关的就是美学理论研究对自然之美的忽视和淡忘。正如阿多诺所指出过的：“自然美之所以从美学中消失，是由于人类自由与尊严观念至上的不断扩张所致。”② 在现代美学学科诞生之初，“美学之父”鲍姆嘉滕在1750年出版的《美学》一书的开篇即对美学学科作出规定：“美学作为自由艺术的理论、低级认识论、美的思维的艺术和与理性类似的思维的艺术是感性认识的科学。”③ 他还进一步指出，美学作为艺术理论是对在自然状态中由低级认识能力的使用和发展而产生的自然美学的补充。这种规定基本上就把自然美排除于美学研究之外。随后，黑格尔在《美学》中也将美学的对象和范围限定于艺术或者说美的艺术，而相应的美学这一学科的正当名称就是“艺术哲学”，或则更确切一点，就是“美的艺术的哲学”④。黑格尔并没有完全抛弃自然美的研究，只是认为自然美属于心灵的那种美的反映，是不完全不完善的美的形态，所以只有高于自然的艺术美才是美学研究的真正对象。而在谢林那里，比黑格尔又进了一步，认为艺术远

---

① 转引自［波］塔塔科维兹《古代美学》，杨力等译，中国社会科学出版社1990年版，第256—257页。

② ［德］T. W. 阿多诺：《美学理论》，王柯平译，四川人民出版社1998年版，第110页。

③ ［德］鲍姆嘉滕：《美学》，简明、王旭晓译，文化艺术出版社1987年版，第13页。

④ ［德］黑格尔：《美学》第一卷，朱光潜译，商务印书馆1979年版，第3—4页。

比自然界更直接地使人类理解自己的精神世界，所以直接将自己的美学研究著作命名为《艺术哲学》。黑格尔、谢林之后，美学研究就发生了被称为“艺术哲学化”的重大历史性转折，自然美基本淡出美学研究的视野。到20世纪中叶，美学在分析哲学传统中基本上都等同于艺术哲学，无论是在美学教科书还是重要美学文集里，美学研究均已被艺术的兴趣彻底控制。正如上个世纪七八十年代一些西方学者所指出的，现当代美学研究中“一种势不可挡的倾向就是由艺术对自然美所作出的压倒优势的占领，自从黑格尔以后，我们已很难发现像过去那样，美学家会对自然投入更多的注意”①。由于逐渐把全部注意力都倾注于艺术研究，现代美学基本上“中断了对‘自然美’的系统研究”，“自然美概念完全受到压制”②。有的当代美学家甚至放言，与其去为一个日落景象的美寻找原因，还不如去研究一只奶罐的造型③。

环境美学就是在这样一种学科背景基础上发生的。可以说，环境美学的滥觞既有其外在的社会原因，这就是从当代生态学思想出发对工业化进程所造成的生态恶化以及由此丛生的种种人类生存问题的社会反思；也有着美学自身的背景，这就是对现代美学研究排斥自然美的学科反思。1966年，在一本《英国分析哲学》的论文集中收录了罗兰德·赫伯恩（Roland W. Hopburn）的一篇论文《当代美学及自然美的遗忘》（1968年该文的较短版本又以《自然的审美鉴赏》为题收入一部《现代社会中的美学》论文集里）。在这篇论文中，赫伯恩首先指出，美学在根本上等同于艺术哲学之后，分析美学实际上遗忘了自然界，20世纪后半叶的讨论应该包括自然美学在内。进而他又认为，以艺术的鉴赏来指导自然的鉴赏总是存在误导，与自然相关的鉴赏需要与艺术鉴赏不同的方法，这些方法不但包括自然的不确定性和多样性的特征，而且包括我们多元的感觉经验以及我们对自然的不同理解④。当代著名的环境美学家，加拿大的卡尔松和芬兰的瑟帕玛均认为当代环境美

① ［美］理查德·舒斯特曼：《分析美学的分析》，转引自朱狄《当代西方艺术哲学》，人民出版社1994年版，第1页。

② ［德］T. W. 阿多诺：《美学理论》，王柯平译，四川人民出版社1998年版，第109页。

③ 参见朱狄《当代西方艺术哲学》，人民出版社1994年版，第2页。

④ 参见［加］艾伦·卡尔松《环境美学——自然、艺术与建筑的鉴赏》，杨平译，四川人民出版社2006年版，第17页。

学起源于赫伯恩的这篇论文对分析美学遗忘自然美的非难。比如卡尔松就明确写道："他这篇论文为环境审美欣赏的新模式打下了基础，这个新模式就是，在着重自然环境的开放性与重要性这两者的基础上，认同自然的审美体验在情感与认知层面上含义都非常丰富，完全可与艺术相媲美"①。赫伯恩对自然审美重要性的强调在美学界获得了不少人的认同和呼应。西方学界在20世纪70年代之后逐渐开展起了环境美学的相关研究，相继出版了多部有影响的环境美学著作，仅近年来译成中文出版的就有约·瑟帕玛的《环境之美》、阿诺德·伯林特的《环境美学》、艾伦·卡尔松的《环境美学》和《自然与景观》、史蒂文·布拉萨的《景观美学》等多部。1984年在加拿大蒙特利尔召开的世界美学大会上，还把环境美学作为大会研讨的主题之一。环境美学将自然与景观作为自己的研究对象，当然首先是对于主要或仅仅以艺术为研究对象的现代美学的一个反拨。应该说，环境美学家对以分析美学为代表的现当代美学的非难是切中时弊的，将自然审美排除于人类的审美经验领域，是对审美对象的窄化，显然不利于人类审美经验的丰富和扩展。同时，环境美学强调自然之美有不同于艺术之美的特殊性和多样性，对自然环境的审美鉴赏不同于对艺术的审美鉴赏，有自己的审美特点和模式。这也是对传统美学从等级属性上将自然美置于艺术美之下，将自然美的鉴赏规律从属于艺术美的鉴赏规律之中的一个反抗和冲击。

这里应该进一步指出的是，尽管环境美学特别强调要将自然纳入审美范围，将自然美学包含于美学之中，但环境美学并不等于自然美学，作为环境美学研究对象的环境也不完全等同于自然。伯林特曾明确地指出，有必要去区分环境美学与自然美学，"环境美学是不同于自然美学的。'环境'是一个更具包容性的术语，它所包含的空间和对象并非仅仅是'自然世界'之内的事物，诸如设计、建筑和城市也包容在内。况且，不同的作者以相当不同的方式来看待环境，有时将之客观化得就像是全景一般，在其他时候则将亲密的和个人化的周遭之物也包括在内，甚至有时将环境看作语境化的背景，从而将审美观照者作为组织要素而包含在内。考虑到问题还会更复杂，环境或许可以指一种特定的类型或者场域，例如被看作是一种特殊的荒野之

① ［加］艾伦·卡尔松：《自然与景观》，陈李波译，湖南科技出版社2006年版，第6页。

地、航海的环境或者购物商场的环境，抑或可能被当作一个普遍的范畴。”① 可见，环境不仅包括了自然环境，即我们的自然环绕物，也包括了由人类设计、建造起来的周遭之物。此外，伯林特认为环境美学的对象还包括艺术在内。这是因为当代艺术已经拓展到了自然环境、都市环境和文化环境等极为广阔的领域，比如当代环境艺术的产生和发展。在这种背景下，“艺术与环境事实上是相互融合的，这种融合逐渐被宣布出来。”② 对于当代的许多艺术家们来说，环境成为创作的焦点和对象，对环境美学研究来说，当然也就不能不重视艺术与环境相融合的这一事实。这里，我们还应该补充的是，随着人们生活水平的提高和精神文化追求的提升，艺术的收藏和欣赏以及在一定程度上对艺术活动的参与，事实上也越来越成为人们日常生活环境构成的一个组成部分。可见，作为环境美学研究对象的环境，比传统美学所偏好的艺术以及被其遗忘的自然，甚至比艺术和自然所涉及的范围都要广泛。就此来看，环境美学不仅重申了自然作为审美对象的必要性，还把以环境为对象的环境艺术，以及由人类所设计、创造出来的一切环绕之物，包括艺术创造在内，纳入自己的审视视野和研究范围，这是对仅仅专注于艺术审美问题研究的现代美学的极大拓展和扩充，同时它也没有简单地回复到自然美学的狭隘领域，从而为当代美学提出了不同于传统美学研究的新对象、新问题。

二

环境美学对美学研究对象和范围的新拓展，不限于在现象形态上对人类审美经验领域的丰富，实质上也在诸多方面对传统美学形成了新的改造和超越。这种改造和超越首先体现在对审美性质的认识方面。

审美无关功利，是支撑现代美学的主导审美观念。这种审美无利害观念的形成是建立在对审美活动与科学认识活动、道德实践活动以及生理快感

---

① [美] 阿诺德·伯林特:《艺术、环境与经验的形成》，载阿诺德·伯林特主编《环境与艺术：环境美学的多维视角》，重庆出版社 2007 年出版，第 19 页。

② [美] 阿诺德·伯林特:《艺术、环境与经验的形成》，载阿诺德·伯林特主编《环境与艺术：环境美学的多维视角》，重庆出版社 2007 年出版，第 2 页。

体验等人类其他生存实践活动的比较和分离基础之上的。康德认为，从性质上来讲，审美活动不涉及利害计较，对象只以它的知觉形式而不是它的实际存在来产生美感，所以审美活动的快感是纯粹无私的，不同于由生理感官的享受所带来的快适感，也不同于由意志实践活动所带来的善的愉快，后两种愉快都涉及主体对对象存在的利害关系。康德还认为，审美活动只关涉到主体愉快或不愉快的情感，与诉之于概念活动的知性认识活动也是不同的。康德之后，黑格尔、克罗齐以及其他大多数现代美学家基本上都秉持着对审美活动的这一基本看法，并且在论证思路上也与康德大致类似。

环境美学将当代生态思想引入美学研究，从根本上颠覆了这一传统观念。环境美学认为，环境状态与人的生存息息相关，因此对环境的审美不可能与价值取向、利害关联毫无关系。传统美学认为审美对象只以其形式表象作用于审美主体的感官，其实际存在究竟如何对主体来说是无所谓的。而环境美学则认为，审美主体对环绕他的审美对象的实际存在不可能采取无所谓的态度。这是因为，虽然从本体论的角度来说，原生态的自然具有天然的审美价值，天然生成的自然美具有重要的肯定价值①，但是由于自然界发生的自我毁坏现象，如植物疾病、火山爆发、冰灾雪崩、森林火灾等等，以及人类的人为破坏活动，如各种工业污染、农药的滥用、酸雨等等，自然有时也以丑陋的形象示人，具有负面的否定价值，审美活动对这些负面的否定价值是不能无动于衷的，因为自然环境是我们的生存家园，对这一家园的毁坏难以激起我们的肯定性审美判断。所以，对自然环境的审美活动，实际上就包含着尊重原生态的自然，珍惜和保护它的天然审美价值而不要破坏它，从而为人类自身保有一个美好的生存家园的取向和用心，而这已经多多少少带有人类自身的利害思量在内了。

---

① 艾伦·卡尔松："全部自然界是美的。按照这种观点，自然环境在不被人类所触及的范围之内具有重要的肯定美学特征：比如它是优美的，精巧的，紧凑的，统一的和整齐的，而不是丑陋的，粗鄙的，松散的，分裂的和凌乱的。简而言之，所有原始自然本质上在审美上是有价值的。自然界恰当的或正确的审美鉴赏基本上是肯定的，同时否定的审美判断很少或没有位置。"（[加] 艾伦·卡尔松：《环境美学》，杨平译，四川人民出版社 2006 年版，第 109 页）约·瑟帕玛："任何处于自然状态中的事物都是美的，有决定性的是选择一个合适的接受方式和标准的有效范围。"（[芬] 约·瑟帕玛：《环境之美》，武小西、张宜译，湖南科技出版社 2006 年版，第 148 页）

进而言之，环境审美之所以不可能完全是非功利性的，还因为从当代生态学思想来看，人与自然环境处于同一个生命共同体之中，在理想的关系中，人类与自然应该是一种和谐共生的关系，而不应像工业化进程开始以来通常所做的那样将人类置于自然之上，把自然当作人类予取予夺的对象，一味地改造自然、利用自然，以至于为了人类自身的发展而肆无忌惮地毁坏自然。就此而言，人类对生态的维护负有一份伦理责任。人类与自然和谐共生关系的生成首先需要人类对自律的自然保持必要的尊重，同时由于自然环境是我们生存的家园，因此又必须对它有一种责任感，正如霍尔姆斯·罗尔斯顿Ⅲ指出的："我把自己所居住的那处风景定义为我的家。这种'兴趣'导致我关心它的完整、稳定和美丽。"① 尊重与责任意识的介入，就使得环境审美与环境伦理有机地统一起来。对此，霍尔姆斯·罗尔斯顿Ⅲ在他的研究论文里总结说，从逻辑上说，一个人不应该毁坏美；从心理上讲，一个人不希望毁坏美。这样的行为既不是不情愿的也非勉强而为的，绝非对另一件事物的不情愿的责任所限制的，"这是一种愉悦的关心，是责任，因为其正面动机是可依赖的和有效率的。这种伦理是自然而来的。"他接着进一步解释说："责任就是通常所说的在人类社区里'欠'别人的，最紧密联系的是经典的伦理的道德的共同体；并且现在环境伦理包含了生物共同体，一种土地伦理。欠动物的、植物的，欠物种的，欠生态系统的、山脉和河流的，欠地球的——这是一种适当的尊重。当我们总结出这些自然的属性和过程、成就、受保护的生命、这些产生多样生命形式的进化的生命系统的特征，并问什么是一种对于它们的适当的赞赏的时候，这表述成'关心'或者'责任'是否更恰当将不再是一个问题。这种被扩展的美学包含了责任"②。按照康德的观念，尊重意识、责任意识都涉及概念和欲念，因而不是纯粹的审美情感，是审美活动应该着力排除的，但是在环境美学家这里，它们却正是构成环境审美活动不可缺少的主体因素。由此出发，瑟帕玛认为环境美学即是环境批评

① [美] 霍尔姆斯·罗尔斯顿Ⅲ：《从美到责任：自然美学和环境伦理学》，载 [美] 阿诺德·伯林特主编《环境与艺术：环境美学的多维视角》，重庆出版社2007年出版，第168页。

② [美] 霍尔姆斯·罗尔斯顿Ⅲ：《从美到责任：自然美学和环境伦理学》，载 [美] 阿诺德·伯林特主编《环境与艺术：环境美学的多维视角》，重庆出版社2007年出版，第168页。

的哲学，这种环境批评的哲学可以分为肯定美学和批评美学两个方面，前者是对未经人类改造过的自然之美的肯定和对合适的接受方式和标准的选择，后者则是对人类活动所造成的环境变化和相关问题的评价，必要时甚至要进行否定的评价。至于评价的标准，瑟帕玛认为："人类按照自己的目的来改造环境，所有价值领域都有这些目的。但行动有伦理学的限制：地球不只是人类使用也不只是人类的居住地，动物和植物甚至还有自然构造物也有它们的权利，这些权利不能受到损害。"① 依据现代生态伦理学的观点，瑟帕玛特别强调审美价值与生命价值的统一性，也就是强调审美必须促进生命价值的申张，而不能建立在毁坏生命价值的基础之上。他指出，在环境中，人不能从深层意义上甚至在审美上认可与破坏力量相关的东西，任何事物甚至奥斯维辛的尸体堆都能作为一种构成和颜色从表层来考察，但这样做将是脱离由生命价值或意识形态给予的框架的畸形行为，"审美的目标不能伤害到生命价值，因此不计后果的审美体系被排除在外。"②

诚如罗纳德·赫伯恩所分析过的，当我们把生态责任放在对自然的审美活动中加以考虑，也就是考虑到自然正被来自酸雨或者气候变化等严酷的或者令人沮丧的方式所威胁，想到除了人类造成的生态损害之外，所有的行星现有的特征都将最终在遥远的未来被改变以至毁灭时，这种环境思考和道德紧迫感会使对自然的审美欣赏造成阻抑和消解，与审美形成矛盾。不过，这种矛盾是美学理论需要解决的，但却是不能轻率地予以取消的问题③。阿诺德·伯林特也承认这种矛盾的存在，然而他认为这只是问题的一个方面，"另一方面，伦理和审美价值是可以相互支持的，或者说在环境中的审美兴趣确实能够帮助去达到伦理的目的。不断增长的审美价值的确是我们提高生活品质的一个组成部分。此外，越来越多的证据证明，在积极审美价值中的环境的丰富性，不仅可以提升优良的情感，而且可以降低身和脑的疾病的发病率和社会病（诸如恶意破坏和犯罪）的发生率。"所以，"既然审美价值本身是善的，即使并不一直是排外的和孤立的善，它也值得去维护自身的目

---

① ［芬］约·瑟帕玛：《环境之美》，武小西、张宜译，湖南科技出版社2006年版，第149页。
② ［芬］约·瑟帕玛：《环境之美》，武小西、张宜译，湖南科技出版社2006年版，第161页。
③ 参见［美］罗纳德·赫伯恩《美学的论据和理论：基于哲学的理解和误解》，载［美］阿诺德·伯林特主编《环境与艺术：环境美学的多维视角》，重庆出版社2007年出版。

的，并将自身逐渐变成为伦理目的。作为社会与个人价值的环境，是审美兴趣的一个重要所在；但是承认了内在的审美价值，便无须与非审美的使用目的相分离。在某些最有趣的例证中，环境利用和美是密不可分的，如在充满景色的高速路或设计完美的农场景观那里都是如此。为了保护农业景观的发展权的购买计划、保护景观的区域性条例，这些都表现出道德义务和政治意愿，从而服务于某种审美目的。”① 这样，审美价值在整个环境的伦理结构中就会扮演一个重要角色，审美价值可能为环境中的伦理价值提供一种内在价值的基础，而伦理价值则可以被看作源于审美价值，在人与环境的共同体中，环境的审美价值与伦理价值由此便不是相互分离的而是具有内在统一性的，伦理学与美学由此也会获得一种新的关系和意义。

三

环境美学对传统美学的改造和超越还体现在审美主、客体关系的建构模式方面。简要言之，自康德以来的现代美学在审美主、客体关系的建构上是取主客二分基础上的静观模式，而环境美学则取主客合一基础上的介入模式。由此区别，当代美学通常称康德以来的传统美学为静观美学，而环境美学又被命名为介入美学或参与美学。

由于从无利害的观点看待审美对象，只把审美对象的感性知觉形式与审美主体的情感体验和想象能力发生联系，所以传统美学对审美主客体关系的建构有两个显著的特点：一是审美客体与审美主体的截然二分，二是审美主体对审美对象的纯然静观。截然二分致使对象是对象，欣赏者是欣赏者，二者互不相属，彼此分离，这就造成了两个结果：一是审美客体与审美主体之间存在距离；二是处于一定距离之中的审美对象与审美主体之间的审美遇合带有偶然性和诸多的条件制约，审美因此成为与人类日常生活现实不同的一种相对稀缺的经验，审美价值则由此成为一种超越性乃至超验性价值。这种分离是建立在近现代哲学心物二元、主客二分的哲学基础之上的，从社会

① ［美］阿诺德·伯林特：《艺术、环境与经验的形成》，载［美］阿诺德·伯林特主编《环境与艺术：环境美学的多维视角》，重庆出版社 2007 年出版，第 21 页。

学角度来看，事实上是现代化进程起始以来逐渐膨胀起来的“人类中心主义”的产物。现代美学中的诸多理论家和理论派别，如康德的审美判断理论、克罗齐的表现论美学、立普斯等人的审美移情说、布洛的审美距离说等等，特别是现代美学由此前偏重于审美客体研究转向偏重于审美主体的研究，而对于审美主体的研究又从审美理性转向非理性的审美情感、审美态度等，都是这种主客二分的哲学思维和人类中心主义的思想成见的反映。由于对审美活动采取主客二分的思维模式，拉开了二者的距离，又由于审美活动与主体的欲念没有关系，只是对对象知觉形式的纯然观赏，所以传统美学对审美活动便必然守持一种静观的模式。欲念是趋向于动的，趋向于对对象的占有、改造和利用，而审美的静观则是排斥这一切的。

对传统美学建立在心物二元、主客分离基础上的审美静观模式，环境美学家基本上都是持反对态度的，反而倡导一种人类与自然统一、主体与客体合一的审美介入模式。环境美学认为，传统美学将艺术对象或作为景观的自然对象视为与审美主体相分离的对象，这不适合于环境审美的实际状况：其一，人不是处于环境之外而总是处于环境之中的，人不可能孤立于环境之外，站在环境的对面观赏对象；其二，如上所述，人与环境处于一个生命共同体之中，人也不可能对他生活于其中的环境采取无利害的纯然静观态度，而只能是一种介入式的欣赏。美国学者布拉萨将环境美学的审美模式称之为“内在者”（inside）欣赏模式，与之相对的是“外在者”（outside）模式。“外在者”就像是外来游客，“内在者”则好比当地居民，二者对同一个地方的欣赏和感受是极为不同的。布拉萨特别强调“内在者”的感受在审美中的重要性，因为我们毕竟在更多时候是作为居民生活在某个环境之中的，而旅游观光却并不是我们通常的生活方式①。与布拉萨相似，卡尔松在其论述中也赞同斯巴叙特关于环境审美应主要根据“自我与环境”的关系而不是“主体与客体”或者“观光者与景色”之间的关系来考虑它。他指出，传统上对自然的审美鉴赏包括“对象模式”和“景观模式”两种模式，前者按照艺术形式化的要求观赏自然对象，将对象从其内容中抽象出来而只关注其形式的特征，后者将自然当作一种风景画来观照，这种观照方式将立体的三

① 参见［美］史提文·布拉萨《景观美学》，彭锋译，北京大学出版社2008年版。

维的自然视为平面的二维景观，实际上依然观照的是其形式特征。“这两种模式都没有彻底地实现严肃的和恰当的自然鉴赏，因为每一种模式都歪曲了自然的真实特征。前者将自然对象从它们更广大的环境中剥离出来，而后者将其塑造为风景并予以框架化和扁平化。而且，在主要关注形式特征时，两种模式忽视了许多日常经验和对自然的理解。”① 与这两种传统的审美模式相对立，卡尔松倡导一种将恰当的自然审美鉴赏与科学知识结合起来的“自然环境模式”，这种模式特别强调两点：一是如同鉴赏艺术作品一样鉴赏自然本身，将其首先作为一种自然的环境来鉴赏；而是必须借助已知的真正知识来鉴赏自然，借助自然科学，尤其是环境科学，譬如地质学、生物学、生态学提供给我们的知识来鉴赏自然。“因此，这种自然环境模式既包容了自然的真正特征，也包含了我们日常的经验和对自然的理解。”“特定环境本质的知识产生鉴赏的恰当边界、审美意味的特定焦点以及相关的行为或者环境类型的观看方式。我们因而找到一种模式，开始回答在自然环境中鉴赏什么以及如何鉴赏的问题，这样做，似乎充分考虑到环境的本质。因此，不但对审美，而且对道德和生态而言，这也是重要的。”② 在强调科学知识的参与，也就是对环境的正确认知在审美鉴赏活动中的重要性的同时，卡尔松还在探讨如何鉴赏时指出，环境审美既关系到承认自然是一种环境，因而是我们生存其中的环境，还关系到承认我们通常用我们全部的感官经验作为我们不明显背景的环境。他基本赞同地引述了斯巴叙特、杜威、团（Yi-Fu-Tuan）等人对审美经验的分析和描述，强调环境审美是人的全部经验能力参与其中的过程，不仅仅是眼睛和耳朵，“气味、触觉、味道、甚至温暖和寒冷、大气压力和湿度也可能有关”，“我们必须用所有那些方式经验我们背景的环境，通过看、嗅、触摸诸如此类的方式。”③ 显然，在卡尔松看来，人应该带着全部的感觉能力全身心地投入自然环境的怀抱中去，全方位感受自然的形、色、声、味。尽管卡尔松因为担心审美参与模式强调鉴赏者在鉴赏对象中的全身心投入对自身与对象的距离和主体与客体二元区分的消弭有可能失去使最终经验成为审美经验的要素，因而不把参与模式作为他所认同的理想模式，但

---

① ［加］卡尔松：《环境美学》，杨平译，四川人民出版社 2006 年版，第 18 页。

② ［加］卡尔松：《环境美学》，杨平译，四川人民出版社 2006 年版，第 19、81 页。

③ ［加］卡尔松：《环境美学》，杨平译，四川人民出版社 2006 年版，第 76、77 页。

是在对传统静观美学模式所隐含着的人类中心主义的批判、对审美经验需要人的主体能力的全面参与等方面的意见却是与其他环境美学家基本相同的。

卡尔松关于人以其全部感觉能力参与环境审美的思想被其他环境美学家概括、发展为环境审美的介入模式，也称为介入美学或参与美学。伯林特认为，传统美学仅将所见与所听确定为审美感觉，是建立在身体与高级的沉思的分离基础上的，但是在环境审美的感知经验中，我们却不再能与自身保持距离了，在环境审美中不仅仅是视觉和听觉，与我们的身体相关的嗅觉、味觉、触觉、皮下知觉、运动知觉等都会参与，是多种感觉的复合形态。“比其他的情境更为强烈的是，通过身体与处所的相互渗透，我们成为环境的一部分，环境经验使用了整个人类感觉系统。因而，我们不仅仅是‘看到’我们的活生生的世界，我们还步入其中，与之共同活动，对之产生反应。我们把握处所并不仅仅是通过色彩、质地和形状，而且还要通过呼吸，通过味道，通过我们的皮肤，通过我们的肌肉活动和骨骼位置，通过风声、水声和汽车声。环境的主要维度——空间、质量、体积和深度——并不是首先与眼睛遭遇，而先同我们运动和行为的身体相遇。”① 霍尔姆斯·罗尔斯顿Ⅲ也在论及他所谓“介入性的美学”时指出，以无利害为特征的传统美学导致人与自然审美对象的分离和对其存在状态的漠不关心，这“需要一个航向修正”。他以对森林的审美为例说道，传统美学把森林只是当作一片可以俯视的风景，“但是森林是需要进入的，不是用来看的。一个人是否能够在停靠路边时体验森林或从电视上体验森林，是十分令人怀疑的。森林冲击着我们的各种感官：视觉、听觉、嗅觉、触觉，甚至是味觉。视觉经验是关键的，但是没有哪个森林离开了松树和野玫瑰的气味还能够被充分地体验。”“在森林中的亲身体验，在那里的机遇和危险中所需要和所享受到的竞争力，住居于原始森林和对抗原始森林的斗争，这些都介入性地丰富了审美经验。或许只有‘精神’可以获得审美愉悦，但人在此需要精神。”②

---

① ［美］阿诺德·伯林特：《艺术、环境与经验的形成》，载［美］阿诺德·伯林特主编《环境与艺术——环境美学的多维视角》，刘悦笛等译，重庆出版社2007年出版，第10页。

② ［美］霍尔姆斯·罗尔斯顿Ⅲ：《从美到责任：自然美学和环境伦理学》，载［美］阿诺德·伯林特主编《环境与艺术：环境美学的多维视角》，刘悦笛等译，重庆出版社2007年出版，第166、167页。

环境美学不仅强调人是处于环境之中的，因而人不能站在环境之外欣赏环境，强调对环境的审美需要人的多种感知能力的共同参与，还特别强调环境审美经验的社会性及其与日常经验的相通性。环境美学认为，感觉不只是感受的，也不仅仅是生理的，它还融进了文化的影响，在人类的感觉经验中烙印着历史和社会的模式，完成着自己的知识、信仰和态度的经验组织和建构，这就使得审美地介入自然不单纯是个人的、主观性的经验，而具有了普遍的社会性和历史性，“因此，在审美的经验自然当中，我们介入到社会活动之中，并且不是单纯的一个人，往往被设定在公共的情境里面。我们的社会性是内在于我们的审美经验之中的，无论是面对艺术还是自然，都是如此。”① 环境审美的社会性一是表现在其公共属性方面，二是表现在其与日常社会生活经验的相通性方面。由于环境美学强调人是处于环境之中的“内在者”，环境就是每个人的日常生活的环绕物，与人们日常生活的各种活动息息相关，人与环境不是二分的，所以人对环境的审美欣赏就不是偶然性的，而是带有必然性的，并且这种必然性也不是德国古典美学讲的那种先验的必然性，而是基于客观环境和人的身体存在的自然性遇合必定会发生的一种社会性经验。同时，由于这种社会性经验所运用的主体能力并不限于和理性沉思具有更高关联的视听感官，而是与人类的其他经验一样，也是多种多样感官能力的复合作用，并不排斥被传统哲学贬低的那些所谓低等感觉，相对于一般人类活动经验来说既不超越也不超验。所以，卡尔松、伯林特等人认为，从性质上讲，环境美学就是“日常生活的美学”，基于环境的日常生活和基于环境的审美活动不是截然二分的，而是能够相互融合相互转化的。

总之，环境美学不再像传统美学所依附的现代哲学那样，基于人类中心主义的立场，人为地把客体与主体分离开来，将人类凌驾于自然之上，而是将整体的人类和审美的个体置于自然和环境之中，强调的是人类存在和自然界的统一性，实际上是在美学的形式中表达了对一种新的具有生态意识和生态情怀的世界观和生存观的当代诉求。而将美学拉回到日常生活领域，重

---

① ［美］阿诺德·伯林特：《艺术、环境与经验的形成》，载［美］阿诺德·伯林特主编《环境与艺术——环境美学的多维视角》，刘悦笛等译，重庆出版社 2007 年出版，第 15 页。

新恢复审美活动的生活属性，并且强调审美的介入特性，这则是环境美学对传统美学的超验性审美静观模式的一个带有根本性的改造和超越。当审美经验不再稀缺、审美价值不再超验的时候，审美与生活的关系，审美价值与认知价值、伦理价值的关系，进而言之，主体与客体、自我与环境、人类与自然等等的关系，都将在一个新的维度上得到重新认识和阐发。

（原载《天津社会科学》2013 年第 5 期）

《周易》"生生"之学的生态哲学及其生态审美智慧

祁海文

《周易》由经、传两部分构成，《易经》成书"当在西周初年"①，《易传》则是先秦儒家解释《易经》的文献。《易经》是中国古代农业文明时代巫官文化阶段的重要典籍。中国农业文明历史悠久，农业文明时代最重要的问题莫过于人与自然的关系，顺应自然，按照自然运行的节律安排人类活动，成为人类活动成功、人类生活获致幸福的关键。在巫术、宗教时代，先民主要靠卜筮等巫术活动去经验和体会人与自然的关系，人的对待自然的经验、人对自然万物的亲和、敬畏之情只能以巫术"话语"来言说。因此，我们可以通过《易经》卦爻的排列组合和卦爻辞的象喻、论断去认识和把握先民在悠远的农业文明发展中积淀而成的生态观念和审美智慧。到了《易传》时代，中国文化思想已经走出原始蒙昧时代，弥漫在《易经》中的不自觉的生态观念和审美智慧得到了哲理性的表述和形而上的升华。由于儒家在中国文化思想中的主体地位和《周易》的"群经之首"的崇高地位，《周易》的生态哲学与生态审美智慧对中国文化思想、文艺审美观念产生了其他文化经典无可比拟的深远影响。中国哲学之所以被称为"深层生态学"②，便在很大程度上与《周易》有关。

---

① 高亨：《周易古经今注》，中华书局1984年版，第6页。

② 蒙培元：《为什么说中国哲学是深层生态学》，《新视野》2002年第6期。

一、“天地之大德曰生”的生命哲学

从现代生态哲学看，《周易》首先值得重视的是作为其核心思想的“生生”之学。“生生”之学是《周易》对包括人类在内的自然万物的生命存在与生命活动之规律的揭示。在《周易》看来，包括人类与自然万物在内的宇宙整体是一个生命不断生成发育、洋溢着无限生机的大化流行的世界。《周易·系辞上》“易有太极，是生两仪，两仪生四象，四象生八卦，八卦定吉凶，吉凶生大业”①，是对从自然到人类的生命创生过程的描述。“太极”即天地未分时的元气，“两仪”即天地。《周易》将天地视为自然与人类的创生者，所谓“有天地然后万物生焉”，“有天地然后有万物，有万物然后有男女，有男女然后有夫妇，有夫妇然后有父子”（《序卦》）。《周易》以乾坤两卦象征天地，“大哉乾元，万物资始，乃统天。云行雨施，品物流形”（《乾·彖》），“至哉坤元，万物资生，乃顺承天。坤厚载物，德合无疆，含弘光大，品物咸亨”（《坤·彖》），“乾知大始，坤作成物”（《系辞上》）。乾坤称“元”，天地是万物的生命生成之根源。万物始于“天”而生于“地”。天地创生万物，是一种“天施地生，其益无方”（《益·彖》）的生命过程。《系辞上》指出：“夫乾，其静也专，其动也直，是以大生焉；夫坤，其静也翕，其动也辟，是以广生焉”。天地不仅生成万物，而且养育万物。《颐·彖》指出：“天地养万物”，《说卦》亦云：“坤也者地也，万物皆致养焉”。因此，在《周易》看来，天地最伟大的功德就在于生成和养育万物，是所谓“天地之大德曰生”（《系辞下》），而且这种生成和养育是生生不息、恒久而无间断的，是所谓“日新之谓盛德，生生之谓易”（《系辞上》）。

《周易》认为，天地之生养万物，是阴阳二气“合德”之结果。“乾，阳物也；坤，阴物也。阴阳合德而刚柔有体，以体天地之撰，以通神明之德”（《系辞下》）。“阴阳合德”以生成、化育万物又是“二气感应以相与”的过程，是所谓的“天地感而万物化生”（《咸·彖》），“天地氤氲，万物化醇；男女构精，万物化生”（《系辞下》），“天地相遇，品物咸章”（《姤·彖》）。

---

① 下文凡引《周易》，只注卦名、爻题及《易传》各篇之名。

阴阳二气交感施受，始终处于对立转化之中，天地生成、化育自然万物正是通过阴阳二气"刚柔相推而生变化"实现的，这就是所谓的"一阴一阳之谓道"(《系辞下》)。

在《周易》看来，由天地阴阳所创生的自然万物始终处于永恒的运动变化之中，所谓"天地之道，恒久而不已也"(《恒·彖》)。这种运动变化又是有规律的。《豫·彖》指出："豫顺以动，故天地如之"，"天地以顺动，故日月不过而四时不忒"。所谓"顺以动"，是指天地万物是按照一定的秩序、节奏变化发展的。《革·彖》："天地革而四时成"，《节·彖》："天地节而四时成"。《周易》通过对天地四时运动的论述揭示出天地以"生生"之德为核心的运动变化的规律性，其突出表现即以"盈虚""反复"为标志的"天道"或"天行"。《蛊·彖》："'先甲三日，后甲三日'，终则有始，天行也"，《剥·彖》："君子尚消息盈虚，天行也"，《丰·彖》："日中则仄，月盈则食，天地盈虚，与时消息"，《损·彖》："损刚益柔有时，损益盈虚，与时偕行。""消息盈虚"指的是构成自然万物生成、变化的阴阳二气的消长变化。这种消长变化表现出"终则有始"、循环往复的规律性，从而形成以四时有序更迭为主要标志的自然运行。《周易》泰卦九三爻辞"无平不破，无往不复"，其《象传》云："'无往不复'，天地际也"。复卦《彖传》云："'反复其道，七日来复'，天行也。"因此，在《周易》的哲学视野中，生命活动，生命的生成、发展并非盲目的自然冲动，而是有其自身节律的。这种节律也就是《系辞下》所说的"昔者圣人之作易也，将以顺性命之理"的"性命之理"。

蒙培元先生指出："'生'的问题是中国哲学的核心问题，体现了中国哲学的根本精神"，"中国哲学就是'生'的哲学"，而"'生'的哲学"的基本含义就是生命哲学与生态哲学，"生生之谓易"则"是对'易'的根本精神的最透底的说明"。[1]《周易》"生生之谓易"的生命哲学既构成了其生态哲学之根本，同时也是生态审美智慧的根源。在《周易》生命哲学影响下，中国美学始终将包括人类在内的天地万物看作是永恒地鼓荡、洋溢着生机和活力的有机的生命整体，它不仅本身就是美的存在，而且是文学艺术的

① 蒙培元：《人与自然——中国哲学生态观》，人民出版社2004年版，第4、117页。

审美价值的生命根源。中国美学提倡文艺作品表现“阳刚之美”“阴柔之美”乃至“中和之美”，追求“气韵生动”（谢赫《古画品录》）、“生气远出，不著死灰”（司空图《二十四诗品》）的审美境界，都是《周易》生态审美智慧的体现。

二、“天人合一”的生态整体观

《周易》生态哲学的典型形态无疑是其“天人合一”的生态整体观。“天人合一”论的核心是人与自然的和谐关系。中国哲学的“天人合一”论是个相当复杂的观念系统，冯友兰分析中国古代的“天”，指出其有“物质之天”“主宰之天”“命运之天”“自然之天”“义理之天”五个义项。① 显然，并非所有“天人合一”论都具有生态哲学意义。即使就儒家来说，“孔子所言之天为主宰之天；孟子所言之天，有时为主宰之天，有时为命运之天，有时为义理之天；荀子所言之天，则为自然之天。此盖亦由老庄之影响也。”② 但荀子通过对“自然之天”意义的揭示，在天人关系中更强调“天人相分”。《周易》则立足于“生生之为易”的生命哲学最早揭示出人与自然和谐关系的“天人合一”论的生态哲学主旨。

首先，《周易》所言之“天”或“天地”“就是生长着万物的大地和覆盖着大地的天空，也就是我们今天所说的自然界”，③“天、地合而言之，则常常以‘天’代表天、地，亦即代表整个自然界”。④《周易》八经卦所象征的天、地、雷、风、云、日、山、泽以及日月、四时等都与自然万物的生长、发育有直接关系。根据《序卦》，由“夫妇”“父子”“君臣”“上下”“礼义”所构成的人类社会也是由天地所生，是自然整体的组成部分。这体现了《周易》的人与万物一体观念，因而，天地“生生”之道也同样适用于人与人类社会。同样，人也以由“乾道变化”所秉承的“性命之理”参与天地化育万物的进程，“保合大和”，达到自然整体的和谐。可见，《周易》是在“生生

① 冯友兰：《中国哲学史新编》，人民出版社 1998 年版，第 103 页。
② 冯友兰：《中国哲学史》，华东师范大学出版社 2000 年版，第 216 页。
③ 刘纲纪：《周易美学》，湖南教育出版社 1992 年版，第 47 页。
④ 蒙培元：《人与自然——中国哲学生态观》，人民出版社 2004 年版，第 111 页。

之为易"的生命哲学和"天人合一"的生态整体论的前提下思考天人关系、人与自然的和谐关系的。

其次，《周易》通过六十四卦的有序排列建构了一个符号化的、象征性的宇宙整体图式。《周易》符号图式由自乾至既济六十四卦之排列构成，六十四卦由乾、坤、震、巽、坎、离、艮、兑八经卦"因而重之"(《系辞下》)构成，八经卦又阴阳二爻为基本构成。八经卦象征着决定自然万物生成、化育的天、地、雷、风、水、火、山、泽八种事物，六十四卦则象征着自然万物之间的复杂关系。六十四卦的卦与卦之间通过爻的阴阳变化而相互转化，而爻的变动则象征着自然万物因阴阳二气之或刚或柔的推荡而发生的变化。所谓"刚柔相推而生变化"(《系辞上》)、"刚柔相推而变在其中矣"、"爻也者，效天下之动者也"(《系辞下》)。《周易》六十四卦的排列始于乾、坤而终于既济、未济，根据《序卦》的论述，《周易》的卦序不是混乱的、机械的，而是有着内在的有机联系的。六十四卦以乾坤创生万物为始，至既济而达到自然整体的和谐完满状态，再由未济开始新的创生历程。因此，《周易》六十四卦建构了一个既具整体性又具开放性，既内在联系又相互生成，始终处于动态和谐状态的宇宙整体图式。而在《系辞上》看来，这个的宇宙整体图式"与天地准，故能弥纶天地之道""与天地相似，故不违""范围天地之化而不过，曲成万物而不遗"，是对天地万物的生成、化育的"生生"之道的摹拟和概括。

再次，《周易》所建构的宇宙整体图式本身就具有整体联系、动态和谐、生成转化的生态整体意味。这一生态整体不仅包含着人与自然的关系，而且其模拟、概括的天地"生生"之道也成为人类达到与自然和谐所应遵循之"道"。人既然本身就是与天地万物一体的，天地之道与人之道在根本上也是相通的。《系辞下》指出："《易》之为书也，广大悉备。有天道焉，有人道焉，有地道焉。兼三材而两之，故六。六者非它也，三材之道也。"《周易》一书兼备天、地、人"三材之道"，"三材之道"又具备于六十四卦之中。《说卦》指出："昔者圣人之作易也，将以顺性命之理。是以立天之道曰阴与阳，立地之道曰柔与刚，立人之道曰仁与义。兼三才而两之，故易六画而成卦。"《周易》六爻分上中下三组，分别象"天道""人道""地道"。可见，"三材之道"之义涵虽各有不同，但在作为"性命之理"上却是一致的。在对待与自然万物的关系上，《周易》成为人类体认天地之道并在生命活动和社会行为中自觉地遵行天地之道，正其“性命”，始终保持与天地万物处于和谐状态的关键。这就是《系辞上》所说的“明于天之道而察于民之故，是兴神物以前民用”。《易》之制作其意义不仅在于指导人趋吉避凶，更是通过对人的行为的指导，使人的生命活动“顺性命之理”，达到人与自然的和谐。这种观念在《周易》中可以说触处皆是，如“天地以顺动，故日月不过，而四时不忒。圣人以顺动，则刑罚清而民服”（《豫·彖》），“天地养万物，圣人养贤以及万民”（《颐·彖》），“天地节而四时成。节以制度，不伤财，不害民”（《节·彖》），“天地变化，圣人效之”（《系辞上》）。《周易》的《象传》对三百八十四爻爻辞中“吉凶”“悔吝”“利”与“不利”等的解释也大都是从人是否能够顺承、取法于天地之道出发的。《系辞上》指出：“《易》曰：‘自天祐之，吉无不利。’子曰：‘祐者，助也。天之所助者，顺也；人之所助者，信也。履信思乎顺，又以尚贤也。是以‘自天祐之，吉无不利’也。”这意味着，人作为自然整体的组成部分，只有尊重并遵行自然整体的规律，始终保持与自然的和谐，才可能成功并获致幸福。不仅如此，《周易》还把人与自然的和谐统一视为人生的修养的重要内容，并以之为理想人格的主要标准。《乾·文言》指出：“夫大人者，与天地合其德，与日月合其明，与四时合其序，与鬼神合其吉凶。先天而天弗违，后天而奉天时。天且弗违，而况于人乎？况于鬼神乎？”需要指出的是，“与天地合其德”不仅是指人自觉、主动地顺应天地之道，达到与自然的和谐，而且还指“财成天地之道，辅相天地之宜”（《泰·象》），促进自然生态整体的和谐。这也就是下文所要谈到的“继善成性”的问题。

《周易》的“天人合一”的生态整体论蕴含着非常深刻的审美智慧。中国美学自先秦开始就将人与自然的和谐视为理想的审美境界，中国古代的诗、文、绘画、园林、建筑等艺术始终将亲近自然、回归自然、融入自然作为创作“母题”，涌动和洋溢着对自然万物的亲和感和家园感、对天地造化的尊重、敬畏之情。这些都在很大程度上来源于以《周易》的生态整体观为代表的中国哲学“天人合一”论的生态审美智慧。

三、“继善成性”的生态人文主义精神

如上所述，《周易》是在“生生之为易”的生命哲学和“天人合一”的生态整体论的前提下思考人与自然的和谐关系的。但《周易》并没有将人类视为自然生态整体的普通成员，也没有将人与自然的关系仅仅限定在人自觉地、主动地顺应和遵循天地之道上。这涉及《周易》对人在自然生态整体中的地位及其对自然万物的伦理责任问题的看法。

在中国思想史上，老子可以说最早在天人关系上、在生态整体意义上提出了人的地位问题。《老子·二十五章》指出：“故道大，天大，地大，人亦大。域中有四大，而人居其一焉。人法地，地法天，天法道，道法自然”。在“道法自然”的前提下，人的地位高出自然万物，虽然低于天、地，但也是自然整体中“四大”之一。这一思想到了《周易》就发展为《易传》的“三材之道”。如上所述，根据《系辞下》《说卦》的论述，《周易》一书兼备天、地、人“三材之道”。“三材之道”内涵虽各有不同，如“立天之道曰阴与阳，立地之道曰柔与刚，立人之道曰仁与义”，但都是“性命之理”的体现。由此可见，在《周易》看来，天、地、人构成了自然整体的三个最重要的组成部分，这也就是所谓“六爻之动，三极之道也”(《系辞上》)。问题在于，《周易》赋予人超出自然万物而与天地并立的崇高地位的同时，在人与自然关系问题上意味着人将承担什么样的责任和使命?《说卦》称“立人之道曰仁与义”，“仁与义”作为“人道”的内涵不仅适用于人的社会生活之中，而且体现在人对自然万物的关系中。《系辞上》云：“显诸仁，藏诸用，鼓万物而不与圣人同忧，盛德大业至矣哉!”“仁”作为“盛德”的意义在于“鼓万物”。《乾文言》论“元亨利贞”之“四德”云：“君子体仁足以长人，嘉会足以合礼，利物足以合义，贞固足以干事”，“利物”也是“义”的基本要求。因此，作为“人道”的“仁义”在人与自然的关系上就是顺承天地“生生”之道以化育万物。《无妄·象》云：“天下雷行，物与无妄。先王以茂对时育万物”。程颐解释道：“先王观天下雷行发生赋与之象，而以茂对天时养育万物，使各得其宜，如天与之无妄也……对时，谓顺合天时天道生万物，各得其性命而不妄。王者体天之道养育人民以至昆虫草木，使各得其

宜，乃对时育物之道也”。[①] 朱熹亦云：“天下雷行，震动发生万物，各正其性命，是物物而与之以无妄也。先王法此以对时育物，因其所性，而不为私焉。”[②] 所谓“育万物”，就是实践“乾道变化，各正性命”的“生生”之“大德”。《坤·象》云：“坤厚载物，德合无疆。含弘光大，品物咸亨。”其《象传》亦云“地势坤，君子以厚德载物。”“君子”法坤之“厚德”以“载物”，其目的是使“品物咸亨”，也就是使自然万物“各正性命”，使其生长繁育亨通畅遂。《泰·象》：“天地交，泰。后以财成天地之道，辅相天地之宜，以左右民”。程颐论曰：“天地交而阴阳和则万物茂遂，所以泰也……财成，谓体天地交泰之道而财制成其施为之方也。辅相天地之宜，天地通泰则万物茂遂，人君体之而为法制，使民用天时因地利，辅助化育之功，成其丰美之利也。”[③]

需要指出的是，《周易》赋予人的辅助天地以化育自然万物的使命和责任，原本就是“性命之理”的题中之义。用《系辞上》的话来说，这就是“继善成性”：“一阴一阳之谓道，继之者善也，成之者性也。”所谓“继之者”，即以人道承继天地之道；“成之者”，即以人道成就万物，使自然万物“各正性命，保合大和”。这才是“善”，是人对自然真正意义上的伦理责任。《系辞上》的“成性存存，道义之门”，《系辞下》的“天地设位，圣人成能”，《乾·文言》的“圣人作而万物睹”等，只有在“继善成性”意义上才能得到真切的理解。蒙培元先生指出：“从‘生’的目的性出发，解决‘天人之际’的问题，便在人与自然之间建立起内在的目的性关系。所谓‘生’的目的性，是指向着完善、完美的方向发展，亦可称之为善。善就是目的。但是，自然界的目的是潜在的，只有实现为人性，才是‘现实’的。因此，人才是自然目的的‘实现原则’。这就是中国哲学所说的‘继善成性’的问题。”[④]《周易》在自然生态整体上将人置于与天地并立地位，赋予人的“继善成性”、成就天地“生生”之“大德”的生态伦理责任，也就是后世中国哲学所经常讨论的“参天地，赞化育”。《礼记·中庸》指出：“能尽人之

---

① 程颐：《周易程氏传》，《二程集》，中华书局 1981 年版，第 823—824 页。
② 朱熹：《周易本义》，《朱子全书》第 1 册，上海古籍出版社 2002 年版，第 112 页。
③ 程颐：《周易程氏传》，《二程集》，中华书局 1981 年版，第 754 页。
④ 蒙培元：《人与自然——中国哲学生态观》，人民出版社 2004 年版，第 7 页。

性，则能尽物之性。能尽物之性，则可以赞天地之化育。可以赞天地之化育，则可以与天地参矣”。所谓“尽物之性”，也就是秉承天地“生生”之德以“赞天地之化育”。而对人来说，只有“赞天地之化育”，才“可以与天地参”。同时，“尽物之性”“赞天地之化育”同时也就是“尽人之性”，是其“成性”的重要表现。正如《说卦》所说，“圣人之作《易》”的目的就是指导人类“和顺于道德而理于义，穷理尽性以至于命”。因此，“尽物之性”“赞天地之化育”不仅是完成人对自然生态的责任，而且是成就“人之性”的必然要求。

从现代生态哲学看《周易》的“三材”论，其独特性与当代价值是很突出的。首先，《周易》的“三材”论明显不同于西方传统的“人类中心主义”。根据《韦伯斯特第三次新编国际词典》的解释，“人类中心主义”包括三个方面的含义：第一，人是宇宙的中心；第二，人是一切事物的尺度；第三，根据人类价值和经验解释或认知世界。①《周易》虽然赋予人超越自然万物的崇高地位并且与天地并立，但人只是自然生态整体的“三极”之一，并非“宇宙的中心”。同样，人也并非自然万物的尺度。人类自身的生存和发展不仅不能离开自然整体，而且应该遵循与自然万物一体的、相通的“性命之理”，还负有“赞天地之化育”、促进自然万物达到整体和谐的伦理责任。更为重要的是，“人类中心主义”根本不承认人类对自然生态负有伦理责任，而《周易》则视“厚德载物”“赞天地之化育”、使自然万物“各正性命”为“继善成性”的必然要求。其次，《周易》的“三材”论也不同于现代生态中心主义。“生态中心主义”通过生态整体主义消解人类之于自然的主体地位，使人类成为生态整体的普通成员，另一方面又倾情呼唤人类对于自然万物的伦理关怀。按照前一方面作逻辑推演，实际上无法要求人对自然应该有伦理关怀，而其后一方面其实仍未摆脱“人类中心主义”的影响。《周易》的“三材”论以及《中庸》的“参天地”说将人类提高到与天地并立的地位，固然不是“生态中心主义”，也完全不同于“人类中心主义”。它虽然强调人类超越自然万物的崇高地位，但又赋予人类以“厚德载物”“赞天地之化育”的伦理责任，从而不会有堕入“人类中心主义”的危险；它虽

① 参见余谋昌、王耀先主编《环境伦理学》，高等教育出版社2004年版，第48页。

然追求自然生态的整体和谐，但同时肯定人是促进这自然整体和谐的积极力量，从而能够解决生态整体观与人类自身生存和发展的矛盾。

先秦以来的中国古代文献有着非常丰富的按照自然界四时运动的节律安排农时和提倡自觉保护自然生态的观念，儒家由此发展出“仁民而爱物”（《孟子·尽心上》）、“民胞物与”（张载《西铭》）等观念，《周易》的“继善成性”说可以说已经从生命哲学和人性论高度提出并阐述了这一问题，代表了一种“古典形态的‘生态人文主义’精神”。[①] 这可以说是《周易》生态哲学最具当代价值的内涵。它不仅可以为解决西方现代生态哲学的理论困境提供一条有益的思路，而且可以为当代生态文明的建设起到积极的定向作用。

四、“保合大和”的生态审美境界

《周易》的生态哲学以“生生之为易”的生命哲学为根本，以“天人合一”论为核心，在人与自然的关系中既主张“与天地合其德”，又强调“参天地”“赞化育”，其最高境界则是自然生态整体的和谐。《乾·彖》云：“乾道变化，各正性命。保合大和，乃利贞”。《周易》以乾坤二卦象天地，天地是自然万物“资始”“资生”之“元”，乾“统天”（《乾·彖》），坤“顺承天”（《坤·彖》）。因此，所谓“乾道变化”，实即天地“生生”之道的“变化”。天地既赋予自然万物以生命，又养育万物，而且使万物各得其“性”，各自生长发育其“性”，各得其“性命”之正。这种天地万物“各正性命”、各顺其自然“性命之理”生长发育的整体和谐境界就是“大和”。

从思想史的发展来看，《周易》的“大和”思想有两个来源。首先是西周末期史伯的“和实生物”说。《国语·郑语》载，史伯云：“夫和实生物，同则不继。以他平他谓之和，故能丰长而物归之。若以同裨同，尽乃弃矣”。“以同裨同”是同类事物的累积，“以他平他”则意味着事物的多样性统一。《国语》以事物的多样性统一为“和”，“和实生物”是说只有多样事物的统一才能达到事物生长、繁茂。《周易》的“各正性命”指的正是生态整体中

① 曾繁仁：《试论和谐论生态观》，《社会科学战线》2012 年第 2 期。

的自然万物各得其天地赋予的“性命”，各自发育成长其“性命”。《文言传》云：“利者，义之和也”，“利物足以和义”。这也体现了“和”的状态是最有利于自然万物生长繁育的“和实生物”思想。其次则是老子的“冲气以为和”说。《老子·四十二章》：“万物负阴而抱阳，冲气以为和”。韦昭注《郑语》“和实生物”云：“阴阳和而万物生”，[①] 朱熹释《周易》之“大和”云：“大和，阴阳会合冲和之气也”，[②] 都受到老子的影响。《周易》强调天地之生养万物是“阴阳合德，而刚柔有体”的结果。因此，所谓“大和”即构成自然万物的阴阳二气之融合、调谐的理想状态。要达到这种理想状态，在《周易》看来，最重要的是要经常保持天地阴阳之气的交感。《泰·彖》云：“‘泰，小往大来。吉，亨’，则是天地交而万物通也，上下交而其志同也。”泰卦象征着天地之气的交感，自然万物的生长发育由此而得以亨通、畅遂。与此相反的则是否卦所象征的“天地不交而万物不通”（《否·彖》），因此，“天地不交而万物不兴”（《归妹·彖》）。《礼记·乐记》云：“地气上跻，天气下降，阴阳相摩，天地相荡，鼓之以雷霆，奋之以风雨，动之以四时，煖之以日月，而百化兴焉。如此，则乐者天地之和也”。此段文字明显受到《周易》的影响。《乐记》认为“乐”是“天地之和”的表现，只有“阴阳相摩，天地相荡”，才能使“百化兴焉”。

按照《周易》“生生”之学和“天人合一”论，人不仅要通过自觉、主动地顺应天地之道达到与自然和谐的境界，而且要“赞天地之化育”以“继善成性”，达到自然生态整体的和谐。因此，人在促进自然生态达到“大和”境界中起着关键作用。而在《周易》看来，人在发挥这种关键作用之时也遵循着“中和”原则。《周易》坤卦六五爻辞“黄裳元吉”，坤卦《文言传》释为：“君子黄中通理，正位居体，美在其中，而畅于四支，发挥于事业，美之至也”。六五居坤上卦之中位，黄是天地之中色，所谓“黄中通理，正位居位”指的是“君子”处位中正，得其“性命之理”。而“发挥于事业”，则意味着“君子”在“通理”“正位”的前提下“赞天地之化育”。《礼记·中庸》对这种理想境界有经典表述：“中也者，天下之大本也；和也者，天下

① 《国语》，（吴）韦昭注，上海师范大学古籍整理所校点，上海古籍出版社 1978 年版，第 516 页。

② 朱熹：《周易本义》，《朱子全书》第 1 册，上海古籍出版社 2002 年版，第 90 页。

之达道也。致中和，天地位焉，万物育焉”。从“天人合一”思想发展来看，《中庸》的“致中和”无疑是《周易》“保合大和”思想的发展。

《周易》“保合大和”观所力图达到的生态整体和谐境界是其“生生”之学的生态审美智慧的充分体现，对后世中国美学有非常深刻的影响，其中最具代表性的无疑是《礼记·乐记》的“大乐与天地同和”思想。如前所述，《乐记》认为“乐”是“天地之和”的体现，只有天地阴阳之气“相摩”“相荡”才能达到“天地之和”，从而使“百化兴”。在《乐记》看来，“和”是“乐”的本性，最高的艺术审美境界也就是最为和谐的境界，这种境界与天地自然的整体和谐境界是相通的，这就是所谓的“大乐与天地同和”。而这种生态整体和谐的审美境界也是最能够保证生态整体中每一事物“各正性命”，各按其“性命之理”生长繁育的理想状态。《乐记》由此云“和故百物不失”，“和故百物皆化”。《乐记》还认为，以“和”为本性的“乐”也有其“赞天地之化育”之功：“夫歌者，直己而陈德也。动己而天地应焉，四时和焉，星辰理焉，万物育焉。”不仅如此，《乐记》还对人以礼乐“参天地”“赞化育”所达成的生态整体和谐的审美境界做了极富诗意的描述：“是故大人举礼乐，则天地将为昭焉。天地欣合，阴阳相得，煦妪覆育万物，然后草木茂，区萌达，羽翼奋，角觡生，蛰虫昭苏，羽者妪伏，毛者孕鬻，胎生者不殰，而卵生者不殈，则乐之道归焉耳”。“大人举礼乐，则天地将为昭焉”，与《乾·文言》的“圣人作而万物睹”含义相近。《乐记》将生态整体和谐的境界称之为“乐之道”，不仅是其“大乐与天地同和”思想的体现，而且揭示了《周易》“大和”境界的审美蕴涵。

（原载《山东社会科学》2013 年第 5 期）

生态美学视野中的地理风水与人文风水

——兼论风水迷信的破除

张义宾

中国风水文化源远流长，对中国文化具有广泛而深刻的影响，是中国文化“择居意识”的集中体现。它以气为本体基础，体现了天人合一的中国文化精神。在当今生态文明时代，它显现出极大的生态美学意义，是建设当代生态美学的重要思想资源。生态美学是中国学者面临生态文明时代的到来而提出的全新美学理念，“是我国新时期美学研究的重要收获之一”①。它以超越人类中心主义与主客二元思想的生态存在论为理论基础，以人与世界“共在”的共生共荣的一体关系为基本内涵。因而生态美与传统美学观所理解的存在于社会生活之外的“自然美”具有本质的不同。生态美实则“是生态系统中的关系之美。这种生态系统中的关系之美不是一种物质的或精神的实体之美”②，其实质是人与自然构成的“此在与世界”共生共存的机缘性关系。这种关系与风水文化具有对话与沟通的渠道。风水文化在长期的发展过程中积淀、凝聚了中国人的生态观、世界观，具有深厚的生态美学意蕴，特别是其中的气论思想，与生态美学的基本理念具有内在一致性，值得深入挖掘与研究。

---

① 曾繁仁：《生态存在论美学论稿》，吉林人民出版社 2009 年版，第 3 页。

② 曾繁仁：《美育十五讲》，北京大学出版社 2012 年版，第 141 页。

一、天人合一：气为本体

气是风水文化中具有本体意义的范畴。风水文化的内容非常丰富，包括诸多不同的理论学派与实践方法，各种观念差异巨大，有的甚至相互对立。但是，其本体基础却是相同的，这就是气。清代张凤藻《地理穿透真传》曰："凡看地……总以气为主。"清代赵玉材《绘图地理五诀》亦云："地理之道，首重龙。龙者，地之气也。"① 现代学者们对此也有着共同的认识："相地术的理论是建立在古代中国哲学'气'的概念之上的。"②"风水的核心是生气。"③

风水中的本体之气实则是中国哲学中气的思想的体现。中国人认为，世界上的一切都来源于气，气是造化自然与人类的本体，是创造一切的源始性力量。在气论视野中，人类与万物不是对待性的主客二元关系，而是绝待性的一体不二，是浑然合一的共生共荣的生命系统，因而气内在地具有天人合一的维度，与生态美中人与自然"共生性"的关系具有内在的一致性。气早在先秦就已经成为中国文化的重要概念，从那时起，它就把人与万物统摄于有机的生态整体当中。在后来的思想发展过程中，气具有了深刻的本体意义，它具有两方面的重要内涵。

第一，气是天地万物的本体，万物皆是气之所生。大千世界事物繁多，上自昊天，下至九渊，都是由气凝聚而成。张载认为宇宙的本体只是一气，万物只是气的另一种状态，所有具体之物均由气凝聚而成。"太虚不能无气，气不能不聚而为万物。"(《正蒙·太和》)"凡可状皆有也，凡有皆象也，凡象皆气也。"(《正蒙·乾称》)④《管氏地理指蒙》认为，气之"轻清者上为天，重浊者下为地，中和为万物"⑤，明末清初风水学家蒋平阶《秘传水龙经》曰："斗星漠乎一气。"⑥ 风水中诸要素中，最重要的是水与山，二者的

---

① （清）赵玉材：《绘图地理五诀》，华龄出版社2006年版，第23页。
② 程建军、孙尚朴：《风水与建筑》，江西科学技术出版社2005年版，第2页。
③ 王玉德：《神秘的风水》，广西人民出版社2009年版，第3页。
④ 黄宗羲：《宋元学案》，中华书局1986年版，第499页。
⑤ 顾颉主编：《堪舆集成》（第一册），重庆出版社1994年版，第114页。
⑥ 蒋平阶：《秘传水龙经》，商务印书馆民国二十八年版，第35页。

本质也都是气。风水家认为水在诸物中与天地本体之气的关系最直接。明代缪希雍《葬经翼》曰："气者，水之母，有气斯有水，观水深浅，可以卜气盛衰矣。"① 山也是气的体现，《葬经翼》云："山川为两仪之巨迹，气质之根蒂，世界依之而建立，万物所出入者也。然则气，其形之本乎。"②《青囊海角经》亦云："夫五行之气，行乎地中。堆阜有起伏，气亦随之。"③ 现象诸物虽有不同的形态，但在气的层面上都是一致的。中国人看天地万物的最高境界，就是要看出这本体之气，因为这气是才天地万物的生命本质，是世界的真相，它是真、也是美。

第二，气不但是天地万物的本体，也是人的生命本体，人的生命也源于气。正因如此，人与万物才能成为有机的生命整体，天人才是合一的而不是主客二元对立的关系。《论衡·论死》说："气之生人，犹水之为冰也。水凝为冰，气凝为人。"《管氏地理指蒙》把这种气称为"神气"："人处天地之中，合天地之神气以成形。"④ 黄宗羲认为人的心灵也同样是气所生成："天地间只有一气充周，生人生物。人禀是气以生，心即气之灵处。"⑤ 明代魏校则认为本体之气分为精英与渣滓两种，精英部分形成人的精神，渣滓部分形成人的肉体，"气之渣滓滞而为形，其精英为神。"⑥

总之，人与万物都是由气所生，其本质是相同的，"观于人身及万物动植，皆全是气所鼓荡。气才绝，即腐败臭恶不可近。"⑦ 人与整个宇宙是一体的浑然一气，此气的本质乃是宇宙化育万物的生命力。中国人强调生命的大化与通透，能够真切地体验到生命的真相是"天地与我并生，而万物与我为一"（《庄子·齐物论》）的生态美学境界。生态之美就存在于这种自然与人的浑然一体当中，存在于人与自然共生共荣的有机整体。生态美学认为，人与生态美不是观赏与被观赏的关系，生态美并不是先验地独存于人的生存之

---

① 顾颉主编：《堪舆集成》（第二册），重庆出版社 1994 年版，第 117 页。
② 顾颉主编：《堪舆集成》（第二册），重庆出版社 1994 年版，第 104 页。
③ 顾颉主编：《堪舆集成》（第一册），重庆出版社 1994 年版，第 87 页。
④ 顾颉主编：《堪舆集成》（第一册），重庆出版社 1994 年版，第 116 页。
⑤ 黄宗羲：《孟子师说》卷二，见沈洪善主编：《黄宗羲全集》第一册，浙江古籍出版社 1985 年版，第 60 页。
⑥ 黄宗羲：《明儒学案》，中华书局 2008 年版，第 52 页。
⑦ 方东树：《昭昧詹言》，人民文学出版社 1961 年版，第 25 页。

外，而是存在于人与生态的“交互”过程。在这一过程中，人与生态构成了因缘性的、物我合一的生命共同体，此生命体处在生生不息、浑灏流转的变易过程，永不停息，这就是生态美学中最重要的整体性原则。这样，人与自然就不再是主客关系，而是互融互摄的一体关系。人不是存在于万物之外，而是活“在”万物之中；同样，自然也不是与人无关的物，而是人的生命的体现，是人的“在世”方式。

人类的居住场所就是这种“在世”方式的重要体现之一，是生态美的重要表现形式。在此美学视野中的“居所意识”有其特别的内涵，中国风水中的居所不只是现代人眼中的房子，而是一个与天地万物融为一体的巨大生态系统，这个系统是以气为本体的活的生命体系，房子只是其中很小的一个要素。中国人认为人是居住在天地之间的，居所是与天地之气往来、从而获得天地之气而达到天人合一的场所，居所本然地具有生态之美。

这种建立在气论观念基础上的天人合一的风水文化体现了中国文化的生态美学观，是中国文化对人类文明的独特贡献，正是西方文化所缺乏的。李约瑟对此给予很高评价：“在许多方面，风水对中国人是恩物，如劝种树和竹以作防风物，强调流水靠近屋址……我初从中国回到欧洲，最强烈的印象之一是与天气失去密切的感觉。在中国，木格子窗糊以纸张，单薄的抹灰墙壁，每一房间外的空廊走廊，雨水落在庭院和小天井内的淅沥之声音，使个人温暖的皮袍和木炭——再有令人觉得自然的意境雨、雷、风、日，等等，而在欧洲人的房屋中，人完全孤立在这种境界之外……就整体而言，我相信风水包含显著的美学成分，遍及中国农田、屋宇、乡村，不可胜收，皆可借此得以说明。”① 西方传统文化以二元语境为主，其择居文化中无不显现着主客分立、物我二元的特点，居所“孤立”于天地生态系统之外；而中国文化则以天人合一为基础，择居文化处处显示着人与自然相互交融、物我一体的生态之美，中国人如此诗意地栖居在大地上。

在风水文化的研究中，很多人认为气是某种“高能量”物质，从而把本体性的气解释为现象性的具体之物。气作为本体，从根本意义上看，它不

① ［英］李约瑟：《中国科技与文明》(Needham，1959：361)，转引自何晓昕、罗隽：《中国风水史》，九州出版社2008年版，第195页。

属于“什么”问题，因为“什么”属现象界，只有当一个东西是“存在者”时，我们才能对其进行“是什么”的追问。然而气作为本体范畴，是使存在者成为存在者的“东西”，它本来就不是“什么”；它是“物自体”，而不是物。所以，任何对气进行实体性、物质性的解释，都会失去其本体意义。这是自然科学的思路，只能局限于现象界，处于存在者层面，无法到达本体领域。诚然，风水文化中的确涉及大量的自然科学问题，但是这些问题只有技术性的意义，并不涉及本体问题。因此，如果把本体之气现象化、实证化，就会落入西式的主客二元文化模式，从而失落风水文化中特有的一元的、天人合一思想基础，更无从揭示其人与生态共生共荣的生态美学思想。但是，这种主客二元思维模式在当代风水文化的研究中普遍存在，如有的学者认为：“这个气不同于空气之气。近年来，射电天文学家研究结果提示，它属于宇宙创生时宇宙背景微波辐射，也包括星体的电磁辐射。这是风水学中最基本而又最神秘的内容，以往是个空白，今天科学揭开了风水的神秘面纱。”① 这是在现象界层面上对气进行界定，我们认为，从学理上看，这种具体的物质性的东西并不是风水中“气”的真正意义。气作为本体概念，是源始性的造物力量，它使人与万物合一的生命世界涌现出来，并赋予这个世界以生命与灵魂，从而使其持存。正是以此本体之气为前提，人与万物才能成为同源共生的生命整体，风水文化才能确立，其中的生态美学意义才产生出来。

二、人文风水与地理风水：五行为结构

中国风水观以气为本体基础，表现了天人合一的生态美学观。它包括人文风水与地理风水两大内容，其中人文风水是其精化部分，地理风水则从属于人文风水。人文风水是以德性修养为核心的命理学说，它以人的身心和谐、人与社会及自然的和谐为基本内容，是中国传统文化对人的命运规律的科学认知。古人对此的认识非常清楚，“宋人倪思父有云：‘住场好不如肚肠好，坟地好不如心地好。’又宋壶山谦父《赠地理师》云：‘世人

① 于希贤、于涌：《中国古代风水的理论与实践》，光明日报出版社2005年版，第242页。

尽知穴在山，岂知穴在方寸间……’钱水部仁夫诗云：‘……肯信人间好风水，山头不在在心头。’”① 祸福无门，惟人自召。人生的吉凶福祸是由人的思想与行为决定的，而不是由地理位置造成的，正确的思想才有正确的人生，这是人生的基本常识。空青先生《风水论》中有“阳宅三十六祥”，其内容均是家风建设与人生修养，如：“居家尚理义，一也；子孙耕读，二也；俭勤，三也；无峻宇雕墙，四也……寝兴以时，二十八也；不闻嬉笑骂詈，二十九也；婚娶不慕势利，三十也；田宅不求方圆，三十一也；主人有先几远虑，三十二也；务养元气，三十三也；座右多格言庄语，三十四也；能忍，三十五也；常思清议，畏法度，畏阴隧，三十六也……所谓移门换向、趋吉避凶之真诀也。”② 明末高僧莲池大师也说：“嗟乎！穴在人心不在山。妇人、小子无不知之，而若罔闻，吾不知其何为而然也。”③ 这才是中国风水学说最核心、最有价值的内容。一些人对中国风水文化的认识失之片面，甚至给予神秘主义解释，认为地理风水对人的命运起决定作用，从而导致风水迷信在某种程度上的泛滥。在目前的新闻报道中，此类事情时有披露，甚至一些官员一边搞腐败，一边搞风水迷信，妄认“风水宝地”能保佑自己平安。这都是对中国风水文化的歪曲，应当破除。当一个人的人文风水出了问题时，再好的地理风水也无济于事。民国高僧印光法师曾批评这种现象说：“世人不在心上求福田，而在外境上求福田，每每丧天良以谋人之吉宅吉地，弄至家败人亡，子孙灭绝者，皆堪舆师所惑而致也。若堪舆师知祸福皆由心造，亦由心转，则便为有益于世之风鉴矣。又堪舆家人各异见，凡古人今人所看者，彼必不全见许，以显彼知见高超。实则多半是小人之用心，欲借此以欺世盗名耳。试看堪舆之家谁大发达？彼能为人谋，何不为己谋乎？”④

风水结构的理论模式比较复杂，有阴阳、五行、八卦、天干、地支、四象等，其中以五行影响最广泛。五行观念最早出现于《尚书·洪范》，后来逐渐成为包容天地人一体的宏大理论模式，是风水文化的核心理论之一。

---

① 李诩：《戒庵老人漫笔》，中华书局 1982 年版，第 244—245 页。

② 李诩：《戒庵老人漫笔》，中华书局 1982 年版，第 245 页。

③ 莲池大师：《莲池大师全集·直道录》，福建莆田广化寺印（影印《云栖法汇》），第 4140—4141 页。

④ 印光法师：《印光法师文钞续编（卷上）·复昆明萧长佑居士书》，苏州报国寺弘化社，第 190 页。

作为世界本体的气分为阴阳，又进而分为五行。《白虎通·五行》曰："五行者，何谓也？谓金木水火土也。言行者，欲言为天行气之义也。"宋代周敦颐《太极图说》曰："阳变阴合，而生水火木金土。五气顺布，四时行焉。"五行是天人合一智慧的产物，是中国文化对宇宙生命规律的认知。它是本体之气显现为现象界的基本结构方式，是宇宙造化万物的基本模式，万物莫不以此为结构，包括自然、人文在内的所有现象皆统摄在五行当中。《管氏地理指蒙》曰："盖五行运于天，而其气寓于上，人、物皆禀是以生也。"[①] 又赵坊《葬书问对》曰："五行阴阳，天地之化育。在天成象，在地成形……人有五脏，外应天地，流精布气以养形也。"[②] 人与天地不但同一本体，而且也是同构的，统一于五行生态整体结构之中。天有五行，地有五行，人亦有五行。如自然现象中有五色、五方、五声、五味等，人的生理则有五脏、五窍、五体等，在人文方面则有五情、五常、五事等。并且，五行之间具有相生、相克的辩证关系，使其具有了稳定的结构。

五行及其相生、相克的结构模式体现的生态整体观，具有重要的生态美学意义。首先，它意味整个生态系统是相互依存、相互依靠的生命整体。当一个部分出现问题时，整个全局也会相应地出现问题。人类是生态系统的一部分，人类应当建立起对生态的敬畏感，对生态的负责就是对人类自身的负责，主客二元文化语境中那种人与自然对立的观点是有缺陷的。其次，在整个生态系统中，没有主体与客体之别，没有主要与次要之分，一切生态要素都是平等的，每一个要素对其他要素都具有制约作用。人类应当具有与大自然平等的观念，应当尊重自然的内在价值，生态伦理应当成为当代社会的共识。最后，任何一个小的生态体系与其他生态体系及更大的生态系统之间，是全息同构关系，它们都是由五行建构起来的。部分等于整体，整个生态系统的问题，会在子系统中表现出来；同理，子系统的问题，也会对母系统产生影响。正如有的学者所指出的，五行观念"隐含了某种具有深刻意味的思想：宇宙间，万物同理，万物同等，万物间存在着某种互动和制约的关系，所有的现象都是互相关联的。只有意识到，并处理好这种关系，方能昌

---

① 顾颉主编：《堪舆集成》（第一册），重庆出版社 1994 年版，第 121 页。
② 顾颉主编：《堪舆集成》（第二册），重庆出版社 1994 年版，第 336 页。

盛富强。这正是当代生态保护的核心。”①

在人文风水中，人的生命不是主客二元文化视野中的心理与生理、精神与肉体的二分或统一，而是五行结构下的五气统一体。人文风水诸学说中，最典型的莫过于王凤仪的命理五行观点②。他把中国文化的修心养性与中医学说熔为一炉，认为人得天地之气而生，生下来就有天性与禀性，天性是纯善的，是生命的正能量；而禀性则是不善的，是生命中的负能量。人们如果想改变命运，必须有切实的修心养性功夫，化尽不善的禀性，复归纯善的天性。

而天性与禀性各分别统摄在五行结构中，若简言之，木火土金水（按相生为序）在人的天性中表现为仁、礼、信、义、智。仁即仁爱柔和、正直无私，礼即克己守礼、光明磊落，信即忠厚笃诚、淳朴宽宏，义即见善勇为、豪爽开朗，智即善辨是非、儒雅沉稳；五行在人的禀性中则分别表现为怒、恨、怨、恼、烦，怒则执拗顽梗、偏执己见，恨则虚荣好争、性急心窄，怨则蛮横死板、虚伪狭隘，恼则诡诈善妒、凶狠刻薄，烦则愚鲁自卑、迟钝昏懦。五行又与肝心脾肺肾五脏五俯相对应，如经常发怒则伤害肝胆，当以天性中的仁爱柔和对治；经常怨人则伤害脾胃，当以忠厚宽宏对治，等等。

此命理五行学说认为，一般人如果没有经过很好的修养功夫，皆是以禀性五行中的一两种为主，兼有其他，并由此决定了人的身心疾病及学习、工作、生活状况。如果能笃诚反省，克禀性而复天性，明明德，止于至善，养成君子人格，则身心和谐，与社会和谐，其人生与命运必然好转；反之，若不能反躬内省，不注重德性修养，就会被禀性所牵引，怒恨怨恼烦具足，必然身心具病，与他人及社会不和谐，必然造成命运坎坷。此为中国人文风水之最重要、最核心的内容，应当发扬光大。

五行当然也是地理风水的基础，是居所结构的基本模式。居所构成的诸要系如穴、明堂、水、玄武山、青龙山、白虎山、案山、朝山、护山、水口山等，无论要素如何多，都依五行原则进行结构。由于中国处在北半球，

---

① 何晓昕、罗隽：《中国风水史》，九州出版社 2008 年版，第 69 页。

② 详见王凤仪：《王凤仪性理讲病录》，中国华侨出版社 2011 年版；王凤仪：《王凤仪言行录》，中国华侨出版社 2010 年版。

为了避开冬季寒冷的北风，典型居所的结构方式都是坐北朝南，背靠较为高大的山脉，左右两侧有较低的护山，前有曲水环抱，稍远的前方则是较低的案山及朝山；中间是作为居住点的龙穴，穴前则是作为明堂的比较开阔的平地。这是最为常见的居所五行结构，也即南为火、北为水、东为木、西为金、中央为土。风水家们认为只有五行俱全，此地的天地之气才会中和平衡，成为一个以气为本体，以五行为结构的完整生态系统。在这种五气齐备的居所结构中，才能得天地之全气。这样，居住在此处的人的内在的五行之气与居所的外在五行之气相互配合，内外合一，构成一个天人合一的理想而完整的系统。如果居所五行不全，人会受到此地偏性之气的影响，从而在生理、心理产生相应的偏性特征，形成不同的人文风貌，即所谓一方水土养一方人。但此影响绝不能过分夸大，人文风水才是根本，中国文化以修身养性为核心，无论什么地方的人，无论是什么禀性，只要克己修身，复归性天，都能得天地中和之气，成为君子。

生态美的本质是人与生态的和谐，这种和谐建基于人的身心和谐、社会和谐。如果人们生活在一个以二元思维模式为主导的时代，欲望横流，过度消费，以物质财富为人生第一价值目标，不仅和谐就很难产生，生态美也只是一种美好的理想。生态美离不开正确的人生态度，中国人文风水修身养性学说对和谐人生具有重要意义，对生态美的建设也具要重要价值。德之不修，性之不养，为人生之耻辱，为时代之鄙陋。人生之美、社会之美、生态之美，具建基于此。

五行学说不是简单比附，不是人为的概念设定与理论假设，而是中国人生存智慧的体现。这种智慧不像西方那样来自逻辑推演，而是来自于生存实践经验的总结与内省式的人生体悟。它发现了天人合一的宇宙生命规律，发现了天人一体的生命结构模式。我们应当超越西方主客二元语境，在现代视野中重新认识这种理论，总结其实践经验，进一步发掘其学术意义与实践价值，使其为建设现代生态文明做出应有的贡献。

（原载于《艺术百家》2014年第5期）

中国古代自然概念与 Nature 关系的再检讨

——以《周易正义》为个案

李　飞

一

“自然”（Nature）是生态美学最核心、最基本的概念之一，但学界一般以为，这一意义上的“自然”，只存在于现代汉语中，而不当存在于古代汉语。这一观点可以日本学者池田之久为代表：“中国的‘自然’与西洋的 Nature 是根本由来不同且从无关系的两个词，后者在近代日本虽译作‘自然’，可两者意思似乎还是毫无共通之处。”① 现代汉语中的“自然”一词，是袭自日本的译法，而池田久之的这一观点，也殆成学界共识。《中国大百科全书·哲学卷》“自然”（Nature）条目：“现代汉语的‘自然’一词有广狭二义：广义的自然是指具有无穷多样性的一切存在物，它与宇宙、物质、存在、客观实在这些范畴是同义的；狭义的自然是指与人类社会相区别的物质世界，或称自然界。它是各种物质系统的总和，通常分为非生命系统和生命系统两大类。”② 无论是广义还是狭义，古汉语中的“自然”都未曾作为一个普通名词而具有存在物集合体的意蕴。它主要是作为一个状词表示“自己而然”“自身而然”的状态，与现代汉语“自然”意义比较相当的古汉语词汇是天、天地或者万物。这就使得学者在寻找生态美学的思想资源时对深辨天人之际的材料多所瞩目，而于古代直接与“自然”相

① ［日］池田之久：《中国思想史上“自然”之产生》，《民族论坛》1994 年第 3 期。

② 《中国大百科全书·哲学卷》，大百科全书出版社 1985 年版，第 1253 页。

关的材料反颇多拘忌。这种做法诚然有其合理之处，但这其中有一个问题似乎始终没有得到学者的注意："自然"并不是一个舶来词，相反可以说是中国文化的关键词之一。如果确如池田之久所言Nature与"自然"毫无共通之处，那么日本的这一译法如何能在中国被毫无阻碍地接受？换言之，这一译法是否能在中国文化中寻得学理依据？进而言之，若古代"自然"与Nature果然存在某种相通之处，那么它是否又能被引入生态美学理论的建构中来？

我们选择讨论古代"自然"概念的文本，是《周易正义》。这是基于两个理由。首先，在《正义》之后，对于自然概念的探讨并没有产生太多新的见解。张岱年已指出，"唐宋至明清，对于'自然'没有提出新的观点。"① 其中原因，钱穆的一番话可资参考："先秦以来，思想上是儒道对抗，宋以下则成儒佛对抗。道家所重在天地自然，因此儒道对抗的一切问题，是天地界与人生界的问题。佛学所重在心性意识，因此儒佛对抗的一切问题，是心性界与事物界的问题。"② "自然"诚然不是天地界，但却是在讨论天地界与人生界问题，尤其是贯通二者时必然涉及的关键概念，这就使得至魏晋六朝时，自然与名教之辨成为"魏晋时代'一般思想'的中心问题"。③ 但唐以后思想的时代主题发生了变化，于是这一概念也就愈少讨论。而自先秦以来关于"自然"的讨论，在《正义》里可说作了一个总结，这是第一个理由；其次，"《易》之为书，推天道以明人事者也。"(《四库提要》易类一小序)，作为儒道会通的重要津梁，既是六经之一又是三玄之一的《周易》无疑是探讨"自然"概念的最佳文本。

二

《周易》经传本身并无自然思想，至王弼始将自然思想引入到对《周易》经传的诠释中来。但自然概念虽然是王弼《老》学理论的核心概念之

① 张岱年：《中国古典哲学概念范畴要论》，中国社会科学出版社1989年版，第83页。
② 钱穆：《中国思想史》，九州出版社2011年版，第160页。
③ 汤用彤：《魏晋玄学论稿》，上海古籍出版社2001年版，第49页。

一，在王弼的《易》学体系却不占重要的位置。[①] 自韩康伯注《系辞》以下，自然概念始渐见重要，而至《正义》成为核心概念之一。大体上说，《正义》之自然可区分为六种意义，这六种意义基本上涵盖了此前对于自然概念的所有探讨，并形成了一个完整的概念体系。

首先，《正义》之自然具有“道”的意味，即是以自然为万物化生之总根源、万物存有之总依据。《说卦》：“神也者，妙万物而为言者也。”韩注：“于此言神者，明八卦运动、变化、推移，莫有使之然者。神，则无物，妙万物而为言者。明雷疾风行，火炎水润，莫不自然相与为变化，故能万物既成也。”韩注以“神”为“无物”而可“妙万物”，正与王弼注老子以“无”为“道”而为“众妙之门”同，则韩注之神即王弼注《老子》之道，即莫有使之然而然者，即王弼所谓“无称之言，穷极之辞”之“自然”，[②] 故韩注云“莫不自然相与为变化，故能万物既成也”。则韩注即以自然之道释神。《系辞上》：“子曰：知变化之道者，其知神之所为乎？”韩注：“夫变化之道，不为而自然，故知变化，则知神之所为。”是韩注以《周易》变化之神道为自然无为之道，明矣。

至《正义》，承续韩注此说，“作《易》者因自然之神以垂教，欲使圣人用此神道以被天下”（《系辞上》“神无方，而《易》无体”疏），则《周易》圣人以之设教之神道，转成老庄自然无为之道。《正义》较韩注变本加厉者，在以自然释阴阳。

《系辞上》：“一阴一阳之谓道。”阴阳即道，甚明。韩康伯以王弼之说注《系辞》，以无为道，阴阳是有，自不能为道，故以无为道，且为阴阳之本，所谓“阴阳虽殊，无一以待之。”《正义》以“一阴一阳”为“无阴无阳”，“一谓无也，…一得为无者，无是虚无，虚无是大虚，不可分别，唯一而已，故以一为无也。”以一为无，仍是以无为道，故“阴阳虽由道成，即阴阳亦非道”。此点与韩注同。然则道是无，何以有阴阳？韩康伯以为：“原夫两仪

---

① 王弼《周易》注里“自然”只四见，《坤》六二爻辞注、《损》《彖》辞注各一见，《艮》《彖》辞注两见。这四处自然王弼并没有赋予特别的含义，所阐释的内容也不涉及《易》学的核心。本文《周易正义》引文皆见于阮元校刻《十三经注疏》，中华书局，1980年版。下文不再注出。

② 《老子》第二十五章，王弼注，楼宇烈：《老子道德经注校释》，中华书局2008年版，第64页。以下《老子》及王注引文皆见于该书，不再注出。

之运，万物之动，岂有使之然哉！莫不独化于大虚，欻尔而自造矣。造之非我，理自玄应；化之无主，数自冥运，故不知所以然，而况之神。”（《系辞上》“阴阳不测之谓神”注）如前论韩注之神即自然无为之道，“资道而同乎道，由神而冥於神”（同上引），一体两名耳。韩注虽未明言道生阴阳缘于自然，然“独化于大虚，欻尔而自造”，即是自然之意。[①] 至《正义》明言：“自然而有阴阳，自然无所营为，此则道之谓也。”则道法自然而有阴阳之义，愈为显豁。“故至乎‘神无方，而《易》无体’，自然无为之道，可显见矣。”（《系辞上》“一阴一阳之谓道”疏）《正义》将阴阳归之于道法自然，则阴阳虽非道，它同道的关系的亲密程度却无以复加，故“道虽无于阴阳，然亦不离于阴阳……阴阳之化，自然相裁”（《系辞上》“化而裁之谓之变”疏）。如乾坤为易之门户，“乾坤相合皆无为，自然养物之始也，是自然成物之终也。”所以如此者，“道谓自然而生，故乾得自然而为男，坤得自然而成女。”（《系辞上》“乾道成男，坤道成女”疏）。依据《序卦》“有天地然后有万物，有万物然后有男女，有男女然后有夫妇，有夫妇然后有父子，有父子然后有君臣，有君臣然后有上下，有上下然后礼义有所错”之义，则天地人伦，皆生于自然。于是《周易》一阴一阳之谓道，转成《正义》自然无为之道，为万物存有之依据，亦为万物化生之总根源。

按，以自然为道，实本于王弼。《老子》虽已有“道法自然”（王弼注：“道不违自然，乃得其性”）（《老子》第二十五章）语，但诚如钱穆所言：“《老子》本义，人法地，地法天，天法道，道至高无上，更无所法，仅取法于道之本身之自己如此而止，故曰道法自然。非谓于道之上，道之外，又别有自然之一境也。今弼注道不违自然，则若道之上别有一自然，为道之所不可违矣。又弼注屡言自然之道，则又若于人道、地道、天道之外，又别有一自然之道兼贯而总包之矣。故弼注之言自然，实已替代了《老子》本书所言

---

① 值得注意的是，韩康伯此处陈述的自然，实受郭象影响。表现在：否定有“使之然”者；“独化”本郭象学说的核心概念之一；“欻尔而自造”，显然本于郭象“欻然自生，非有本”“死生出入，皆欻然自尔，无所由”（《庄子·庚桑楚》注，见郭庆藩《庄子集释》，中华书局1961年版，第800—801页。以下《庄子》及郭注引文皆见于本书，不再注出）的说法。但郭象的独化，适应于万物，而韩康伯此处“独化于大虚”，大虚即道，仍然仅把道看作自本自根之存在，此点与郭象不同，而仍守王弼立场。

之道字。”[①] 王弼虽以自然为道，但在《周易》注中并无体现，韩康伯始以自然无为释《易》之道，《正义》又以自然概念涵摄了无与阴阳，调和了王弼《老》学与《易传》在道这一问题上的矛盾，[②] 于是自然概念在《易》学中乃成为贯通天地人伦在内的万事万物之总根源、总依据。这是《正义》自然概念的第一个意义，也是最重要的意义。

《正义》自然的第二个含义，是可以解作“至理”，即是由自然之道的存有义，推衍至自然之理的规范义，不仅实然，抑且应然。《正义》屡言“自然之理”。“顺天道之常数，知性命之始终，任自然之理，故不忧也。”(《系辞上》“乐天知命，故不忧”疏)“其变虽异，皆自然而有，若能知其自然，不造不为，无喜无戚，而乘御于此，是可以执一御也。”(《系辞下》韩注“万变虽殊，可以执一御也”疏）所谓“执一”，即是把握自然之理，而此理实“自然而有”，故宜“不造不为，无喜无戚”。因自然之道之实然而须遵从自然之理之应然，《正义》将这一逻辑表达得很是清楚。以至理言自然，此义亦是本自于王弼。“用夫自然，举其至理，顺之必吉，违之必凶。”(《老子》第四十二章注）故宜“因物自然，不立不施。”(《老子》第四十二章注）

而所谓“因物自然”，即是因物之性，故王弼又云：“因物自然，不设不施……因物之性，不以形制物也。”(《老子》第二十七章注）所以如此者，因“万物以自然为性”(《老子》第二十九章注)，是王弼又以性言自然。此义亦为《正义》所承袭。《损》《象》传“损益盈虚”王弼注：“自然之质，各定其分，短者不为不足，长者不为有馀，损益将何加焉？”疏云：“‘盈虚’者，凫足短而任性，鹤胫长而自然。”《正义》本自《庄子·骈拇》：“凫胫虽短，续之则忧；鹤胫虽长，断之则悲。故性长非所断，性短非所续，无所去忧也。”《庄子》言性，而《正义》以为任性即是自然。故云“因物性自然而长养。”(《系辞下》韩注“因物兴务”疏）是以物性为自然，此是《正义》自然之第三义。

---

① 钱穆：《老庄通辨》，三联书店2002年版，第364页。

② 康学伟分析《周易《正义》序》，认为孔颖达是通过易理与易象的区分来调和这一矛盾，所论亦可资参考，见廖名春、康学伟、梁韦弦等著《周易研究史》，湖南出版社1991年版，第189—190页。

《正义》自然之第四义，为偶然义。《无妄》九五爻辞“无妄之疾，勿药有喜”疏云：“偶然有此疾害，故云‘无妄之疾’也。‘勿药有喜’者，若疾自己招，或寒暑饮食所致，当须治疗。若其自然之疾，非己所致，疾当自损，勿须药疗而‘有喜’也。”“自然之疾”即是“偶然有此疾害”，是自然有偶然义。在此意义上称某一事件为“自然”的，则意味着：首先，此事件的发生由无可抗拒的外在客观因素造成，而无关于主体动机，换言之，主体行为与“自然”事件之发生之间并无因果关系。故“自然之疾，非己所致。”《正义》又举例云：“人主而刚正自修，身无虚妄，下亦无虚妄，而遇逢凶祸，若尧、汤之厄，灾非己招”，故亦称为“自然之灾”；其次，因二者无因果关系，故主体不能认识此事件发生的原因，也不能采取有效措施阻止、加速、干涉此一事件的发生和进展，唯有听之任之，无可奈何。故自然之疾“当自损，勿须药疗。”自然之灾亦但当“顺时修德，勿须治理”。最后，此偶然之自然又有必然性，每一个体的“自然”事件都是偶然的，但所有偶然的“自然”事件的发生却有必然性在起作用，此亦是“自然之理”。故《正义》云：“若已之无罪，忽逢祸患，此乃自然之理，不须忧劳救护，亦恐反伤其性。”（《无妄》九五小象疏）这个“自然之理”，实已具有命运的意味。

《正义》自然之偶然义，远绍王充，近宗郭象。王充之自然观，目的是反对汉儒天人感应之说，故其首要之义在隔断天人间之联系。“天动不欲以生物，而物自生，此则自然也。”（《论衡·自然》）[①] 人亦是一物，故“夫天地合气，人偶自生也。”（《论衡·物势》）[②]“偶自生”即是“自然”。天既非有意生人，则天人不能相感，则“天道自然，吉凶偶会。”（《论衡·适虫》）[③] 自然即有偶然之义。王充切断了天人联系，至郭象其独化理论则不仅切断了天人间的关联，而且将万物之间的因果关联一并切除。“物皆自然，无使物然也”（《庄子·齐物论》注），“物之自然，非有使然”（《庄子·知北游》注），这就使他的自然概念带有更多的偶然意味。“动止死生，盛衰废兴，未始有恒，皆自然而然，非其所用而然，故放之而自得也。”（《庄子·天地》

① 黄晖：《论衡校释》，中华书局1990年版，第776页。
② 黄晖：《论衡校释》，中华书局1990年版，第144页。
③ 黄晖：《论衡校释》，中华书局1990年版，第720页。

注）“未始有恒”，即是缺乏必然性，因其偶然，“物各自然，不知所以然而然”（《庄子·齐物论》注），所以只能“放之而自得”。这一自然就很接近命运的意义，故郭象又云：“不知其所以然而然，谓之命。”（《庄子·寓言》注）则偶然意义上的自然推到极致，即是运命。

《正义》自然之第五义，为感应义。《乾》文言疏：“天地之间，共相感应，各从其气类。此类因圣人感万物以同类，故以同类言之。其造化之性，陶甄之器，非唯同类相感，亦有异类相感者。若磁石引针，琥珀拾芥，蚕吐丝而商弦绝，铜山崩而洛锺应，其类烦多，难一一言也。皆冥理自然，不知其所以然也。”此义本自汉儒天人感应之说。董仲舒：“气同则会，声比则应……阳阴之气，因可以类相益损也……相动无形，则谓之自然。”董仲舒讲同类相感，《正义》则兼讲异类相感，而原理则一，皆以气类相感，而皆归之于自然。董仲舒又云：“其实非自然也，有使之然者矣。物固有实使之，其使之无形。《尚书大传》言：‘周将兴之时，有大赤乌衔谷之种，而集王屋之上者，武王喜，诸大夫皆喜。周公曰：‘茂哉！茂哉！天之见此以劝之也。’”[①] 则此不知其所以然之自然，不过董氏天人感应之天耳。故《正义》举“冥理自然”之例：“若周时获麟，乃为汉高之应；汉时黄星，后为曹公之兆。”与董氏所言乃若合符节。

《正义》自然的最后一个含义，是指物质世界的非生命系统的性质，这是它所独有的新义。《乾》文言：“同声相应，同气相求。水流湿，火就燥，云从龙，风从虎，圣人作而万物睹，本乎天者亲上，本乎地者亲下，则各从其类也。”疏云：“‘同声相应’……‘同气相求’……此二者声气相感也。”“‘水流湿，火就燥’者……此同气水火，皆无识而相感，先明自然之物，故发初言之也。”“‘云从龙，风从虎’者……此二句明有识之物感无识，故以次言之，渐就有识而言也。”“‘圣人作而万物睹’者……是有识感有识也。此亦同类相感，圣人有生养之德，万物有生养之情，故相感应也。”《正义》先指出“同声相应，同气相求”是万物各以其气类相感，然后具体分为三个层次，水火“自然之物”，“无识而相感”；龙虎“有识之物”感无识之云风；“圣人作而万物睹”则是“有识感有识”。《正义》此处实本于《荀子·王

① 苏舆：《春秋繁露义证》，中华书局 1992 年版，第 358—361 页。

制》:“水火有气而无生，草木有生而无知，禽兽有知而无义，人有气、有生、有知，亦且有义，故最为天下贵也。”杨倞注:“知，谓性识”。[1]则《正义》所举水火“自然之物”，即是有气而无生、无识者，近于现代汉语狭义自然中的无生命系统。这一意义的自然在《正义》中虽仅此一见，但其意蕴是确定无疑的。

但值得注意的是，《正义》虽然界定了“无识”之“自然之物”这一最低层次，但相感的最高层次“圣人作而万物睹”为“有识感有识”，而“此亦同类相感，圣人有生养之德，万物有生养之情，故相感应也。”则本属“无识”之“自然之物”，转亦成为与圣人同类之“有识”。所以如此者，“圣人感万物以同类，故以同类言之。”自然之物之有识，实为圣人所赋予，而圣人所能赋予者，又实得自于天地。《咸》卦《彖》曰:“咸，感也……天地感而万物化生，圣人感人心而天下和平。观其所感，而天地万物之情可见矣。”可见《正义》自然的物质义的产生，实由于自然之感应义区分天人之需要。冯友兰分析董仲舒的天人感应说:“他实际上是把自然拟人化了，把人的各种属性，特别是精神方面的属性，强加于自然界，倒转过来再把人说成是自然的摹本。”[2]冯氏的这一说法，同样可以用来说明《正义》自然之物质义与感应义的关系。所以即使是用“自然”来强调物质世界的非生命系统的性质，这一意义的产生的出发点仍然是为了证明天地界与人生界的相通，而不是隔断二者。

三

以上我们对《正义》自然概念的六种意义作了分析与梳理，但要指出的是，我们说《正义》的自然有六种意义，是在使用“自然”这个词时所赋予的临时性含义，它的本义仍然只有一个，即是“自己而然”。说自然有道的意义，并不是说自然即道本身，而是说道是“自己而然”的；同理，至理、物性、感应、偶然、无生命系统也均是“自己而然”的。“‘自’就是反指的‘自己’‘自身’，而‘然’则是对这种自己和自身行为、行动状态的肯

① 王先谦:《荀子集解》，中华书局 1988 年版，第 164 页。
② 冯友兰:《中国哲学史新编》(中)，人民出版社 1998 年版，第 76 页。

定和认定”,[①] 也正是在这个意义上，道、至理、物性、感应、偶然、无生命系统这六种不同的含义才可以统摄在“自然”这个概念之下，并各自具有了“自然”——也就是自己所赋予的合法性与正当性。而自然之所以会在使用中区分为这六种不同的意义并成为一个完整的体系，则与其处理的问题相关。

魏晋朝时自然概念的流行，是为了处理天地界与人生界的关系问题，亦即是天人关系问题。冯友兰认为：“在中国文字中，所谓天有五义，曰物质之天，即与地相对之天；曰主宰之天，即所谓皇天上帝，有人格的天帝；曰运命之天，乃指人生中吾人所无可奈何者，如孟子所谓‘若夫成功则天也’之天是也；曰自然之天，乃指自然之运行，如《荀子·天论》所说之天是也；曰义理之天，乃指宇宙之最高原理，如《中庸》所说‘天命之谓性’之天是也。”[②] 如果我们将《正义》自然的六种意义与冯友兰对天的五种分类做一比照，会发现一有趣的对应。以道言自然，以至理言自然，对应于义理之天；以物性为自然，对应于自然之天；以偶然性、非因果性言自然，对应于运命之天；以感应言自然，前已证明即相当于董仲舒天人感应之天，故可对应于主宰之天；以无生命系统为自然，对应于物质之天。如果说天是一个作为集合体的实体概念，那么自然就可以说是如何处理天人关系的一个模态概念。有几种天，就有几种自然；有几种自然，就有几种处理天人关系的态度。天是宇宙之最高原理，贯通于天地界与人生界，故应“任自然之理”(《系辞上》“乐天知命，故不忧”疏)，这是最根本的一点；天是自然之运行，故宜“因物性自然而长养”(《系辞下》韩注“因物兴务”疏)；天是人生中吾人所无可奈何者，故逢“自然之灾”但当“顺时修德，勿须治理”(《无妄》九五爻辞“无妄之疾，勿药有喜”疏)；天是惩恶劝善之上帝，故应“冥理自然”,“感万物以同类”(《乾》文言疏)；天只是一物，然仍可为圣人所感，变无识为有识。道、至理之自然、物性之自然、感应之自然偏重于天人相合的一面，运命之自然、物质之自然则偏重天人相睽的一面，但无论相合相睽，自然“自己而然”的本义必然要求天与人之间的和谐，相睽违

① 王庆节：《老子的自然观念：自我的自己而然与他者的自己而然》,《求是学刊》2004年第6期。

② 冯友兰：《中国哲学史》，华东师范大学出版社2000年版，第35页。

的地方则须以天道规范人道；盖天是实体，自然是天之模态，天道自然，人道则或是或否。自然概念不仅表示贯通于天地界与人生界存有与化生的正当之理，而且是人在处理天地界与人生界关系问题的所应持的立场与原则，所谓“自然，然后乃能与天地合德”(《老子》第七十七章注)。

《正义》自然概念为何与天会有此等对应关系，需略加说明。魏晋时代一般思想的中心问题是名教、自然之辨。名教作为一种社会制度，是一种不依靠人的意志为转移的定型的政治伦理实体，是人的本质力量的异化。故与名教相对的自然概念，不仅指存在人身之外并与人相对立的外在自然——天的存在状态，更重要的是指存在人身之内的各种性质（诸如本能、欲望、情感、理性等）的内在自然，亦即是人的本真形态。所以“道家讲自然，其关心的焦点并不是大自然，而是人类社会的生存状态。”①“取天地之外”的目的，仍在于“明形骸之内”，② 名教自然之辨，本不出于人生界。故中国古代在讨论自然问题时，人始终在场，而天反倒是虚位的，这就使得古代的自然概念始终定位于天人之间，而不会同西方那样成为一个独立的实体性概念。

同时魏晋玄学处理这一问题的总思路，是要合名教于自然，就其原理言并非要合人之道于天之道，因为自然之道贯通天人，并非仅指天之道言；而只是强调天之道外，别无一人之道，自然之外，别无名教。但由于现实的名教偏离了自然这一根本原理，使得天人异道，自然仅为天所占有，自然名教，分作两橛。合名教于自然，本是要将不合于自然的人之道（名教），改造成合于自然的人之道（自然），但自然既为天所独占，那么合名教于自然就呈现为合人之道于天之道的形态，于是与名教对立之自然，转与天重叠起来，作为一个表模态的抽象名词，逐渐具有了作为集合体的天的所有性质，《正义》之自然，于是与冯友兰天之五义产生了奇妙的对应关系。

在此基础上更进一步，是以模态代实体，《正义》之自然逐渐具有了同天相类似的地位，天人之对立亦可表述为自然与人事之对立。《咸》卦辞疏：“先儒皆以《上经》明天道，《下经》明人事。”以“天道”“人事”对举。而《正义》每以“自然”与“人事”对举。兹举数例。《乾》卦辞疏：“天以健

① 刘笑敢：《老子古今》，中国社会科学出版社 2006 年版，第 302 页。

② 王弼：《老子指略》，楼宇烈：《老子道德经注校释》，第 197 页。

为用者，运行不息，应化无穷，此天之自然之理，故圣人当法此自然之象而施人事。"《乾》上九爻辞"亢龙有悔"疏："此自然之象，以人事言之，似圣人有龙德，上居天位，久而亢极，物极则反，故'有悔'也。"《坤》六二小象传疏："此因自然之性，以明人事，居在此位，亦当如地之所为。"《丰》《象》传疏："凡物之大，其有二种，一者自然之大，一者由人之阐弘使大。"凡此，俱可见出自然虽始终未成为与天相等的实体性概念，但却具有了与天相类似的基本内涵。

综上，《正义》的自然概念，是先秦以来尤其是魏晋以来天人之辨的一个小结，作为处理天人关系的具有规范性的一个模态概念，自然的六种意义与天之五义有一种奇妙之对应，并且逐步具有了与天相类似的可与人事相对扬的地位。

四

西方文化系统的Nature概念同样是一个极为复杂的概念。学者指出，西方在古希腊时期，"自然"常与"约定""技术"对扬，近世欧洲文明则以"自然"与"精神""文化"对应。"约定""技术""精神""文化"这四个不同的概念之所以都可与"自然"对应，在于它们有一类比性的共同点：均与人的活动有关。①也就是说，自然是人类活动之外的全部存在，也可以说，是人类活动得以可能的外部条件。"自然作为人类的一个重要概念，它本身是依赖于人类意识的……它是随着人类的认识和欲望而变动的，因此，这个能指的所指不可能像'晨星'这一能指的所指那样，是固定不变的。然而，'自然'的所指也不是完全没有确定的部分：它始终是指超越和产生我们人类的存在，是人类存在的基本条件。"②可见无论自然的含义如何复杂多变，贯穿其中的一条主线都是无关于人的活动，即是说在人类活动的对象在未受到人类活动浸染之前的本初状态。显然，这种区分只存在于逻辑之中，这样的自然概念也只能存在于严格的主客二分的文化系统里，而在中国这种

① 参见［德］卡西尔《人文科学的逻辑》，关子尹译，上海译文出版社2004年版，第7页。
② 张汝伦：《什么是"自然"》，《哲学研究》2011年第4期。

主张“天地感而万物化生，圣人感人心而天下和平”（《咸》卦《彖》），侧重于强调主客间的交流无碍与融合无间的文化系统里是很难产生的。Nature 的这一含义表现在美学，即是西方美学史中自然美与艺术美的对立。无论是黑格尔标榜的“艺术美高于自然”，[1] 还是现代环境美学家主张的两种美学的区分，[2] 自然美与艺术美的区分都是不言而喻的。自然美与艺术美的对立，即是 Nature 与人的活动的对立在美学领域的体现。前已指出，中国古代的自然虽始终未成为与天相等的实体性概念，但却具有了与天相类似的基本内涵，即是与人事相对应，这一点正是古代自然概念与 Nature 的相通之处，这也是将 Nature 译为自然可以在中国被顺利接受的内在学理依据。

但二者的差别显然更大。首先，古代自然虽然在某些特定条件下可与人事对扬，但更多情况下，是作为处理天人间关系的原则出现的，这与 Nature 偏指主客观对立情势下的客观方面不同；其次，古代自然整体上是一个规范性的模态概念，本身即具有正当性，例如当我们说命运是自然的时候，实际上是赋予了命运以合法性；Nature 则是一个纯粹的实体性概念，不具备价值指向。

古代自然概念与 Nature 的这些差别，使它更适宜引入生态美学理论的建构中来。首先，曾繁仁指出：“自然之美不是实体之美，而是生态系统中的关系之美。”[3] 西方系统的 Nature 与人，中国古代的天人之辨，所讨论问题的实质都是如何处理作为整体的人“类”与异“类”的关系。这首先是一个立场问题，而不是一个实体的问题：是严格的主客对立，攻乎异端，还是讲究天人和谐，和而不同？天与人的界限，主体与客体的界限，是依据讨论者的立场而递为进退的。Nature 是在严格的主客二分模式的思想背景下产生的实体概念，代表的是与人类社会相对立的完全物质意义上的自然界，对于这样的自然，只能产生利害关系的考量，而很难产生敬畏与亲近之情。中国古代的天的概念也近于实体概念，所以也会陷入“蔽于天而不知人”（《荀

---

① ［德］黑格尔：《美学》第一卷，商务印书馆 1996 年版，第 4 页。

② ［美］阿诺德·伯林特在《艺术与自然的美学》这篇文章中说：“我的标题中已经隐含着问题，即有一种美学还是两种美学，是能够包含艺术和自然的一种美学，或者一种用来解释独特的艺术美感而另一种用来解释自然美的欣赏。”［美］阿诺德·伯林特：《环境美学》，湖南科学技术出版社 2006 年版，第 246 页。

③ 曾繁仁：《生态存在论美学视野中的自然之美》，《文艺研究》2011 年第 6 期。

子·解蔽》批评庄子语)[1] 或者"蔽于人而不知天"的截然对立局面，自然概念却不会有此问题，因为自然本就是一个处理天人关系的模态概念。其次，古代自然概念在处理天人关系上，展现了极大的包容性，几乎穷尽了天人间的所有可能性，虽然人类对于天、或者说 Nature 的认识处在变动之中，但自然"自己而然"这一根本的规定性却使得自然概念可以随着这种变动而进行自我调节，所以这一概念虽然采自古代，却可与古为新。再次，古代自然概念既包括"'让自身的自己而然'的肯定意义"，也包括"反对任何对'自身的自己而然'的进行干涉的消极意义"，可以在哲学上予以"他者"合法性，为"自我"设限，建立起"他者"的界域并要求对之加以尊重。[2] 这就使得自然概念在处理天人关系上，更强调二者的和谐共生，而非对抗求存。最后，前已指出，中国古代在讨论自然问题时，人始终在场，而天反倒是虚位的，但主流意见更倾向于以虚位的天道来规范人道以实现自然，将这样的自然概念引入生态美学，一方面可以避免人类中心主义，另一方面也可以避免走向另一极端生态中心主义，从而实现与生态美学的哲学基础——"生态人文主义"的嵌合。[3] 从以上四点来看，中国古代的自然观念有益于生态美学理论的建设。诚然，没有经历过工业文明，中国古代的自然观念不会有直接的生态美学思想，但其自身内涵却使之成为生态美学理论的天然盟友。

（原载《复旦学报》2015 年第 1 期）

① 王先谦：《荀子集解》，中华书局 1988 年版，第 393 页。

② 王庆节：《老子的自然观念：自我的自己而然与他者的自己而然》，《求是学刊》2004 年第 6 期。

③ 参见曾繁仁《人类中心主义的退场与生态美学的兴起》，《文学评论》2012 年第 2 期。

论生态美学的美学观与研究对象

——兼论李泽厚美学观及其美学模式的缺陷

程相占

引　言

尽管国际学术界对生态美学研究对象的理解还存在着重大分歧，然而，一个无可争辩的事实是：生态美学已经是一种基本上得到公认、不容忽视的客观存在。比如，国际上比较著名的斯普林格出版社于2010年推出的《现象学美学手册》，就专门设立了由美国学者特德·托德瓦因撰写的“生态美学”词条。①

但是，必须清醒地看到，生态美学毕竟处于方兴未艾的草创阶段，一些基础性、前提性的问题都没有解决、甚至没有讨论。比如说，“生态美学”无疑是一种新型的“美学”，但是，什么是美学呢？或者更具体地说，我们应该以什么样的美学观为基础来构建生态美学呢？

之所以会提出这个问题，是因为笔者深切地感到，任何美学研究最终都必将回到美学所谓的“逻辑起点”——笔者一直认为，这个起点应该是“美学观”，即对于“什么是美学？”这个问题的回答。② 出于这种思路，本文试图从美学观的角度来切入生态美学的核心问题。我们将首先概述中国当代占据主导地位的“美—美感—艺术”三元模式，分析根据这种美学模式所

---

① 尽管该词条不恰当地将“生态美学”等同于“环境美学”，但它毕竟没有采用西方已经普遍接受的“环境美学”这个称呼，至少表明作者已经意识到二者具有一定的差别。相关讨论参见程相占《论环境美学与生态美学的联系与区别》，《学术研究》2013年第1期。

② 参见程相占《怎样研究美学?》，《中国研究生》2013年第4期。

创造的“生态美”概念的理论困难与缺陷，然后提出一种以“审美”为核心的美学模式，即“审美能力—审美可供性—审美体验”三元模式，尝试以之为框架构建一种以“生态审美”为研究对象的生态美学。

一、“美—美感—艺术”三元模式与“生态美”

美学理论之间的纷争，最终都可以归结为美学观的分歧。中国当代出现过不少美学观，其中，影响最大的当属如下一种观点：“美学是研究艺术和美的科学”。这个观点源自朱光潜的《西方美学史》。该书在概括鲍姆嘉滕的美学观时提出：“美学虽说作为一种认识论提出的，同时也就是研究艺术和美的科学。”① 李泽厚采纳了这个观点并做了一点修改，提出了一个影响深远的说法：“美学——是以美感经验为中心，研究美和艺术的学科。”② 他出版于1989年的《美学四讲》集中体现了这种美学观：四讲其实就是四章，依次分别是“美学”“美”“美感”和“艺术”；除了第一章是对于美学观的讨论之外，二、三、四章清楚地显示了一种美学模式，即“美—美感—艺术”。③

对于李泽厚实践美学的理论得失，学术界已经有过很多讨论，笔者这里从美学观的角度提出如下几点批评和质疑：

1. 李泽厚严重误解鲍姆嘉滕的“审美学”，将之解释为“人们认识美、感知美的学科”，④ 从而遗漏了美学的阿基米德点“审美”。因此，李泽厚的“美学”最终还是“关于美的学科”——“美”学，而不是鲍姆嘉滕意义上的“审美”学。

2. 所谓的“认识美、感知美”，也就是对于美的认识、感知，其结果就

---

① 朱光潜：《西方美学史》（上卷），人民文学出版社1963年版，第280页。应该指出的是，朱光潜的这个结论下得过于仓促，既有文献利用方面的失误，也有诠释框架的失误，从而掩盖了鲍姆嘉滕美学的核心问题“感性认识能力”及其理论价值。笔者对此另有专文探讨，题为《朱光潜的鲍姆嘉滕美学观研究之批判反思》，即将发表于《学术月刊》，此处不赘。

② 李泽厚：《美学三书》，安徽教育出版社1999年版，第447页。

③ 参见李泽厚《美学三书》，安徽教育出版社1999年版，第469—596页。

④ 李泽厚：《美学三书》，安徽教育出版社1999年版，第443页。

是李泽厚所谓的“美感”——这固然解决了“美”与“美感”这两个关键词之间的逻辑联系，但其背后隐含的是一个动宾词组“审—美”——这是对于西方意义上的“审美”这个术语的严重误解，笔者已经对此进行过比较详细的批判分析。①

3. 就其核心内容或关键词来说，这个框架难以解释“美”与“艺术”的关系：一方面无法说明二者通过怎样的路径与“美学”同时联系起来——“美”学不是“艺术”学；另外一方面无法解释现代以来远离“美”的那些艺术——其最简单的解决途径就是宣布它们为“非艺术”——然而，这显然无法真正面对20世纪以来的艺术实践。

4. 李泽厚的美学没有把主要精力用在上述美学问题的理论分析上，而是用到了上述那些问题的哲学基础“实践”上，所以赢得了“实践美学”的名号。但是，我们必须认识到，基础毕竟是基础，就像一个建筑的地基无论多么重要都还不是建筑本身那样——美学的哲学基础无论多么重要，都还不是美学而是一般意义上的“哲学”。笔者一直觉得中国当代美学的重要偏颇之一是谈美学不足，谈哲学有余，这种特点在李泽厚这里体现得比较明显。

尽管如此，这种模式依然成为中国当代美学的主导性模式，最具有代表性的例子是李泽厚担任名誉主编的《美学百科全书》，其第一部分为“总论”，一共包括三方面的问题，依次是“美的本体论”“审美经验论”和“艺术经验论”，② 正可以与李泽厚的“美—美感—艺术”美学模式一一对应。需要特别指出的是，用“审美经验”来取代“美感”是这部百科全书对于美学理论的重要贡献之一，正是超越李泽厚美学模式的契机之所在。

受上述美学观制约，中国学者在构建生态美学时，顺理成章地提出了“生态美”概念——既然美学研究的对象是“美”，生态美学研究的对象当然就是“生态美”了。③ 质疑生态美学的实践美学学者也是从“生态美”概念入手来批评生态美学的，比如，有学者提出了如下问题：“是否存在‘生态

---

① 见程相占：《论生态审美的四个要点》，《天津社会科学》2013年第5期。

② 参见李泽厚、汝信（名誉主编）《美学百科全书》，社会科学文献出版社1990年版，“目录”。

③ 这方面的代表作是国内第一部生态美学著作、徐恒醇的《生态美学》，陕西教育出版社2000年版。

美’这一美的形态？如果存在，它的内涵是什么？它和自然美、社会美的关系怎么处理?”[①]这位学者的立论角度是“美的形态”，其论述思路是把所谓的“生态美”视为一种与其他“美的形态”——诸如“自然美”“艺术美”“社会美”“技术美”等形态——平行的一种形态来进行对比。这表明，作者脑海中的“美学”依然是李泽厚意义上的“美”学。

然而，笔者斗胆指出：从“美”这个角度来进行生态美学研究必然误入歧途，因为这种思路根本无视自利奥波德以来的生态审美实践，没有把握生态审美活动所欣赏的根本不是传统意义上的那些“美”(即优美的对象)；恰恰相反，生态审美所欣赏的反倒是那些平凡的、琐细的乃至丑陋的事物；在全球范围内的生态运动兴起之前，这些事物极少甚至从来没有进入人类的审美视野之中，比如荒野、湿地、沼泽、蚂蟥等等。简言之，“生态美”是一个误导性概念。我们下文对此进行一些分析。

二、“审美能力—审美可供性—审美体验”三元模式与“生态审美”

众所周知，“美学”的英语术语为 aesthetics，它由作为词根的形容词 aesthetic 加上表示学科的后缀 s 复合而成。这就意味着，美学的门径或阿基米德点是对于 aesthetic 这个词根的准确理解。

按照通常的解释，aesthetic 是个形容词，它主要有两个义项，一是“审美的”，另外一个是“感性的”。[②]西方学术界也似乎有同样的思考，按照英语的表达习惯，在形容词前面加上定冠词 the，该词就转化成了名词。所以，西方学术界出现了“the aesthetic”这个比较常见的术语。比如，国际著名的《劳特里奇美学指南》的第 16 章就以此为题，开门见山地指出：

> “审美”这个术语最初由 18 世纪哲学家亚历山大·鲍姆嘉滕所使用，用来指通过各种感觉器官所得到的认知，也就是感性知识。他后

① 参见徐碧辉《从实践美学看“生态美学”》，《哲学研究》2005 年第 9 期。

② Aesthetic 也可以用作名词，直接表示“美学”。不过，这种用法在西方不太通行。

来用它来指代各种感觉器官对于美的知觉，特别是对于艺术美的知觉。康德继承了这个用法并将这个术语运用到对于艺术美和自然美的判断。最近，这个概念再次扩大了内涵，它不但用来修饰判断或评价，而且也用来限定属性、态度、体验和愉悦或价值，它的运用也不仅仅局限于美。审美的领域也比审美上令人愉悦的艺术品领域要更加宽广：我们也可审美地体验自然。……本章将首要地聚焦于审美属性和审美体验，关注人们在感知这种属性或产生这种体验时，是否涉及一种特殊的态度。简言之，审美态度、审美属性与审美体验这些概念是相互界定的概念。①

这段话可谓言简意赅，涵盖着西方美学从鲍姆嘉滕直至当代自然美学（或环境美学）二百多年的发展历程。它给我们透露的学术信息非常丰富，主要有两方面：一、“审美”绝不仅仅与“美”或“艺术”相关，特别是康德美学的核心内容之一“崇高”就与“美”无关，而是与“美”并列的一种审美形态；二、要想准确地理解“审美”的含义，最佳的途径就是解释它作为形容词所修饰（或限定）的那些美学核心术语（或范畴），诸如“审美态度”“审美属性”“审美体验”等——一旦我们理解了这些术语的内涵，就理解了“审美”这个词的内涵。也就是说，包括“审美”在内的这些美学术语其实是一个“家族”——美学术语家族，其内涵就像一个家族的成员之间的关系那样，必须互相界定。比如说，只有通过“丈夫”才能界定“妻子”，反之亦然；只有通过“兄长”才能界定“弟弟”，反之亦然。这就意味着，美学术语所包含的内涵不是一种柏拉图式“本质性”定义，而是维特根斯坦哲学所说的“关系属性”。考虑到这些概念的“互相界定性”隐含着一种“诠释循环”，《劳特里奇美学指南》“审美”一章的作者从“审美属性”开始讨论，然后讨论审美体验，最后讨论审美态度。②

笔者认为，这种理论思路非常值得我们借鉴——一旦我们理解了审美

① Gaut，Berys and Dominic McIver Lopes，eds.，*The Routledge Companion to Aesthetics*，London：Routledge，2001，p.181.

② 参见 Gaut，Berys and Dominic McIver Lopes，eds.，*The Routledge Companion to Aesthetics*，London：Routledge，2001，pp.182-192.

态度、审美属性、审美体验等术语，“审美”一词的内涵就不难理解了；而一旦我们把握了“审美”的确切含义，它与“美”“艺术”的关系就不难把握了；最终，我们就会更加深切地把握“美学”作为“审美学”的确切含义——笔者坚信，上述思路具有较大的优越性，远远胜过恪守柏拉图式的“美的本质”、时时刻刻围绕着“美”来展开美学思考的那种美学门径——西方古代、中世纪美学与现代美学之间的历史分野就在于此。简言之，将柏拉图式的“美的本质”问题转化为“审美”问题，是鲍姆嘉滕对美学的最大贡献——尽管他远远没有实现他学术上的雄心壮志。李泽厚的上述美学模式尽管试图从讨论鲍姆嘉滕开始切入问题，但事与愿违，他的美学却远离了鲍姆嘉滕而走近了柏拉图，其关键性失误就在于偏离了“审美”而胶着于“美”——一种名词性的、实体性的、远离感官的东西。

笔者这里试图以“审美”为切入点重新构建一种美学思路——这种思路必须有利于构建恰当的生态美学。笔者曾经尝试着对“审美活动”下过一个“工作性定义”：

> 审美活动是诸多生命活动中的一种，其工作性定义为：处于特定环境中的生命个体综合运用包括身体在内的五种感官，从感性客体感受意味、体验意义、启悟价值理念的人类活动。①

按照这个论断，“审美”包括三个要点：1. 感受能力；2. 感性事物；3. 感情体验。这三个要点都以“感”字开头，意在表明美学是“感性学”——鲍姆嘉滕意义上的“审美学”。我们下面结合鲍姆嘉滕的学说来进一步探讨。

1. 审美能力：青年鲍姆嘉滕“感性学”之核心

如果说人类的学科体系是一棵参天大树的话，那么，每一个学科就是这棵大树上的一个枝丫或枝条。人类之所以要设立某一门学科，目的是为了研究某一个特定问题、解释某种现象。按照这种思路会发现，“美学之父”

---

① 程相占：《身体美学与日常生活中的审美活动》，《文艺争鸣》2010年5月；又见程相占：《生生美学论集——从文艺美学到生态美学》，人民出版社2012年版，第266页。

鲍姆嘉滕创立美学时，正是为了研究某一类问题、解释某一种现象——这类问题或现象的特点可以描述为“模糊的清晰”：读一首诗、看一幅画，我们无法像逻辑推理那样“清晰地”说明我们的感受，因此，诗或画这些对象是“模糊的”；但是，我们对这些对象的欣赏体验又是“清晰的”，所谓“栩栩如生”“如在目前”等等，都是对于这种体验的描述。因此，在人类的文化活动中，客观地存在着“模糊的清晰”这种现象，鲍姆嘉滕所要研究的就是这种现象。因为此前的学科体系中没有一门独立学科来研究这种现象，鲍姆嘉滕煞费苦心地将研究这种现象的学科称为“感性学”，表明“模糊的清晰”这种现象就是那些“感性的”东西。①

众所周知，鲍姆嘉滕第一次提出“感性学”，并不是在他发表于 1750 年的《美学》，而是在发表于 1735 年的《诗的感想——关于诗的哲学默想录》，所讨论的正是他自幼童时就被深深吸引、几乎没有一天不读的诗歌。今天看来，鲍姆嘉滕 21 岁时发表的这个文献其实是一种“诗学”，所探讨的是“领悟感性表象”的“低级认识能力”，② 反复陈述的是“富有诗意的表象”或“唤起情感的表象”，提出了“唤起情感是富有诗意的”或“唤起情感则富有诗意”这样的论断。③ 在这里，最容易引起误解同时也是最核心的内容，就是鲍姆嘉滕说的“低级认识能力”——它的确切含义到底是什么？

鲍姆嘉滕明确指出，他的“哲理诗学”“是指导感性谈论以臻于完善的科学”，而“哲理诗学”“先行假定诗人有一种低级认识能力”。这说明，所谓的“低级认识能力”是诗人的作诗能力。鲍姆嘉滕既然那么痴迷于诗歌，就不可能在否定意义上来使用“低级”这个修饰语。根据当时的学术背景和鲍姆嘉滕的相关论述可知，与“低级”对应的所谓“高级”认识能力，就是“领悟真理的”逻辑能力，也就是当时理性主义哲学所强调的“理性”。以沃尔夫、莱布尼茨为代表的理性主义哲学在当时占据着思想界的主导地位，所以，鲍姆嘉滕才小心翼翼、略带调侃地提出：“哲学家们还可以有机会——

① 关于鲍姆嘉滕美学的要义，参见 Guyer，Paul，“18th Century German Aesthetics”，*The Stanford Encyclopedia of Philosophy*（*Fall 2008 Edition*），Edward N. Zalta（ed.），URL=<http：//plato.stanford.edu/archives/fall2008/entries/aesthetics-18th-german/>。

② 章安祺编订：《缪灵珠美学译文集》（第二卷），中国人民大学出版社 1987 年版，第 88、89 页。

③ 章安祺编订：《缪灵珠美学译文集》（第二卷），中国人民大学出版社 1987 年版，第 97 页。

而且不无很大报酬——去探讨一下方法，借此改进低级认识能力，增强它们，而且更成功地应用他们以造福于全世界”；他相信：“有一种有效的科学，它能够指导低级认识能力从感性方面认识事物。”①

简言之，在鲍姆嘉滕看来，人类具有一种不同于逻辑认识能力的感性认识能力；这种能力的典型代表就是诗人的作诗能力——诗人正是凭借这种能力才创造出了“富有诗意的表象”或“唤起情感的表象”。哲学家们绝对不应该忽视这种能力；恰恰相反，鲍姆嘉滕认为应该找到适当的方法来“改进低级认识能力，增强它们”。针对当时现有学科的缺陷，他尝试着创立一个新的学科——“一种有效的科学”——来认认真真地研究这种能力，来“改进低级认识能力，增强它们”，从而“指导低级认识能力从感性方面认识事物”——这就是青年鲍姆嘉滕的学术意图和努力方向。

鲍姆嘉滕明确地意识到自己的独特贡献。他指出，希腊哲学家和教会的神学者都慎重地区别过“感性事物”和“理性事物”；但是，非常遗憾的是，他们并不把二者“等量齐观”，相反，他们“敬重远离感觉（从而，远离形象）的事物”——我们今天也知道，柏拉图正是这种倾向的典型代表，他的理念式的“美本身”不但远离具体的“美的事物”如漂亮的少女、美丽的鲜花等，而且是感觉器官根本无法把握的——某种程度上可以说，柏拉图的美学其实是“反感性”的，是与鲍姆嘉滕的“感性学”格格不入的。有鉴于此，鲍姆嘉滕大胆地提出了他那天才般的论断，让一个崭新的学科冲破自柏拉图以来的理性主义独霸天下的局面而腾空出世：

> 理性事物应该凭高级认识能力作为逻辑学对象去认识，而感性事物［应该凭低级认识能力去认识］则属于知觉的科学，或感性学(Aesthetic)。②

鲍姆嘉滕的思想脉络可以简单地概括如下：

① 章安祺编订：《缪灵珠美学译文集》（第二卷），中国人民大学出版社1987年版，第129—130页。

② 章安祺编订：《缪灵珠美学译文集》（第二卷），中国人民大学出版社1987年版，第130页。

高级认识能力——理性事物——逻辑学

低级认识能力——感性事物——感性学

应该说，鲍姆嘉滕的上述论证非常清楚，理解起来并不特别困难，不应该产生太多误解。然而，非常遗憾的是，我们以前通常都会犯如下两个错误：第一，看到“低级认识能力”这种表达方式时，望文生义、不假思索地认为鲍姆嘉滕是在“认识论”的框架内谈论美学问题，买椟还珠式地抛弃了鲍姆嘉滕“哲理诗学”对于“作诗能力”的精彩论述。试想：如果我们准确地把握了所谓的“低级认识能力”就是“作诗能力”的话，那么，我们不但不应该将之纳入国内通行的认识论哲学所确定的“认识过程”——从低级的感性认识到高级的理性认识——之中来评价，而且，我还极其有可能将之与维科的“诗性智慧”联系起来进行解读。今天，无论那位学者都容易理解和接受如下判断：作诗能力、读诗能力绝不是一种“低级的认识能力”，在很多情况下这种能力甚至很“高级”，甚至高得远远超过能够达到“理性认识”的所谓的“高级认识能力”。古今中外哲学史上重视“直觉”的哲学家如伯格森等，都对直觉的重大价值进行过充分的论述。第二，过于重视鲍姆嘉滕 1750 年《美学》中的美学定义，相对忽视了他青年时期的著作和美学观——至少，我们应该将两处美学定义进行对比分析，从而判断鲍姆嘉滕的美学观是发展了、还是退化了。

我们可以通过汉语文化和汉语词汇来更加简明地把握鲍姆嘉滕感性学的要义。王安石有诗句云：“意态由来画不成，当时枉杀毛延寿。”①“意态”又做“仪态”，是美女那种婀娜多姿、风情万种的情态，是比一般的美丽更加深层的魅力。与之相近的是《世说新语》中那些对男士的评鉴之辞，诸如“风韵”“风姿”“风采”“风骨”等等。美女的“仪态”与名士的“风韵”正是鲍姆嘉滕意义上的“模糊的清晰”：一般人都能清晰地“感受”到或“感觉”到，但都难以用语言和逻辑清晰地描述和表达出来，因此，鲍姆嘉滕的“感性学”，正是这种意义上的“感受学”或“感觉学”——它虽然是感性的，

---

① 王安石：《明妃曲》，见北京大学古文献研究所编《全宋诗》第 10 册，北京大学出版社 1998 年版，第 6503 页。

但绝对不是一般认识论中与“理性”相对的那种“感觉”或“感性”。正因为这样，我们也可以把鲍姆嘉滕的“感性学”称为“审美学”。

简言之，按照青年鲍姆嘉滕美学的基本思路与理论内涵，人类先天地具有一种与逻辑思维能力相对的、集中体现为作诗能力的“感受力”（或“感知力”“敏感性”），它近似于其后学康德所说的“审美判断力”——一种与理性认知和实践意志三足鼎立的先天能力。这种能力可以从两个方面来分析：一方面，从生物进化论的角度来说，这是人类在漫长的进化过程中、逐步演化出来的一种区别于其他物种的生物能力；另外一方面，从文化的角度来说，这种能力不仅是天赋的生物本能，而且是可以培养的后天能力，我们常说的“审美教育”主要就是对于这种先天生物能力的后天培养，其途径或方式既可以通过艺术品，也可以通过自然事物。① 我们把这种意义上的能力称为“审美能力”。

2. 审美可供性：审美能力与客观属性的辩证关系

为了顺利地构建生态美学，我们这里特别地创造一个新的美学术语或概念：审美可供性。所谓审美可供性，就是事物呈现给审美能力的客观属性——它是客观事物客观存在的客观属性，但又是相对于审美能力的一种关系属性。简言之，不具备相应的审美能力，事物的审美可供性仅仅是一种潜在的可能性——之所以称为“可供性”，主要是着眼于“可能性”而言的。

审美可供性这个术语源自生态知觉理论的“可供性”概念。美国心理学家詹姆斯·杰尔姆·吉布森（James J. Gibson）被认为是 20 世纪视知觉领域最重要的心理学家之一。他在 1977 年发表了《可供性理论》一文，1979 年又出版了《生态视知觉理论》一书，全面系统地论述了他独创的可供性理论。他指出，动词“提供”（afford）在英语词典中是一个常见词，但是，根据它派生出来的名词“可供性”（affordance）则无法从词典中找到。简言之，“环境的可供性指环境提供给动物的东西”，② 也就是环境向生物所提供

① 笔者不同意将“审美教育”简称为“以美育人”式的“美育”，或等同于“情感教育”式的“情育”。笔者另有《论生态审美教育的基本问题》一文讨论这个问题，此处不赘。

② Gibson，James，*The Ecological Approach to Visual Perception*，Lawrence Erlbaum Associates Inc.，1986，p.127. 原文以斜体表示强调，此处按照汉语表达习惯改为黑体。

的“行动可能性”——它是环境所具有的一种关系性的、功能性的客观属性。例如，楼梯的“可供性”是供人上楼，但对于婴儿而言，这种可供性就只是潜在的可能性，因为婴儿尚无成人的爬楼能力——也就是说，楼梯的可供性是相对于具有正常的爬楼能力的人而言的。再比如，普通人无力在直立的墙壁上行走，墙壁对他/她就没有通行的可供性；但是，对于壁虎来说，墙壁就具有确切无疑的可供性——壁虎能够在那里自由自在地活动，因为壁虎这个物种天然地具有这种能力。吉布森明确指出：

> 环境的可供性具有如下重要事实：某种程度上，它们是客观的、真实的和物理的；不像价值和意义那样，经常被视为主观的、现象的和心理的。但事实上，可供性既不是客观属性，也不是主观属性；或者，二者都是——如果你愿意的话。可供性超越了主—客二元对立，有助于我们理解其缺陷。……可供性既指向环境，也指向观察者。[①]

可供性理论出现后被广泛接受，特别是被广泛运用到设计领域，相关的翻译方式也多种多样，诸如“承担特质”“承担性”“易用性”“功能可见性”“功能可视性”“示能性”，等等。[②] 我们之所以翻译为“可供性”，主要是根据吉布森的原意，来表达“环境提供的可能性”这个核心要点。

3. 生态审美体验：生态知识、生态想象、生态感情三种成分及其内在关系

值得我们高度注意的是，吉布森特别重视借助生态学来论述他的可供性理论。某种程度上我们甚至可以说，可供性理论主要受到了生态学的启示。吉布森借鉴的生态学概念是“生境”（niche）和“栖息地”（habitat），[③]

---

① Gibson，James，*The Ecological Approach to Visual Perception*，Lawrence Erlbaum Associates Inc.，1986，p.129.

② 参见维基百科等相关网络资源，http：//zh.wikipedia.org/wiki/%E6%89%BF%E6%93%94%E7%89%B9%E8%B3%AA，2013/10/5 访问。

③ 需要指出的是，国内生态学界对于这两个术语的翻译存在一定分歧，比如，有的著作就将 niche 翻译为“生态位”，而将 habitat 翻译为“生境”。参见戈峰主编《现代生态学》，科学出版社 2008 年版，第 216 页。我们这里的译法主要是为了准确地解释吉布森的理论。

他认为二者具有较大差别。他这样写道："生境更多地指动物如何生活而不是何处生活。我认为，生境是一系列可供性。"① 因此，尽管很多论著都将 habitat 翻译为"生境"，我们这里还是根据吉布森的语境将之翻译为"栖息地"，以便将之与"何处"更加清晰地联系起来。

吉布森认为，自然环境为动物提供了多种多样的生存方式，而不同的动物有着不同的生存方式。对于理解"生态审美"最具有启发价值的是吉布森的如下论断：

> 特定的生境隐含着一种动物，而这种动物也隐含着一种生境。②

这就清楚地说明：动物及其生境是不可分离的，离开了它的原初生境，那种动物已经不是原来的物种了。人类通常修建动物园来供游客欣赏动物，比如修建猴山来养猴子，修建玻璃馆来养鲨鱼。但是，必须极其清醒地意识到，这些被饲养的动物已经远远脱离了它们本来的生境和栖息地，它们那些与其生存环境密不可分的天然属性已经大大丧失——即使没有丧失，但也因为丧失了其原本的生境，其无限的丰富性已经荡然无存。人类固然可以对这些被饲养的动物进行"审—美"，将之视为审美对象来欣赏，但是，这与我们这里所论述的"生态审美"已经有了天壤之别——生态审美所欣赏的是生存在原本生境中的动物，欣赏的是吉布森所说的"动物如何生活而不是何处生活"——在那种状态下，动物的自然本性才能得到最天然而充分的显现，与动物休戚相关的生境也自然而然成为审美体验的丰富来源。比如说，当我们在原始荒野里欣赏丹顶鹤之美的时候，丹顶鹤的生境"沼泽地"也同时被我们欣赏，因为根据基本的生态学知识我们会知道，没有沼泽地，就不会有丹顶鹤。丹顶鹤之美固然很容易成为人们的欣赏对象，但是，在富有生态教养的欣赏者那里，普普通通的沼泽地及其一枚草叶、一个水洼、一片泥块、

---

① Gibson，James，*The Ecological Approach to Visual Perception*，Lawrence Erlbaum Associates Inc.，1986，p.128. 原文使用斜体字来表示强调，我们这里根据汉语的表达习惯改为黑体字。

② Gibson，James，*The Ecological Approach to Visual Perception*，Lawrence Erlbaum Associates Inc.，1986，p.128.

一只蚂蟥，等等，都因其作为一个生物群落和一个生态系统的有机组成部分而被欣赏——这些东西不是传统意义上的“美的”东西，它们甚至是“丑陋的”；但是，这绝不妨碍它们成为充满魅力的“审美对象”——具有生态教养的欣赏者能够从中体验到大自然神奇的造化力量，它们都具有当代环境美学理论中所一再强调的“肯定性审美价值”。我们之所以认定这样的审美就是“生态审美”，是因为这样的审美最为符合生态学的经典定义：有机体及其环境之间的互动。吉布森之所以称自己的视知觉理论为“生态立场的”，关键原因就在于他比一般生态学家更加彻底、更加深入地阐述了动物及其生境的内在关系。

简言之，生态审美的要义可以归结为：第一，尊重事物本身的天然状态而不是将之“人化”，这与强调“美的根源”在于“自然的人化”的实践美学是大相径庭的；第二，基本的生态学知识在生态审美中发挥着重要作用，它启发并引导着欣赏者的想象力和感情的方向；第三，传统意义上的“美”根本无法描述这样的审美活动及其审美对象，取而代之的关键词应该是“审美对象”及其“肯定性审美价值”。李泽厚的美学框架因为混淆了“美”和“审美对象”而无法解释上述现象，所以产生了“生态美”这样的误导性概念。

一般来说，审美体验包括三个最重要的成分：理解、想象和感情。在生态审美体验中，生态学知识加深了我们对于事物生态属性及其特征的理解，引导着我们按照生态系统及其构成要素的关系展开想象，去体验大自然无限神奇的造化力量。与此同时，生态伦理则塑造着我们的感情和态度，促使我们形成新型的感情体验。

结　语

美学的理论功能在于解释审美现象、引导审美取向，不能发挥这两种功能的美学理论将失去现实意义。我们反思和批评李泽厚的美学框架，一方面固然是因为它存在着明显的理论缺陷，另外一方面则是因为它难以解释生态文明时代的生态审美体验。

构建生态美学的理论动机是回应全球性生态危机，生态审美理论的根本使命在于引导人们“生态地审美”，即引导人们在进行审美活动时遵循基本的生态学原理和生态伦理规范。这就要求审美者将生态态度与审美态度结合起来以提高自己的生态敏感性，从而能够将事物的生态属性和审美属性有机整合起来而形成一种詹姆斯·吉布森“可供性理论”意义上的“审美可供性”，也就是环境中客观潜在的、依赖于欣赏者审美能力的“行动可能性”，从而使欣赏者进行生态审美活动而获得丰富的生态审美体验。生态审美体验的发生机制及其构成成分，将是生态美学必须解决的理论课题——这最终决定着生态美学构建工作的成败。

（原载《天津社会科学》2015 年第 1 期）

关于“生态”与“环境”之辩

——对于生态美学建设的一种回顾

曾繁仁

在我国生态美学建设的过程中需要回顾很多问题，其中对于“生态”与“环境”之辩的回顾非常重要，因为这关系到生态美学研究的本体问题，而且主要是中西之间的对话问题，至今仍在进行，意义重大。

首先是在2006年的成都国际美学会议上，当我就生态美学问题发言后，国际学者集中询问我的问题，就是生态美学与环境美学的关系问题，我当时作了初步回答。2009年本人在山大召开的国际生态美学会议上，专门就生态美学与环境美学的关系问题做了专题发言。由此，生态与环境之辩引起国际美学界的一定关注。山大美学会的参加者、著名美国环境美学家柏林特于2012年在他的新著《超越艺术的美学》中指出，相对于环境美学这个术语，中国学者更加偏爱生态美学的原因是：在生态美学语境中，“生态”这个词不再局限于一个特别的生物学理论，而是一种相互依赖、相互融合的一般原则。① 显然，柏林特表现出一种理解的态度。山大美学会的另一位参加者、加拿大著名环境美学家卡尔松则在为本期专栏所写文章中，特别就中国学者关注的“生态”与“环境”的关系问题发表了重要意见。卡尔松教授仍然坚持他惯有的科学认知主义的审美立场。在这里需要特别提到的是，美国著名生态批评理论家布伊尔在他的生态批评三部曲之一的《环境批评的未来》一书中认为，“生态批评”是一种知识浅薄的卡通形象，已经不再适合，必须

① ［美］柏林特：《超越艺术的美学》，英国阿什盖特出版社2012年版，第140页。

以“环境批评”代之。①

“生态美学”与“环境美学”本来都是生态文明时代的崭新美学形态，两者是非常重要的同盟军，而中国生态美学的发展又受到西方环境美学与环境批评的诸多滋养，涉及的许多学者都是我们尊敬的专家。但就某种学术问题辨明是非，坦诚地发表我们的看法则是完全应该的。

一、从词源学的角度看西文的“生态学”（ecology）与“环境”（environment）的根本区别

众所周知，一定的词语是一定时代的产物，其内涵具有特定的时代特性。“生态”由于反映的是人与自然的亲和性关系，是一个关系性概念，没有包含实体性内容，所以只有构词成分“eco”表示“生态”而没有名词形态的“生态”。我们看到的英语词汇中第一次出现的是“生态学”(ecology)。“生态学”（ecology）一词是1866年由德国生物学家海克尔创立的。他在1866年出版的《普通生物形态学》一书中提出“生态学”一词，旨在描述“有机体与其所存在环境之关系的整体科学”。这一概念的提出不是偶然的，而是人们对于工业革命时代工具理性与形而上学统治的一种反思与超越。首先是对于二分对立思维模式与“一元论”哲学观的超越。海克尔在后来谈到他提出“生态学”一词的背景时提到，当时他受到达尔文进化论著作与一元论哲学思想的启发，认为自己是“提供一种将生命有机综合起来的方法路径”。其次是对于见物不见人的科学哲学思维的超越、对具有后现代人文特性的“生存”“栖居”观念的引进。海克尔1866年在《普通生物形态学》一书中提出“生态学”概念时，即对“ecology”一词的构成进行了词语学的阐释：该词前半部分“eco”来自希腊语“oikos”，表示“房子”或者“栖居”；后半部分“logy”来自“logos”，表示“知识”或“科学”。这样，从词面上说，“生态学’就成为有关人类美好栖居的学问，将人的生存问题带入自然科学。这是对于见物不见人的工具理性的突破。再就是对于“一就是一，二就是二”的二分对立思维的突破与“自然家族”概念的提出。传统工

① ［美］劳伦斯·布伊尔：《环境批评的未来》，刘蓓译，北京大学出版社2010年版，第9页。

具理性思维是一种僵化的“一就是一,二就是二”的二分对立思维，而海克尔在提出“生态学”时引进了“自然家族”这一重要概念，从而使得“联系性”“相关性”进入自然科学领域，意义重大。其四是呈现了“生态学”这一自然科学概念向人文学科发展的重要态势。海克尔在提出“生态学”概念之初就已经明确指出，“生态学关涉到自然经济学的全部知识”，这里已经必然地包含了人类的经济活动，而“生态学”词义中的“栖居”本身就是人类的生存。因此，“生态学”由自然科学发展到人文学科就是一种必然的趋势。诚如马里兰大学罗伯特·考斯坦萨在《生态经济学：复兴有关人类与自然的研究》一文中所说：“无论对生态学的界定如何演变，作为地球上占主导地位的动物人类及其与环境的关系，显然一直被囊括在生态学的视野范围之内。”这就预示着生态哲学、生态伦理学与生态文明的必然产生。

关于“环境”（environment）一词，有环绕、周围、围绕物、四周、外界之意。其来源于动词“envion”，“环绕”之义，源于中世纪。作为名词于19世纪前30年被引进《牛津英语辞典》，原指文化环境，后来经常指物理环境，可以指某一个人、某一物种、某一社会，或普遍生命形式的周边等。在这里，“环境”是一个与人相对的实体性概念，因此具有人类中心主义的内涵。因此，不能将“环境”与“生态”两个词汇相混淆。

我国三位相关专业的院士指出，“生态是与生物有关的各种相互关系的总和，不是一个客体。而环境则是一个客体，把环境与生态叠加使用是不妥的。生态环境的准确表达应当是自然环境。”① 而在“环境”一词的实际运用中也具有人类中心主义内涵，诚如布伊尔所言，在历史发展中“环境有了一定程度的悖论性呈现：它成了一个更加物化和疏离化的环绕物，即使当其稳定性降低时它也还发挥着养育或者约束的功能”②。芬兰环境美学家瑟帕玛在论述“环境”一词时说道：“环境围绕我们（我们作为观察者位于它的中心），我们在其中用各种感官进行感知。在其中活动和存在。”又说：“环境可以被视为这样一个场所：观察者在其中活动，选择他的场所和喜好的地

---

① 侯甬坚：《“生态环境”用语产生特殊时代背景》，《中国历史地理论丛》2007年第22卷第一辑，第121页。

② ［美］劳伦斯·布伊尔：《环境批评的未来》，刘蓓译，北京大学出版社2010年版，第69页。

点。”① 如此等等，可见“ecology”（生态学）是一个打破主客对立的关系性词汇，反映了人类对于传统工具理性思维的反思与超越；而“environment”（环境）则是一个对象性的实体性词汇，没有反映人与自然的和谐一致。

二、生态美学研究的生态整体论哲学立场

“生态”与“环境”之辩实际上是人类中心论、生态中心论与生态整体论的哲学立场之辩。上面我们曾经提及，“生态学”的产生与发展实际上是对于传统工业革命主客二分、工具理性与人类中心论的突破。因此，离开生态学立场必然走向人类中心论或者生态中心论。正如美国著名环境美学家柏林特所言：“与所有的基本范畴一样，环境的观念，植根于我们对身处世界、经验及自身的本质的哲学思考。”② 柏林特虽然是环境美学家，但他是一位现象学理论的信奉者，他所说的“环境”实际是“自然”，而他力主“自然之外无他物”③。这里的“自然”即是“生态”。他主张一种整体性的“自然观”，认为“不区分自然与人，而将万事万物看作生命整体的一部分”④。这种包含着自然与人、万事万物并构成整体的“自然”就是“生态”，这就是一种“生态整体论”的哲学立场。正是在这样的“自然之外无一物”的“生态整体论”哲学立场前提下，柏林特提出了著名的“结合美学”的生态美学观。他说：“因为自然之外并无一物，一切都包含其中。在此情形下，一般形成两派截然对立的选择……前者遵循传统的美学，后者则要求摒弃传统，追求能同等对待环境与艺术的美学。这种新美学，我称之为‘结合美学’（aesthetics of engagement），它将重建美学理论，尤其适应环境美学的发展。人们将全部融合到自然世界中去，而不像从前那样仅仅在原初静观一件美的事物或场景。”这就是一种从“生态整体论”出发的生态美学形态。但如果从环境主义出发，结果就是“环境围绕我们，观察者在其中心”，必将导致“人类中心论”。布伊尔教授在其《环境批评的未来》一书的术语表中已

① ［芬］瑟帕玛：《环境之美》，武小西、张宜译，湖南科技出版社2006年版，第23页。
② ［美］柏林特：《环境美学》，张敏、周雨译，湖南科技出版社2006年版，第4页。
③ ［美］柏林特：《环境美学》，张敏、周雨译，湖南科技出版社2006年版，第9页。
④ ［美］柏林特：《环境美学》，张敏、周雨译，湖南科技出版社2006年版，第20页。

经预见到“也可能有人认为环境暗含人类中心之意”[①]。柏林特也在《环境美学》一书中表达了同样的担心。他说：“诚然，环境是由充满价值评判的有机体、观念和空间构成的浑然整体，但我们几乎无法从英语中找到一个词来精确地表述它。一般常用语词，如背景、境遇、居住的环境等诸如此类的说法都不合适，不可避免地陷入二元论。其他的如母体、状态、领域、内容和生活世界等稍好一些，不过也得时刻警惕它们滑向二元论和客体化的危险，比如将人类理解成被放置在环境之中，而不是一直与其共生。的确，我们现有文化中割裂形而上与形而下的偏见几乎无法完全消除。”[②]这进一步说明了柏林特为了避免二元论与割裂论已经将“环境”理解成整体论的“自然”与“生态”。我们注意到布伊尔其实也是整体论的支持者。他在《环境的想象：梭罗、自然文学与美国文化的形成》一书中，对于“环境想象”确立了四条“标志性要素”：非人类环境的在场并非仅仅作为一种框架背景的手法；人类利益并不被理解为唯一合法的利益；人类对环境负有的责任是人本伦理取向的组成部分，自然并非一种恒定之物或假定事物。[③]说明这四条“标志性要素”其实已经包含生态整体论元素。而布伊尔在《环境批评的未来》中更加明确地提出生态整体的观点。他对自己的“言说立场”阐述道：“既要对人的最本质需求也对不受这种需求约束的地球及其非人类存在物的状态和命运进行言说，还对两者之平衡（即使达不到和谐）进行言说。严肃的艺术家两者都做。我们批评家也必须如此。”[④]这里所说的人的需要与地球需要的平衡就是生态整体说。

卡尔松教授的“科学认知主义审美”因为特别强调了科学知识在审美中的决定性作用，所以我认为卡尔松的环境美学所持的哲学立场是知识决定论的人类中心论。他说：“认知立场认为，所有这些环境都必须审美地欣赏为它们实际所是的那样，这就要求欣赏者必须具备相关的知识，懂得它们的独特特性与起源。这种知识是由科学揭示出来的，因此，在分析对于环境的

① ［美］劳伦斯·布伊尔：《环境批评的未来》，刘蓓译，北京大学出版社 2010 年版，第 154 页。

② ［美］柏林特：《环境美学》，张敏、周雨译，湖南科技出版社 2006 年版，第 11 页。

③ ［美］柏林特：《环境美学》，张敏、周雨译，湖南科技出版社 2006 年版，第 7—8 页。

④ ［美］劳伦斯·布伊尔：《环境批评的未来》，刘蓓译，北京大学出版社 2010 年版，第 140 页。

审美欣赏时，认知立场通常被称为‘科学认知主义’。”又说：“与环境审美欣赏相关的科学是生态科学，因此，生态知识与恰当的环境审美欣赏最为相关。”他举了美洲落叶松与松树两片森林，外形几乎完全相同，都在夕阳下散发出金色的光辉，但美洲落叶松是因为秋天而变成金色，而松树却由于甲虫的致命感染而变成金色。他说：“假如我们具备关于美洲落叶松季节变化、松树以及松树甲虫的相关生态知识，就会知道我们对这两片树林进行恰当的审美欣赏。美洲落叶松在夕阳下散发光辉，最有可能被体验为一种美的事物；而已经死亡与正在死亡的松树，尽管同样在阳光下散发光辉，但有可能被审美的体验为丑陋的，或者至少不是一种审美愉悦的直接来源。”很显然，树木的生态知识成为欣赏者判定美丑的最重要根据。这是明显的知识决定论，应该属于人类中心论哲学立场，充分说明了卡尔松教授的科学主义的分析哲学背景。分析哲学的科学主义具有某种人类中心论是十分明显的。

当然，坚持某种审美的哲学立场在某个学者来说均有其各自的道理，但我们从生态整体论出发加以必要的辨析，也是学术研究中对于一种立场的坚守与阐明。在这里需要说明的是，对于生态整体论哲学立场持不同意见者颇多。有的学者认为人与自然的对立是永恒的，不可能协调成为整体；有的认为生态整体论中的人与自然的主体间性关系是不可能的，因为只有人是主体，自然不可能是主体。如此等等。我们认为必须摆脱传统的认识论立场。在认识论立场看来，人与自然只能是一种二分对立的关系，不可能成为整体。我们必须与之相反，持一种新的立场与视角。首先是持一种深生态学的“生态自我”的立场，这里的“自我”不是传统的人这个“自我”，而是扩大了的包含人与自然的生态系统的“生态自我”，这样的“生态自我”就是一个“整体”，在这种“生态自我”中人与自然就是一种主体间性关系；二是持一种存在论的哲学立场，这种哲学立场否弃传统的“主体与客体”对立的在世模式，力主一种“此在与世界”的在世模式，此在与世界是一种休戚相关、须臾难离的关系，构成一种存在论或生存论意义上的“整体”；三是持一种现象学的哲学立场，通过现象学的“悬搁”消解了主客二分对立，在意向性之中构成一种人与自然的现象学整体，这是一种关系性与生命性的整体。当然，以上三种立场是有内在联系的，内中贯穿着统一的生态现象学立场。深生态学的“生态自我”吸收了佛学中“万物一体”的内涵，是一种东方式的现象学；而存在论是以现象学为哲学根据的；现象学立场正是走向生态整体的哲学根据。

三、存在实体性的环境之美吗?

众所周知，“生态”不是一个实体性概念，而是一个关系性概念。因此，不存在一种实体性的“生态之美”，只有关系性的生态之美。因此，我们将生态之美称作“家园之美”“栖居之美”等等。但“环境”即指人的环绕物，包括自然环境与人造环境。因此，从这个角度说“环境”是实体性的。但这种实体性的“环境”只在认识活动与科学活动中存在，在现实生活中不存在这种实体性的“环境”，只存在与人的生活密切相关的“环境”，而这种与人的生活密切相关的“环境”即为“生态”。那么，有没有实体性的“环境之美”呢？按照现象学的立场，只存在于人的意向性中呈现的“环境”与“环境之美”，没有独立的实体性“环境”与“环境之美”。包括没有人烟的“荒野”，也是一种关系性的存在物。只有在知觉的意向中才会产生某种美感，离开了知觉的意向，“荒野”尽管仍然存在但却不再产生美感。因此，实体性的“环境之美”是不存在的。

现在我们来看看环境批评家与环境美学家的意见。布伊尔教授将对于环境的人文评价具体落实到“地方”（place）这一具体的人居环境之上。他说：“环境性的重要意义被一种关于存在与其物质语境之间不可避免而又不确定的转变性关系的自觉意识所界定。这一考察是通过集中研究地方的概念进行的。”① 而地方的研究包括三个方向：“环境的物质性、社会的感知或者建构、个人的影响或者约束。”② 可见，在他看来，地方也不是客观的，而是包含着社会建构与个人影响。他进一步更加明确指出必须做到“空间转变为地方”③。这就更加明确地表达了他否定“地方”之中的“空间性”实体性

① ［美］劳伦斯·布伊尔：《环境批评的未来》，刘蓓译，北京大学出版社 2010 年版，第 70 页。

② ［美］劳伦斯·布伊尔：《环境批评的未来》，刘蓓译，北京大学出版社 2010 年版，第 70 页。

③ ［美］劳伦斯·布伊尔：《环境批评的未来》，刘蓓译，北京大学出版社 2010 年版，第 71 页。

内涵。因为，“空间”是客体的，人似乎可以放置于空间之中，两者是游离的；但“地方”却是人生活于其中的场所，与人息息相关的。存在论哲学认为“地方”对人来说可以有在手与不在手和称手与不称手之别。宜居的场所（即地方）应该是在手的与称手的，这就将人的感受与体验放到重要位置。所以，布伊尔的“空间转变为地方”的观念说明他否定了环境之美的客体性，那么在他只能选择宜居的“地方”这种集客观、社会与个人为一体的关系性之美了，而这就是生态之美。

卡尔松教授在他的《环境美学》一书中着力论述了他所认识的环境之美。他首先否定了具有客体性的形式美是环境之美。他说：“自然环境不能根据形式美来鉴赏评价，也就是说，诸形式特征的美；更准确地说，它必须根据其他的审美标准来鉴赏和评价。”又说：“自然环境的形式特征相对来说几乎没有地位和重要性。”① 他在论述环境之美时除了强调生态学知识的作用之外，特别论述了“生命价值”的作用。他首先借鉴普拉尔与霍斯普斯有关审美的“浅层含义”与“深层含义”的区分，认为浅层含义主要指线条、形状和色彩相关的形式特征，而深层含义则指“表现的美”与“生命价值”。他说：“因而，一个对象要表现一种特征和生命价值，而特征和生命价值并不一定由其暗示出来。的确，那种特征必定联系于对象，这样它能感受或感知成为对象本身的一种特征。”② 这样，生命价值是对象的特征与欣赏者的感受感知结合的结果，不是一种实体性的美。总之，在卡尔松看来，环境之美也不是客观的实体性之美。由此可见，“环境”一词内涵的实体性决定了它只能是一种实体之美，但现实生活中“环境”的关系性又决定了这种实体之美不可能存在，这就构成一种解构“环境之美”实体性的悖论。结论是“环境之美”不具实体性，而关系性的审美则必然导向生态美学。

四、“生态”一词的东西包容特点

布伊尔教授在论述生态文化的资源时指出：“有西方思想体系内其他有

① ［加］艾伦·卡尔松：《环境美学》，杨平译，四川人民出版社 2006 年版。第 64 页。
② ［加］艾伦·卡尔松：《环境美学》，杨平译，四川人民出版社 2006 年版。第 208 页。

影响的理论线索，如斯宾诺莎的伦理一元论；更有很多来自非欧洲地区的思想启迪：甘地对奈斯的影响；南亚和东亚各种哲学思潮的广泛传播，其中佛教和道教的影响尤深。”① 这种概括是符合事实的，生态文化发展的历史已经告诉我们，生态文化的思想资源更多来自欧洲之外的东方，在各种前现代的文化中蕴含着丰富的生态文化智慧。从我们中国来说，尽管“生态学”的知识概念是近代以来从西方引进，但我国古代却包含着极为丰富的生态文化与生态审美智慧。“天人合一”成为我国古代哲学与文化的共同诉求，正如司马迁所言古代文人的追求是“究天人之际，穷古今之变，成一家之言”。“生生为易”成为我国古代文化哲学的核心，所谓“天地之大德曰生”。生命论成为各种文化形态的特点，儒家追求“爱生”，道家追求“养生”，而佛家则追求“护生”。儒家经典中的“已所不欲勿施于人”与“民胞物与”已经成为公认的生态“金规则”。而道家的“心斋”“坐忘”；儒家的“养性”；佛家的“修行”“禅定”都是著名的古典想象学的“悬搁”，成为当代进行生态文化教育的重要资源和方法。我国古代艺术中的“气韵生动”“寄兴于景”“风雅颂赋比兴”等均包含浓郁生态意蕴，成为发展当代生态美学与生态艺术的重要借鉴。总之，“环境”一词作为科学主义的概念无法包含东方“天人合一”等生态哲学与审美智慧；而“生态”一词的关系性与生命性内涵则必然包含着东方生态智慧。因此，从生态文化与生态美学的长远的健康的发展来看，我们认为“生态”一词更加合适。如果，继续使用“环境”一词，那就必然将大量丰富的东方生态文化排除在外。

“生态”与“环境”之辩，不是简单的词语之辩，而是涉及包括生态美学在内的生态文化如何更好地继续前行的重要问题。我们认为不应因为受具体发展过程中某些现象的干扰而影响到对于“生态”这一概念的正确理解与使用。

（原载《求是学刊》2015 年第 1 期）

① ［美］劳伦斯·布伊尔：《环境批评的未来》，刘蓓译，北京大学出版社 2010 年版，第 112 页。

雾霾天气的生态美学思考

——兼论“自然的自然化”命题与生生美学的要义

程相占

引　言

中国当代著名美学家李泽厚的《美学四讲》开门见山提出了一个问题：“美的现象极多，却各不相同。松涛海语，月色花颜，从衣着到住房，从人体到艺术，从欣赏到创作……在如此包罗万象而变化多端的领域里，有没有、能不能存在一种共同的东西作为思考对象或研究对象呢？”① 对于这个问题，李泽厚在《美学四讲》所做的回答无疑是肯定的。以他为代表的中国当代美学所致力研究的，就是隐藏在各种“美的现象”背后的那种“共同的东西”，也就是学术界普遍接受的“美的本质”或“美的规律”。

如果遵循这种美学研究思路及其所隐含的美学观，将雾霾天气与美学联系起来至少会遭到如下两个列强烈质疑：第一、雾霾天气是“美的现象”吗？第二、如果雾霾天气不是“美的”，它就不可能让我们产生“美感”，那么，雾霾天气在什么意义上能够成为美学的研究对象呢？将这两个质疑结合起来也就是追问：是否有一种新型的美学理论，能够从理论上回应与人们的健康生活密切相关的雾霾天气？

笔者一直坚信，任何理论的功能和价值都在于解释现象，美学理论的价值也在于它对现实生活中各种审美现象的解释效力。这种学术信念旨在表明：一种美学理论无论逻辑多么严密，无论它的哲学基础多么高深，只要它

---

① 李泽厚：《美学四讲》，三联书店2004年版，第1页。

无力解释人类现实生活中的审美活动，它的存在价值就会大打折扣。我国最近两年雾霾天气频繁发生，围绕雾霾天气而产生的幽默段子、摄影作品不计其数，某种程度上正在挑战国内的主导性美学理论即实践美学，正在激发美学研究者对雾霾天气引发的审美现象作出理论回应。

本文尝试从生态美学角度对雾霾天气作出理论回应。我们将首先考察与雾、雾霾相关的审美现象，着重分析雾霾在什么意义上能够成为美学意义上的审美对象，然后分析与雾霾天气伴生的典型审美现象“APEC 蓝”所展示的“自然的人化”这个命题的理论谬误，最后从生态美学的角度论述“自然的自然化”这个新的理论命题，简单勾勒生生美学的要义，从而尝试勾勒出“雾霾天气美学”的大致轮廓。

一、雾霾天气成为审美现象的美学理论根据

天气是一种自然现象，而审美活动则是人类生活中常见的一种社会现象。尽管二者有着质的不同，但二者经常联系在一起，古今中外的文献中都有与天气相关的审美现象。最为我们熟知的例子应该是范仲淹的《岳阳楼记》，其中描写到天气与人的情感体验的关系。从“若夫霪雨霏霏，连月不开”到“把酒临风，其喜洋洋者矣”那段文字，描述了截然不同的两种天气——“霪雨阴风”与“春和景明”，以及与之对应的两种截然不同的情感体验——“感极而悲”与“其喜洋洋”。这就有力地表明，无论是阴雨天气还是晴好天气，都可以引发人们的情感体验而成为人们的审美对象。①

需要辨析的是“审美对象”（aesthetic object）这个术语，它不同于汉语美学中比较随意而含混的概念“美的对象”（beautiful object）——“美的对象”也就是各种美丽的事物，它们一定是“美的”；但是，美学理论中的“审美对象”则有丑、美之分，也就是说，有“丑的审美对象”。从日常语义上来看，“丑的审美对象”这种表述似乎是个自相矛盾的悖论，但汉语美学中的“审美”二字，决不能望文生义地理解为如同“审稿”、“审案”这样的动宾

① 一般美学理论很少使用“情感体验”这个术语，使用最普遍的术语是审美体验（aesthetic experience）。本文认为二者既有联系也有区别，将在适当的地方予以讨论。

词组“审—美”——对于美的观审[1]。这样的例子不胜枚举:《西游记》中的典型形象猪八戒形貌丑陋，但它一直是人们喜闻乐见的“审美对象”；罗丹的著名雕塑《老妓》(又译作《欧米哀尔》《丑之美》《美丽的老宫女》)所塑造的人物形态年老色衰、干瘪丑陋，但她依然是世界艺术宝库中的代表性审美对象。

雾是一种常见的自然天气现象，它在古今中外的文艺作品中同样常见。比如，南朝梁萧绎的《咏雾诗》、清代袁枚的《良乡雾》。西方著名文学家写浓雾的作品也很多，比如，狄更斯的《双城记》曾经用“恶灵”、“波涛”两个比喻来描绘浓雾，把雾刻画成了生动的艺术形象。那么，作为普通天气现象的雾，为什么可以成为审美现象？也就是说，从自然的天气现象到人类的审美现象，这中间到底发生了什么样的转化？笔者认为，这个问题的答案就是美学的“阿基米德点”，也可以称为美学的“内核”。对于这个问题，最经典的解释是布洛作出的。

英国美学家爱德华·布洛于1912年发表了一篇影响深远的长文，题目是《作为艺术要素与审美原理的“心理距离”》。文章的主旨是论证那种能够产生“审美特性”(aesthetic qualities)的距离——布洛运用斜体特别强调了“审美的”这个修饰语，表明事物有各种各样的“特性”，他着重研究的则是在“心理距离”中产生的“审美的特性”。这就是说，审美距离是审美特性得以呈现的前提条件。为了解释心理距离的性质与作用，布洛以海上浓雾为例来展开论述。

对于在大海上航行的人来说，海雾往往是焦虑和烦恼的根源，因为浓雾会延误航程、导致危险。但是，布洛指出，“海雾也可能成为强烈风味和乐趣的来源”，关键在于人们用什么样的心情、通过什么样的方式来看待浓雾。根据布洛的描述，这种奇妙的转换过程包括如下三个步骤：1. 暂时从海雾体验(比如它的危险和实际讨厌)中超脱出来(abstract from)；2. 将注意力指向(direct the attention to)“客观地”构成海雾这种现象的各种特征——海雾如同面纱那样环绕四周，像牛奶那样既透明又不透明性，模糊了各种

① 拙文《论生态审美的四个要点》(《天津社会科学》2013年第5期)对此进行了详细讨论，此处不赘。

事物的轮廓并将它们扭曲得奇形怪状；3. 观察、注意浓雾笼罩的天空与海水，从中体验各种奇妙的感觉。布洛特别指出，这种转换通常是突然发生的，"就像一束亮光闪过，照亮了那些或许最普通、最常见事物的景象——这种印象是我们有时在某些极端瞬间所体验到的；当此之时，我们的实际关切（practical interest）像电线突然由于电压过高而断开，我们就如同一个极其冷淡的旁观者那样，观察某种即将临头的大灾难的极点。"①

布洛所概括的三个步骤其实就是对于审美体验发生过程（也就是审美活动）的描述，我们可以从中概括出审美体验的构成要素及其基本模式：

人（审美关切→审美注意→审美感知能力）+ 事物（感性特征）→审美体验

根据上述模式可知，世界上任何具有感性形态的事物都有可能成为人们的审美对象，促使这种"可能性"转换为"现实性"的则是人们的"心理转换"：从实际关切转向审美关切，从计划中的事务转向当下事物，从而使得当下事物的"感性特征"在人的审美关切中呈现出来而成为"审美特性"，人们也同时从事物的审美特性之中获得了审美体验——而此时的寻常事物也就成了美学意义上的"审美对象"。

雾霾不是通常意义上的雾，但是，从一般视觉感知上来说，雾霾与普通的雾并没有显著差异，以至于雾霾最初出现的时候，人们误以为那就是通常的烟雾；直到后来随着研究的日趋深入才发现，雾霾的成因、成分、危害程度等都与一般烟雾不可同日而语。根据我们上面所分析的审美心理学原理可知，雾霾与任何具有感性形态的事物一样，也可以在人们的审美关切中呈现出来，从而形成一种非同寻常的审美现象。

文艺作品通常是表达审美关切的典型媒介，雾霾肆虐期间我国出现了不少与之相关的文艺作品，其中，最为著名的例子是《沁园春·霾》。2013年3月4日下午，中共中央总书记、中央军委主席习近平到驻地看望了出席

① Dabney Townsend. *Aesthetics*: *Classic Readings from Western Tradition*. 北京大学出版社 2002年版，第241—242页。该文的汉译可以参看章安琪编订《缪灵珠美学译文集》（第四卷），中国人民大学出版社，第374页。笔者的翻译与缪先生的翻译有着明显差异。

全国政协十二届一次会议的科协、科技界委员，并参加他们的联组讨论。中科院院士、政协委员姚檀栋当着习总书记的面，背诵了几句被大家调侃的《沁园春·霾》，全词如下：

> 北京风光，千里朦胧，万里尘飘。望四环内外，浓雾莽莽，鸟巢上下，阴霾滔滔！车舞长蛇，烟锁跑道，欲上六环把车飙，需晴日，将车身内外，尽心洗扫。空气如此糟糕，引无数美女戴口罩，惜一罩掩面，白了化妆！唯露双眼，难判风骚。一代天骄，央视裤衩，只见后座不见腰。尘入肺，有不要命者，还做早操。①

这首戏仿毛泽东《沁园春·雪》的“打油词”迅速传遍大江南北，“戏仿”之作为数不少，比如出现了郑州版、武汉版的《沁园春·霾》等。这些作品之所以被称为“戏仿”，是因为很难说它们的艺术水平有多么高，很难说它们就是严格意义上的“文学作品”。但是，我们必须客观地承认如下事实：用词的形式描绘日常生活中的雾霾天气，这无疑表达了人们对于雾霾的某种程度的“审美关切”——词中的雾霾不再是一种日常天气现象，而在某种程度上构成了一种“审美对象”。简言之，采用诗词的形式来记录、描绘雾霾天气，无疑是我国新兴的一种审美现象。

如果说上面所引用的“打油词”尚不是严格意义上的文艺作品的话，那么，下面的一篇回忆性作品无疑是一篇比较优秀的报告文学。2014 年 10 月 12 日，凤凰网的“凤凰博报”发表了一篇文章，题目是《“它杀死了我的父亲”——那场夺走 12000 条生命的雾霾》。该文由英国露丝玛丽等人口述，由邓璟整理撰稿，比较详尽地描述了 1952 年 12 月 5 日的伦敦雾霾及其恶果。露丝玛丽是一个学生，她父亲是伦敦公共汽车场的一名管理员，1952 年 12 月 6 日那天，包括露丝玛丽的父亲在内，大约有 500 个伦敦人死于雾霾，还有无数人正步行赶往市内各大医院。文章的最后一部分写得非常生动，可以视为出色的“雾霾报告文学”，我们不妨摘录如下：

---

① 网址为 http：//baike.so.com/doc/5332596.html，2014 年 11 月 25 日访问。

死于这场雾霾的人，有一个共同特征：他们的唇部是蓝色的——严重雾霾让他们的心肺加速衰竭，悬浮颗粒和二氧化硫等酸性污染物导致大量炎症，这带来致命一击。实际上，他们死于窒息。

起初，没人知道这场雾霾会夺走如此多的生命，因为很多人死在家中和医院，而不是街头。

不过，有大量人员死亡的迹象开始出现：伦敦的棺材和鲜花被抢购一空。

直至五天后的12月9日，一场毫无征兆、突如其来的冷风，吹走了雾霾，这场灾难才算按下暂停键。

克里布做了60年殡葬生意，他说自己一生只有两次中止生意。

一次是1952年这场雾霾，12月5日到9日，短短几天，超过4000个伦敦人直接死于这场雾霾，而根据60年后的最新研究和统计，这场雾霾的死难者，不是4000人，而是至少12000人；另一次是第二次世界大战期间，1940年9月到1941年5月，纳粹德国对英国发动闪电战，空袭伦敦共造成超过30000人死亡。

成千上万伦敦人的生命，换来了四年后，1956年英国议会出台《清洁空气法》，最为重要的举措是：告别工业化时代的粗放与无序，开始严控严管煤炭等能源的使用，从根源上减少雾霾的产生。

人们常说，要以史为鉴。而现实表明，人类会不止一次跨入灾难的同一条河流。①

如果我们同意上面这段文字是“雾霾报告文学”的话，那么，就无法不承认如下事实：雾霾可以成为审美现象。尤其需要指出的是，这篇文章最后附了一组1952年伦敦“杀人之雾”的灾难照片，其标题分别是“1952年伦敦致命大雾期间，英格兰银行门口，警察在指挥交通”“伦敦街头，警察点燃火把照明，指挥交通”“伦敦街头，给公交车指路的引导员”“伦敦1952年遭遇雾霾时，从威斯敏斯特主教座堂向外看的情景”，等等。这些六十多年前拍摄的老照片，由于时代的久远而与现实生活拉开了一定的距

① 网址为http：//blog.ifeng.com/article/34207700.html，2014年12月1日访问。

离，也就是布洛所说的“心理距离”；照片中的景象，包括雾霾、雾霾笼罩下的建筑、行人等等，都因为“心理距离”的“转换”功能而成为今天的“审美对象”。人们在审美地欣赏这些老照片时，所获得的情感体验是悲痛、怜悯、哀伤等“否定性”情感——否定性情感所否定的是审美对象的原型，也就是当时残害上万人生命的毒霾。①

二、作为审美现象的“APEC蓝”

上述论证表明，我们当前经常遭遇的雾霾天气也可以成为审美对象，但在现实生活中，由于人们基本上都已经认识到雾霾的严重危害，避之唯恐不及，很难带着审美态度来对雾霾进行欣赏，所以，很难从心理上将雾霾与审美现象联系起来。

然而，颇具辩证意味的是，正因为人们普遍厌恶、憎恨雾霾天气，对于蓝天的渴望喜爱与欣赏才空前增强；饱受“霾伏”之苦的人们，比以往任何时候都更加渴望蓝天。所以，每当霾过天晴的时候，拍摄蓝天的照片就会大量涌现：蓝天已经成为我国人民最珍惜的审美对象。这集中体现为一个新的词语“APEC蓝”，该词的网络释义如下：

> 在2014年北京APEC会议期间，京津冀实施道路限行和污染企业停工等措施，来保证空气质量达到良好水平。2014年11月3日上午8点，北京市城六区PM2.5浓度为每立方米37微克，接近一级优水平。网友形容此时天空的蓝色为“APEC蓝”。APEC蓝的基本性质为（2014年11月12日9：00北京水立方附近天空）三基色为R=50，G=100，

① 一般来说，情感包括喜欢、愤怒、悲伤、恐惧、爱慕、厌恶等。我们可以将之划分为正面的、肯定性情感与负面的、否定性的情感两类，前者如喜欢、爱慕，后者如愤怒、悲伤、厌恶；前者是对于情感对象的肯定，后者是对于情感对象的否定。根据这一理论逻辑，我们可以划分出两类审美价值：一类是肯定性情感体验及其对象所包含的价值，可以称为“肯定性审美价值”；另外一类是否定性情感体验及其对象所包含的价值，可以称为“否定性审美价值”。现实中的雾霾是令人厌恶、令人愤怒的对象，是应该被否定的对象；作为审美对象的雾霾所具有的，正是“否定性审美价值”。这种划分更有利于我们解释雾霾天气所引发的审美现象。

B=180。

APEC 蓝，也是 2014 年新的网络词汇，形容 2014 年 APEC 会议期间北京蓝蓝的天空，引申义为形容事物短暂易逝，不真实的美好。当然 APEC 蓝也是中国梦的一个重要组成部分。①

APEC 是"亚太经济合作组织"（Asia-Pacific Economic Cooperation）英文的第一个字母的缩写，2014 年的 APEC 峰会于 2014 年 11 月 10 日至 11 日在北京召开。"APEC 蓝"不仅仅是一般网络词语，而是我国最高领导人的用语。2014 年 11 月 10 日，国家主席习近平和夫人彭丽媛，在北京为出席亚太经合组织第二十二次领导人非正式会议的各经济体领导人及配偶举行欢迎晚宴。习近平主席在晚宴前致辞中明确讲到："我希望并相信通过不懈的努力，APEC 蓝能够保持下去"，希望北京乃至全中国都能够蓝天常在，青山常在，绿水常在，让孩子们都生活在良好的生态环境之中。②

我们这里关心的是 APEC 蓝出现的原因：它到底在自然现象，还是人工现象？因为这个问题涉及 APEC 蓝这种审美现象的哲学根据。新华网 2014 年 11 月 13 日发表了一篇文章，题为《"APEC 蓝"能留下吗?》，首先引用北京市环保监测中心主任张大伟对于 APEC 蓝成因的解释："老百姓说，过去要赶走雾霾，就得靠大风吹。但这次风没来，依靠北京、河北等五省一市大范围的提前、紧急减排，同样留住了蓝天。"③ 这句话形象地表明：APEC 蓝不是一般的"自然现象"，某种程度上已经是一种"人工现象"，用哲学的术语来表达就是"自然的人化"。

国内以李泽厚为代表的"实践美学"在解释"美的基础"（或"美与审美的秘密"）时，依据的主要理论根据是一个著名的命题："自然的人化"；"自然人化"甚至成为李泽厚参与主编的《美学百科全书》的一个词条，足见其影响范围之广泛。这个条目指出，"自然人化"的"要义"是：

① 网址为 http://baike.baidu.com/view/15232973.htm? fr=aladdin，2014 年 12 月 1 日访问。

② 网址为 http://baike.so.com/doc/7519682.html，2014 年 11 月 25 日访问。

③ 网址为 http://news.xinhuanet.com/yuqing/2014-11/13/c_127206824.htm，2014 年 12 月 1 日访问。这篇文章还详尽地介绍了"留住蓝天"的具体措施，表明这种天气在很大程度上是一种人工现象。

> 人类通过漫长历史的社会生产实践，从根本上改变了人与自然的关系，自然为人所控制、征服、改造、利用，人的目的在自然中得到实现。①

这个词条还总结提出，“自然人化”思想“确乎从最深层次上揭示了美和审美的秘密”②，足见这个概念对于美学（特别是实践美学）来说具有无可比拟的重要性。

其实，从美学史上来看，较早论述“自然人化”思想的是17世纪英国哲学家约翰·洛克（John Locke）。洛克在1690年出版的《二论政府》中指出，没有被文化影响的、没有被人化的自然，不如“被文化影响的、被人化的自然更有价值”；“完全遗弃给自然的土地，没有被放牧、耕作或种植改良过的土地，被称为荒地（它的确就是这样）；我们从中发现的益处几乎等于零。”③但是，这种观念随后就发生了改变，19世纪以来主要在美国兴起的荒野保护运动与荒野审美思想，就在很大程度上走向了洛克思想的反面。特别是伴随着全球范围内环境运动（environment movement）而兴起的环境美学，更是旗帜鲜明地提出了“自然全美”（或“自然全好”）这个理论命题。该命题首先由加拿大美学家艾伦·卡尔森在1984年发表的论文《自然与肯定美学》中提出，后来收入作者的代表作《美学与环境》，成为该书的第六章。卡尔森开门见山地写道：

> 本章将考察如下一种观念：所有自然世界都是美的。根据这种观念，自然环境只要未经人类改变，它就主要具有肯定性审美特性(positive aesthetic properties)，比如，它是优雅的、精美的、强烈的、统一的和有序的，而不是乏味的、呆滞的、无趣的、凌乱的和无序的。简言之，所有处于原始状态的自然根本上、审美上是好的。对于自然世界的恰当或正确的审美欣赏基本上是肯定的（positive），各种否定的

---

① 李泽厚、汝信（名誉主编）：《美学百科全书》，社会科学文献出版社1990年版，第714页。
② 李泽厚、汝信（名誉主编）：《美学百科全书》，社会科学文献出版社1990年版，第71页。
③ John Locke，*Second Treatise of Government* [1960]，Section 42. Hackett Publishing Company，Inc.，1980，p.26.

审美判断（negative aesthetic judgments）很少或没有位置。①

要准确理解这段话，关键是要准确把握 positive 这个英文词语：它的意思是“肯定的”“正面的”“积极的”，其反义词 negative 的意思则分别对应“否定的”“负面的”“消极的”。全文的核心意思是：凡是没有被人类触及过、被改造过、被污染过的自然环境，即卡尔森所言的“处于原始状态的自然”“根本上、审美上是好的”。因此，这句话也可以简单地概括为“自然全好”，也就是说，只能对它进行“肯定性审美判断”。卡尔森这篇文章把这句话重复了好几次，所以，他的美学理论可以用“自然全好”来概括。②

这种美学观念的本义不易领会，初看起来有些让人难以理解和接受，国内不少学者对此疑虑重重，我们不妨进行更多的解释。卡尔森在论述环境美学的时候，经常对比艺术欣赏与自然欣赏的异同，所以，我们不妨来对比一下与自然审美判断不同的艺术审美判断。人类创造的艺术品数不胜数，优秀的艺术杰作固然不胜枚举，但客观地说，质量低下的作品数量则更多，比如，我们可以说唐诗宋词达到了中国古典诗词的高峰，但翻阅《全唐诗》《全宋词》会发现，缺乏艺术价值的作品比比皆是；对于那些优秀的艺术品，我们的审美判断当然是“肯定的审美判断”，比如说，“《红楼梦》实在太伟大了”，但是，对于那些粗制滥造的艺术品，我们的评价和判断则是“否定的”。比如说，我们可以作出如下审美判断：“我国每年产生的长篇小说多达千部，但大部分作品艺术水平很低。”这表明，我们在评价艺术品的时候可以作出“否定的审美判断”；但是，卡尔森坚持，对于自然世界，我们只有在作出“肯定的审美判断”时，我们的审美欣赏才是“恰当的或正确的”；作出“否定的审美判断”则是不当的或错误的——“各种否定的审美判断很

---

① Carlson, Allen. *Aesthetics and the Environment: The Appreciation of Nature, Art and Architecture*, London; New York: Routledge, 2000, p.73. “所有处于原始状态的自然根本上、审美上是好的”这句话的原文是：All virgin nature is essentially aesthetically good。本文多次重复这句话，足见这句话乃本文之思想主题。

② 国内学者较早介绍卡尔森这一美学理论的首推彭锋，参见其《“自然全美”及其科学证明——评卡尔松的“肯定美学”》，《陕西师范大学学报》（哲学社会科学版）2001 年第 4 期。本文认为，将卡尔森的这一理论观点概括为“自然全好”更加符合卡尔森的本意，并且更利于我们从生态美学的角度阐发这个命题。

少或没有位置”——这就是“自然全好”这个美学命题的真正含义。

简言之，如果说实践美学所认定的“美和审美的秘密”在于“自然的人化”的话，那么，当代环境美学、特别生态美学[①]所认定的“美和审美的秘密”就是“自然的人化”的对立面——“自然的自然化”。笔者在此郑重提出：“自然的自然化”是生态美学的核心命题。

三、“文弊”与“自然的自然化”命题

APEC蓝的出现表明了至少有两种意义上的“自然的人化”：第一，本来洁净、碧蓝的天空被人类排放的各种污染物污染，导致严重的雾霾天气，这是一种“从自然到人为”的人化过程；第二，通过各种人工措施，艰难地将雾霾天气这种高度人化的天气尽可能地恢复到正常天气的自然状态，这是一种“复得返自然”的人化。所以，从逻辑思维的角度来看，APEC蓝这种审美现象把我们带到了一个悖论面前：“自然的自然化”——天气本来就是自然现象，但是由于过度人化而威胁着人类的健康生存，所以，必须通过人为的方式将之重新自然化。这一简单的事实告诉我们，在今天这个雾霾天气频发的环境危机时代，“自然的人化”不但不是什么“美的基础”，而是“丑的根源”——真正的“美的根源”在于“自然的自然化”：“复得返自然”[②]。

客观地说，APEC蓝出现时，空气的质量也只不过是“良好水平”——这无疑是个比较级，对比的是雾霾笼罩时的空气质量。如果我们放宽一下时间尺度，把对比的参照改换成工业革命发生以前的“前现代”时期，比如说上面所提到的洛克的时代，那么，我们无疑会有充分的理由相信：那时候的空气质量绝不是“良好水平”，那时的天空比APEC蓝要蓝很多。因而，问题的要害就在于：前现代时期尽管也有数不胜数的文艺作品描绘到蓝天，如王勃《滕王阁序》中的名句“落霞与孤鹜齐飞，秋水共长天一色”；

---

① 关于环境美学与生态美学的关系，参见拙文《论环境美学与生态美学的联系与区别》，《学术研究》2013年第1期。

② 陶渊明《归园田居・其一》写道“久在樊笼里，复得返自然”。陶诗中的“自然”主要是指人的本真的自然状态，不同于现代自然科学意义上的“自然界”。我们这里借用来指自然天气本来的自然状态。

但是，在不同的历史语境之中，蓝天作为审美对象所激发的情感体验则有本质差别：当今的蓝天体验是以雾霾为参照的，是以环境危机意识作为思想背景的，简言之，是一种带着对生态危机进行反思与批判的“生态审美”；而前现代的蓝天体验则是一种一般意义上的自然审美，而不是笔者一直倡导的“生态审美”①。换言之，“生态审美”之所以必要，“自然全好”这个命题之所以成立，关键原因在于当下严峻的环境污染和环境危机。

从文化哲学的角度来思考环境污染问题，我们应该将这种负面的“人化”现象称为“文弊”。文化是一个总体概念，它无疑把哲学作为自己的一部分而包括在内。然而，当文化发展到一定阶段之后，我们却有必要从哲学高度对文化进行反思和批判——反思文化的创造原理，批判已有文化成果的利弊得失。这就是文化哲学的基本内容。在笔者看来，“文化”是一个与“自然”相对的概念：凡是由人类创造的、超越自然的东西都是文化产品，它包括器物、制度和精神三个层面。与此同时，我们还要看到，人类的所有文化创造都是以自然为基础的，都必须从自然中获取能量和资源；所谓的“自然的人化”，无非就是将自然改造为符合人类需要的形态。因此，人类的文化创造过程，的确就是“自然的人化”的过程。彻底否定“自然的人化”，就无异于完全否定了人类文化创造。因此，“自然的人化”这个命题无疑有着极大的合理性。

但是，纵观人类文化史、特别是20世纪的文化历程会发现，文化生产往往会走向自己的反面，导致一种奇异的“文化悖论”。这里特别值得辨析的是经常与文化混淆的另外一个概念“文明”。笔者一直认为，人类超越动物而成为人，关键在于人类有着超越动物本能的价值观——动物只按照本能活动，而人类的所有活动都是在特定价值观的制约、指导或引导下进行的；也就是说，动物只就其本能的“本然”讲“实然”，人之所以为人是因为人“应该”讲“应然”。因此，笔者一般将符合特定价值观的文化产品称为“文明”，而将不符合特定价值观的文化产品称为“文弊”②；笔者所谓的“文化

① 自然审美与生态审美有着一定的联系，但二者的差异是根本性的。下文将适当解释这一点。

② 关于“文弊”的详细讨论，参见拙著《生生美学论集——从文艺美学到生态美学》“自序：生生美学的十年进程”，人民出版社2012年版，第5—7页。

悖论”就是指文明与文弊在文化整体之中的既并存、又相悖的奇异现象。这种文化哲学思路可以简化为如下一个理论模型：

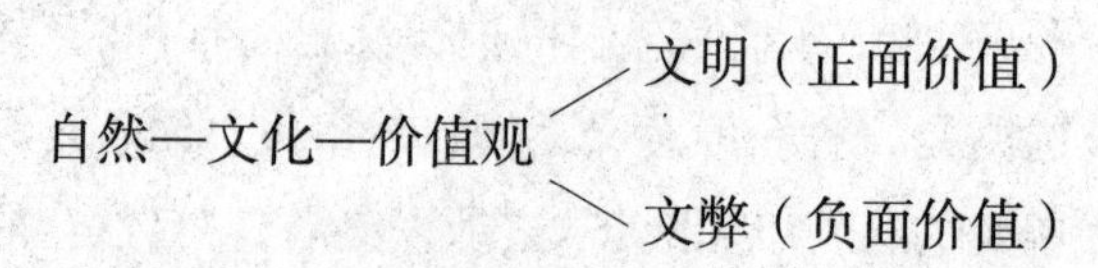

根据这个理论模型，我们很容易就会发现，环境污染是当今之世最大的“文弊”。我们之所以强调“当今之世”这个限定词，是为了突出人们判断“文明”与“文弊”的标准是随着时代的发展变化而不断变化的。比如说，当新中国初期刚刚开始进行现代化建设时，车间里轰鸣的机器声往往被赞颂为美妙的音乐与歌曲，高烟囱上翻滚的浓烟甚至被赞颂为美丽的黑牡丹，简言之，这些都是现代化与“文明”的象征。但是，随着环境危机的日益严峻，我们一般人都会将轰鸣的机器声视为噪音污染，将烟囱冒出的浓烟称为空气污染，简言之，不再将它们视为“文明”，而是视为“文弊”——因为今天的价值观不再是现代工业文明的价值观，而是生态文明时代的生态价值观。

正是因为人类的价值观已经演化为生态价值观，我们才发现“自然的人化”这个命题并不总是正确的，因为它只强调对自然进行“人化”，但是忽视了三个重要问题：1. 为何人化？ 2. 如何人化？ 3. 人化的限度是什么？从生态价值观的角度来回答这三个问题，对于这三个问题的回答分别是：1. 人化的目的是为了创造生态文明；2. 人化自然的原理从哲学层面上讲就是“赞天地之化育”①，从科学与技术的层面讲就是遵照恢复生态学（Restoration Ecology）原理，这主要适用于那些已经被人类损毁的自然界；3. 人化的限度是自然的可承受② 能力。因此，在生态文明时代，我们必须从生态价值观的角度反思和批判传统的“自然的人化”命题，从生态伦理学与恢复生态学的角度倡导与之相反的“自然的自然化”，也就是倡导党的十八大报告所说

---

① 《中庸》曰：“能尽物之性，则可以赞天地之化育；可以赞天地之化育，则可以与天地参矣。”

② 我们通常说的“可持续性”的英文是 sustainability，其词根 sustain 的意思是“维持”“支撑”“忍受”等。因此，该词也可以翻译为“可承受性”，用来表明自然生态系统对于人类文化的“承受能力”绝不是无限的。换言之，自然的承受能力为人类文化发展规定了限度——人类文化不可能无度、无限发展。

的“尊重自然、顺应自然、保护自然”——人类作为文明的创造主体，从伦理态度上应该尊重自然，从生产方式和生活方式上应该顺应自然，从行为方式上应该保护自然。

“审美”（而不是“美”）是美学理论的内核，因此，“生态审美”就是生态美学的内核与研究对象。从思想主题的角度来说，生态美学就是对于人类文弊的美学反思，就是对于“自然的自然化”这个理论命题的弘扬。正是因为文弊的大量存在并日益严峻，我们才从生态价值观的高度倡导“自然全好”（亦即“自然全美”）这样的美学命题——没有受到人类改造、污染、处于原初状态的自然，比如纯粹的“蓝天”“绿地”“清水”，从审美上来看都具有肯定性审美价值，都是“美的”“好的”——因为这些自然事物最纯粹、最彻底地摆脱了文弊。

中国当代自然美学基于“自然的人化”观念，认为自然事物“美不自美，因人而彰”①。笔者的生态美学与此完全不同。笔者认为，自然事物自身就是美的、好的——“美者自美”；人作为自然事物的欣赏者而不是改造者（更不是占有者、掠夺者），其作用主要在于展示自然本来就具有的魅力，让自然事物自身如其本然地显现出来——“因人而显”；生态文明时代的审美必然（也必须）是“生态审美”，研究生态审美的美学，应该是一种以“生生”之宇宙力量作为本体论、以“生生之德”作为价值观的美学，也就是“生生美学”②。只有这样，人类文明才可能避免灭绝而得以生生不息。我国所倡导的“美丽中国”建设有着明确的审美目标（或标准）——“天蓝、地绿、水净”，这正是生态美学所应该努力的方向。简言之，倡导“自然的自然化”命题的生态美学（也就是笔者倡导的生生美学），其理论要义可以概

① 柳宗元《邕州柳中丞作马退山茅草亭记》写道：“夫美不自美，因人而彰。兰亭也，不遭右军，则清湍修竹，芜没于空山矣。”叶朗先生对此极为赞赏，认为“美不自美，因人而彰”八个字“胜过一大本书”，“是一个涉及审美活动的本质的极其重要的命题”。参见叶朗《胸中之竹——走向现代之中国美学》，安徽教育出版社1998年版，第84、101页。

② 参见拙著《生生美学论集——从文艺美学到生态美学》，人民出版社2012年版。“生生”是一种理念，借用中国古代“理一分殊”命题可知，这一理念可以作为本体论与价值观而被运用到不同的美学领域，比如艺术美学、环境美学、生态美学、身体美学与日常生活美学等。笔者的生态美学研究就是基于“生生”理念之上的，所以，也可称为“生生美学”。

括为如下四句话：美者自美，因人而显；生态审美，生生不息。

结 语

在漫长的自然史和悠久的人类文明史上，天气本来一直是一种自然现象；但是，随着人类对于自然的无度、过度地“控制、征服、改造、利用”，自然现象的天气变成了雾霾这种高度“人化”的天气；而要想重新回到自然天气状态，又需要人类付出更多、更艰难的努力来“人化”。坚持“自然人化”观的实践美学提出，通过“自然人化”，“人的目的在自然中得到实现”。面对日益严重的雾霾天气这种高度的“自然人化”现象，我们不禁要问：什么样的“人”的目的得到了实现？人的什么样的“目的”得到了实现？答案很可能只有一种：通过掠夺自然资源而暴富的少数人的目的得到了实现，被实现的目的是攫取丰裕的物质财富。

但是，非常具有讽刺意味的冷酷现实却是：无论是什么人，无论拥有多少财富，只要身处天地之间，就无法从根本上逃避雾霾天气的伤害——呼吸一口洁净的空气，欣赏一下洁净的蓝天，饮用一口无毒无害的清水，竟然成了当前现实生活中的极大奢望，这不是对于“人类文弊”的最大嘲讽和严厉批判吗?！我们从美学理论、特别是生态美学的角度思考雾霾天气，正是出于对人类“文明悖论”的高度关切。这种美学思考将激发我们高度关注人类文明的发展方向——生态文明，从生态审美的角度推进我们的生态文明建设。

（原载于《中州学刊》2015 年第 1 期）

中国生态美学发展方向展望

程相占

尽管生态美学首先是由西方学者提出来的，但就目前国际学术界的实际情况而言，生态美学的学术成果主要出现在中国。除了数量颇多的论文、论文集之外，系统性的生态美学著作在中国至少已经出版了如下几部：徐恒醇的《生态美学》(2000 年)，曾繁仁的《生态美学导论》(2010 年)，程相占与三位美国学者合著的《生态美学与生态评估及规划》(2013 年）等。而西方的同题著作至今只有一部论文集《生态美学——环境设计艺术的理论与实践》(2004 年)。

造成这种学术局面的主要原因有如下三方面。

第一，西方的环境美学发展成熟较早，西方学者一般将环境美学与生态美学等同为一回事，顶多在环境美学的理论框架中提出生态美学，也就是将生态美学视为“生态的环境美学”。西方环境美学的代表性著作主要是四部：芬兰学者约·瑟帕玛的《环境之美》(1986 年)，美国学者阿诺德·伯林特的《环境美学》(1992 年）与《生活中景观中——走向环境美学》(1997 年)，加拿大艾伦·卡尔森的《美学与环境——对自然、艺术与建筑的欣赏》(2000 年)。这四部系统性的专著表明，西方环境美学在 20 世纪末期已经基本成型或成熟。这些著作在 21 世纪的最初几年都被译介到中国，成为中国生态美学的重要理论来源和参照。完全可以说，如果没有西方环境美学，就很难有今日的中国生态美学。究其深层原因会发现，环境美学的上述三位主要代表人物都有深刻的生态意识，他们的论著不时涉及生态问题，将相关内容抽取出来直接称为生态美学亦无不可。西方环境美学发展到 21 世纪时生态意识更加突出，罗尔斯顿、齐藤百合子等人的一些重要论文，尽管讨论问题的理论框架还是环境美学，但是，其生态审美意识较之西方生态美学的先驱者如利奥波德、考利科特等人更加明确而强烈。我们对此应该有着清醒的认识。

第二，2007年党的十七大报告提出建设生态文明以来，生态文明理念极大地促进了中国学者对于生态美学的关注。客观地说，20世纪六七十年代环保运动已经在西方世界广泛兴起，八十年代以后“可持续发展”概念逐步成为全世界的共识。正是在这种背景下，中国学者在20世纪90年代中期开始探索生态美学，笔者从2001年参加全国首届生态美学研讨会开始了相关研究。但是，中国于2007年率先提出“生态文明”这一全新的发展理念，意味着从国家层面确认了生态美学的合法性，其逻辑推演并不复杂：文明是包括器物、制度和精神三个层面的综合体，审美活动及其理论化的学科——美学无疑是精神文明重要组成部分，生态文明毫无疑问应该包括生态美学。这就在某种程度上打消了人们对于生态美学合法性的疑虑，越来越多的学者被吸引到生态美学研究领域中来。

第三，生态美学是对全球性生态危机的美学回应，其中所包含的对于导致生态危机的思想根源——现代性的批判，无形中引导着一些学者的思路向前现代思想回归；中国传统哲学中的“道法自然”等前现代思想很容易引发强烈的生态共鸣，成为中国生态美学构建的丰富资源——而这样的哲学思想资源在西方是相对稀缺的。

如果我们的上述分析是可靠的，那么，中国生态美学的未来发展策略与方向就是对于上述三方面的分别回应：第一，更充分借鉴并吸收西方环境美学的理论成果；第二，更自觉地以生态文明理念为指导；第三，更理性地实现中国传统思想资源的生态转化。

第一，更充分借鉴并吸收西方环境美学的理论成果。

西方环境美学半个世纪的学术历程可以划分为如下三个发展阶段：产生期（1966—1982年）、成型期（1983—2000年）与深化拓展期（2001—2014年）。仅就笔者有限的接触而言，西方环境美学的专著（包括论文集）已经有23部之多。我国目前翻译过来的主要是20世纪后半期的4部著作，而21世纪以来的14部著作只有1部出版了中译本。著名环境美学家卡尔森为《斯坦福哲学百科全书》撰写的“环境美学”条目发表于2010年，条目后面所列的参考文献长达 10 页，其中包括大量的环境美学论文。这些数字清楚地表明，我们对于西方环境美学的了解还远远不够。

特别应该指出的是，西方环境美学在新世纪有了长足的发展，具体体现为：1. 自然美学进一步繁荣，对于自然的审美欣赏引起了更广泛的注意，一些艺术哲学著作甚至开始讨论自然审美问题，表明西方美学的主导性范式艺术哲学开始主动接纳环境美学；2. 在与自然美学进一步繁荣的同时，出现了两部以“自然环境美学”为题的著作，表明学术界更加清楚地认识到了“自然”与“自然环境”二者的联系与区别，更加突出了“环境美学”的关键词是“环境”而不是“自然”；3.“环境”概念进一步从“自然环境”延伸到“人建环境”，出现了专门探讨人建环境（特别是城市环境）的环境美学论著；4. 环境美学与环境伦理学的联盟进一步加强，国际上一些著名的环境伦理学家如罗尔斯顿开始关注环境美学问题，而环境美学家们也开始探讨环境保护论问题——两个领域的交叉与合作，共同促使环境美学的生态意蕴日益加强，孕育在环境美学母体中的生态美学已经出现；5. 由于“环境”概念向日常生活环境（场所或场景）的延伸，促使“日常生活美学”日益壮大；6. 由于环境美学研究队伍日益扩大，世界各民族的环境审美传统与环境文化受到了应有的重视，西方之外的其他文化传统如日本、中国以及其他原住民的环境美学资源，开始进入到环境美学领域。① 我们在构建生态美学的时候，无疑应该更加充分地借鉴与吸收相关成果。

第二，更自觉地以生态文明理念为指导。

要理解“生态文明”这个概念，无疑应该首先理解“文明”。“文明”（civilization）经常与“文化”（culture）这个术语混用，二者都是对于人的本能状态的超越。比如，著名美国人类学家 L.A. 怀特的名著《文化的科学》的副标题就是“人类与文明研究”。② 但如果要认真区分的话，二者的差异还是非常明显的：与“文明”相对的概念是“野蛮”，特指人类经过漫长的进化过程之后、超越荒蛮状态而进化为更高级的生存状态；与“文化”相对

---

① 拙文《西方环境美学在新世纪的深化与拓展》对此进行了详尽研究，该文拟发表于《学术论坛》2015 年第 1 期。

② ［美］L.A. 怀特：《文化的科学——人类与文明研究》，沈原等译，山东人民出版社 1988 年版。

的概念则是“自然”，指的是人类在自然的基础上所创造的一切产品的总和。借用休谟所作出的“事实 / 价值”二分法我们可以说，文明往往是一个表明“价值”的术语，而文化一般是个描述“事实”的术语。美国学者路威《文明与野蛮》有一段非常精彩的论述：

> 后世的人类学会了制作石刀，同时也学会了用刀子斩断手指来祭祀。枪械既能射杀动物也能射杀同胞。君主可以通过法律管理国家，也可以制定刑法惩治人们……文明与野蛮的结果便相互抵消……黑猩猩固然没有从祖宗那里得到什么如工具、服饰、建筑之类的遗产，但它们却不会因为什么采用巫术残害同胞的罪名而被正法。虽然没有当上万物之灵，但是它们却避免了充当最愚蠢的蠢物。①

从文化人类学的角度来说，人类创造的一切事物都是“文化产品”，包括工具、制度、观念等等；但是，文化产品不一定都是“文明成果”——有很多文化创造其实极其野蛮，是人类最愚蠢的行径导致的恶果。比如，自工业革命以来，人类的科学技术取得了极大的进步，二百多年中所创造的文化产品远远超过了人类历史上所有文化产品的总和。但是，也必须看到，过去二百多年也是人类不断犯下严重罪行的历史，不仅仅有两次世界大战这样的同类相残事件，而且由于人类贪欲不断膨胀导致了大量物种迅速灭绝。如果说德国纳粹二战期间大肆屠杀犹太人是“人种灭绝”暴行的话，那么，由人类活动所导致的其他物种的灭绝无疑是“物种灭绝”暴行，这些暴行无论如何都不能称为“文明”。

正是为了将人类从现代文明导致的环境危机中拯救出来，我们才必须大力倡导并切实推进生态文明建设。对于生态美学研究而言，生态文明理念的提出具有重大指导意义——它引领我们着力解决生态审美观问题。

生态审美观是指符合生态价值观的新型审美观。与其他各种人类观念一样，由于社会、历史、文化、习俗等原因，人类的审美观千差万别。比如，中国古代的一些历史时期盛行的“小脚崇拜”“三寸金莲”成了女性之

① ［美］路威：《文明与野蛮》，张庆博译，陕西人民出版社 2012 年版，第 236 页。

美的重要标准。在这种审美观的钳制下，千千万万的女性缠足去迎合社会的审美标准。随着审美观的时代演进人们发现，被某些历史时期中某些群体所津津乐道的所谓“三寸金莲”其实是一种畸形状态，不但不美观，而且很丑陋。这个例子表明，人们的审美观不是天生的，而是文化塑造的结果；不是亘古不变的，而是与时俱进的。

“三寸金莲”这种审美现象还表明：审美观有是非对错之分——人们的“审美行为”决不总是正面的、肯定的、积极的，错误的审美观难免导致错误的审美行为。在今天这个生态危机日益严峻的时代，衡量审美观与审美行为对错的标准非常明确，这就是是否有利于人类生存环境的健康。

从生态价值观的角度反思我们的审美观和审美行为会发现：人类社会中存在着大量的非生态审美现象。比如，在动物伦理（属于当代生态伦理的一部分）兴起之前，人们往往把貂皮大衣当作雍容华贵的服饰；但是，当一个女士目睹了水貂被活活剥掉毛皮的残忍过程之后，她从貂皮大衣上感受到的不再是雍容华贵，而是残忍和野蛮，从而可能改变自己对于服饰的审美偏好。再比如，为了所谓的“整齐”“美观”，人们以前常用水泥和石头将河岸、湖岸进行硬化；但随着生态知识和生态意识的普及，人们也逐渐认识到自然的河岸与湖岸更加具有审美价值。生态美学研究应该在生态文明理念的指导下，从理论上剖析传统审美观的各种弊端，分析生态意识和生态知识对于生态审美的重要性，探索实施生态审美教育的途径和方法，从而为生态文明建设作出应有的贡献。

第三，更理性地实现中国传统思想资源的生态转化。

随着生态研究的逐步展开，特别是随着中国文化复兴之梦想的日益深入人心，越来越多的中国学者注重从中国传统文化中发掘生态思想资源，生态美学研究也不例外。对此，我们必须保持冷静的头脑，认真思考如下问题。

1. 中国传统思想为什么容易与生态思想挂钩？在笔者看来，其根本原因在于中国传统社会是一个农耕社会，农业生产必须遵循自然节律——自然规律制约着人们的生产方式与生活方式；从农耕生活世界中提炼出来的价值观念，往往体现为敬畏自然、顺应自然、效法自然、歌颂自然。因此，当中国古代哲人思考文明与自然的关系这个“元问题”时，自然而然地提出了

“道法自然”等哲学命题。但是必须清楚地看到，中国哲学思想（特别是儒家思想）有一种明显的“美化自然”的现象，比如，“天地之大德曰生”“生生之谓易”等命题，一厢情愿地将天地（也就是自然）的特性概括为“生生之德”，有意无意地掩盖或忽略了自然的残酷性，诸如中国历代频繁发生的干旱、洪涝等自然灾害。道家相对冷静一些，提出了“天地不仁”这样的命题，看到了自然的“生杀”二重性。因此，如果我们在面对中国传统文化时，依然像古人那样不加反思地美化自然（就像中国山水诗或山水画的惯常倾向那样），甚至试图通过美化中国传统社会来批判当前的生态危机，那必然文不对题。简言之，只有深入思考中国传统思想与当代生态思想的内在关联，才能避免生搬硬套或牵强附会之弊病。

2. 中国传统生态思想如何实现国际化？或者更具体一点说，中国传统生态思想走向国际学术界的路径是什么？在全球化的整体语境中，世界各民族的文化都面临着国际化问题。由于历史传统悠久、文化成分多元、社会结构复杂，如何选择中国文化的国际化路径问题一直困扰着中国学术界。笔者奉行的学术信念是“全球共同问题，国际通行话语”——针对世界各民族共同关心的现实问题而作出理论回应，严格遵照国际学术规范和通用术语，决不轻易地制造内涵模糊的新概念。为此，借鉴挪威生态哲学家奈斯影响广泛的“生态智慧T”，笔者构建了“生态智慧C”来作为中国生态智慧实现国际化的路径。如下8个术语的第一个英文字母都是C：中国文化（Chinese culture）——中国学者的文化母体与文化背景，儒家思想（Confucianism）——中国传统文化的主体与象征，存有的连续性（Continuity of being）——中国美学的形而上与本体论前提，生生（Creating life）——由《周易》所表达的中国传统核心价值观，通物（Compassion）——庄子“知鱼之乐”的哲学根据与感知能力，程颢（Cheng Hao）——中国古代生态审美思想最系统的哲学家，共同体（Community）——利奥波德据以发展起生态良知的生态学关键词，文弊（Cultural evils）——笔者“生生美学”的关键词之一。[①] 因此，概括来说，“生态智慧C”就是以中国传统文化为母

---

① 笔者在最近发表的英文论文《审美交融、生态智慧C与生态欣赏》中对此进行了比较详尽的讨论。参见 Xiangzhan Cheng，“Aesthetic Engagement，Ecosophy C，and Ecological Appreciation，” *Contemporary Aesthetics* 11 (2013)。

体、以生生本体论与价值观为根基的生态审美智慧，其当代理论形态就是生生美学。

总而言之，所谓“中国生态美学”就是由中国学者在中国语境中构建的生态美学，它毫无疑问是国际生态美学的一部分。考虑到中国人口众多、学术队伍庞大等方面的优势，中国生态美学有可能在国际生态美学领域发挥比较重要的作用。但是，可能性仅仅是可能性。由于抽象思辨能力与逻辑论证能力不发达、外语写作能力薄弱、国际化视野不够开阔等方面的原因，中国生态美学在国际学术界的影响至今依然十分微弱。因此，中国生态美学任重而道远。

（原载于《求是学刊》2015年第1期）

环境美学的理论创新与美学的三重转向

程相占

环境美学所引发的美学转向是显而易见的：它将美学研究的对象和范围从艺术转向艺术以外的环境以及环境之中的各种事物。但是，研究对象和范围的转向只不过是美学转向的表层，在这种表层下面还隐含着深层的美学转向。概言之，由环境美学所引发的美学深层转向至少包括三重：生态转向、身体转向和空间转向。

本文将首先介绍环境美学的三个工作性定义，旨在粗略地勾勒出环境美学的基本轮廓；然后分析环境美学的理论创新之处，重点探讨环境美学所提出的环境审美欣赏与审美体验模式；在此基础上，本文尝试着归纳概括上述三重深层转向及其美学史意义。

一、环境美学的三种工作性定义

提及环境美学，笔者首先想到国际著名美学家阿诺德·伯林特的一个论断：环境美学“是一个学科，具有其自身的概念、自身的研究对象和问题；而更加重要的是，它有其自身的贡献”。[①] 在另外一个地方，伯林特再次重申：环境美学“具有其自身合法性的，具有自己独特的概念、问题和理论。”[②] 笔者

---

① Berleant，Arnold，*The Aesthetics of Environment*. Philadelphia：Temple University Press，1992，p.xii. 该书的中译本由张敏、周雨翻译，书名为《环境美学》，湖南科学技术出版社2006年版。

② Kelly，Michael，ed.，*Encyclopedia of Aesthetics*，New York：Oxford University Press，1998. Vol. 2，p.114.

觉得伯林特的论断是符合实际的。那么，什么是环境美学？我们按照时间顺序依次来看三位重要环境美学家的不同表述。

第一位是芬兰学者约·瑟帕玛，他于1986年出版的《环境之美：环境美学的普遍模式》一书提出："环境美学基本的出发点是将美学理解为'美的哲学'。环境之美是其研究对象，对于环境之美的各种批评也是其研究对象。"① 也就是说，环境美学是研究"环境美"的学科。

美国学者阿诺德·伯林特在1992年出版了其环境美学代表作《环境美学》，从该书"前言"的关键概念可知，他认为环境美学研究的核心问题是"对于环境的审美知觉体验"。② 在为牛津大学版《美学百科全书》撰写的"环境美学"条目中，伯林特对于环境美学进行了比较详尽的解释："在其最宽泛发意义上，环境美学意味着：作为整个环境综合体一部分的人类与环境的欣赏性交融——在这个环境综合体中，占据支配地位的是各种感觉性质与直接意义的内在体验……因此，环境美学成为对于环境体验的研究——研究其知觉维度与认知维度的直接而内在的价值。"③ 这段话的核心术语是"环境体验"，其关键是"人类与环境的欣赏性交融"。如果我们对于伯林特的美学理论有足够了解的话，就会发现这段话其实也反映了他的美学核心，也就是他自己概括的"交融美学"。④

有别于上述两位环境美学家，加拿大学者艾伦·卡尔森对于环境美学的解释则是："环境美学是20世纪下半叶出现的两到三个美学新领域之一，它致力于研究那些关于世界整体的审美欣赏的哲学问题；而且，这个世界不

---

① Sepanmaa，Yrjo，*The Beauty of Environment*：*A General Model for Environmental Aesthetics*，Painomeklari Ky，Scandiprint Oy，Helsinki，1986，p.17. 该书的中译本为武小西、张宜翻译，《环境之美》，湖南科学技术出版社2006年版。

② Berleant，Arnold，*The Aesthetics of Environment.* Philadelphia：Temple University Press，1992，p.xi，p.xiii.

③ Kelly，Michael，ed.，Encyclopedia of Aesthetics，New York：Oxford University Press，1998. Vol. 2，pp.116-117.

④ 要理解伯林特的环境美学，最好简便的方式是理解他自己的一段学术声明："伯林特的环境美学立场是将人视为一个积极的促成因素：他处于一种语境之中，这个语境不但包含着作为参与者的人，而且与参与者连续不断；人是知觉的中心，他/她不但是个体，而且是他/她所处的社会—文化群体的成员，是其生活世界的成员——他/她的各种视域由种种地理、文化因素塑造。"参见伯林特本人的学术网站：http：//www.autograff.com/berleant/pages/environ.html，2011年8月8日访问。

单单是由各种物体构成的，而且是由更大的环境单位构成的。因此，环境美学超越了艺术世界和我们对于艺术品欣赏的狭窄范围，扩展到对于各种环境的审美欣赏；这些环境不仅仅是自然环境，而且也包括受到人类影响与人类建构的各种环境。”① 简言之，卡尔森所认可的环境美学的研究对象就是“对于各种环境的审美欣赏”。

二、环境美学的独特概念、问题和理论创新

以上三个环境美学的工作性定义有着较大差异，原因在于“环境美学”这个术语既包括有“环境”，又包含有“美学”；不同的理论家既有其不同的“环境观”，又有其差别更为显著的“美学观”。也就是说，正是环境观与美学观的差异，导致了对于环境美学的不同理解。我们首先来看瑟帕玛。

在其代表作《环境之美》一书的开篇，瑟帕玛写道：“美学一直由三个传统主导着：美的哲学，艺术哲学和元批评。在现代美学中，艺术之外的各种现象从来没有得到认真、广泛地研究。笔者这本书的目标是系统地描绘环境美学这个领域的轮廓——它始于分析哲学的基础。笔者将‘环境’界定为‘物理环境’，其基本区分是处于自然状态的环境和被人类改造过的环境。”② 瑟帕玛所持的美学观就是他说的“三个传统”的合并，即美学 = 美的哲学 + 艺术哲学 + 元批评。后两者集中体现了分析美学对环境美学中的影响。③ 值得我们注意的是瑟帕玛对环境的详尽解释。他说：“环境（the environment）是环绕我们的东西（我们作为观察者处于它的中心），我们用我们的各种感官感知它，我们在它的范围内运动、获得我们的存在。这里的问题是感知者与外在世界的关系问题——即使没有感知者，外在世

① Gaut，Berys and Dominic McIver Lopes，eds.，*The Routledge Companion to Aesthetics*，London；Routledge，2001，p.423.

② Sepanmaa，Yrjo，*The Beauty of Environment：A General Model for Environmental Aesthetics*，Painomeklari Ky，Scandiprint Oy，Helsinki，1986. 作者下文紧接着又将“物理环境”表述为“physical environment”。

③ 关于环境美学与分析美学的关系，笔者的《环境美学对分析美学的承续与拓展》（发表于《文艺研究》2012 年第 3 期）一文对此进行了详尽论述。

界依然存在。”① 这是对于环境的最一般意义上的理解，极其接近我们的常识或哲学上的朴素实在论：客观存在的外部环境就是“环绕某物之境”，也就是说，环境总是相对于一个具体的中心而言的：谁是感知者，谁就是它的中心。这种环境观受到了伯林特的指名批评；此外，瑟帕玛在环境一词之前加了一个定冠词“the”，表明环境是“这个特定的环境”；而这一点更是伯林特所坚决反对的。在伯林特看来，添加一个定冠词，意味着“环境”是可以客观对象化的一个“客体”或“对象”——而这是对于环境的根本误解，所以伯林特用了很大精力来批判分析这个问题。

如果说瑟帕玛的美学观忽略了“美学之父”鲍姆嘉滕提出的“感性学”（笔者更愿意使用“审美学”这个术语，下文一律采用之）的话，那么，伯林特则非常着力于回到审美学的源头那里，并且，这种美学观反过来改造了瑟帕玛所论述的那种外部客观环境观，使得伯林特对于环境有独具一格的理解，从而成为当代环境美学的重大理论收获之一。

为了最便捷地了解伯林特的美学理论，我们不妨参考他的一段学术声明。他说：“感官的知觉（sense perception）位于‘审美学’（希腊语，aisthesis，意思是‘通过各种感官而得到的知觉’）这个词的词源的核心之处，而且，它是审美理论、审美体验及其各种实际应用的中心。伯林特在审美（the aesthetic）中发现了人类价值的本源、征兆和标准……伯林特的哲学思想源自对于体验的彻底解释——这种体验受到两种哲学的影响，一是实用主义那非奠基性的自然主义，二是存在主义现象学那不可分的直接性。无论是在艺术中还是在环境里，这引导着他强调活跃欣赏的交融（engagement）与连续性（continuity）。”②

这段话可谓言简意赅，表明了伯林特的美学观即“审美学”，指出了审美对于人类文化创造的根本意义，介绍了伯林特美学的两个哲学来源——实用主义与现象学，提出了伯林特美学理论的三个关键词：知觉，交融，连续性。而这三个关键词都是伯林特对于环境美学的独特贡献，某种程度上代表

---

① Sepanmaa，Yrjo，*The Beauty of Environment：A General Model for Environmental Aesthetics*，Painomeklari Ky，Scandiprint Oy，Helsinki，1986，pp.15-16.

② 这是伯林特本人对于其美学研究的总体说明，参见其本人的学术网页：http：//www.autograff.com/berleant/，2011 年 8 月 8 日访问。

着当今环境美学的理论高度。

环境一般是环境科学的研究对象，属于自然科学，而美学则是人文学科，二者有什么关系呢？对于环境美学持怀疑态度的人自然而然就会提出这样的疑问。在伯林特看来，环境与美学的关系非常密切：一定的环境观取决于一定的美学观，反过来，从审美的角度来反思环境，则会得出不同的环境观——二者互相生发乃至互相生成。伯林特从辨析各种不同的环境观入手。他认为，环境概念是非常成问题的，通常流行的多种环境概念，诸如自然环境（natural surroundings 或 natural setting）、物理环境（physical surroundings）、外部世界（external world）等等，都有其不足之处。伯林特特别反对将环境客观化、对象化。他甚至从英语语法的角度，强调不能在"环境"（environment，伯林特一般只使用这个词）一词前面使用英语定冠词 the，因为使用了这个定冠词，环境就成了固定的、具体的、如同一个客观对象的东西，这种意义上的环境"就成了独立存在体（实体），我们可以思考它、处理它，好像它外在于、独立于我们自己。"① 为了强化自己的这一观点，伯林特还特意进一步申述，被人类客观对象化的环境观，可以从某个侧面揭示人类掠夺环境的理由：环境只不过是人类可以利用的自然资源而已。伯林特还在这里引述了瑟帕玛的《环境之美》，含蓄地批评了瑟帕玛将环境理解为"观察者的外部世界"的观点。②

特别意味深长的是，伯林特从西方传统哲学的高度剖析了对象化环境观的思想根源，他称之为"心—身二元论最后的幸存者之一"。环境绝不是"我们可以从远处凝视的一个遥远的地方"，"因为不存在外部世界，没有外部；同时也没有一个内部的密室，我在那里能够躲避来自外部力量的伤害。知觉者（心灵）是被知觉者（身体）的一个方面，人与环境是连续的。"③ 我们知道，从柏拉图哲学开始直到基督教神学，西方思想一直相信人类有一个基本特征：人类的心灵或灵魂在身体死亡之后可以继续存活。这种信仰导致

① Berleant，Arnold，*The Aesthetics of Environment*，Philadelphia：Temple University Press，1992，pp.3-4.

② Berleant，Arnold，*The Aesthetics of Environment*，Philadelphia：Temple University Press，1992，p.191.

③ Berleant，Arnold，*The Aesthetics of Environment*，Philadelphia：Temple University Press，1992，p.4.

的理论难题是心灵与身体的二元论：身体有死而灵魂永恒。笛卡尔继承并发展了西方传统的心—身二元论，在其《第一哲学沉思》之六中他争辩道：我有一个明白而清晰的关于我自己的观念，一个思维着的非广延的事物；还有一个对于身体的明白而清晰的观念，它是一个广延的、非思维的事物，二者的特征正好相反。笛卡尔的结论是：心灵可以离开其外延的身体而存在。总之，心灵是不同于身体的实体，其本质是思维。① 此后，笛卡尔式的心—身二元论一直是西方哲学和思想争执不下的焦点问题之一，其中，梅洛—庞蒂的身体现象学比较成功地破除了这种二元论：身体既是感知的对象，又是进行感知的主体，没有能够脱离身体的心灵。伯林特从 1970 年出版第一部著作《审美场：审美经验现象学》② 开始，现象学，特别是梅洛—庞蒂的身体现象学就一直在他的美学研究中发挥着举足轻重的作用。简言之，现象学使得伯林特能够比较深入地反思批判西方哲学传统中的一系列的二元论，诸如自然与人为、内在自我与外在世界、尘世与神圣、自然与文化等，他本人则时时刻刻主张超越二元论而走向心身合一、人与环境合一的“一元论”。

从超越二元论的自觉意识出发，伯林特赞同美国超验主义思想家、中国传统山水画等思想资源中的自然观。他认为，这种自然观不仅使人与广阔的自然环境和谐，而且把人吸收到自然环境之中。这种意义上的环境，“就是人们以某种方式生活的自然过程，无论人们采用怎样的方式生存在它之中。环境就是被体验到的自然、人们生存其间的自然。”简言之，环境就是“由有机体、知觉和场所构成的、充盈着各种价值的、没有缝隙的统一体”。③ 对于这种与常识意义上的环境观差别巨大的环境观，伯林特甚至觉得很难用英语来表达它。他提出，英语中当然有丰富的相关词汇可以表示“环境”，诸如“setting”“circumstances”等，但它们都是二元论式的概念；其他一些词汇如“场域”（field）、“语境”（context，也有“环境”的意思）

---

① 参见 Garber，Daniel（1998，2003）. Descartes，René. In E. Craig（Ed.），*Routledge Encyclopedia of Philosophy*. London：Routledge. Retrieved July 31，2011，from http：//www.rep.routledge.com/article/DA026。

② Berleant，Arnold，*The Aesthetic Field：A Phenomenology of Aesthetic Experience*，Springfield，Ill.：C. C. Thomas，1970.

③ Berleant，Arnold，*The Aesthetics of Environment*，Philadelphia：Temple University Press，1992，p.10.

和“生活世界”（lifeworld）或许会好一点；但我们在思考它们时，仍然必须提高警惕，避免对象化、二元论的思维方式。总之，在理解环境、人与环境的关系时，必须警惕和避免西方文化的“形而上学偏见”。

那么，这种意义上的环境与审美又有什么关系？受梅洛—庞蒂知觉现象学的影响，伯林特的着眼点在于“知觉行为”（act of perception）。在他看来，被整合为一体的体验过程是被知觉的，它具有审美维度。“每一个事物，每一个场所，每一个事件，都是被一个知觉灵敏的身体（an aware body）体验到的——这个身体有着感知的直接性和直接的意义。在这种意义上可以说，每一个事物都具有审美因素。而对于一个与事物交融的参与者来说，审美要素总会出场。”① 从这里我们可以看到，梅洛—庞蒂对于身体知觉的论述完全被伯林特借鉴吸收了。因此，我们可以说，伯林特所理解的环境是一种高度审美化的环境。如果我们考虑到格式塔心理学对于梅洛—庞蒂知觉现象学的重大影响，考虑到伯林特的环境美学对于格式塔环境心理学的吸收，② 我们甚至可以把伯林特心目中的环境称为“环境格式塔”——既不是客观的、外在的物理环境，也不是主观的、内在的意识世界，而是以身体知觉为中介的、物理环境和意识世界两方面因素的创造性整合。

总之，对于审美因素的考虑扩大了伯林特的环境观，使之超越了瑟帕玛的客观的“物理环境”而成为“环境格式塔”；与此方向相反，环境新观念则又反过来改造了我们对于美学的理解。环境美学所研究的对象再也不是“环境美学之父”赫伯恩所说的“自然美”，而是环境中存在的无论美丑、无论大小的事物，用伯林特的话来说，就是“环境的知觉特征”；环境美学从此不再是“自然美学”（二者的联系与其别也值得探讨）。在其出版于 1991 年的《艺术与交融》一书中，伯林特详尽地阐发了他的独特美学观“交融美学”（aesthetics of engagement）。③ 他的环境美学就是这种美学观在环境审美上的合理延伸，所以，他也把自己的环境美学称为“交融的环境

---

① Berleant，Arnold，*The Aesthetics of Environment*，Philadelphia：Temple University Press，1992，p.10.

② 伯林特在《环境美学》一书中多次涉及格式塔心理学，参见 Berleant，Arnold，*The Aesthetics of Environment*，Philadelphia：Temple University Press，1992，p.18，45，90，150。

③ 参考 Berleant，Arnold，*Art and Engagement*，Philadelphia：Temple University Press，1991。

美学”（an environmental aesthetics of engagement）。[①] 国内学者对于英文词语“engagement”有不同的翻译，诸如“参与”“介入”等，笔者根据中国古代诗论“情景交融”的说法，一般翻译为“融合”或“交融”——如果说中国古代美学所说的“意境”或“境界”的基本特征就是“情景交融”的话，伯林特的“环境格式塔”也可以称为“意境”或“境界”：它不是单单“在物”的“景”，也不是单单“在心”的“情”，而是“情景交融”的“意境”。[②]

在宏观勾勒环境美学的整体理论图景时，学术界一般将之划分为两种理论立场：一是以伯林特为代表的“交融立场”，另外一个是以卡尔森为代表的“认知立场”，两种立场的美学观不同，环境观则差异更大，对于艺术欣赏与环境欣赏的关系的理解则存在着根本分歧，伯林特认为二者是一致的，卡尔森则基本上是通过对比二者的差异来展开自己的环境美学研究，从而形成了环境美学理论景观中并峙的“双峰”。我们下面来讨论卡尔森。

卡尔森于 2000 年出版了汇集其主要环境美学论文的著作《美学与环境：对自然、艺术与建筑的欣赏》。[③] 该书的“导论”首先提出了“什么是‘环境美学’”这个问题。为了回答这个问题，卡尔森开门见山地提出了自己的美学观：“美学是哲学的这样一个领域：它研究我们对于各种事物的欣赏——这些事物影响我们的诸种感官，特别是以一种令人愉悦的方式。”[④] 卡尔森又将欣赏称为“审美欣赏”（aesthetic appreciation），因此，美学对于他而言其实就是“审美欣赏学”或“审美欣赏理论”。

促使卡尔森研究环境美学的是一个简单事实：审美欣赏的范围不仅仅限于传统观念所认为的艺术，而且也包括自然和我们的各种“环境”

---

① Berleant，Arnold，*The Aesthetics of Environment*，Philadelphia：Temple University Press，1992，p.13.

② 王夫之《姜斋诗话》提出：“情、景虽有在心在物之分，而景生情，情生景，哀乐之触，荣悴之迎，互藏其宅。”

③ Carlson，Allen，*Aesthetics and the Environment*：*The Appreciation of Nature*，*Art and Architecture*，London；New York：Routledge，2000. 国内学者杨平翻译了这本书，书名被修改为《环境美学》，四川人民出版社 2006 年版。

④ Carlson，Allen，*Aesthetics and the Environment*：*The Appreciation of Nature*，*Art and Architecture*，London；New York：Routledge，2000，p.xvii.

(surroundings)——其字面意思是"环绕某人或某物的各种事物",卡尔森将之视为另外一个英文词"environment"(环境)同义词,也就是说他在二者之间划上了等号,并且经常使用前者(伯林特则不会这样使用,他主要使用后者,而且不加英语的定冠词 the)。这种环境观决定了卡尔森环境美学的核心问题,其逻辑在于一个"三段论":(一)大前提:审美欣赏是审美主体对于审美对象的欣赏;(二)小前提:环境也是审美对象;(三)因此,环境美学的核心问题是:审美主体如何对"环境"进行审美欣赏?卡尔森郑重提出:"在我们对于世界整体的审美欣赏中,我们必须从两个最基本的问题开始,一个是'审美地欣赏什么',另外一个是'如何审美地欣赏'。"① 这两个最基本的问题就是卡尔森环境美学所致力探索和回答的核心问题。

我们可能会觉得有些奇怪:"如何欣赏环境"怎么会成为学术问题呢?原因在于,卡尔森发现:环境作为"审美对象"(aesthetic object)与艺术品作为审美对象差异极大。一件艺术品作为审美的"对象"时,欣赏者一般是外在于它而"对"着它、把它作为"象";也就是说,审美对象在审美主体之外,审美主体也在审美对象之外,二者是相互分离的,最起码是可分的;但是,作为"审美对象"的环境,却无法成为这种意义上的"对象",因为,"作为欣赏者,我们被深陷于我们的欣赏对象之内。"② 这里,必须认真注意卡尔森的措辞:在表达"深陷于……之内"这种意思时,他使用的英语是"are immersed within"。对于这个表达式,我们可以从三方面把握:(一)语法方面,它是个被动语态,表明作为审美主体的我们,是"被陷入环境之中"的:我们无法摆脱环境,永远不可能跳到环境"之外"而将之作为"对象";(二)immerse 这个动词的基本含义是"浸""泡""沉浸""使深陷于"等。这表明欣赏者与环境之间的关系如同一个人浸入水中那样,沉浸其中,密不可分;(三)介词 within 表示"在……的里面""在……的内部""在……的范围内"等,它强调的是欣赏者只能在环境之"内"而不能在它之"外"。

之所以不厌其烦地详细解析卡尔森的英文表达方式,是因为他对环境

---

① Carlson, Allen, *Aesthetics and the Environment: The Appreciation of Nature, Art and Architecture*, London; New York: Routledge, 2000, p.xviii.

② Carlson, Allen, *Aesthetics and the Environment: The Appreciation of Nature, Art and Architecture*, London; New York: Routledge, 2000, p.xvii.

这种“审美对象”的独特性有着非常清晰地认识，而这种认识反过来又成了他的环境美学研究的立足点和出发点。因为我们只能“在环境之内欣赏环境”，所以造成了如下连锁效应：第一，当我们运动时，“我们就改变了我们与它的关系，同时，也改变了对象自身。”这就意味着，审美对象是不断流动变化的，这使“如何欣赏”这个问题变得更加困难；第二，因为审美对象是“我们的环境”，“欣赏对象冲击着我们的所有感官，当我们居留其间或在它之中移动时，我们目有所观，耳有所听，肤有所感，鼻有所嗅，甚至也许还舌有所尝。简言之，审美欣赏一定是由对于环境欣赏对象的体验所塑造的，而这种体验一开始就是亲密的、整体的且无所不包的。”[①] 这就意味着，“审美地”（aesthetically）欣赏独特的审美对象，需要有独特的审美感官。我们知道，传统西方美学理论认为，人的感官有两种是高级的，即视觉与听觉；而嗅觉、味觉和触觉则是“低级的”。[②] 这种感觉等级制在环境美学里被初步打破了，这无疑是美学理论的一个突破。

总之，在卡尔森看来，环境这个审美对象其实就是“世界整体”（world at large），它时时刻刻处于运动变化的过程中；它既不是某个艺术家有意识地设计、创作的“作品”，也没有明确的时间界限和空间边界。凡此种种都表明：它只不过是一个“潜在的”审美对象。为了把握其审美性质和意义，我们必须重塑我们的审美欣赏力。卡尔森的这些论述使我们很容易联想到伯林特《环境美学》（1992 年）第一章的标题：“环境对于美学的挑战”。环境审美体验与环境审美欣赏（伯林特主要讲“环境体验”，而卡尔森则主要讲“环境欣赏”，尽管他也偶尔使用“体验”一词）在某些根本之处冲击着、修正着传统美学观，正在促使美学观的调整与重塑。

三、环境美学的美学史意义：美学的三重转向

初步清理了环境美学的工作性定义、环境观、美学观、环境美学的关键词和基本问题之后，我们下面尝试着发掘一下这种新兴美学理论的美学史意义。

---

① Carlson，Allen，*Aesthetics and the Environment*：*The Appreciation of Nature*，*Art and Architecture*，London；New York：Routledge，2000，p.xvii.

② 相关讨论可以参看程相占《论身体美学的三个层面》，《文艺理论研究》2011 年第 6 期。

（一）美学的生态转向

从社会思潮的角度来说，环境美学产生于20世纪60年代以来日益强劲的全球环境运动之中，可以视为这一运动的一部分。以1962年出版的蕾切尔·卡逊的《寂静的春天》为标志，环境运动从社会政治、经济模式、文化思想、生活方式等方方面面，批判工业化所造成的严重危害，特别是对于环境的严重污染与破坏，反思环境危机对于人类文明的践踏及其恶果。因为环境危机又被称为"生态危机"，所以，环境运动基本上可以等同于生态运动，二者有很多地方是重合的。

作为对全球性环境恶化与生态危机的理论回应，环境美学也高度关注环境问题，从而引发了美学的第一个转向"生态转向"：从审美对象的角度来说，这种转向应该称为"环境转向"——从艺术品转向各种环境；但就其深层思想底蕴而言，称之为"生态转向"或许更佳。我们这里对作为修饰语的"生态的"（ecological）进行一点说明。作为自然科学之一生物学的分支，生态学所研究的是各种有机体与其环境之间的种种相互关系或各种交互作用。自然科学的主要任务是客观描述"事实"，也就是客观地描述那些"相互关系"和"交互作用"。但是，当我们今天在倡导某种理想的文明形态的意义上提出"生态文明"时，这里的"生态的"就不是中性的事实描述，而是包含着强烈而明确的"价值"取向（事实与价值之间的关系此处无法讨论）。我们知道，人类是众多生命有机体的一种，人类与其生存环境的"相互关系"和"交互作用"比一般有机体更加复杂、更加多样；环境保护论、生态主义者强烈批判的"无度地掠夺环境"，无疑也是人与环境各种关系中的一种，即"掠夺关系"（即事实），而这种关系显然应该被批判、被抛弃的（即价值）。因此，在今天反思、批判生态危机的语境中，"生态的"这个限定词主要意味着人类与自然环境的"和谐共存的伦理关系"——这是一种强烈的价值导向。

笔者的这种论述自有其学理依据。我们知道，英文ecology（生态学）的前缀是eco-，来自一个希腊词oikos，其意思是"家园"或"栖居之处"。①任何人与其所栖居的家园的关系，无疑都是亲近的、和谐的关系。环境美学

① 参见Michael Allaby《牛津生态学词典》，上海外语教育出版社2001年版，第135页。

所提出的一些概念或理论命题如“环境美”“环境审美欣赏”“环境审美体验”等等，无不表明人与环境之间存在着一种超越功利和占有欲望的、纯粹的“审美关系”；环境美学强调的正是这种审美关系。伯林特的《环境美学》在介绍了海德格尔的“栖居”思想时提出了一个反问：“这难道不是所有艺术的条件和审美的终极目标吗？”① 简言之，环境美学的思想主题在于为人类构建可以安乐栖居的家园，也就是“人性化环境”，所以在进行理论探讨的同时，也有大量地方涉及环境设计与环境规划。

明白了这个理论主题，就不难理解为什么大部分环境美学著作中都会不同程度地涉及生态问题。比如，卡尔森特别强调生态科学与生态知识在环境审美中的决定性作用；瑟帕玛在其《环境之美》一书第二版的“附言”中特意增加了“生态学与美学”一节，明确指出环境美学“是环境运动和它的思考的产物，对生态的强调把当今的环境美学从早先有 100 年历史的德国版本中区分了出来。”② 另外一个更加有力的例证是韩裔美籍学者高主锡(Jusuck Koh)，他在伯林特环境美学基础上发展出了“生态美学”，即“一种关于环境的整体的、演化的美学”，也可以概括为“生态的环境设计美学”。③ 明确环境美学所隐含的美学的“生态转向”，不但可以使我们更加清醒地认识环境美学的思想主题，而且可以使我们更加准确地辨别环境美学与生态美学的联系与区别。

（二）美学的身体转向

我们都知道人有五种感觉，即视觉、听觉、嗅觉、味觉和触觉，它们分别对应于身体的五种感官，都是身体的组成部分。在西方传统的感觉等级制度中，视觉和听觉通常被视为“高级感觉”，它们一直统治着西方美学理论和艺术实践；而嗅觉、味觉和触觉三者则被视为“低级感觉”。目前，这种等级制已经受到了广泛质疑和批判反思。④ 传统西方形而上学为了突出心

---

① Berleant, Arnold, *The Aesthetics of Environment*. Philadelphia: Temple University Press, 1992, p.159.

② [芬] 瑟帕玛：《环境之美》，武小西、张宜译，湖南科学技术出版社2006年版，第221页。

③ 参见拙文《美国生态美学的思想基础与理论进展》，《文学评论》2009 年第 1 期。高主锡原译“贾苏克·科欧”，此处根据韩国姓名习惯予以更正。

④ 参见魏家川《从触觉看感官等级制与审美文化逻辑》，《文艺研究》2009 年第 9 期。

灵的高贵性，通常将在心—身二元论的框架中将所谓的三种低级感觉贬低为“身体的”（bodily）。环境美学已经初步打破了西方传统的感觉等级制度，如卡尔森已经注意到嗅觉、味觉和触觉在环境欣赏中的作用，就是他所说的“肤有所感，鼻有所嗅，甚至也许还舌有所尝”。

真正有意识地打破西方传统心—身二元论框架、突出身体知觉之重要性的，无疑是伯林特的环境美学。我们上文提及伯林特环境美学的哲学来源之一是梅洛—庞蒂的身体知觉现象学。受其影响，伯林特多处论述到身体在环境审美体验中的重要功能，甚至专门认真研究过“审美身体化”问题。伯林特探讨的核心问题是“身体如何参与到审美活动之中”。在他看来，纯粹的身体与纯粹的心灵都是哲学的虚构，应该抛弃心—身二分这个西方传统假设，应该借鉴和吸收身体现象学与佛教传统的身—心观，将二者视为一个“多层的心—身连续统一体”。伯林特甚至断言“审美成为身体化的模式”，他还引用了美国当代诗人、女性主义者艾德丽安·里奇的一句名言：“诗歌是传达身体化体验（embodied experience）的工具。”① 当然，当代西方已经出现了比较独立的“身体美学”（somaesthetics），那就是另外一位美国学者理查德·舒斯特曼在实用主义美学基础上发展出来的身体美学。② 我们可以说，环境美学与身体美学一道突出了身体在审美活动中的重要作用，正在共同促成着美学的“身体”转向。

（三）美学的空间转向

西方传统哲学思想一般认为，空间是客观的、量化的、均质的、普遍的、可以运用数学方式来度量的东西，简言之，空间与人的存在无关。但是，在《筑·居·思》一文中，海德格尔以桥为例说明了人与空间的关系是“栖居”关系。他指出：“说到人和空间，这听起来就好像人站在一边，而空间站在另一边似的。但实际上，空间决不是人的对立面。空间既不是一个外

---

① 参见 Arnold Berleant，*Re-thinking Aesthetics*：*Rogue Essays on Aesthetics and the Arts*，Aldershot：Ashgate，2004，Chapter 6，pp. 83-90.

② Richard Shusterman，“*Somaesthetics*：*A Disciplinary Proposal*”，Journal of Aesthetics and Art Criticism，57 (1999). 该文的译文可以参考：[美] 理查德·舒斯特曼：《实用主义美学》第 10 章，彭锋译，商务印书馆 2002 年版，第 347—374 页。另外参见 [美] 理查德·舒斯特曼《身体意识与身体美学》，程相占译，商务印书馆 2011 年版。

在的对象，也不是一种内在的体验……人与位置的关系，以及通过位置而达到的人与诸空间的关系，乃基于栖居之中。人和空间的关系无非是从根本上得到思考的栖居。”① 人栖居于某处，并不是把该处所当作一个外在的对象来认识，而是把该场所当作自己的活动空间；该空间并非与人对立的外在事物，它伸展开来，将人作为一个参与者而包括其中。在海德格尔上述栖居思想的影响下，伯林特也提出了“人类如何栖居在地球上”的问题。他的思路是将建筑视为一种“环境设计”，提出了“建筑必须被无例外地理解为人建环境的创造”这样的命题。在伯林特看来，建筑不是一般意义上的“筑造”，其理论原则应该基于“人类环境的美学”。为此，伯林特区分了都意指“建筑”的两个英语词汇，一个是 buildings，其词根是 build，也就是“修建”或“建造”；另外一个是 architecture，特别是那些乡土建筑，可以“反映人们的心境以及它们生活世界的质量”，所以，这种意义上的建筑对于人类学和哲学都具有中心意义：它植根于人类各种创造和生存需要的基础上，不但界定，而且包含了一个问题：“人类如何栖居在地球上”。②

在现象学家中，梅洛—庞蒂对于空间的论述最为详尽。他拒绝接受古典物理学对于视觉空间的经典性说明——空间是在反思中被“客观地”认识到的物理空间。他有一段话被伯林特经常引用：“我们的器官不再是器具，相反，我们的器具是可以拆分的器官。空间不再是笛卡尔《屈光学》中所描述的东西——是各种物体之间的关系网络，例如，被我的视觉所观看到的，或者被一个从外部观看并重建它的几何学者所看到的那样；相反，它是这样一种空间：它从我开始被计算、被估量，而我则是空间性的零位或一阶零点。我并不按照它外部的壳层来观看它，我从内部生活在它之中，我被浸入它之中。毕竟，这个世界是环绕我的一切，而不是在我面前。”③ 经过了现象学的思想洗礼，经典物理学所关注的“物理空间”（physical space）被

---

① ［德］海德格尔：《海德格尔选集》，孙周兴选编，上海三联书店 1996 年版，第 1199—1200 页。

② Berleant，Arnold，*Art and Engagement*，Philadelphia：Temple University Press，1991，pp.77-78.

③ Merleau-Ponty，Maurice，*The Primacy of Perception*，And Other Assays on Phenomenological Psychology，*the Philosophy of Art*，*History and Politics*，Edited by James M. Edie，Northwestern University Press，1964，p.178.

“空间知觉”（spatial perception）或“空间体验”（spatial experience）所取代，二者之间的差异也就是“欧几里得—牛顿空间”与“爱因斯坦—现象学空间”之间的差异。在梅洛－庞蒂这些思想的基础上，伯林特指出，空间是每种艺术样式都具备的重要审美维度；但是，空间在“绘画与环境知觉中更为显著，在这里，空间是一个中心要素。”① 伯林特的环境美学主要研究的对象就是环境知觉，作为其“中心要素”的空间，自然就成了他的环境美学的主题。

总而言之，环境美学他出现提出了一系列重大的美学理论问题，促成了美学的生态学转向、身体转向和空间转向，对西方美学传统提出了严峻挑战，其美学史意义值得我们认真研究。

（原载《复旦学报》2015 年第 1 期）

---

① Berleant，Arnold，*Art and Engagement*，Philadelphia：Temple University Press，1991，p.62.

论海德格尔对自然环境审美模式的诗性超越

赵奎英

卡尔松作为当代西方环境美学研究的领军人物，提出的自然环境模式受到国内外环境美学和生态美学研究者的高度关注。但卡尔松的这一自然审美模式，既具有重要的合理价值，也存在着难以从内部解决的矛盾，因此自它提出之日起，便引来一些学者的批判与质疑。但从目前的一些批判质疑来看，更多的是对这一模式所存在的矛盾、问题本身的批判分析，对于造成这些矛盾、问题的根本症结，以及如何克服这一症结，尚缺乏更多的探究。因此本文试图从海德格尔的现象学存在论对自然环境模式的根本症结进行反思，并力图为在更高的层面上突破这一模式的根本局限提供启示。

一、卡尔松自然环境模式的根本症结

卡尔松的自然美学和环境美学研究一直关心的一个基本问题，是对于自然环境我们应该“欣赏什么”和“如何欣赏”的问题。为了回答这一问题，卡尔松对西方自然审美的传统进行了回顾和梳理。他在梳理中发现，西方传统的自然审美中存在着一种把自然当作艺术来欣赏的艺术化途径。卡尔松将这种艺术化途径概括为“对象模式”（object model）和“景观模式”(landscape model)。所谓“对象模式”，是指将自然物从其所处的环境中分离出来，作为孤立的对象进行欣赏的模式。所谓“景观模式”，则是指像欣赏一幅风景画那样来欣赏自然的模式。卡尔松指出，传统的自然欣赏中的这两种模式，实际上都是直接地联系到艺术的鉴赏模式，它们“都没有完全实现严肃的和恰当的对自然的欣赏，因为每一种模式都歪曲了自然的真实特征。前者将自然对象从它们更广大的环境中割裂出来，而后者则将自然框架化和扁平化为风景。而且，在关注其形式特征时，两种模式都忽视了许多我们对自然的日常经验和理解。”①

于是，卡尔松针对对象模式和景观模式的局限，并批判综合当代自然审美研究中的一些看法，提出一种新的欣赏自然的模式，那就是“自然环境模式”。自然环境模式坚持“自然是自然的”原则，以反对景观模式把自然作为人为创造的风景画那样来欣赏的局限；坚持“自然是环境的”原则，以反对对象模式把自然作为与周围环境割裂的、非再现性雕塑那样的孤立对象来欣赏的问题，并努力“将恰当的自然审美欣赏与科学知识最紧密地联结在一起”，以保证按照自然的真实本性对自然进行欣赏的严肃性、恰当性。②由于对科学知识的强调，卡尔松这一模式也被称作科学认知主义模式。卡尔松说：“将自然和环境科学视作自然审美欣赏关键所在的这一观点可称之为‘自然环境模式’（Natural Environmental Model）。如同人类沙文主义美学以及参与美学，这种模式将重点放在以下事实上：自然环境既是自然的也是环境的，与对象模式和景观模式不同，它并没有将自然物体同化成艺术对象或将自然环境同化成风景。”以此方式，它“尽力促使对自然进行如其所是、如其所具有的属性所是的审美欣赏。”③

由以上可以看出，卡尔松的自然环境模式是在对传统的自然欣赏中的艺术化模式，对象模式与景观模式的批判分析中提出来的。但卡尔松的这一模式与传统的艺术化模式表现出一种既批判又倚重的悖论性关系。因为他的自然环境模式本身就是通过把自然确立为像“艺术品”那样的“审美对象”，把“传统的艺术审美欣赏的整体结构应用到自然世界之上”建立起来的，④

---

① Allen Carlson，*Aesthetics and the Environment*：*The Appreciation of Nature*，*Art and Architecture*，London and New York：Routledge，2000，p.6.

② Allen Carlson，*Aesthetics and the Environment*：*The Appreciation of Nature*，*Art and Architecture*，London and New York：Routledge，2000，p.11.

③ ［加］艾伦·卡尔松：《自然与景观》，陈李波译，湖南科学技术出版社2006年版，第34页。

④ ［加］艾伦·卡尔松：《自然与景观》，陈李波译，湖南科学技术出版社2006年版，第34页。

这使得它的自然环境模式从根本上说仍然是一种艺术模式，具有一种突出的艺术化和对象性特征。

卡尔松自然环境模式的艺术化，首先表现在他的自然环境模式整个的就是参照着艺术审美欣赏的要求构建起来的。他说："在严肃、恰当的艺术审美欣赏中，最根本的是把艺术作品作为它事实上所是的样子来欣赏，并根据它们真正本质的知识来欣赏"。并且认为这种艺术欣赏模式"指明了自然欣赏的第三种模式，自然环境模式。"① 于是这种自然环境模式也像艺术模式一样包含两个关键点：第一，就像我们对艺术作品的欣赏一样，我们也必须把自然作为自然原本所是的样子来欣赏。第二，我们也必须根据我们有关自然本质的知识来欣赏。② 卡尔松指出，正如欣赏艺术作品需要相关的知识一样，"科学知识对于恰当的自然审美欣赏是根本性的。没有了它，我们将既不知道如何恰当地欣赏自然，并且很可能会漏掉自然的审美特性与价值。" ③

卡尔松强烈反对把形式特征看作自然的审美特性的那种不恰当的审美，但他所谓自然的真实的审美特性仍然不过是依据艺术概括出来的那些形式特征。他说"自然环境在未被人类所触及的范围之内，大体上具有肯定的审美特性。比如：它是优美的，精巧的，有张力的，统一的和有序的，而不是平淡的，呆滞的，无趣的，不连贯的和混乱的。" ④ 这些肯定的审美特性，在卡尔松看来，实际上也是只有通过科学才能更好地理解和发现的存在于自然界中的"秩序，匀称，和谐，平衡，张力，可辨度"等性质。而这些让自然更可理解的性质，也是让自然从美学上看起来美的性质。这些性质我们之所以会觉得美，不仅因为它是可以通过科学加以理解的，而且还因为它们实际上"也是我们在艺术中经常发现的审美性质"。⑤ 由此可见，卡尔松对所谓真实

① Allen Carlson，*Aesthetics and the Environment*：*The Appreciation of Nature*，*Art and Architecture*，London and New York：Routledge，2000，p.6.

② Allen Carlson，*Aesthetics and the Environment*：*The Appreciation of Nature*，*Art and Architecture*，London and New York：Routledge，2000，p.6.

③ Allen Carlson，*Aesthetics and the Environment*：*The Appreciation of Nature*，*Art and Architecture*，London and New York：Routledge，2000，p.90.

④ Allen Carlson，*Aesthetics and the Environment*：*The Appreciation of Nature*，*Art and Architecture*，London and New York：Routledge，2000，p.73.

⑤ Allen Carlson，*Aesthetics and the Environment*：*The Appreciation of Nature*，*Art and Architecture*，London and New York：Routledge，2000，p.93.

的审美特征的认识也是参照艺术的形式特征概括出来的。不仅如此，卡尔松对自然环境对象审美边界和焦点的确立也是参照艺术欣赏进行的。他说："我们不能对任何事物都进行欣赏；在我们对于自然的审美欣赏上，同艺术一样必须有所限制、有所侧重。"①

这样一来，卡尔松的自然环境模式在本质上仍然是把自然当作艺术来看待的，他对自然审美的一系列问题的解答，包括"欣赏什么"和"如何欣赏"的问题，都是参照艺术欣赏进行的。②通过这样的艺术化，卡尔松对"欣赏什么"和"如何欣赏"都进行了排除和过滤。从欣赏什么上看，他的自然环境模式欣赏的并不是他在环境美学中说的"所有的事物"或全部的自然，而是所谓"秩序、匀称、和谐、平衡、张力"等这些肯定性的形式化的审美特征，排除了自然的粗粝、松散、混沌、无序的方面。从如何欣赏来看，他也并不是真的提倡在环境美学中所说的"依据所有的方式"，他真正主张的是一种以科学知识进行欣赏的理性认知的方式。这样一来，我们既不能按照自然的原本样子来对自然进行欣赏，也不能以我们本身所是的样子，以我们本身的自然对自然进行欣赏，无论是自然还是人本身的丰富性、完满性和自然性都遭到了缩减和抑制。

卡尔松的自然环境模式不仅具有突出的艺术化特征，而且具有突出的对象性特征。其对象性首先表现在他对环境美学本质的看法中。卡尔松认为，决定环境美学本质的"第一个维度来源于这种绝对的事实，欣赏的对象亦即'审美对象'，就是我们的环境，就是环绕着我们的一切"，③又说："最后，提出一种更加普遍的和以对象为中心的环境美学时，自然环境模式有助于美学与哲学的其他领域之间的联合，比如伦理学、认识论和心灵哲学"。④由此可以看出，卡尔松的自然环境模式就是一种以自然环境为欣赏对象的模式，他建立在自然环境模式基础上的环境美学就是一种以"自然环境对象"为中心的美学。

---

① ［加］艾伦·卡尔松：《自然与景观》，陈李波译，湖南科学技术出版社2006年版，第32页。

② ［加］艾伦·卡尔松：《自然与景观》，陈李波译，湖南科学技术出版社2006年版，第34页。

③ Allen Carlson，*Aesthetics and the Environment*：*The Appreciation of Nature*，*Art and Architecture*，London and New York：Routledge，2000，p.xii.

④ Allen Carlson，*Aesthetics and the Environment*：*The Appreciation of Nature*，*Art and Architecture*，London and New York：Routledge，2000，p.12.

另外我们知道，科学知识在卡尔松的自然环境模式中处于核心地位。卡尔松把科学知识放在核心地位的前提在于，它把自然环境作为审美欣赏的对象，认为审美欣赏的目标就是达到欣赏对象亦即自然的真正本质，而科学知识正是达到对象的真正本质的保证。他说："这些都是与特定的讨论事物的本性密切相关的。它远离一些不相关的偏见，走向欣赏对象的真正本质，为一种普适美学指出一条道路。"[①] 从这儿也可看出，卡尔松是把自然环境作为欣赏对象来看待的，他的环境美学是以"自然环境对象"为中心的。

通过对象化，卡尔松的自然环境模式把自然确定为对象领域，把自然变成自然物，人与自然、人与环境被放置到主客体关系的框架中，成为相互分离的东西，他的自然环境模式也从而成为主客分离的二元论的对象化模式。这使得他既无法正确地看待自然，看待环境，无法从根本上摆脱他所批评的西方美学把自然当作对象、当作景观来欣赏的病症，也无法正确地看待人与自然、人与环境的关系。他的环境美学虽然极力地以自然环境对象为中心以反对人类中心主义，但实际上缺乏一种真正的生态精神，虽然以达到自然的真实本性为指归，但实际上也并没有找到通达自然本质的真正途径。因为自然环境只要被作为对象来看待，不管是认识对象还是审美对象，都暗示了人类的主体和中心地位，自然都是更易于沦为"储备物"和"资源库"的，更易于成为被剥削、控制和进攻的对象的。

造成卡尔松自然环境模式这些问题的一个根本症结则是他的认识论对象化的思维方式。要想克服卡尔松自然环境模式的根本症结，不仅要指出卡尔松自然环境模式中存在的内在矛盾，更重要的是从认识论的对象化的思维方式中跳出来，彻底换一种看待自然、看待环境的方式。而海德格尔的现象学存在论证可以为这种思维方式的更新提供途径。

二、海德格尔的现象学存在论环境观

海德格尔哲学的最根本特征就是用现象学方法研究存在问题，所以他的哲

---

① Allen Carlson, *Aesthetics and the Environment*: *The Appreciation of Nature*, *Art and Architecture*, London and New York: Routledge, 2000, p.12.

学被称为“现象学存在论”哲学。现象学的方法是“就事物所是的样子”来看事物的方法。顾名思义，现象学存在论哲学就是依照存在所是的样子来看存在的哲学，也就是让存在“如其所是”地显现出来的哲学。现象学存在论不同于传统的形而上学的本体论。海德格尔认为传统形而上学在研究存在问题上的根本误区之一在于，不明存在与存在者的存在论差异，把存在看成具有现成“所是”的实体，使人的存在与物的存在相对立，以致造成主体与客体的分离。海德格尔认为，哲学要想从根本上避免这种分裂，对存在的研究应该从一体化的现象学的“正面实情”出发。海德格尔找到的这个现象学的正面实情就是“此在（Dasein）在世”。海德格尔早期哲学正是从“此在（Dasein）在世”这一基点出发，把人的存在看成此在“在世界中”的开展、领会活动。海德格尔后期哲学，无论是在对存在的观念上，还是在对存在的入思方式上，都发生了一些重要变化。但尽管发生了这样的变化，海德格尔的哲学始终是一种现象学存在论哲学，因为他始终把存在作为思考的核心问题，也从来没有离开现象学的视野。而海德格尔也正是以现象学存在论理解自然和环境问题的。

在海德格尔看来，我们只有在存在论的视野中才能真正地谈论环境。从这个视野来看，环境作为人的周围世界，不是由动物、植物这些自然物组成的可以拥“有”的现成的对象，它是包含人在内的现象学意义上的“世界”。自然也不是可以拥有的自然物，就像存在不同于存在者一样，自然、环境也是不能等同于自然物或现成的对象和实体的。从认识论的对象化的、主客分离的思维方式来看环境，是无法达至环境的真正本质的。在他看来，那种“被生物学包括生态学假定和运用的环境，严格地说，根本就不是环境——因为它不是一个环绕的世界，an Umwelt——，而是一种由植物、动物那些‘没有世界’的存在者组成的特定环绕‘environ’物(Umgebung)”。(HB，in W.187 (234-35))① 海德格尔认为，人类的环境确实包括河流、森林那些环绕着我们的东西，但环境不是这些特定存在者或自然物的聚合，而是一种“世界”现象。而“世界”，在每一种情况下，“总是已经先行被揭示出来的，通过它我们返回到存在者中，我们与存在

① See Bruce V. Foltz，*Inhabiting the earth：Heidegger，Environmental Ethics，and the Metaphysics of Nature*，Humanities Press，1995，p.172.

者相关并栖居在存在者中”。① 环境因此是日复一日地与我们关系最近的世界部分，是那种我们最直接居于其中的，关系着我们每一天的，对我们一贯至关重要的住所，因此它的意义最大程度地与我们整个的生命过程交织在一起。② 我们知道，生态“ecology”一词的词根“eco”，源于古希腊字oiko，原义指家、房子、居住地。从这一意义上说，海德格尔对环境的解释从一开始就是生态的。

从海德格尔的后期思想来看，他的作为住所的“环境”就是作为家园的“大地”，人与环境的关系不是对象性的，而是参与性、互生性的，自然是“作为家的自然”，而不是“作为被观赏的风景的自然”。自然环境不是让自己屈从于单纯的旁观者，而只是向本质性地参与到环境中的人揭示他自己。大地作为家园，也不是唐突地包围着本土居民，它是适宜于栖居的，为了他们，天地人神四方地带在“物”中聚集在一起，他或她和这些物生活在一起。只有在这样一种聚集起来的世界中，大地才作为地理景观（landscape）而存在，而不是作为风景（scenery）被观看（95 (BWD，in VA，152 (152))。大地作为家园也不只是一个通过外部边界划定的空间，一个自然区域，一个地点，一个让这个或那个事件发生的舞台（96 (HH，104))，而是一个站在与居民的切近性中的，其根基在地方自身中的有意义的“世界”。③ 这个“世界”就是海德格尔所理解的“环境”。它不是科学研究和审美欣赏的对象，而是人栖居其中的家园。作为家园的世界并不是围绕着人聚集起来的，“家园”的“根基在地方自身中，它允许和物在一起的逗留，和树，和云，而且和建筑、通道，围绕着它们，世界诸地带能够汇集在一起”。④ 因此，此在、人，不是世界的中心，也不是一个旁观者，不是一个研究者，而是一个与其他存在者共同在家的“居住者”。

---

① Martin Heidegger，*Being and Time*，Translated by John Macquarrie & Edward Robinson，Basil Blackwell Publisher Ltd，1962，p.114.

② Martin Heidegger，*Being and Time*，Translated by John Macquarrie & Edward Robinson，Basil Blackwell Publisher Ltd，1962，p.172.

③ Martin Heidegger，*Being and Time*，Translated by John Macquarrie & Edward Robinson，Basil Blackwell Publisher Ltd，1962，pp.142-143.

④ Martin Heidegger，*Being and Time*，Translated by John Macquarrie & Edward Robinson，Basil Blackwell Publisher Ltd，1962，pp.142-143.

由以上可以看出海德格尔的环境观与卡尔松环境观的根本差异。质而言之，海德格尔的环境是（生态的诗意的）栖居家园，卡尔松的环境则是（科学认知意义上的）审美对象。造成这种差异的根本原因在于，海德格尔的环境观是在现象学存在论的人与世界的原始统一性中提出的，卡尔松的环境观则是在对象化的认识论的主客分离的思维模式中提出的。从现象学存在论的角度看，人与自然，人与环境，人与世界的关系就是“在家”（在世）的关系；而认识论的对象化的思维则必得把人与世界、人与环境、人与自然的关系，视作一个“存在者（世界）”对另一个“存在者（灵魂）”的关系，亦即主体对客体的关系。海德格尔指出，知识形而上学“必得把这个‘主客体关系’设置为前提。虽说这个前提的实际性是无可指摘的，但它仍旧是而且恰恰因此是一个不详的前提”。① 因为人与世界的最源初、最根本的关系是“在世”关系，而不是认识关系。但知识形而上学却强调认识的优先地位，而一任“在世”问题“滞留在晦暗不明”之中。因此应从存在论角度首先就人与世界的关系提出“在世”问题。“在世”也就是“在家”。在“在世”或“在家”的关系中，不存在主体与客体的关系，只存在栖居者与家园，存在者与存在的关系。从这一角度看，自然、环境不是对象，不论是科学认识还是审美鉴赏的对象，而是庇护人与其他各类存在者的存在和家园。

卡尔松的自然环境模式也意识到对象化的某些危险，曾明确表示接受斯巴叙特（Sparshott）的一些看法。斯巴叙特认为“在环境方面考虑某些事物，主要是从‘自我与环境’的关系而不是‘主体对客体’或‘观光者对景色’的关系来考虑它。”“如果环境的任何一部分变得十分突出，它将处于被视为一个对象或一处景致而不是我们的环境的危险。”② 斯巴叙特同时也预见到一个难题：那就是“审美的概念把问题拖曳到一个不同的方向——关系到审美对象的视觉细察的主 / 客体关系的方向。”③ 但卡尔松认为，这个问题似乎不像斯巴叙特预料的那样困难。因为杜威早在《艺术即经验》中就已经谈

① ［德］海德格尔：《存在与时间》，陈嘉映、王庆节合译，三联书店 1987 年版，第 73—74 页。

② Allen Carlson，*Aesthetics and the Environment*：*The Appreciation of Nature*，*Art and Architecture*，London and New York：Routledge，2000，p.47.

③ Allen Carlson，*Aesthetics and the Environment*：*The Appreciation of Nature*，*Art and Architecture*，London and New York：Routledge，2000，pp.47-48.

到，“任何被审美地欣赏的东西必须是明显的，必须处于前景，但它不必是一个对象，并且也不一定必须被看到（或仅仅被看到）。”① 但杜威的这一说法无助于消除卡尔松自然环境模式面临的对象化危险。因为卡尔松自然环境模式的哲学基础与杜威的《艺术即经验》的哲学基础是不一样的，杜威哲学是在对传统认识论哲学批判中建立起来的，而卡尔松的自然环境模式仍然是在传统认识论对象化思维中运作的。

根据海德格尔现象学存在论，如果用一种认识论对象化的思维方式看自然，自然势必成为一种与主体相对立的对象领域，成为一种自然的存在者，不可避免地沦为人类满足自我需要的“持存物”和“资源库”，沦为被人类控制、利用和进攻的对象。但海德格尔通过对古希腊的“自然”原义的考察指出，自然的本义并不是今天所说的自然物，不是“存在者”，自然在今天之所以沦为“持存物”和“资源库”，原因正在于人们用对象化的思维方式看自然，误把自然（存在）当成自然物（存在者）的结果。而卡尔松对于自然的真实本性的理解，实际上仍然走在一种把自然存在当作自然的“存在者”的道路上的。

三、海德格尔的现象学存在论自然观

海德格尔提出，对存在者整体本身的发问真正肇端于希腊人，在那个时代，人们称存在者为“φυσις”。对于希腊文里的这个基本词汇习惯译为“自然”。在拉丁文中，“自然”这个译名的意思是“出生”“诞生”。但海德格尔认为，拉丁文中的这个译名以及其他语言中的译名，“都减损了 φυσις 这个希腊词的原初内容，毁坏了它本来的哲学的命名力量”。“φυσις”“说的是自身绽开（例如，玫瑰花开放），说的是揭开自身的开展，说的是在如此开展中进入现象，保持并停留于现象中，简略地说，δσls 就是既绽开又持留的强力。”所谓“绽开”就是一种不假人力的、自然而然的“涌现”过程。但“φυσις 作为绽开着的强力，又不完全等同于我们今天还称为‘自

① Allen Carlson，*Aesthetics and the Environment*：*The Appreciation of Nature*，*Art and Architecture*，London and New York：Routledge，2000，p.48.

然’的这些过程”。这些“自然”的过程可以说是自然的“在者”，但这一“φυσις”则是具有“超越性”的“在本身，赖此在本身，在者才成为并保留为可被观察到的。”①

这也就是说，希腊人理解的“φυσις”作为绽开着的强力显现为自然的过程，但它又不仅仅是自然的过程，而且还是自然的过程得以显现的“根据”，是“自然的在者”与“超越性的在本身”的统一。并且“φυσις”作为“自然的存在者”它也不完全等同于今天狭义上的物理自然过程，而是“原初的自然（Natur)”，是自然的“存在者整体”。“φυσις”作为自然的“存在者整体”既是天、地、人、神的统一，也是自然与历史的统一。因此，“自然在一切现实之物中在场着。自然在场于人类劳作和民族命运中，在日月星辰和诸神中，但也在岩石、植物和动物中，也在河流和气候中。”就像荷尔德林的诗作中所说的：“强大圣美的自然，它无所不在，令人惊叹。”②正因为“自然”（Natur，也即希腊文“φυσις”）是“无所不在，令人惊叹”的，正因为希腊人的“φυσις”是“自然”“历史”“存在”与“神灵”的统一体，海德格尔主张，无论是思考“存在”还是思考“自然”都必须重返“φυσις”在伟大开端处的原初意义。

原始意义上的自然并非现成的自然物，不是存在者，更不是对象领域，它也是不能凭借科学知识来达到的。根据海德格尔的看法，正是现代的科学技术把自然变成存在者，变成对象物，变成“自然资源”，变成研究的对象和观赏的风景的。连卡尔松也说：“作为自然科学持续进展的一种功能，所有的景观都变成了欣赏的对象。”③在卡尔松看来，正是这些科学知识保证了自然审美的客观性，保证了审美主体根据自然的真实本性来进行如其所是的欣赏。他说：“在西方世界，自然审美欣赏的发展与自然科学的进步紧密交织在一起。当然在西方世界，正是科学最为成功地解决了关系自然的真实本性以及人类在其中位置的根本问题。因此，这个新议题指向那种将恰当的自然审美欣赏与科学知识最紧密地结合在一起的模式的核心：自然环境

① ［德］海德格尔：《形而上学导论》，熊伟等译，商务印书馆 1996 年版，第 15—16 页。

② ［德］海德格尔：《荷尔德林诗的阐释》，孙周兴译，商务印书馆 2000 年版，第 60 页。

③ Allen Carlson，*Aesthetics and the Environment：The Appreciation of Nature，Art and Architecture*，London and New York：Routledge，2000，p.85.

模式。”①

与此相反，海德格尔认为，人们根本是不可能通过科学达到自然的真实本性的。自然科学和西方形而学一起把自然从其最内在的本质中分离出来。“自然科学把自然从存在者那里分离出来后，自然由于技术而发生了什么事呢？是不断增长的——或者更好地说，干脆席卷至其终点的——对‘自然’的摧毁。自然曾经是什么呢？是诸神之到达和逗留的时机场所，其时自然——还是（φυσις）[涌现、自然]——落在存有之本现中……此后，自然立即变成了一个存在者，进而变成了‘恩赐’的对立面，经过这种废黜，自然终于被放置出来，被置入计算性的谋制和经济的强制过程中了。”“而最后还留下了‘风景’和疗养机会，现在，甚至这些东西也被纳入巨大之物而得到了计算，并且为大众打造起来了。”②

在海德格尔看来，现代“科学作为现实之物的理论”，其本质在于其对象化、对置性。所谓对象化也就是把现实之物，把自然物确定为对象领域，加以测算、干预和加工。所谓对置性也就是自然被作为对象放置在人的对面，并被人加以摆置的特征。把自然作为对象加以测算、摆置、加工、订造正是现代技术的本质。所以海德格尔说，并不像人们通常所理解的那样，科学引导着技术，实际上“现代科学和极权国家都是技术之本质的必然结果，同时也是技术的随从。”③因此，在海德格尔看来，受技术左右的现代科学，不是对真理的守看，不是对事物的纯粹观照，而是对事物的极端性干预，它让自然处于被测算、谋划和制造的暴力之中。科学把自然确定为对象领域，把它从存在者整体中分离出来，作为一种自然物，作为一种存在者，放置在人的对立面，放置在一种对象性的主客二分的框架中，成为技术摆置、加工、订造的“储备物”和“持存物”，成为科学研究的对象和审美观赏的风景，而掩盖了自然本质的丰富性、完满性、自然性，失去作为自然涌现的力量，不再是诸神逗留的时机场所，自然的生命因此也就枯竭了。因此，海德

① Allen Carlson, *Aesthetics and the Environment*: *The Appreciation of Nature*, *Art and Architecture*, London and New York: Routledge, 2000, p.11.

② [德] 海德格尔：《哲学论稿——从本有而来》，孙周兴译，商务印书馆2012年版，第293页。

③ [德] 海德格尔：《诗人何为》，孙周兴选编《海德格尔选集》上卷，上海三联书店，第429页。

格尔认为，这种意义上的科学技术只能带来对自然的摧毁，是不可能让自然的真实本性显现出来的。

那么究竟通过什么方式才能让那种丰富完满的淳朴而闪现着光辉的自然如其所是地显现出来呢？根据海德格尔的观点，严格来说，实际上是不能用“审美”的眼光来看待自然的。因为“当一个人这样那样地谈到审美时，人们通常认为他已经进入到一个主客体关系的框架中。”① 如果对海德格尔的自然观我们非要使用“审美”这个词，只能说这里所说的“审美”，不是卡尔松那种科学认识论视野中的对象性的审美，而是现象学存在论意义上的“审美”。这种审美实际上不是人对自然的审美观赏，而是人在自然中的诗意栖居的态度。完满的丰富的自然不是在科学中，而是在诗意栖居的态度中显现出来的。这种诗意栖居的态度，可以体现为狭义的语言之诗，也可以体现为其他形式的诗意的艺术，甚至也可以体现在我们的诗意的生活中。但不是体现在现代的科学中。让自然的完满性、丰富性、淳朴性得以显现的不是科学家，而是诗人。

这也就是说，在海德格尔看来，无论是科学认知还是审美欣赏，都无法通达自然的真正本质，只有以诗意栖居的态度对待自然，把环境真正当作我们与存在者整体共在的家园，与我们整个的生命进程息息相关的住所，把自然看作涌现着、绽开着的强力，看作自然存在者与自然存在的统一，自然的丰富性、完满性，自然的淳朴和圣美，才能得以显现。海德格尔对待科学、对待自然审美的态度或许有些极端，但他的这种现象学存在论自然观的确具有更彻底的生态精神，有利于克服卡尔松认识论对象化的自然环境模式的根本局陷，促进自然审美模式问题在更高层面上的解决，因此可以说是对卡尔松自然环境模式的诗性超越。

（原载《南京社会科学》2015 年第 6 期）

---

① F. E. Sparshott, *Figuring the Ground*: *Notes on Some Theoretical Problems of the Aesthetic Environment*, Journal of Aesthetic Education, 1972 (6): 13. See Allen Carlson, *Aesthetics and the Environment*: *The Appreciation of Nature*, *Art and Architecture*, London and New York: Routledge, 2000, p.43.

编后记

山东大学文艺美学中心成立于2001年，至今已经15年了。15年来，在教育部、山东大学和学界同人的大力支持和本中心全体成员的共同努力下，本中心在学术研究和人才培养方面均取得了一定的成绩，在国内外扩展了自己的学术影响。为总结和呈现以往所取得的成绩，特编辑此系列文集，作为《文艺美学研究丛书》第二辑予以出版。

此系列文集中所选文章包含了本中心全体成员、中心的基地重大项目承担者、中心学术委员会成员以及中心所培养的博士生和博士后的代表性成果。由于文集容量有限，对于项目承担者和学术委员会成员原则上每人收录1篇，而对博士和博士后的文章，则只择优收录了部分人员在读或在站期间以中心为第一署名单位所发表的成果。

文艺美学是由中国学者命名和发展起来的一门文艺研究学科，自文艺美学研究中心成立之日起，我们就把该学科的发展壮大作为中心成员的自觉使命。经过多年发展，本中心形成了文艺美学、生态美学、审美教育和审美文化等相对稳定而又具有较大影响的研究方向。因此，本文集即按照这几个方向编排各分册的内容，希冀以此展现出中心学术研究的基本概貌。

山东大学文艺美学研究中心在以往的发展中得到了社会各界尤其是学界的呵护与关爱。借此机会，对长期以来支持我们学科建设和学术发展的各位学界同人尤其是本中心学术委员会和专家委员会的各届成员，以及本中心重大项目承担者表示由衷的感谢！也向给予我们以极大信任和支持、为我们的学术成果得以问世付出心血的报刊与出版社编辑们敬达谢忱！

谭好哲

2016年4月20日